齋藤正彦

線 型 代 数 学

東京図書

まえがき

本書は大学理工系初年級のための教科書ないし自習書である．主題である行列と線型写像は，みかけは違うけれども，実は一体のものである．行列には手にとって扱えるという利点があるので，先に十分に理論を展開した．

それに際してのキー概念は行列の区分けと基本変形である．このことは本書が抽象的・理念的というより，具体的・操作的な面を重視したことを意味するだろう．その影響で，公理による線型空間の理論は第6章になった．

本書を授業の教科書ないし参考書として使う場合，1年間で第4章まで（できれば第5章まで）ゆっくりやれれば十分だろう．第6章から先は2年次以降でいい．

一方，この本をひとりで読む人のことを考え，演習問題にはほぼ完全な答えを用意した．そもそも数学の理解には演習問題を解くことが欠かせない．各節（§）の問題はもっとも基礎的な問題，および計算練習である．ぜひ解こうと試みてもらいたい．章末の問題は主として証明問題であり，なかにはかなり難しいものもある．必要なら答えを見ながら解くことをすすめる．

健闘を祈る．

2014年3月

齋藤正彦

目　次

第 2 章　行列論の続きと１次方程式系

第 3 章　行　列　式

第 4 章　固有値と固有ベクトル

第7章 線型空間と線型写像（その2）

第8章 ジョルダン標準形とその応用

付録A 線型空間補遺

■装幀　戸田ツトム

序章

準備と復習

序章で扱うことがらは，すでに知っている人も多いだろう．そういう人はここを飛ばしてもいい．ただし複素数，とくに複素平面に関することは完全に理解し，実数と同じように手であやつれるようになってほしい．

§1 集合と写像

集合と写像に関する用語と記号を共有しないと不便なので，ここでそれを整理しておく．数学的内容はほとんどない．

●集　　合

0.1.1【**定義**】 1) 数学的対象の集まりをひとつの数学的対象とみて，これを**集合**と言う．集合を構成する個々のものをその集合の**元**(げん)または**要素**と言う．ふたつの集合が**等しい**とは，それらの元が完全に一致することである．集合が幾何学的対象のときには《点》ということばも使う．X が集合で a が X の元のとき，

$$a \in X \quad \text{または} \quad X \ni a$$

と書く．このとき「a は X に**属する**」，「X は a を**含む**」と言う．a が X に属さないことを　$a \notin X$ と書く．

2) 集合 X の元が $a_1, a_2, \cdots, a_n$ でつくされるとき，

$$X = \{a_1, a_2, \cdots, a_n\}$$

と書く．X が無限個の元 $a_1, a_2, a_3, \cdots$ から成るときには

$$X = \{a_1, a_2, a_3, \cdots\}$$

と書く．有限個の元から成る集合を**有限集合**，無限個の元から成る集合を**無限集合**と言う．

数学ではひとつの元 a だけから成る集合 $\{a\}$ も認める．$\{a\}$ は a とは別の数学的対象である．さらに，数学では元がひとつもない集合も容認す

る．これを**空集合**と言い，$\emptyset$ と書く．

3) 自然数にゼロを含めるかどうかは流儀による．本書では 0 は自然数に含めない．自然数ぜんぶの集合を $\boldsymbol{N}$ と書く：$\boldsymbol{N}=\{1,2,3,\cdots\}$．整数ぜんぶの集合を $\boldsymbol{Z}$ と書く：$\boldsymbol{Z}=\{0,\pm1,\pm2,\cdots\}$．さらに有理数ぜんぶの集合を $\boldsymbol{Q}$，実数ぜんぶの集合を $\boldsymbol{R}$ と書く．$\boldsymbol{R}$ では（$\boldsymbol{Q}$ でも）加減乗除の演算（0 で割ることは除く）が可能である．そこで $\boldsymbol{Q}$ と $\boldsymbol{R}$ をそれぞれ**有理数体**，**実数体**と言う．実数体 $\boldsymbol{R}$ は目もり（座標）を入れた，すきまのない直線のイメージで捉えればいい（有理数体にはすきまがある）．

4) 集合 X の元に関する性質 P があるとき，P をみたす X の元 x ぜんぶの集合を $\{x\in X\,;\,P(x)\}$ と書き，これを $P(x)$ なる $x\in X$ の全体と言う．たとえば

$$\{x\in\boldsymbol{R}\,;\,x^2-3x+2\leqq 0\}=\{x\in\boldsymbol{R}\,;\,1\leqq x\leqq 2\},$$

$$\{x^2-3x+2\,;\,x\in\boldsymbol{R}\}=\left\{x\in\boldsymbol{R}\,;\,x\geqq-\frac{1}{4}\right\}.$$

0.1.2【**定義**】 1) 集合 X の元がすべて集合 Y の元であるとき，X は Y の**部分集合**である，X は Y に**含まれる**，Y は X を**含む**などと言い，$X\subset Y$ または $Y\supset X$ と書く．X 自身も空集合 $\emptyset$ も X の部分集合である．

2) $X=Y$ であることと，$X\subset Y$ かつ $Y\subset X$ であることとは（論理的に）同値である．すなわち一方を仮定すればもう一方が導かれる．$X=Y$ を証明したいときには，$X\subset Y$ と $Y\subset X$ の両方を証明することが多い．

3) $X\subset Y$ で $X\neq Y$ のとき，$X\subsetneqq Y$ と書く．$X\subset Y$，$Y\subset Z$ なら明らかに $X\subset Z$ である．

ノート 流儀によっては $X\subset Y$ を $X\subseteqq Y$ と書き，$X\subsetneqq Y$ を $X\subset Y$ と書くこともあるので注意を要する．

0.1.3【**定義**】 1) 集合 X と集合 Y の少なくとも一方に属する元ぜんぶの集合を X と Y の**合併集合**または単に**合併**と言い，$X\cup Y$ と書く：$X\cup Y=\{a\,;\,a\in X$ または $a\in Y\}$．

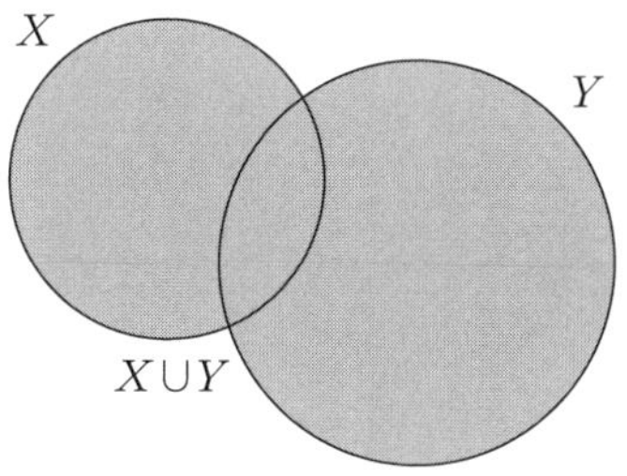

つぎの諸性質は明きらかだろう：

(a)　$X \subset X \cup Y$，$Y \subset X \cup Y$.

(b)　$X \cup Y = Y \cup X$.

(c)　$(X \cup Y) \cup Z = X \cup (Y \cup Z)$.

2)　集合 X と Y の両方に属する元ぜんぶの集合を X と Y の**共通部分**と言い，$X \cap Y$ と書く：$X \cap Y = \{a\,;\, a \in X$ かつ $a \in Y\}$.

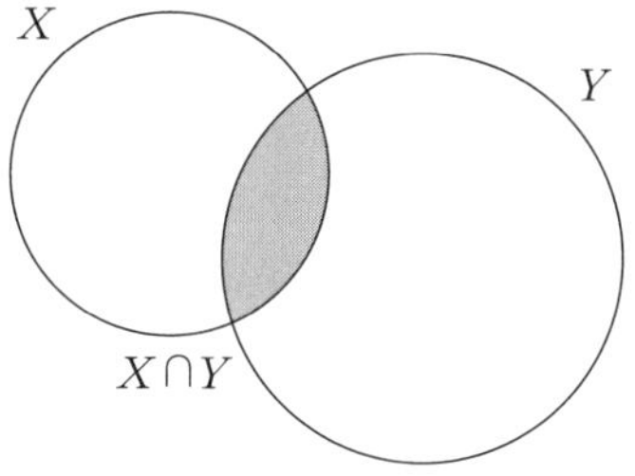

つぎの諸性質は明きらかだろう：

(a)　$X \cap Y \subset X$，$X \cap Y \subset Y$.

(b)　$X \cap Y = Y \cap X$.

(c)　$(X \cap Y) \cap Z = X \cap (Y \cap Z)$.

3)　命題　(a)　$X \cup (Y \cap Z) = (X \cup Y) \cap (X \cup Z)$.
　　　　　(b)　$X \cap (Y \cup Z) = (X \cap Y) \cup (X \cap Z)$.　｝分配法則

【証明】　(a) だけ証明する．(b) も同様にできる（試みよ）．式 (a) の左辺を U，右辺を V と書いて $U \subset V$ と $V \subset U$ を示せばよい．まず $a \in U$ と仮定すると $a \in X$ または $a \in Y \cap Z$．もし $a \in X$ なら $a \in X \cup Y$，$a \in X \cup Z$ だから $a \in V$ となる．もし $a \in Y \cap Z$ なら $a \in Y \subset X \cup Y$，$a \in Z \subset X \cup Z$ だから $a \in V$．ゆえに，$U \subset V$．つぎに $a \in V$ と仮定すると $a \in X \cup Y$ かつ $a \in X \cup Z$．もし $a \in X$ なら $a \in X \cup (Y \cap Z) = U$．もし $a \notin X$ なら $a \in Y$ かつ $a \in$

(a) の図

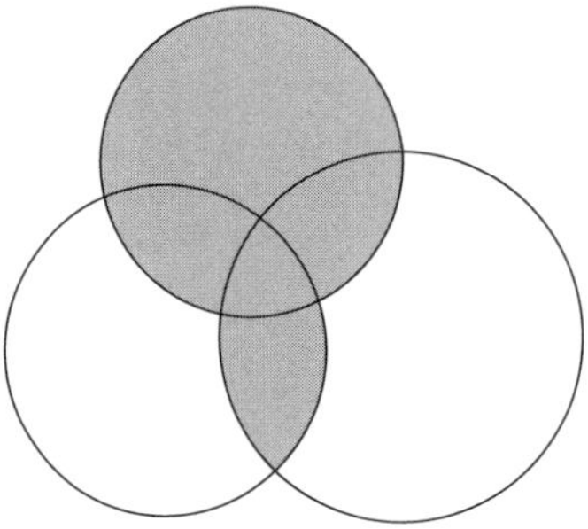

(b) の図

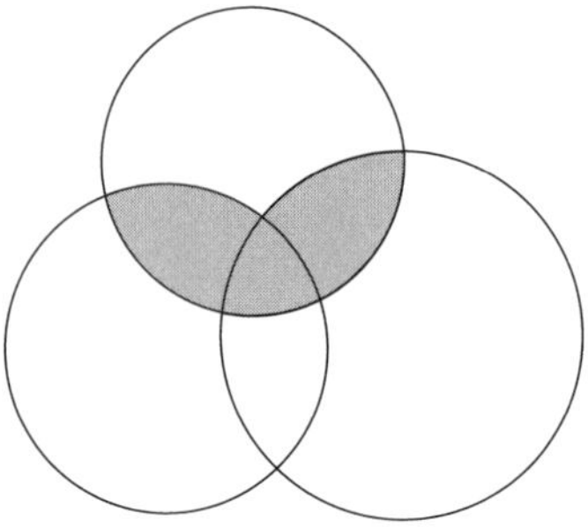

Z だから $a \in Y \cap Z \subset U$ となって $V \subset U$. □

4) 記号 $X_1, X_2, \cdots, X_n$ が集合のとき，$X_1 \cup X_2 \cup \cdots \cup X_n$ を $\bigcup_{i=1}^{n} X_i$，$X_1 \cap X_2 \cap \cdots \cap X_n$ を $\bigcap_{i=1}^{n} X_i$ と書く．

0.1.4【定義】 1) X と Y が集合のとき，X の元 a と Y の元 b とのペア (a, b) たちぜんぶの集合を A と B の**積集合**または**直積**と言い，$X \times Y$ と書く：$X \times Y = \{(a, b)\,;\, a \in X$ かつ $b \in Y\}$.

ノート ふたつのペア (a, b) と (c, d) が等しいのは，$a = c$ かつ $b = d$ のときである．したがって (a, b) と (b, a) は一般に等しくなく，$X \times Y$ と $Y \times X$ も一般に等しくない．

2) $X_1, X_2, \cdots, X_n$ が集合のとき，$X_i (1 \leqq i \leqq n)$ の元 a_i たち n 個の組 $(a_1, a_2, \cdots, a_n)$ ぜんぶの集合を $X_1 \times X_2 \times \cdots \times X_n$ と書く．

$X_1 = X_2 = \cdots = X_n = X$ のとき，$X_1 \times X_2 \times \cdots \times X_n$ を X^n と書く．

$\boldsymbol{R}$ が実数体のとき，$\boldsymbol{R}^2$ は（座標系のある）平面を表わす．$\boldsymbol{R}^n$ は（実数体上の）n 次元空間を表わす．

●写像

写像は関数の概念を一般化したものである．

0.1.5【定義】 1) X と Y を集合とする．X の各元 x に対し，Y のある元を対応させる規則を X から Y への**写像**と言う．f が X から Y への写像

であることを

$$f : X \to Y$$

と書く．X の元 x に対し，規則 f によって決まる Y の元を $f(x)$ と書き，x の f による**像**と言う．X を f の**定義域**と言い，Y を f の**行くさき**と言う．行くさきは無駄に大きくてもいい．

X から X 自身への写像を X の**変換**と言う．とくに X の各元 x を x 自身に移す写像を，X の**恒等変換**と言い，I_X（または単に I）と書く．

2）例　実数体 $\boldsymbol{R}$ から $\boldsymbol{R}$ への写像は，実変数の実数値関数である．I が $\boldsymbol{R}$ の区間なら，I から $\boldsymbol{R}$ への写像は，I で定義された実数値関数である．

3）f を X から Y への写像とする．$f(x)=f(y)$ なら $x=y$ となるとき，f は**一対一**の写像であると言う．Y の任意の元 y に対して X の元 x で $f(x)=y$ となるものが存在するとき，f は X から Y の**上への**写像であると言う．

0.1.6【**定義**】 X，Y，Z を集合とする．f が Y から Z への写像，g が X から Y への写像のとき，x が X の元なら $g(x)$ は Y の元だから，Z の元 $f(g(x))$ が定まる．x に $f(g(x))$ を対応させる規則は X から Z への写像である．これを g と f の**合成写像**または**積**と言い，$f \circ g$ または単に fg と書く（順序に注意）．

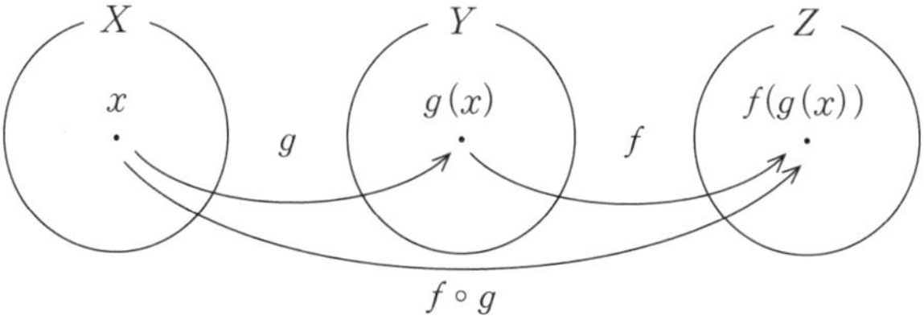

0.1.7【**命題**】（結合法則） X，Y，Z，W を集合とし，f を Z から W への写像，g を Y から Z への写像，h を X から Y への写像とする．このとき $f \circ g$ は Y から W への写像だから，X から W への写像 $(f \circ g) \circ h$ が定まる．同様に X から W への写像 $f \circ (g \circ h)$ も定義される．このふたつの写像：$X \to W$ は等しい．すなわち

$$(f\circ g)\circ h=f\circ(g\circ h).$$

【証明】 X の任意の 元 x に対し，合成写像の定義をくりかえし使うと，簡単な（しかし慣れないと分かりにくい）計算により，

$$\begin{aligned}[(f\circ g)\circ h](x)&=(f\circ g)[h(x)]=f[g\{f(x)\}]\\&=f[(g\circ h)(x)]=[f\circ(g\circ h)](x)\end{aligned}$$

となるから $(f\circ g)\circ h=f\circ(g\circ h)$．□

これは§1全体でただひとつの実質的命題であり，あとでやる行列の乗法の結合法則の証明を著るしく簡単にする．

0.1.8 **【定義】** X と Y を集合，f を X から Y の**上へ**の一対一写像とする．このとき，Y の任意の点 p に対して $f(x)=p$ となる X の元 x がただひとつ存在する．Y の各点 p にこの x を対応させると，Y から X への写像 g ができる．この g を f の**逆写像**と言い，f^{-1} と書く．すぐ分かるように $f^{-1}\circ f=I_X$，$f\circ f^{-1}=I_Y$ が成り立つ．ただし I_X と I_Y はそれぞれ X と Y の恒等変換である．

§1の問題

問題 1 A, B, C, D が集合のとき，つぎの等式は成りたつか．成り立つと思ったら証明し，成りたたないと思ったら反例をつくれ．

1) $(A\cup B)\times C=(A\times C)\cup(B\times C)$
2) $(A\cap B)\times C=(A\times C)\cap(B\times C)$
3) $(A\times B)\cup(C\times D)=(A\cup C)\times(B\cup D)$
4) $(A\times B)\cap(C\times D)=(A\cap C)\times(B\cap D)$

問題 2 有限集合 X の元の個数を $|X|$ と書く．有限集合 A，B に対してつぎの等式を証明せよ．

1) $|A\cup B|=|A|+|B|-|A\cap B|$
2) $|A\times B|=|A|\cdot|B|$

問題 3 f を X から Y への写像とする．A が X の部分集合のとき，A の元の f による像ぜんぶの集合 $\{f(x)\,;\,x\in A\}$ を A の f による**像集合**と言い，$f[A]$ と書く．A，B が X の部分集合のとき，つぎの等式は成りたつか，成りたつと思った

ら証明し，成りたたないと思ったら反例をつくれ．

1）　$f[A\cup B]=f[A]\cup f[B]$

2）　$f[A\cap B]=f[A]\cap f[B]$

問題 4　f を X から Y への写像とする．P が Y の部分集合のとき，X の元で $f(x)\in P$ となるもの全部の集合 $\{x\in X\,;\,f(x)\in P\}$ を P の f による**逆像**と言い，$f^{-1}[P]$ と書く（f^{-1} は一般には写像でなく，単独では意味をもたない）．P，Q が Y の部分集合のとき，つぎの等式は成りたつか．成りたつと思ったら証明し，成りたたないと思ったら反例をつくれ．

1）　$f^{-1}[P\cup Q]=f^{-1}[P]\cup f^{-1}[Q]$

2）　$f^{-1}[P\cap Q]=f^{-1}[P]\cap f^{-1}[Q]$

§2 複素数

複素数は基礎数学ぜんぶのなかでもっとも重要な概念のひとつと言うことができる．これを，方程式を解くために出てきてしまった虚数，すなわち想像上の数としてではなく，実在する平面上の点として定義する．

●複素数の定義

平面に正の向きの直交座標系があるとする．すなわち x 軸の正の向きから左に直角だけまわしたところに y 軸がある．点Pとその座標 (x,y) を同一視することにより，平面を $\boldsymbol{R}^2=\boldsymbol{R}\times\boldsymbol{R}$ と同一視する（$\boldsymbol{R}$ は実数体）．そこにつぎのようなふたつの算法（加法と乗法）を定義する．

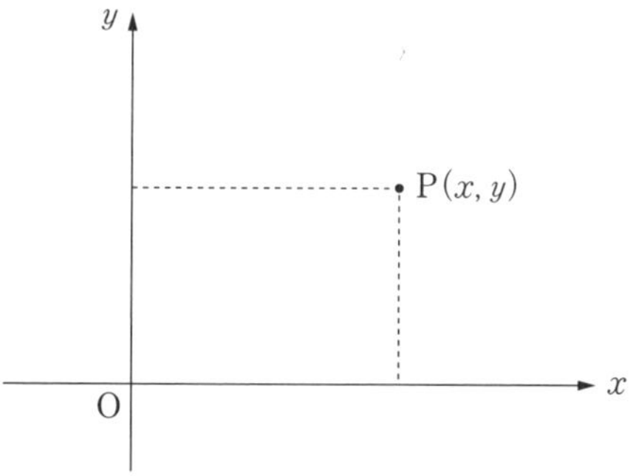

0.2.1【定義】　$\boldsymbol{R}^2$ の元 $\alpha=(x,y)$ と $\beta=(u,v)$ に対し，

$$\alpha+\beta=(x+u,\,y+v),$$
$$\alpha\beta=(xu-yv,\,xv+yu)$$

と定義する．この算法をそなえた集合 $\boldsymbol{R}^2$ を**複素数体**と言い，$\boldsymbol{C}$ と書く．$\boldsymbol{C}$ の元を**複素数**と言う．

(ノート) 和の定義は成分ごとに足すので，ごく自然である．積の定義は技巧的で不自然にみえるかもしれない．しかし，すぐあとで述べるように，(x, y) のイメージは，$x+\sqrt{-1}y$ なので，形式的に計算して $(\sqrt{-1})^2=-1$ を代入すると，上記の定義になる．実際

$$\begin{aligned}(x+\sqrt{-1}y)(u+\sqrt{-1}v) &= xu+x\sqrt{-1}v+\sqrt{-1}yu+(\sqrt{-1})^2yv \\ &= (xu-yv)+\sqrt{-1}(xv+yu).\end{aligned}$$

0.2.2【**命題**】(演算法則)　複素数 $\alpha=(x, y)$，$\beta=(u, v)$，$\gamma=(s, t)$ に対してつぎの演算法則が成りたつ．

1) $\alpha+\beta=\beta+\alpha$ (加法の交換法則).
2) $(\alpha+\beta)+\gamma=\alpha+(\beta+\gamma)$ (加法の結合法則).
3) $\alpha\beta=\beta\alpha$ (乗法の交換法則).
4) $(\alpha\beta)\gamma=\alpha(\beta\gamma)$ (乗法の結合法則).
5) $\alpha(\beta+\gamma)=\alpha\beta+\alpha\gamma$ (分配法則).

【**証明**】 1) 2) はすぐに分かる．3) 以下は計算するしかない．いちばん複雑な 4) だけを示す．

$$\begin{aligned}(\alpha\beta)\gamma &= ((xu-yv)s-(xv+yu)t, (xu-yv)t+(xv+yu)s) \\ &= (xus-yvs-xvt-yut, xut-yvt+xvs+yus) \\ &= (x(us-vt)-y(vs+ut), x(ut+vs)+y(us-vt)) \\ &= \alpha(\beta\gamma).\ \square\end{aligned}$$

0.2.3【**定義**】

1)
$$(0, 0)+(x, y)=(x, y)+(0, 0)=(x, y),$$
$$(1, 0)\cdot(x, y)=(x, y)\cdot(1, 0)=(x, y)$$

が成り立つ．$(0, 0)$ を加法の**単位元**，$(1, 0)$ を乗法の**単位元**と言う．$(-x, -y)$ を加法に関する (x, y) の**逆元**と言う：$(x, y)+(-x, -y)=(0, 0)$．つぎに $(x, y)\neq(0, 0)$ のとき，$\left(\frac{x}{x^2+y^2}, \frac{-y}{x^2+y^2}\right)$ を乗法に関す

る (x, y) の逆元と言う：$(x, y)\cdot\left(\dfrac{x}{x^2+y^2}, \dfrac{-y}{x^2+y^2}\right)=(1, 0)$（確かめよ）．

ノート　こうして，複素数どうしで自由に加減乗除ができることが分かった（$(0, 0)$ で割ることを除く）．こういう性質をもつ数学的対象を一般に**体**（たい）と呼ぶのである．これが複素数体という呼称の根拠である．有理数ぜんぶの集合を $\boldsymbol{Q}$ と書くと，通常の算法によって $\boldsymbol{Q}$ も体である．われわれは三つの体 $\boldsymbol{Q}$，$\boldsymbol{R}$，$\boldsymbol{C}$ を知ったことになる．**今後，単に数と言ったら，それは複素数を意味する．**

2）　実数 x に複素数 $(x, 0)$ を対応させることにより，実数を特別な複素数とみなす．

$$(x, 0)+(y, 0)=(x+y, 0), \qquad (x, 0)\cdot(y, 0)=(xy, 0)$$

だから，複素数の算法は実数の算法を延長したものである．以後 $(x, 0)$ を単に x と書き，$\boldsymbol{R}$ を $\boldsymbol{C}$ の部分集合とみなす．

3）　複素数 $z=(x, y)$ に対し，x を z の**実数部分**または**実部**，y を z の**虚数部分**または**虚部**と言い，それぞれ $x=\mathscr{R}z$，$y=\mathscr{I}z$ と書く．x も y も実数である．虚数部分が 0 である複素数が実数である．虚数部分が 0 でない複素数を**虚数**，実数部分が 0 である虚数を**純虚数**と言う．

純虚数 $(0, 1)$ を**虚数単位**と言い，i と書く（18 世紀のオイラー以来の書法）．$i^2=-1$ である．任意の複素数 (x, y) は $x+iy$ と書ける．実際，

$$x+iy=(x, 0)+(0, 1)(y, 0)=(x, 0)+(0, y)=(x, y).$$

今後は記号 (x, y) を使わず，原則として $x+iy$（x, y は実数）と書く．

●複素平面

0.2.4【定義】 1）　もともと複素数体 $\boldsymbol{C}$ は平面 $\boldsymbol{R}^2=\boldsymbol{R}\times\boldsymbol{R}$ だった．この平面を**複素平面**と言う．複素平面の x 軸を**実軸**，y 軸を**虚軸**と言う．複素数 z，w を複素平面の点（または原点を始点とするベクトルすなわち矢印）で表わすと，和 $z+w$ はふたつのベクトル $\overrightarrow{0z}$ と $\overrightarrow{0w}$ の和，すなわち 0，z，w を頂点にもつ平行四辺形の第 4 の頂点である．

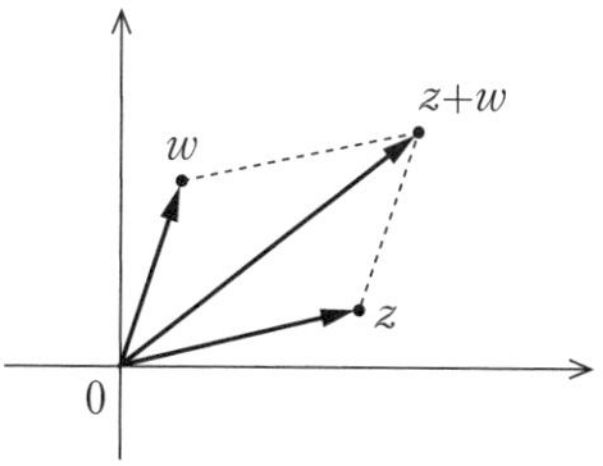

2）　複素数 $z=x+iy\,(x, y\in\boldsymbol{R})$ に対し，

$x-iy$ を z の**共役複素数**と言い，$\bar{z}$ と書く．これについて三つの等式

$$\bar{\bar{z}}=z,\quad \overline{z+w}=\bar{z}+\bar{w},\quad \overline{zw}=\bar{z}\,\bar{w}$$

が成りたつ．最後の式だけ証明しよう．$z=x+iy$，$w=u+iv$ なら，

$$\bar{z}\,\bar{w}=(x-iy)(u-iv)=(xu-yv)-i(xv+yu)=\overline{zw}.$$

3)　$z+\bar{z}=2x$ は実数であり，$z\bar{z}=x^2+y^2$ は正の実数，または 0（$z=0$ のときだけ）である．$z\bar{z}$ の負でない平方根を z の**絶対値**と言い，$|z|$ と書く．$|z|$ は複素平面のベクトル $\overrightarrow{0z}$ の長さである．当然

$$|z+w|\leqq|z|+|w|\quad（三角不等式）$$

が成りたつ．

$|z-w|$ は 2 点 z，w のあいだの距離である．絶対値が $r\,(r>0)$ であるような複素数ぜんぶの集合 $\{z\in \boldsymbol{C}\,;\,|z|=r\}$ は，原点を中心とする半径 r の円周である．とくに絶対値が 1 の複素数ぜんぶの集合を**単位円**，または**単位円周**と言う．

0.2.5【**定義**】 1)　$z\neq 0$ のとき，ベクトル $\overrightarrow{0z}$ の，実軸から左まわりの角 θ を z の**偏角**と言う．偏角は一意には定まらない．θ が z の偏角なら，任意の整数 k に対して $\theta+2\pi k$（π は円周率 3.14…）も z の偏角である．なお，本書を通じて角は弧度法ではかる．いわゆるラジアンであり，直角が $\frac{\pi}{2}$ である．

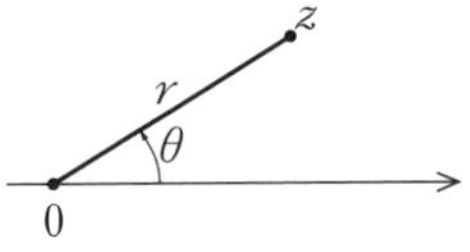

2)　0 でない複素数 $z=x+iy\,(x,y\in\boldsymbol{R})$ の絶対値を r，偏角を θ とすると，$x=r\cos\theta$，$y=r\sin\theta$ だから，

$$z=r(\cos\theta+i\sin\theta)$$

と書ける（θ は一意に定まらないが，$\cos\theta$ や $\sin\theta$ は一意に定まることに注意）．この右辺を複素数 z の**極表示**と言う．

もうひとつの 0 でない複素数 w の絶対値が s，偏角が φ ならば，

$$zw=r(\cos\theta+i\sin\theta)\,s(\cos\varphi+i\sin\varphi)$$

$$= rs[(\cos\theta\cos\varphi - \sin\theta\sin\varphi) + i(\cos\theta\sin\varphi + \sin\theta\cos\varphi)]$$
$$= rs[\cos(\theta+\varphi) + i\sin(\theta+\varphi)]$$

となり，積 zw の絶対値はそれぞれの絶対値の積であり，偏角はそれぞれの偏角の和である．

3）上の式で $zw=1$ とすると $rs=1$ であり，$\theta+\varphi=2\pi k$ $(k\in\boldsymbol{Z})$ と書けるので，

$$\frac{1}{z} = z^{-1} = r^{-1}[\cos(-\theta) + i\sin(-\theta)]$$

が得られる．つぎに $z=w$ として $z^2=r^2(\cos 2\theta + i\sin 2\theta)$ となるから，帰納法によって簡単に

$$z^n = r^n(\cos n\theta + i\sin n\theta) \quad (n\in\boldsymbol{Z})$$

が得られる．ただし，$z^{-n}=\frac{1}{z^n}$，$z^0=1$．

一方 $z^n=[r(\cos\theta+i\sin\theta)]^n$ だから，つぎの**ドモワヴルの等式**

$$(\cos\theta + i\sin\theta)^n = \cos n\theta + i\sin n\theta \quad (n\in\boldsymbol{Z})$$

が得られる．

4）複素数 $z=r(\cos\theta+i\sin\theta)$ に絶対値 1 の複素数 $\cos\alpha+i\sin\alpha$ を掛けることは，ベクトル $\overrightarrow{0z}$ を角 α だけ左へまわすことを意味する．一般の複素数 $w=s(\cos\alpha+i\sin\alpha)$ を掛けるには，まず角 α だけまわしてから，絶対値を s 倍すればよい．またはまず絶対値を s 倍してから，角 α だけまわせばよい．

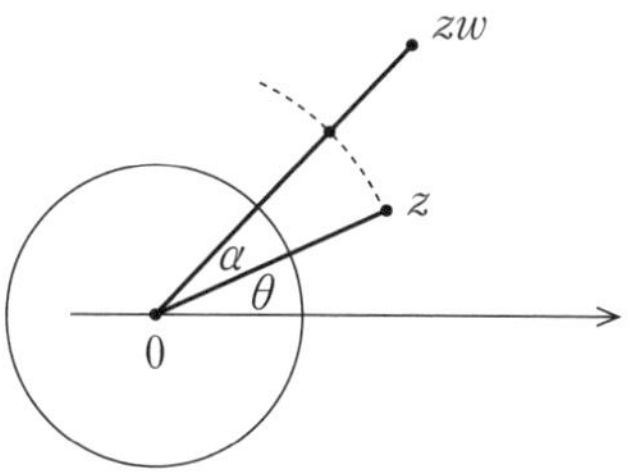

5）単位円周上に，偏角が $\frac{2\pi k}{n}$ $(k\in\boldsymbol{Z}, 0\leqq k\leqq n-1)$ の複素数が n 個ある．

それらは

$$\cos\frac{2\pi k}{n}+i\sin\frac{2\pi k}{n}$$

であり，どれも n 乗すると 1 になる（1 の n 乗根）．とくに

$\alpha=\cos\dfrac{2\pi}{n}+i\sin\dfrac{2\pi}{n}$ とすると，$1, \alpha, \alpha^2, \cdots, \alpha^{n-1}$ が 1 の n 乗根の全部である（$n=5$ の場合の例示図を見よ）．

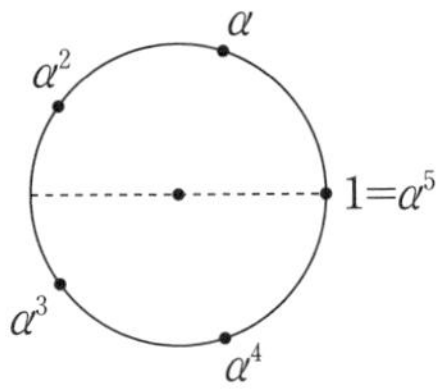

一般に $z=r(\cos\theta+i\sin\theta)$ $(r>0)$ の n 乗根も n 個ぜんぶ異なり，それらは

$$\sqrt[n]{r}\left(\cos\frac{\theta+2\pi k}{n}+i\sin\frac{\theta+2\pi k}{n}\right) \quad (0\leqq k\leqq n-1)$$

である．

複素係数の 2 次方程式がかならず解けることは知っているだろう（2 次方程式の解の公式）．実は複素係数の何次の方程式も，複素数の解をもつ（代数学の基本定理）．これの証明は付録にある．

§2 の問題

問題 1　つぎの複素数を $x+iy$ $(x, y\in\boldsymbol{R})$ の形に書け．

1）$(2+3i)(3-i)$　2）$\dfrac{2+i}{1-i}$　3）$\left(\dfrac{1+i}{1-i}\right)^3$　4）$(\sqrt{3}+i)^5$

5）$z^2=1+2\sqrt{2}\,i$ なる数 z

問題 2　つぎの方程式のすべての根（＝解）を求め，それらを図示せよ．

1）$z^3=i$　2）$z^5=-1$　3）$z^2-z+1=0$　4）$z^2+2i=0$

問題 3　$\alpha+\alpha^{-1}=2\cos\theta$ のとき，$\alpha^n+\alpha^{-n}$ を θ で表わせ（$n\in\boldsymbol{Z}$）．

問題 4　複素平面の 3 点すなわち 3 つの複素数 α，β，γ が，ある三角形の頂点であるとする．このとき $\dfrac{\alpha+\beta+\gamma}{3}$ は複素平面のどういう点を表わすか．

問題 5　z が単位円板 $\{z\,;\,|z|\leqq 1\}$ を動くとき，$z+2$ の偏角 $\theta(-\pi<\theta\leqq\pi)$ はどういう範囲を動くか．図示せよ．

問題 6　0 でないふたつの複素数 α と β の偏角が異なれば，狭義不等式 $|\alpha+\beta|<|\alpha|+|\beta|$ が成りたつことを示せ．

§3　実 3 次元空間 $\boldsymbol{R}^3$ の幾何学

実 2 次元空間 $\boldsymbol{R}^2$ の幾何学は繰りかえさない．3 次元についても大抵のことは知っているだろう．ここでは第 1 章の行列論に関連することがらだけを復習し，ひとつだけ新らしい概念を導入する．飛ばしてもいい．

また，この節に限って数はすべて実数である．

●ベクトル

0.3.1【解説】　ふつうベクトルは矢印ということになっている．ただし，向きと長さが同じふたつの矢印は，その位置に拘らず同じベクトルを表わす．空間のベクトルぜんぶの集合を $\boldsymbol{V}$ と書こう．われわれは空間 $\boldsymbol{V}$ にあらかじめ座標を入れ，$\boldsymbol{V}$ と $\boldsymbol{R}^3$ を同一視する．すなわち原点 O から点 P に向かう矢印（の表わすベクトル）を $\boldsymbol{a}=\overrightarrow{\mathrm{OP}}$ と書く．点 P の座標が (a_1, a_2, a_3) のとき，$\boldsymbol{V}$ のベクトル $\boldsymbol{a}=\overrightarrow{\mathrm{OP}}$ を P の**位置ベクトル**と言い，$\boldsymbol{R}^3$ の点 (a_1, a_2, a_3) と同一視する．ただし第 1 章以後の記号法に合わせて，ベクトルは原則としてタテに書く：$\boldsymbol{a}=\begin{pmatrix}a_1\\a_2\\a_3\end{pmatrix}$．ベクトル $\begin{pmatrix}0\\0\\0\end{pmatrix}$ を $\boldsymbol{0}$ と書く．

座標は直交座標系である．ときにはそれが**正の向き**，言いかえれば**右手系**であることも要請する．すなわち右手をひろげたとき，親指が x 軸（の正方向），人さし指が y 軸（の正方向）なら，中指が z 軸の正方向である．

0.3.2【解説】　ベクトルの線型算法（加法と実数倍）は周知だろう：

$\boldsymbol{a}=\begin{pmatrix} a_1 \\ a_2 \\ a_3 \end{pmatrix}$, $\boldsymbol{b}=\begin{pmatrix} b_1 \\ b_2 \\ b_3 \end{pmatrix}$で c が実数なら $\boldsymbol{a}+\boldsymbol{b}=\begin{pmatrix} a_1+b_1 \\ a_2+b_2 \\ a_3+b_3 \end{pmatrix}$, $c\boldsymbol{a}=\begin{pmatrix} ca_1 \\ ca_2 \\ ca_3 \end{pmatrix}$. 図形的には $\boldsymbol{a}=\overrightarrow{\mathrm{PQ}}$, $\boldsymbol{b}=\overrightarrow{\mathrm{QR}}$ のとき, $\boldsymbol{a}+\boldsymbol{b}=\overrightarrow{\mathrm{PR}}$ である.

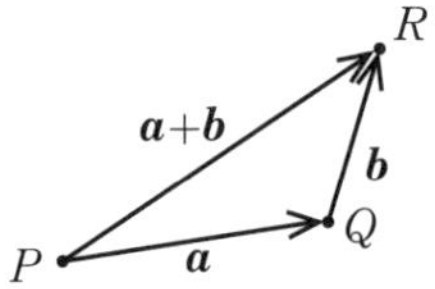

三つのベクトル $\boldsymbol{e}_1=\begin{pmatrix} 1 \\ 0 \\ 0 \end{pmatrix}$, $\boldsymbol{e}_2=\begin{pmatrix} 0 \\ 1 \\ 0 \end{pmatrix}$, $\boldsymbol{e}_3=\begin{pmatrix} 0 \\ 0 \\ 1 \end{pmatrix}$を $\boldsymbol{V}$ の**単位ベクトル**と言う. 任意のベクトル $\boldsymbol{a}=\begin{pmatrix} a_1 \\ a_2 \\ a_3 \end{pmatrix}$は　$\boldsymbol{a}=a_1\boldsymbol{e}_1+a_2\boldsymbol{e}_2+a_3\boldsymbol{e}_3$ と書ける.

0.3.3【解説】 ベクトル $\boldsymbol{a}$ の長さを $\|\boldsymbol{a}\|$ と書く. これを**ノルム**とも言う. $\boldsymbol{a}=\begin{pmatrix} a_1 \\ a_2 \\ a_3 \end{pmatrix}$なら, ピタゴラスの定理を 2 回使うことにより,
$\|\boldsymbol{a}\|=\sqrt{{a_1}^2+{a_2}^2+{a_3}^2}$ となる.

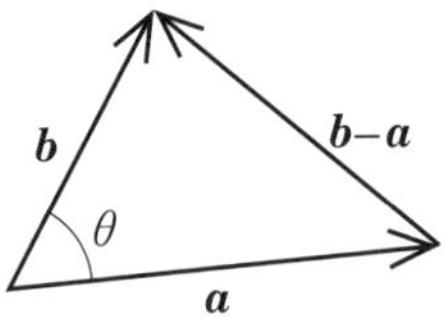

$\mathbf{0}$ でないふたつのベクトル $\boldsymbol{a}$, $\boldsymbol{b}$ の交角を $\theta(0\leqq\theta\leqq\pi)$ とすると, 三角形の余弦定理により (上図),

$$\|\boldsymbol{a}\|\cdot\|\boldsymbol{b}\|\cos\theta=\frac{1}{2}(\|\boldsymbol{a}\|^2+\|\boldsymbol{b}\|^2-\|\boldsymbol{b}-\boldsymbol{a}\|^2)$$

が成り立つ. この等しい両辺をふたつのベクトル $\boldsymbol{a}$ と $\boldsymbol{b}$ の**内積**と言い, $(\boldsymbol{a}|\boldsymbol{b})$

と書く（本によって記号が異なるかもしれない）. $\boldsymbol{a}=\begin{pmatrix} a_1 \\ a_2 \\ a_3 \end{pmatrix}$, $\boldsymbol{b}=\begin{pmatrix} b_1 \\ b_2 \\ b_3 \end{pmatrix}$ のとき，計算すればすぐ分かるように，$(\boldsymbol{a}\,|\,\boldsymbol{b})=a_1b_1+a_2b_2+a_3b_3$ である．当然 $\cos\theta=\dfrac{(\boldsymbol{a}\,|\,\boldsymbol{b})}{\|\boldsymbol{a}\|\cdot\|\boldsymbol{b}\|}$ だから，$\boldsymbol{a}$ と $\boldsymbol{b}$ が直交する $(\cos\theta=0)$ のは $(\boldsymbol{a}\,|\,\boldsymbol{b})=0$ の場合である．

明らかにつぎの不等式が成り立つ：

$$|(\boldsymbol{a}\,|\,\boldsymbol{b})|\leqq\|\boldsymbol{a}\|\cdot\|\boldsymbol{b}\| \quad \text{（シュヴァルツの不等式）},$$

$$\|\boldsymbol{a}+\boldsymbol{b}\|\leqq\|\boldsymbol{a}\|+\|\boldsymbol{b}\| \quad \text{（三角不等式）}.$$

例として，平行でない二本のベクトル $\boldsymbol{a}$, $\boldsymbol{b}$ の張る平行四辺形の面積 S を長さと内積で表わそう．$\boldsymbol{a}$ と $\boldsymbol{b}$ の交角を $\theta(0<\theta<\pi)$ とすると
$S=\|\boldsymbol{a}\|\cdot\|\boldsymbol{b}\|\sin\theta$ だから

$$S^2=\|\boldsymbol{a}\|^2\|\boldsymbol{b}\|^2(1-\cos^2\theta)=\|\boldsymbol{a}\|^2\|\boldsymbol{b}\|^2-(\boldsymbol{a}\,|\,\boldsymbol{b})^2,$$

$$S=\sqrt{\|\boldsymbol{a}\|^2\|\boldsymbol{b}\|^2-(\boldsymbol{a}\,|\,\boldsymbol{b})^2}.$$

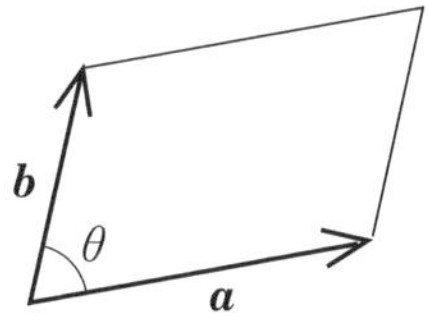

●1 次方程式

0.3.4【解説】 3 次元空間 $\boldsymbol{R}^3$ において 1 次方程式

$$ax+by+cz=d \tag{1}$$

を考える．ただし $(a, b, c)\neq(0, 0, 0)$ とする．これの解ぜんぶの集合は $\boldsymbol{R}^3$ のなかの 1 枚の平面，解平面（S）を表わす．たとえば $a\neq0$ と仮定すると，

$$x=\frac{d}{a}-\frac{b}{a}y-\frac{c}{a}z$$

という式が得られる．これが方程式（1）の解の公式である．ここで y, z に任意の実数を代入して得られる

$$\left(\frac{d}{a}-\frac{b}{a}y-\frac{c}{a}z, y, z\right)$$

が (1) の任意の解を表わす．

$\boldsymbol{a}, \boldsymbol{b}$ が (1) の解平面 (S) 上の平行でないふたつのベクトルのとき，(S) のひとつの点 P_0 をとって，$\boldsymbol{x}_0=\overrightarrow{\mathrm{OP}_0}$ とすると，(S) の任意の点 P のベクトル $\boldsymbol{x}=\overrightarrow{\mathrm{OP}}$ は

$$\boldsymbol{x}=\boldsymbol{x}_0+t\boldsymbol{a}+s\boldsymbol{b} \quad (t, s\in\boldsymbol{R})$$

と書ける．これも方程式を解いた形であり，解平面 (S) の**パラメーター表示**と呼ばれる．

0.3.5【解説】 つぎにふたつの1次方程式の系

$$\left.\begin{aligned} ax+by+cz&=d \\ a'x+b'y+c'z&=d' \end{aligned}\right\} \qquad (2)$$

を考える．ただし，ふたつの式の定める平面は平行でないとする．すなわち $\begin{pmatrix} a \\ b \\ c \end{pmatrix}$ と $\begin{pmatrix} a' \\ b' \\ c' \end{pmatrix}$ は平行でないとする．

このとき，(2) のふたつの式がそれぞれ定める解平面の共通部分は一本の直線 (l) である．これが1次方程式系 (2) の解直線である．たとえば，$ab'-a'b\neq 0$ と仮定すると，

$$\left.\begin{aligned} ab'x+bb'y+cb'z&=db' \\ a'bx+b'by+c'bz&=d'b \end{aligned}\right\} \text{から}$$

$$(ab'-a'b)x+(cb'-c'b)z=db'-d'b,$$

$$x=\frac{db'-d'b}{ab'-a'b}-\frac{cb'-c'b}{ab'-a'b}z \qquad (3\text{-}1)$$

が得られ，同様の計算から

$$y=\frac{ad'-a'd}{ab'-a'b}-\frac{ac'-a'c}{ab'-a'b}z \qquad (3\text{-}2)$$

が得られる．これが方程式系 (2) の解の公式である．

解直線 (l) に沿う $\boldsymbol{0}$ でないベクトル $\boldsymbol{a}$ をとり，(l) 上の一点 P_0 をとって $\boldsymbol{x}_0=\overrightarrow{\mathrm{OP}_0}$ とすると，(l) 上の任意の点 P のベクトル $\overrightarrow{\mathrm{OP}}$ は

$$\boldsymbol{x}=\boldsymbol{x}_0+t\boldsymbol{a} \quad (t\in\boldsymbol{R})$$

と書ける．これは方程式系 (2) を解いた形であり，解直線 (l) の**パラメータ**

一表示と呼ばれる.

(ノート) この項の幾何学的内容は直観的理解だけでいい. あとで一般的な1次方程式系, すなわち n 個の未知数に関する m 個の複素係数1次方程式の系 (n, m は任意の自然数) に関する完全な理論を学ぶ.

●ベクトル積

この項では座標系は右手系とする.

0.3.6【命題】 3次元空間 $\boldsymbol{V}=\boldsymbol{R}^3$ の $\boldsymbol{0}$ でないふたつのベクトル $\boldsymbol{a}$ と $\boldsymbol{b}$ が平行でないとする. このとき, つぎの三性質をもつベクトル $\boldsymbol{c}$ がちょうど1本存在する:

1) $\boldsymbol{c}$ は $\boldsymbol{a}$ とも $\boldsymbol{b}$ とも直交する.
2) $\boldsymbol{c}$ の長さは $\boldsymbol{a}$, $\boldsymbol{b}$ の張る平行四辺形の面積に等しい.
3) $\boldsymbol{a}$, $\boldsymbol{b}$, $\boldsymbol{c}$ は右手系をなす.

【証明】 $\boldsymbol{a}$, $\boldsymbol{b}$ の張る平面と直交し, 与えられた長さをもつベクトルは2本ある. その一方 $\boldsymbol{c}$ に対して $\boldsymbol{a}$, $\boldsymbol{b}$, $\boldsymbol{c}$ は右手系である (もう一方は左手系). □

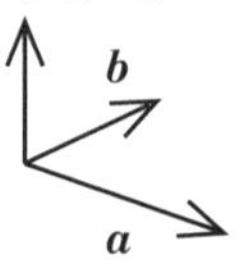

0.3.7【定義】 上の命題で決まる $\boldsymbol{c}$ を $\boldsymbol{a}$ と $\boldsymbol{b}$ の**ベクトル積**と言い, $\boldsymbol{a}\times\boldsymbol{b}$ と書く. $\boldsymbol{a}$ と $\boldsymbol{b}$ が平行のときは $\boldsymbol{a}\times\boldsymbol{b}=\boldsymbol{0}$ と定める (一方が $\boldsymbol{0}$ の場合も含む).

0.3.8【命題】 $\boldsymbol{a}=\begin{pmatrix} a_1 \\ a_2 \\ a_3 \end{pmatrix}$, $\boldsymbol{b}=\begin{pmatrix} b_1 \\ b_2 \\ b_3 \end{pmatrix}$ なら $\boldsymbol{a}\times\boldsymbol{b}=\begin{pmatrix} a_2b_3-a_3b_2 \\ a_3b_1-a_1b_3 \\ a_1b_2-a_2b_1 \end{pmatrix}$.

【証明】 $\boldsymbol{c}=\begin{pmatrix} a_2b_3-a_3b_2 \\ a_3b_1-a_1b_3 \\ a_1b_2-a_2b_1 \end{pmatrix}$ として, $\boldsymbol{c}$ が $\boldsymbol{a}\times\boldsymbol{b}$ の三条件をみたすことを示す.

1) $(\boldsymbol{a}\,|\,\boldsymbol{c})=a_1(a_2b_3-a_3b_2)+a_2(a_3b_1-a_1b_3)+a_3(a_1b_2-a_2b_1)=0$. 同様に $(\boldsymbol{b}\,|\,\boldsymbol{c})=0$.

2)　$\boldsymbol{a}$ と $\boldsymbol{b}$ の張る平行四辺形の面積 S は解説 0.3.3 の最後の例によって $S^2=\|\boldsymbol{a}\|^2\|\boldsymbol{b}\|^2-(\boldsymbol{a}|\boldsymbol{b})^2$ である．これが $\|\boldsymbol{c}\|^2$ に等しいことを示す．

$$\begin{aligned}\|\boldsymbol{a}\|^2\|\boldsymbol{b}\|^2-(\boldsymbol{a}|\boldsymbol{b})^2&=(a_1{}^2+a_2{}^2+a_3{}^2)(b_1{}^2+b_2{}^2+b_3{}^2)-(a_1b_1+a_2b_2+a_3b_3)^2\\&=a_1{}^2b_1{}^2+a_1{}^2b_2{}^2+a_1{}^2b_3{}^2+a_2{}^2b_1{}^2+a_2{}^2b_2{}^2+a_2{}^2b_3{}^2+a_3{}^2b_1{}^2+a_3{}^2b_2{}^2+a_3{}^2b_3{}^2\\&\quad-a_1{}^2b_1{}^2-a_2{}^2b_2{}^2-a_3{}^2b_3{}^2-2a_1a_2b_1b_2-2a_1a_3b_1b_3-2a_2a_3b_2b_3\\&=(a_1b_2-a_2b_1)^2+(a_1b_3-a_3b_1)^2+(a_2b_3-a_3b_2)^2=\|\boldsymbol{c}\|^2.\end{aligned}$$

3)　$\boldsymbol{V}=\boldsymbol{R}^3$ の単位ベクトルを $\boldsymbol{e}_1, \boldsymbol{e}_2, \boldsymbol{e}_3$ とする（解説 0.3.2 を見よ）．$\boldsymbol{a}=\boldsymbol{e}_1$, $\boldsymbol{b}=\boldsymbol{e}_2$ のとき $\boldsymbol{c}=\boldsymbol{e}_1\times\boldsymbol{e}_2$ は明きらかに $\boldsymbol{e}_3$ である．ベクトルの組 $\boldsymbol{e}_1, \boldsymbol{e}_2, \boldsymbol{e}_3$ から連続的に $\boldsymbol{a}, \boldsymbol{b}, \boldsymbol{c}$ まで，$\boldsymbol{a}$ と $\boldsymbol{b}$ が平行にならないように移す．すると $\boldsymbol{a}, \boldsymbol{b}, \boldsymbol{c}$ は右手系のまま移る．なぜなら，もし途中で左手系に変わったとすると，その瞬間 $\boldsymbol{c}$ の長さは 0 になり（中間値の定理），$\boldsymbol{a}$ と $\boldsymbol{b}$ が平行でないという仮定に反する．よって $\boldsymbol{a}, \boldsymbol{b}, \boldsymbol{c}$ は右手系であり，$\boldsymbol{c}$ は三条件をみたした．□

0.3.9【命題】　つぎの等式は命題 0.3.8 によって簡単に確かめられる：

1)　$\boldsymbol{b}\times\boldsymbol{a}=-\boldsymbol{a}\times\boldsymbol{b}$.

2)　$c(\boldsymbol{a}\times\boldsymbol{b})=c\boldsymbol{a}\times\boldsymbol{b}=\boldsymbol{a}\times c\boldsymbol{b}$.

3)　$\boldsymbol{a}\times(\boldsymbol{b}+\boldsymbol{c})=(\boldsymbol{a}\times\boldsymbol{b})+(\boldsymbol{a}\times\boldsymbol{c})$,　　$(\boldsymbol{a}+\boldsymbol{b})\times\boldsymbol{c}=(\boldsymbol{a}\times\boldsymbol{c})+(\boldsymbol{b}\times\boldsymbol{c})$.

0.3.10【例】　1)　$\boldsymbol{V}$ 内の直線（l）がベクトル表示 $\boldsymbol{x}=\boldsymbol{x}_0+t\boldsymbol{a}\,(t\in\boldsymbol{R})$ で与えられているとし，直線外の一点 P のベクトルを $\boldsymbol{p}$ とする．P から（l）に下した垂線の足 Q のベクトルを $\boldsymbol{q}$ とするとき，$\boldsymbol{q}$ および垂線の長さ $\overline{\mathrm{PQ}}=\|\boldsymbol{p}-\boldsymbol{q}\|$ を求めよう．

【解】　$\boldsymbol{q}=\boldsymbol{x}_0+t\boldsymbol{a}$ と $(\boldsymbol{a}|\boldsymbol{p}-\boldsymbol{q})=0$ から $t=\dfrac{(\boldsymbol{a}|\boldsymbol{p}-\boldsymbol{x}_0)}{(\boldsymbol{a}|\boldsymbol{a})}$ となるから，

$\boldsymbol{q}=\boldsymbol{x}_0+\dfrac{(\boldsymbol{a}|\boldsymbol{p}-\boldsymbol{x}_0)}{(\boldsymbol{a}|\boldsymbol{a})}\boldsymbol{a}$. これが垂線の足である．つぎにピタゴラスの定理により，

$$\|\boldsymbol{p}-\boldsymbol{q}\|^2=\|\boldsymbol{p}-\boldsymbol{x}_0\|^2-\|\boldsymbol{q}-\boldsymbol{x}_0\|^2=\|\boldsymbol{p}-\boldsymbol{x}_0\|^2-\left\|\frac{(\boldsymbol{a}|\boldsymbol{p}-\boldsymbol{x}_0)}{(\boldsymbol{a}|\boldsymbol{a})}\boldsymbol{a}\right\|^2$$

$$=\frac{\|\boldsymbol{a}\|^2\|\boldsymbol{p}-\boldsymbol{x}_0\|^2-(\boldsymbol{a}\,|\,\boldsymbol{p}-\boldsymbol{x}_0)^2}{\|\boldsymbol{a}\|^2}.$$

これの正の平方根が垂線の長さの答えであるが，ベクトル積を使うと，§0.3.3 の最後の例によって，答えは $\|\boldsymbol{p}-\boldsymbol{q}\|=\dfrac{\|\boldsymbol{a}\times(\boldsymbol{p}-\boldsymbol{x}_0)\|}{\|\boldsymbol{a}\|}$ と書ける．

2)　$(\boldsymbol{a}\times\boldsymbol{b})\times\boldsymbol{c}=-(\boldsymbol{b}\,|\,\boldsymbol{c})\boldsymbol{a}+(\boldsymbol{a}\,|\,\boldsymbol{c})\boldsymbol{b}$ を証明しよう．両辺とも $\boldsymbol{V}$ の右手直交座標系の取りかたに関係しないから，単位ベクトル $\boldsymbol{e}_1, \boldsymbol{e}_2, \boldsymbol{e}_3$ を適当に選べば，

$$\boldsymbol{a}=a_1\boldsymbol{e}_1,\qquad \boldsymbol{b}=b_1\boldsymbol{e}_1+b_2\boldsymbol{e}_2,\qquad \boldsymbol{c}=c_1\boldsymbol{e}_1+c_2\boldsymbol{e}_2+c_3\boldsymbol{e}_3$$

となる．

$$\begin{aligned}(\boldsymbol{a}\times\boldsymbol{b})\times\boldsymbol{c}&=a_1b_2\boldsymbol{e}_3\times(c_1\boldsymbol{e}_1+c_2\boldsymbol{e}_2+c_3\boldsymbol{e}_3)=a_1b_2c_1\boldsymbol{e}_2-a_1b_2c_2\boldsymbol{e}_1\\&=-(\boldsymbol{b}\,|\,\boldsymbol{c})\boldsymbol{a}+(\boldsymbol{a}\,|\,\boldsymbol{c})\boldsymbol{b}.\end{aligned}$$

(ノート)　この節の内容のほとんどすべては n 次元空間 $\boldsymbol{R}^n$ についても適用する．しかしベクトル積だけは 3 次元に特有の概念であり，このあと本書で取りあげることはない．

§3 の問題

問題 1　平面 $(\boldsymbol{a}\,|\,\boldsymbol{x})=c$ と直線 $\boldsymbol{x}=\boldsymbol{p}+t\boldsymbol{b}\,(t\in\boldsymbol{R})$ が平行でないとき，その交点 $\boldsymbol{q}$ を求めよ．

問題 2　点 P（位置ベクトルが $\overrightarrow{\mathrm{OP}}=\boldsymbol{p}$）および平面 (S)：$(\boldsymbol{a}\,|\,\boldsymbol{x})=c$ に対し，P から (S) に下した垂線の足 $\boldsymbol{q}$ および P と (S) の最短距離 $\|\boldsymbol{p}-\boldsymbol{q}\|$ を求めよ．

問題 3　実数 a, b, c に対して $\|\boldsymbol{x}\|=a$，$\|\boldsymbol{y}\|=b$，$(\boldsymbol{x}\,|\,\boldsymbol{y})=c$ となるベクトル $\boldsymbol{x}, \boldsymbol{y}$ が存在するための条件を求めよ．

問題 4　$(\boldsymbol{a}\times\boldsymbol{b})\times\boldsymbol{c}+(\boldsymbol{b}\times\boldsymbol{c})\times\boldsymbol{a}+(\boldsymbol{c}\times\boldsymbol{a})\times\boldsymbol{b}=\boldsymbol{0}$ を示せ．

問題 5　$(\boldsymbol{a}\,|\,\boldsymbol{b}\times\boldsymbol{c})=(\boldsymbol{a}\times\boldsymbol{b}\,|\,\boldsymbol{c})$ を示せ．［ヒント］例 0.3.10 の 2) と同様に座標系を選ぶ．

序章末の問題

問題 1　A を有限集合とし，A の元の個数を n とする．A の部分集合ぜんぶ（A 自身や$\emptyset$も忘れずに）のつくる集合を $\boldsymbol{P}(A)$ と書く．$\boldsymbol{P}(A)$ も有限集合であることを示し，$\boldsymbol{P}(A)$ の元の個数を求めよ．

問題 2　n 個 $(n\geqq 2)$ の 0 でない複素数 $\alpha_1, \alpha_2, \cdots, \alpha_n$ に対して $\left|\sum_{k=1}^{n}\alpha_k\right|=\sum_{k=1}^{n}|\alpha_k|$ が成りたつためには，$\alpha_1, \alpha_2, \cdots, \alpha_n$ がすべて同じ偏角をもつことが必要十分であることを証明せよ．

問題 3　-1 以外の絶対値 1 の複素数は，ある実数 x によって $\dfrac{1+ix}{1-ix}$ と表わされることを示せ．

問題 4　虚数部分が正である複素数ぜんぶの集合 $\mathscr{H}=\{z\in \boldsymbol{C}\ ;\ \mathscr{I}z>0\}$ を上半平面と言う．$\mathscr{H}$ の元 z に $w=\dfrac{1+iz}{1-iz}$（分母は 0 にならない）を対応させる写像を φ とする．φ は $\mathscr{H}$ を単位円の内部 $\mathscr{D}=\{w\in\boldsymbol{C}\ ;\ |w|<1\}$ に洩れなく一対一に移すことを示せ．逆写像 φ^{-1} の形を求めよ．

問題 5　点とその位置ベクトルを同一視する．三点 $\boldsymbol{a}, \boldsymbol{b}, \boldsymbol{c}$ が一直線上にないとき，この三点の張る平面（S）の点は $t\boldsymbol{a}+s\boldsymbol{b}+r\boldsymbol{c}\,(t+s+r=1)$ の形に一意的に書けることを示せ．

問題 6　n 個の点 $\boldsymbol{p}_1, \boldsymbol{p}_2, \cdots, \boldsymbol{p}_n$ からの距離の 2 乗の和が最小になる点を求めよ．

問題 7　1)　$[(\boldsymbol{a}\times\boldsymbol{b})\times\boldsymbol{a}]\times\boldsymbol{b}=\boldsymbol{0}$ となるのはどういう場合か．［ヒント］例 0.3.10 の 2)

2)　$(\boldsymbol{a}\times\boldsymbol{b}\,|\,\boldsymbol{c}\times\boldsymbol{d})=(\boldsymbol{a}\,|\,\boldsymbol{c})(\boldsymbol{b}\,|\,\boldsymbol{d})-(\boldsymbol{a}\,|\,\boldsymbol{d})(\boldsymbol{b}\,|\,\boldsymbol{c})$ を示せ．［ヒント］例 0.3.10 の 2) のように座標系を選ぶ．

第1章

行列論の基礎

§1　行列の定義と演算

●行列の定義

1.1.1【**定義**】 1)　自然数 m, n に対し，mn 個の数，すなわち複素数 a_{ij} $(1 \leqq i \leqq m, 1 \leqq j \leqq n)$ をタテ m 個，ヨコ n 個の方形に並べた表を，(m, n) 型または $m \times n$ 型の**行列**(matrix)と言う．これをひとつの大文字 A で表わそう：

$$A = \begin{pmatrix} a_{11} & a_{12} & \cdots & a_{1n} \\ a_{21} & a_{22} & \cdots & a_{2n} \\ \vdots & \vdots & & \vdots \\ a_{m1} & a_{m2} & \cdots & a_{mn} \end{pmatrix}.$$

実際にはここに並ぶものは必ずしも数でなくてよく，関数であってもいいし，単なる文字であってもいい．

こんなに簡単に，形式的に定義される概念である行列が，重要な意味をもつとは考えにくいかもしれない．しかし，行列は線型代数のもっとも中心的な概念である．

2)　行列 A を構成する mn 個の数を行列 A の**成分**と言う．とくに上から i 番目，左から j 番目の位置にある成分を A の (i, j) 成分と言う．ヨコに並んだ一筋を**行**，タテに並んだ一筋を**列**という．上から i 番目の行を第 i 行，左から j 番目の列を第 j 列と言う．

3)　行列 A の成分がすべて実数であるとき，A を**実行列**と言う．同様に**有理行列**，**整数行列**が定義される．

4)　上に書いた行列 A を (a_{ij}) と略記することがある．これは (i, j) 成分が a_{ij} であることを示す記号であるが，混同のおそれがあったり，意味がはっきりしなかったりする場合には，なるべく使わないほうがいい．

5)　ふたつの行列 A，B が等しいというのは，A と B が同じ型の行列であって，対応する成分がすべて等しいことである．このとき $A=B$ と書く．

6)　$(m,1)$ 型の行列，すなわち m 個の数をタテに並べた表を，**m 項列ベクトル**または m 項タテベクトルと言う．一般の行列と区別するため，列ベクトルは原則として太い小文字で表わす．たとえば

$$\boldsymbol{a}=\begin{pmatrix} a_1 \\ a_2 \\ \vdots \\ a_m \end{pmatrix}.$$

$(1,n)$ 型行列のことを **n 項行ベクトル**，または n 項ヨコベクトルと言う．便宜上，この本では単に**ベクトル**と言ったら列ベクトルを意味すると約束する．

(m,n) 型行列 $A=(a_{ij})$ の第 j 列だけをとると，これは m 項列ベクトルである．これを行列 A の**第 j 列ベクトル**と言う．

$$\boldsymbol{a}_1=\begin{pmatrix} a_{11} \\ a_{21} \\ \vdots \\ a_{m1} \end{pmatrix},\quad \boldsymbol{a}_2=\begin{pmatrix} a_{12} \\ a_{22} \\ \vdots \\ a_{m2} \end{pmatrix},\quad \cdots,\quad \boldsymbol{a}_n=\begin{pmatrix} a_{1n} \\ a_{2n} \\ \vdots \\ a_{mn} \end{pmatrix}$$

とするとき，

$$A=(\boldsymbol{a}_1\ \ \boldsymbol{a}_2\ \ \cdots\ \ \boldsymbol{a}_n)$$

と書くことがある．便利な表記法である．行列の第 i 行ベクトルも同様に定義される．

●行列の線型演算

1.1.2【**定義**】　1)　ふたつの (m,n) 型行列 A,B に対し，対応する場所にある成分の和を成分とする (m,n) 型行列を A と B の**和**と言い，$A+B$ と書く．

$$A=\begin{pmatrix} a_{11} & a_{12} & \cdots & a_{1n} \\ a_{21} & a_{22} & \cdots & a_{2n} \\ \vdots & \vdots & & \vdots \\ a_{m1} & a_{m2} & \cdots & a_{mn} \end{pmatrix}, \quad B=\begin{pmatrix} b_{11} & b_{12} & \cdots & b_{1n} \\ b_{21} & b_{22} & \cdots & b_{2n} \\ \vdots & \vdots & & \vdots \\ b_{m1} & b_{m2} & \cdots & b_{mn} \end{pmatrix}$$

なら,

$$A+B=\begin{pmatrix} a_{11}+b_{11} & a_{12}+b_{12} & \cdots & a_{1n}+b_{1n} \\ a_{21}+b_{21} & a_{22}+b_{22} & \cdots & a_{2n}+b_{2n} \\ \vdots & \vdots & & \vdots \\ a_{m1}+b_{m1} & a_{m2}+b_{m2} & \cdots & a_{mn}+b_{mn} \end{pmatrix}$$

である. この算法を(同じ型の)行列の**加法**と言い, 演算の結果を**和**と言う.

2) 数(複素数のこと) c に対し, (m, n) 型行列 A の各成分を c 倍して得られる (m, n) 型行列を A の c 倍と言い, cA (または Ac) と書く:

$$cA=\begin{pmatrix} ca_{11} & ca_{12} & \cdots & ca_{1n} \\ ca_{21} & ca_{22} & \cdots & ca_{2n} \\ \vdots & \vdots & & \vdots \\ ca_{m1} & ca_{m2} & \cdots & ca_{mn} \end{pmatrix}.$$

とくに $(-1)A$ を $-A$ と書き, $A+(-B)$ を $A-B$ と書く. この算法を行列の**スカラー倍**と言う. 加法とスカラー倍を合わせて線型算法と言う.

3) 成分がすべて0である (m, n) 型行列を (m, n) 型**ゼロ行列**と言い, $O_{m,n}$ と書く. $O_{n,n}$ のことを O_n とも書く. 混同のおそれのないときには, 単に O と書くこともある.

1.1.3【命題】 明きらかにつぎの演算法則が成りたつ (A, B, C は (m, n) 型行列, c, d は数).

$$(A+B)+C=A+(B+C). \qquad \text{(結合法則)}$$

$$A+B=B+A. \qquad \text{(交換法則)}$$

$$A+O=A, \quad A-A=O.$$

$$c(A+B)=cA+cB.$$

$$(c+d)A=cA+dA.$$

$$(cd)A=c(dA).$$

$$1A=A, \ 0A=O.$$

●**行列の乗法**

行列という概念の重要性は主としてその乗法にある．乗法があってこそ行列が線型代数の主役を演ずるのである．

1.1.4【定義】 A が (l,m) 型，B が (m,n) 型の行列のとき，その積 AB をつぎのように定義する：ABの (i,k) 成分は A の第 i 行を左から，B の第 k 列を上から順に見ていき，対応する成分の積（m 個ある）を足しあわせたものである（下図を見よ）．

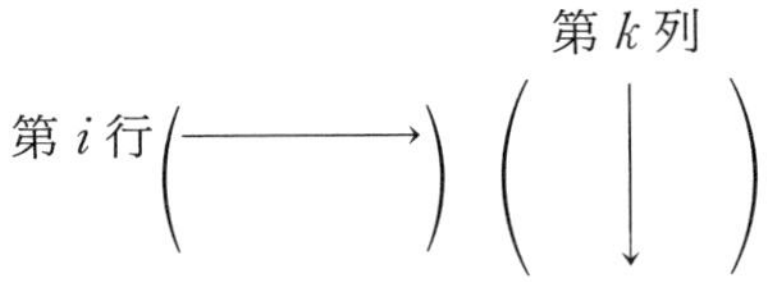

これを式で書くために A の (i,j) 成分を a_{ij}，B の (j,k) 成分を b_{jk} と書く：

$$A=\begin{pmatrix} a_{11} & a_{12} & \cdots & a_{1m} \\ a_{21} & a_{22} & \cdots & a_{2m} \\ \vdots & \vdots & & \vdots \\ a_{l1} & a_{l2} & \cdots & a_{lm} \end{pmatrix},\quad B=\begin{pmatrix} b_{11} & b_{12} & \cdots & b_{1n} \\ b_{21} & b_{22} & \cdots & b_{2n} \\ \vdots & \vdots & & \vdots \\ b_{m1} & b_{m2} & \cdots & b_{mn} \end{pmatrix}.$$

このとき AB の (i,k) 成分 $c_{ik}(1\leqq i\leqq l,\ 1\leqq k\leqq n)$ は

$$c_{ik}=\sum_{j=1}^{m} a_{ij}b_{jk}=a_{i1}b_{1k}+a_{i2}b_{2k}+\cdots+a_{im}b_{mk}.$$

ノート 1) この定義はやや技巧的に思えるかもしれない．しかしすぐあとでやるように，線型写像というものを行列に結びつけると，この定義はまったく自然であり，これ以外の定義は考えられない．

2) AB が定義されても，$l=n$ でないかぎり BA は定義されない．$l=m=n$ なら AB も BA も定義されて同じ型の行列になるが，それらは必ずしも一致しない．この，乗法の《非可換性》も行列の本質のひとつである．

1.1.5【練習】 つぎの行列の積を計算せよ．

1) $\begin{pmatrix} 1 & -2 & 2 \\ 3 & 0 & 1 \end{pmatrix}\begin{pmatrix} 2 & 1 & 2 \\ -1 & 0 & -2 \\ -1 & 1 & 3 \end{pmatrix}$ 2) $\begin{pmatrix} 1 & 3 & 2 \\ 6 & 1 & -2 \\ -1 & 1 & 0 \end{pmatrix}\begin{pmatrix} 2 \\ -1 \\ -2 \end{pmatrix}$

3) $\begin{pmatrix}1&2\\3&0\end{pmatrix}\begin{pmatrix}0&1\\2&3\end{pmatrix}$　4) $\begin{pmatrix}0&1\\2&3\end{pmatrix}\begin{pmatrix}1&2\\3&0\end{pmatrix}$　5) $(1\ 2\ 3)\begin{pmatrix}-3\\-2\\-1\end{pmatrix}$

6) $\begin{pmatrix}-3\\-2\\-1\end{pmatrix}(1\ 2\ 3)$　7) $\begin{pmatrix}1&i\\-i&1\end{pmatrix}\begin{pmatrix}1+i&0\\0&1-i\end{pmatrix}$ （i は虚数単位）

【答】 1) $\begin{pmatrix}2&3&12\\5&4&9\end{pmatrix}$　2) $\begin{pmatrix}-5\\15\\-3\end{pmatrix}$　3) $\begin{pmatrix}4&7\\0&3\end{pmatrix}$　4) $\begin{pmatrix}3&0\\11&4\end{pmatrix}$

5) (-10)　6) $\begin{pmatrix}-3&-6&-9\\-2&-4&-6\\-1&-2&-3\end{pmatrix}$　7) $\begin{pmatrix}1+i&1+i\\1-i&1-i\end{pmatrix}$

1.1.6 **【命題】** つぎの諸等式は明きらかだろう：

1) $B=(\boldsymbol{b}_1\ \boldsymbol{b}_2\ \cdots\ \boldsymbol{b}_n)$ なら $AB=(A\boldsymbol{b}_1\ A\boldsymbol{b}_2\ \cdots\ A\boldsymbol{b}_n)$.

2) $\left.\begin{array}{l}A(B+C)=AB+AC\\(A+B)C=AC+BC\end{array}\right\}$ （分配法則）.

3) $c(AB)=(cA)B=A(cB)$ （c は数）.

4) $AO=O$, $OA=O$. 正確には A が (l,m) 型のとき，任意の k,n に対して $AO_{m,n}=O_{l,n}$, $O_{k,l}A=O_{k,m}$.

1.1.7 **【命題】** A が (k,l) 型，B が (l,m) 型，C が (m,n) 型の行列のとき，$(AB)C=A(BC)$ （結合法則）が成り立つ.

【証明】 $A=(a_{pq}),B=(b_{qr}),C=(c_{rs})$ とする $(1\leqq p\leqq k,1\leqq q\leqq l,1\leqq r\leqq m,1\leqq s\leqq n)$. 積の定義によって AB の (p,r) 成分は $\sum_{q=1}^{l}a_{pq}b_{qr}$ だから，$(AB)C$ の (p,s) 成分は

$$\sum_{r=1}^{m}\left[\left(\sum_{q=1}^{l}a_{pq}b_{qr}\right)\cdot c_{rs}\right]=\sum_{q=1}^{l}\sum_{r=1}^{m}a_{pq}b_{qr}c_{rs}.$$

一方 BC の (q,s) 成分は $\sum_{r=1}^{m}b_{qr}c_{rs}$ だから，$A(BC)$ の (p,s) 成分は

$$\sum_{q=1}^{l}\left[a_{pq}\cdot\left(\sum_{r=1}^{m}b_{qr}c_{rs}\right)\right]=\sum_{q=1}^{l}\sum_{r=1}^{m}a_{pq}b_{qr}c_{rs}.$$

したがって $(AB)C=A(BC)$. □

(ノート) この証明は形式的で，ややごたついている．つぎの項で行列を線型写像なるものに結びつけ，きわめて自然な証明を与える．

1.1.8【定義】 1) (n, n) 型の行列を n 次**正方行列**，または単に n 次行列と言う．A が正方行列ならいつでも AA が定義される．これを A^2 と書く．命題1.1.7により，p 個の A の積 $A\cdot A\cdot\cdots\cdot A$ が定義される．これを A^p と書く．一般にこれを**累乗**と言う．

2) n 項列ベクトルでその第 i 成分だけが1，ほかはぜんぶ0であるものを（n 項の）第 i **単位ベクトル**と言い，$\boldsymbol{e}_i^{(n)}$ と書く．しかし混乱の恐れのないときには $\boldsymbol{e}_i$ と略記する：

$$\boldsymbol{e}_1=\begin{pmatrix}1\\0\\\vdots\\0\end{pmatrix},\quad \boldsymbol{e}_2=\begin{pmatrix}0\\1\\\vdots\\0\end{pmatrix},\quad \cdots,\quad \boldsymbol{e}_n=\begin{pmatrix}0\\0\\\vdots\\1\end{pmatrix}.$$

3) 自然数 i, j に対し，$i=j$ のとき $\delta_{ij}=1, i\neq j$ のとき $\delta_{ij}=0$ として記号 δ_{ij} を定義する．これを**クロネッカーのデルタ**と言う．

4) n 次正方行列 A の (i, j) 成分が δ_{ij} のとき，A を n 次**単位行列**と言い，E_n（または単に E）と書く：

$$E=\begin{pmatrix}1&0&\cdots&0\\0&1&\cdots&0\\\vdots&\vdots&\ddots&\vdots\\0&0&\cdots&1\end{pmatrix}=(\boldsymbol{e}_1\ \boldsymbol{e}_2\ \cdots\ \boldsymbol{e}_n).$$

E のスカラー倍 $cE(c\in\boldsymbol{C})$ を**スカラー行列**と言う．

5) 任意の n 次正方行列 A に対して $A^0=E$ と約束する．この定義によれば $O^0=E$ となるが，これで困ることはない．

1.1.9【命題】 1) A が (m, n) 型行列なら

$$AE_n=A,\qquad E_mA=A.$$

2)　$A=(\boldsymbol{a}_1\ \ \boldsymbol{a}_2\ \cdots\ \boldsymbol{a}_n)$ $(\boldsymbol{a}_j\in\boldsymbol{C}^m)$ なら $\boldsymbol{a}_j=A\boldsymbol{e}_j^{(n)}(1\leqq j\leqq n)$．よって $A=(A\boldsymbol{e}_1^{(n)}\ \ A\boldsymbol{e}_2^{(n)}\ \cdots\ A\boldsymbol{e}_n^{(n)})$．

証明略．

●線型写像としての行列

$\boldsymbol{C}$ は複素数体（定義 0.2.1），$\boldsymbol{R}$ は実数体（定義など 0.1.1）である．$\boldsymbol{C}^n$ は n 項列ベクトル，すなわち $(n,1)$ 型行列ぜんぶの集合である．この項では $\boldsymbol{C}$ を基礎にして話を進めるが，$\boldsymbol{C}$ をぜんぶ $\boldsymbol{R}$ に置きかえても定義や命題はそのまま通用する．どうしても複素数がピンとこない人は，とりあえず $\boldsymbol{C}$ をぜんぶ $\boldsymbol{R}$ に読みかえてもいい．

1.1.10【定義】　T を $\boldsymbol{C}^n$ から $\boldsymbol{C}^m$ への写像とする．$\boldsymbol{x}$ が $\boldsymbol{C}^n$ の元，すなわち n 項列ベクトルであるとき，T による $\boldsymbol{x}$ の行くさき $T(\boldsymbol{x})$ を $T\boldsymbol{x}$ とも書く．T がつぎの性質をもつとき，T を $\boldsymbol{C}^n$ から $\boldsymbol{C}^m$ への**線型写像**と言う：$\boldsymbol{C}^n$ の任意のベクトル $\boldsymbol{x}$，$\boldsymbol{y}$ および任意の数 a に対して

1)　$T(\boldsymbol{x}+\boldsymbol{y})=T\boldsymbol{x}+T\boldsymbol{y}$,

2)　$T(a\boldsymbol{x})=a(T\boldsymbol{x})$．

とくに $m=n$ のときには，T を $\boldsymbol{C}^n$ の**線型変換**と言う．

1.1.11【命題】　T と S を $\boldsymbol{C}^n$ から $\boldsymbol{C}^m$ への線型写像，a を数とする．T と S の和 $T+S$ および T の a 倍 aT（どっちも $\boldsymbol{C}^n$ から $\boldsymbol{C}^m$ への写像）を，$\boldsymbol{C}^n$ の任意の元 $\boldsymbol{x}$ に対して

$$(T+S)(\boldsymbol{x})=T\boldsymbol{x}+S\boldsymbol{x},$$
$$(aT)(\boldsymbol{x})=a\cdot T\boldsymbol{x}$$

として定義する．このとき写像 $T+S$ も aT も線型写像である．

【証明】　$\boldsymbol{x}$，$\boldsymbol{y}\in\boldsymbol{C}^n$ に対し，$(T+S)(\boldsymbol{x}+\boldsymbol{y})=T(\boldsymbol{x}+\boldsymbol{y})+S(\boldsymbol{x}+\boldsymbol{y})=(T\boldsymbol{x}+T\boldsymbol{y})+(S\boldsymbol{x}+S\boldsymbol{y})=(T\boldsymbol{x}+S\boldsymbol{x})+(T\boldsymbol{y}+S\boldsymbol{y})=(T+S)(\boldsymbol{x})+(T+S)(\boldsymbol{y})$．第 2 式の証明は省略する．□

1.1.12【命題】　S を $\boldsymbol{C}^n$ から $\boldsymbol{C}^m$ への線型写像，T を $\boldsymbol{C}^m$ から $\boldsymbol{C}^l$ への線型

写像とする．このとき合成写像 $T\circ S$ は $\boldsymbol{C}^n$ から $\boldsymbol{C}^l$ への線型写像である．

【証明】 $\boldsymbol{x}, \boldsymbol{y}\in \boldsymbol{C}^n$，$a\in \boldsymbol{C}$ に対し，$(T\circ S)(\boldsymbol{x}+\boldsymbol{y})=T[S(\boldsymbol{x}+\boldsymbol{y})]$ $=T(S\boldsymbol{x}+S\boldsymbol{y})=T(S\boldsymbol{x})+T(S\boldsymbol{y})=(T\circ S)(\boldsymbol{x})+(T\circ S)(\boldsymbol{y})$．
$(T\circ S)(a\boldsymbol{x})=T[S(a\boldsymbol{x})]=T(a\cdot S\boldsymbol{x})=a\cdot T(S\boldsymbol{x})=a\cdot(T\circ S)(\boldsymbol{x})$．□

ノート　合成写像 $T\circ S$ をしばしば TS と書く．

1.1.13【命題】 A を (m, n) 型行列とする．$\boldsymbol{C}^n$ の元，すなわち $(n, 1)$ 型行列 $\boldsymbol{x}$ に対して積 $A\boldsymbol{x}$ を対応させる写像を T_A と書く．T_A は $\boldsymbol{C}^n$ から $\boldsymbol{C}^m$ への線型写像である．これを**行列 A の定める線型写像**と言う．

【証明】 $\boldsymbol{x}, \boldsymbol{y}\in \boldsymbol{C}^n$, $c\in \boldsymbol{C}$ に対し，$T_A(\boldsymbol{x}+\boldsymbol{y})=A(\boldsymbol{x}+\boldsymbol{y})=A\boldsymbol{x}+A\boldsymbol{y}=T_A(\boldsymbol{x})+T_A(\boldsymbol{y})$．$T_A(c\boldsymbol{x})=A(c\boldsymbol{x})=c(A\boldsymbol{x})=c\cdot T_A(\boldsymbol{x})$．□

1.1.14【定理】 $\boldsymbol{C}^n$ から $\boldsymbol{C}^m$ への任意の線型写像 T に対し，ある (m, n) 型行列 A を選ぶと $T=T_A$，すなわち任意の $\boldsymbol{x}\in \boldsymbol{C}^n$ に対して $T\boldsymbol{x}=A\boldsymbol{x}$ が成り立つ．このような A はひとつしかない．

【証明】 $\boldsymbol{a}_j=T\boldsymbol{e}_j$ $(1\leqq j\leqq n)$ と置く（各 $\boldsymbol{a}_j$ は m 項列ベクトル）．$\boldsymbol{a}_1, \boldsymbol{a}_2, \cdots, \boldsymbol{a}_n$ を横に並べた (m, n)型行列を A とする：

$$A=(\boldsymbol{a}_1\ \ \boldsymbol{a}_2\ \ \cdots\ \ \boldsymbol{a}_n).$$

行列 A の定める線型写像を $T_A: \boldsymbol{C}^n\to \boldsymbol{C}^m$ とすれば，

$$T_A(\boldsymbol{e}_j)=A\boldsymbol{e}_j=\boldsymbol{a}_j=T\boldsymbol{e}_j \quad (1\leqq j\leqq n)$$

が成りたつ．$\boldsymbol{C}^n$ の任意のベクトル $\boldsymbol{x}=\begin{pmatrix} x_1 \\ x_2 \\ \vdots \\ x_n \end{pmatrix}$ は $\boldsymbol{x}=\sum_{j=1}^{n} x_j\boldsymbol{e}_j$ と書けるから，

$$T_A(\boldsymbol{x})=T_A\left(\sum_{j=1}^{n} x_j\boldsymbol{e}_j\right)=\sum_{j=1}^{n} x_jT_A(\boldsymbol{e}_j)=\sum_{j=1}^{n} x_jT(\boldsymbol{e}_j)=T\left(\sum_{j=1}^{n} x_j\boldsymbol{e}_j\right)=T(\boldsymbol{x})$$

となり，$T_A=T$ が示された．

つぎに A, B が (m, n) 型行列で $T_A=T_B$ となったとする．$A=(\boldsymbol{a}_1\ \ \boldsymbol{a}_2\ \ \cdots\ \ \boldsymbol{a}_n)$, $B=(\boldsymbol{b}_1\ \ \boldsymbol{b}_2\ \ \cdots\ \ \boldsymbol{b}_n)$ と書くと，

$$\boldsymbol{a}_j=A\boldsymbol{e}_j=T_A(\boldsymbol{e}_j)=T_B(\boldsymbol{e}_j)=\boldsymbol{b}_j$$

となり，$A=B$ が成り立つ．□

1.1.15【コメント】 (m, n) 型行列ぜんぶの集合を $\boldsymbol{M}(m, n\,;\,\boldsymbol{C})$，$\boldsymbol{C}^n$ から $\boldsymbol{C}^m$ への線型写像ぜんぶの集合を $\mathscr{L}(\boldsymbol{C}^n\,;\,\boldsymbol{C}^m)$ と書こう．上の定理はこのふたつの集合のあいだの一対一対応を確立したものである．それればかりでなく，この対応は $\boldsymbol{M}(m, n\,;\,\boldsymbol{C})$ および $\mathscr{L}(\boldsymbol{C}^n\,;\,\boldsymbol{C}^m)$ の《構造》を変えないことが分かる．すなわち，つぎの定理が成りたつ．

1.1.16【定理】 1) A，$B\in\boldsymbol{M}(m, n\,;\,\boldsymbol{C})$，$c\in\boldsymbol{C}$ なら $T_{A+B}=T_A+T_B$，$T_{cA}=cT_A$ が成りたつ．

2) $A\in\boldsymbol{M}(l, m)$，$B\in\boldsymbol{M}(m, n)$ なら $T_{AB}=T_A\circ T_B$ が成りたつ．

【証明】 1) 任意の $\boldsymbol{x}\in\boldsymbol{C}^n$ に対して，$T_{A+B}(\boldsymbol{x})=(A+B)\boldsymbol{x}=A\boldsymbol{x}+B\boldsymbol{x}=T_A(\boldsymbol{x})+T_B(\boldsymbol{x})=(T_A+T_B)(\boldsymbol{x})$．$T_{cA}(\boldsymbol{x})=(cA)\boldsymbol{x}=c(A\boldsymbol{x})=c\cdot T_A(\boldsymbol{x})=(cT_A)(\boldsymbol{x})$．

2) 任意の $\boldsymbol{x}\in\boldsymbol{C}^n$ に対して $T_{AB}(\boldsymbol{x})=(AB)\boldsymbol{x}=A(B\boldsymbol{x})=A(T_B(\boldsymbol{x}))=T_A[T_B(\boldsymbol{x})]=(T_A\circ T_B)(\boldsymbol{x})$．□

1.1.17【命題】 1.1.7 の別証明．ここまで来ると，行列の乗法の結合法則（命題 1.1.7）が簡単に，しかもきわめて自然に証明できる．

実際，$(AB)C$ と $A(BC)$ が定義されているとする．写像の合成に関する結合法則（命題 0.1.7）を使うと，前定理の 2) によって

$$T_{(AB)C}=T_{AB}\circ T_C=(T_A\circ T_B)\circ T_C=T_A\circ(T_B\circ T_C)$$
$$=T_A\circ T_{BC}=T_{A(BC)}.$$

コメント 1.1.15 によって $(AB)C=A(BC)$ となる．□

§1の問題

問題 1 A と B が n 次正方行列で $AB=BA$ なら，

$$(A+B)^p=\sum_{q=0}^{p}{}_pC_qA^{p-q}B^q=A^p+pA^{p-1}B+\cdots+pAB^{p-1}+B^p$$

が成りたつことを示せ（二項定理）．ただし p は自然数，${}_pC_q$ は p 個のものから q 個のものを選ぶ組合せの数：${}_pC_q=\dfrac{p!}{q!(p-q)!}$.

問題 2 つぎの行列を X とするとき，X^p（p は自然数）を求めよ．

1) $\begin{pmatrix} x & y \\ z & -x \end{pmatrix}$ 2) $\begin{pmatrix} \cos\theta & -\sin\theta \\ \sin\theta & \cos\theta \end{pmatrix}$ 3) $\begin{pmatrix} x & y \\ 0 & w \end{pmatrix}$

4) $\begin{pmatrix} x & y & z \\ 0 & x & w \\ 0 & 0 & x \end{pmatrix}$ 5) $\begin{pmatrix} 0 & -z & y \\ z & 0 & -x \\ -y & x & 0 \end{pmatrix}$

問題 3 1) A を (m, n) 型行列とする．$\boldsymbol{C}^n$ のすべてのベクトル $\boldsymbol{x}$ に対して $A\boldsymbol{x}=\boldsymbol{0}$ なら $A=O_{m,n}$ であることを示せ．

2) A が n 次正方行列のとき，$\boldsymbol{C}^n$ のすべてのベクトルに対して $A\boldsymbol{x}=\boldsymbol{x}$ なら $A=E_n$ であることを示せ．

問題 4 1) $X^2=O_2$ なる 2 次行列をすべて求めよ．

2) $X^2=E_2$ なる 2 次行列をすべて求めよ．

問題 5 $\boldsymbol{C}^n$ の任意のベクトル $\begin{pmatrix} x_1 \\ x_2 \\ \vdots \\ x_n \end{pmatrix}$ を $\boldsymbol{C}^n$ のつぎのベクトルに移す写像は $\boldsymbol{C}^n$ の線型変換である（確かめよ）．対応する n 次行列を求めよ．

1) $\begin{pmatrix} x_n \\ x_{n-1} \\ \vdots \\ x_1 \end{pmatrix}$ 2) $\begin{pmatrix} a_1x_1 \\ a_2x_2 \\ \vdots \\ a_nx_n \end{pmatrix}$ $(a_i\in\boldsymbol{C})$ 3) $\begin{pmatrix} ax_1+x_2 \\ ax_2+x_3 \\ \vdots \\ ax_{n-1}+x_n \\ ax_n \end{pmatrix}$ $(a\in\boldsymbol{C})$

問題 6 1) $\begin{pmatrix} x_1 \\ x_2 \\ \vdots \\ x_n \end{pmatrix}$ を $x_1+x_2+\cdots+x_n$ に移す写像は $\boldsymbol{C}^n$ から $\boldsymbol{C}$ への線型写像である（確かめよ．以下同様）．対応する行列を求めよ．

2) $m\leqq n$ のとき，$\begin{pmatrix} x_1 \\ x_2 \\ \vdots \\ x_n \end{pmatrix}$ を $\begin{pmatrix} x_1 \\ x_2 \\ \vdots \\ x_m \end{pmatrix}$ に移す写像は $\boldsymbol{C}^n$ から $\boldsymbol{C}^m$ への線型写像である．対応する行列を求めよ．

3)　複素数 x をベクトル $\begin{pmatrix} a_1x \\ a_2x \\ \vdots \\ a_nx \end{pmatrix}$ $(a_i \in \boldsymbol{C})$ に移す写像は $\boldsymbol{C}$ から $\boldsymbol{C}^n$ への線型写像である．対応する行列を求めよ．

§2　行列に関する諸概念

●複素共役と転置

1.2.1【定義など】　(m, n) 型行列 A の (i, j) 成分が a_{ij} のとき，a_{ij} の共役複素数 $\overline{a_{ij}}$（定義など 0.2.4 を見よ）を (i, j) 成分とする (m, n) 型行列を A の**複素共役行列**と言い，$\overline{A}$ と書く．明きらかにつぎの等式が成り立つ：

$$\overline{\overline{A}}=A, \quad \overline{A+B}=\overline{A}+\overline{B}, \quad \overline{cA}=\bar{c}\,\overline{A}, \quad \overline{AB}=\overline{A}\,\overline{B}.$$

1.2.2【定義】　(m, n) 型行列 A の列と行を取りかえた (n, m) 型行列を A の**転置行列**と言い，${}^tA$ と書く．すなわち，A の (i, j) 成分が a_{ij} のとき，i と j を交換した a_{ji} を (i, j) 成分とする行列が ${}^tA$ である．たとえば

$$A=\begin{pmatrix} 1 & 2 & -3 \\ -2 & 0 & 4 \end{pmatrix} \quad なら \quad {}^tA=\begin{pmatrix} 1 & -2 \\ 2 & 0 \\ -3 & 4 \end{pmatrix}.$$

$$A=\begin{pmatrix} a_{11} & a_{12} & \cdots & a_{1n} \\ a_{21} & a_{22} & \cdots & a_{2n} \\ \vdots & \vdots & & \vdots \\ a_{m1} & a_{m2} & \cdots & a_{mn} \end{pmatrix} \quad なら \quad {}^tA=\begin{pmatrix} a_{11} & a_{21} & \cdots & a_{m1} \\ a_{12} & a_{22} & \cdots & a_{m2} \\ \vdots & \vdots & & \vdots \\ a_{1n} & a_{2n} & \cdots & a_{mn} \end{pmatrix}.$$

1.2.3【命題】　${}^t({}^tA)=A$，${}^t(\overline{A})=\overline{{}^tA}$，${}^t(A+B)={}^tA+{}^tB$，${}^t(cA)=c\,{}^tA$，最後に ${}^t(AB)={}^tB\,{}^tA$（順序が変わることに注意）．

【証明】　最後の式以外は明きらかである．$A=(a_{ij})$ を (l, m) 型，$B=(b_{ij})$ を (m, n) 型とする．AB は (l, n) 型，${}^tB$ は (n, m) 型，${}^tA$ は (m, l) 型だから ${}^tB\,{}^tA$ は定義されて (n, l) 型である．

$$ {}^tB\,{}^tA \text{ の } (i,k) \text{ 成分} = \sum_{j=1}^{m} [{}^tB \text{ の } (i,j) \text{ 成分}][{}^tA \text{ の } (j,k) \text{ 成分}] = \sum_{j=1}^{m} b_{ji}a_{kj} $$
$= AB$ の (k,i) 成分 $= {}^t(AB)$ の (i,k) 成分．□

●正則行列．逆行列

1.2.4【定義】 n 次正方行列 A に対し，n 次行列 X で $AX=XA=E_n$（単位行列）となるものが存在するとき，A を**正則行列**と言う．これは非常に重要な概念である．

1.2.5【命題】 A が正則のとき，$AX=XA=E$ となる行列 X はひとつしかない．これを A の**逆行列**と言い，A^{-1} と書く．

【証明】 $AY=YA=E$ なら，$X=XE=X(AY)=(XA)Y=EY=Y$．□

(ノート) もし $AX=E$ なる X があれば A は正則で $XA=E$ となることが証明される（命題 2.2.7）．

1.2.6【命題】 1) A が正則なら A^{-1} も正則で，$(A^{-1})^{-1}=A$．

2) A が正則なら $\overline{A}$ も ${}^tA$ も正則で，$(\overline{A})^{-1}=\overline{A^{-1}}$，$({}^tA)^{-1}={}^t(A^{-1})$．

3) A と B がともに n 次正則行列なら AB も正則で $(AB)^{-1}=B^{-1}A^{-1}$（順序に注意）．

【証明】 1) $A^{-1}A=AA^{-1}=E$．2) $\overline{A}\,\overline{A^{-1}}=\overline{AA^{-1}}=E$, $\overline{A^{-1}}\,\overline{A}=\overline{A^{-1}A}=E$．${}^tA\,{}^t(A^{-1})={}^t(A^{-1}A)=E$，${}^t(A^{-1})\,{}^tA={}^t(AA^{-1})=E$．3) $(AB)(B^{-1}A^{-1})$ $=A(BB^{-1})A^{-1}=AA^{-1}=E$，$(B^{-1}A^{-1})(AB)=B^{-1}(A^{-1}A)B=B^{-1}B=E$．□

数値行列の逆行列を計算する手続きも大事なことだが，これはあとで扱う（第 2 章§ 3）．

1.2.7【例】 1) 対角行列（つぎのノートを見よ）$\begin{pmatrix} a_1 & & & \\ & a_2 & & \\ & & \ddots & \\ & & & a_n \end{pmatrix}$ は，すべての $i(1 \leqq i \leqq n)$ に対して $a_i \neq 0$ のときに限って正則で，逆行列は

$$\begin{pmatrix} a_1^{-1} & & & \\ & a_2^{-1} & & \\ & & \ddots & \\ & & & a_n^{-1} \end{pmatrix} = \begin{pmatrix} \frac{1}{a_1} & & & \\ & \frac{1}{a_2} & & \\ & & \ddots & \\ & & & \frac{1}{a_n} \end{pmatrix}.$$

2)　2 次行列 $A=\begin{pmatrix} a & b \\ c & d \end{pmatrix}$ が正則であるための条件を求め，そのときの逆行列を求める．

【解】　$X=\begin{pmatrix} x & y \\ z & w \end{pmatrix}$ を《未知行列》として方程式 $AX=E_2$ を考える．これはふたつの連立 1 次方程式に分離される：

$$\left.\begin{aligned} ax+bz=1 \\ cx+dz=0 \end{aligned}\right\},\quad \left.\begin{aligned} ay+bw=0 \\ cy+dw=1 \end{aligned}\right\}.$$

このふたつが解をもつための条件はただひとつ，$\varDelta=ad-bc$ が 0 でないことであり，そのときの（ただひとつの）解は

$$x=\frac{d}{\varDelta},\quad y=-\frac{b}{\varDelta},\quad z=-\frac{c}{\varDelta},\quad w=\frac{a}{\varDelta}$$

である．これらを成分とする X を使って XA を計算すると E_2 になる．したがって，A が正則であるための条件は $\varDelta=ad-bc\neq 0$ であり，そのとき逆行列は

$$A^{-1}=\frac{1}{\varDelta}\begin{pmatrix} d & -b \\ -c & a \end{pmatrix}$$

で与えられる．解の記憶法：ふたつの対角成分（つぎのノートを見よ）を取りかえ，非対角成分はそのままマイナスを付け，$\varDelta$ で割ればいい．

(ノート)　$A=(a_{ij})$ が n 次正方行列のとき，$a_{11}, a_{22}, \cdots, a_{nn}$ を A の**対角成分**と言い，左上から右下に走る線を A の**対角線**と言う（A が正方行列でないときでも，左上から右下に走る線を対角線と言うことがある）．対角成分以外の成分がぜんぶゼロである正方行列を**対角行列**と言う．

対角行列は非常に扱いやすい．今後，正方行列 A が与えられたとき，適当な正則行列 P を選んで $P^{-1}AP$ を対角行列にする可能性および P を探す手段

が重要な主題になる．

●トレースおよび累乗

1.2.8【定義】 $A=(a_{ij})$ が n 次正方行列のとき，その対角成分ぜんぶの和 $\sum_{i=1}^{n} a_{ii}$ を A の**トレース**と言い，$\mathrm{Tr}\,A$ と書く．

1.2.9【命題】 A，B を n 次行列，c を数，P を n 次正則行列とする．

1) $\mathrm{Tr}(A+B)=\mathrm{Tr}A+\mathrm{Tr}B$．　　2) $\mathrm{Tr}(cA)=c\mathrm{Tr}A$．

3) $\mathrm{Tr}(AB)=\mathrm{Tr}(BA)$．　　4) $\mathrm{Tr}(P^{-1}AP)=\mathrm{Tr}A$．

【証明】 1) 2) は明きらか．$\mathrm{Tr}(AB)=\sum_{i=1}^{n}\left[\sum_{j=1}^{n} a_{ij}b_{ji}\right]=\sum_{j=1}^{n}\left[\sum_{i=1}^{n} b_{ji}a_{ij}\right]=\mathrm{Tr}(BA)$．
$\mathrm{Tr}(P^{-1}AP)=\mathrm{Tr}[P^{-1}(AP)]=\mathrm{Tr}[(AP)P^{-1}]=\mathrm{Tr}[A(PP^{-1})]=\mathrm{Tr}A$．□

(ノート) A が (m,n) 型，B が (n,m) 型で $m\neq n$ のときも，AB と BA はともに定義され，$\mathrm{Tr}(AB)=\mathrm{Tr}(BA)$ が成りたつ（確かめよ）．

1.2.10【命題】（指数法則） A と B を n 次行列，p と q を負でない整数とする．累乗 A^p については定義 1.1.8 を見よ．

1) $A^pA^q=A^{p+q}$　　2) $(A^p)^q=A^{pq}$

3) $AB=BA$ なら $(AB)^p=A^pB^p$

4) P が n 次正則行列なら $(P^{-1}AP)^p=P^{-1}A^pP$．

5) A が正則のとき，$(A^{-1})^p$ を A^{-p} と書く．このとき上の指数法則は，(0 や負数も含めて）任意の整数 p，q に対して成りたつ．

【証明】 略（確かめよ）．

●行列の区分け

行列の演算，とくに難かしい掛け算を，型の小さい行列の演算に帰着させる方法について述べる．この方法はほかの問題にも有効性を発揮する．たとえば

$A=\begin{pmatrix}1 & 2 & -1 & 0\\ 2 & 1 & 3 & 2\\ 1 & 2 & 3 & 4\end{pmatrix}$ をタテ線とヨコ線で四つのブロック（区）に分ける：

$\left(\begin{array}{ccc:c}1 & 2 & -1 & 0\\ 2 & 1 & 3 & 2\\ \hdashline 1 & 2 & 3 & 4\end{array}\right)$. 各ブロックはそれ自身小さな行列とみなされる．それらを位置に従って

$$A_{11}=\begin{pmatrix}1 & 2 & -1\\ 2 & 1 & 3\end{pmatrix} \qquad A_{12}=\begin{pmatrix}0\\ 2\end{pmatrix}$$

$$A_{21}=(1\ \ 2\ \ 3) \qquad A_{22}=(4)$$

と置き，$A=\begin{pmatrix}A_{11} & A_{12}\\ A_{21} & A_{22}\end{pmatrix}$ と書く．

(m, n) 型行列 A の列ベクトルが $\boldsymbol{a}_1, \boldsymbol{a}_2, \cdots, \boldsymbol{a}_n$ のときに，$A=(\boldsymbol{a}_1\ \ \boldsymbol{a}_2\ \ \cdots\ \ \boldsymbol{a}_n)$ と書いた（定義 1.1.1 の 6)）のは区分けの一種である（タテ線 $n-1$ 本，ヨコ線 0 本）．

1.2.11【定義】 $A=(a_{ij})$ を (l, m) 型行列とし，A を $p-1$ 本のヨコ線と $q-1$ 本のタテ線によって pq 個のブロックに分ける $(1 \leqq p \leqq l, 1 \leqq q \leqq m)$．上から s 番目，左から t 番目のブロック（の行列）を A_{st} とするとき，

$$A=\begin{pmatrix}A_{11} & A_{12} & \cdots & A_{1q}\\ A_{21} & A_{22} & \cdots & A_{2q}\\ \vdots & \vdots & & \vdots\\ A_{p1} & A_{p2} & \cdots & A_{pq}\end{pmatrix} \tag{1}$$

と書く．これを行列の**区分け**または**ブロック分け**と言う．

同じ型の行列を同じ仕方で区分けすれば，行列の加法とスカラー倍が，ブロックごとの加法とスカラー倍に帰着されることは明きらかである．難かしい乗法はあたかも普通の行列の掛け算のように実行される．

1.2.12【命題】 区分け (1) で A_{st} が (l_s, m_t) 型だとする $(1 \leqq s \leqq p, 1 \leqq t \leqq q)$．当然

$$\left.\begin{array}{l} l=l_1+l_2+\cdots+l_p\\ m=m_1+m_2+\cdots+m_q\end{array}\right\}. \tag{2}$$

さて，(m, n) 型行列 $B=(b_{ij})$ を

$$B=\begin{pmatrix} B_{11} & B_{12} & \cdots & B_{1r} \\ B_{21} & B_{22} & \cdots & B_{2r} \\ \vdots & \vdots & & \vdots \\ B_{q1} & B_{q2} & \cdots & B_{qr} \end{pmatrix} \qquad (3)$$

のように qr 個のブロックに分け，B_{tu} は (m_t, n_u) 型であるようにする $(1\leqq t\leqq q, 1\leqq u\leqq r)$：

$$\left.\begin{aligned} m&=m_1+m_2+\cdots+m_q \\ n&=n_1+n_2+\cdots+n_r \end{aligned}\right\}. \qquad (4)$$

自然数 m の分割が (2) と (4) とで一致していることが必要である．

このとき積 $C=AB$ はつぎのように区分けされる：

$$C=\begin{pmatrix} C_{11} & C_{12} & \cdots & C_{1r} \\ C_{21} & C_{22} & \cdots & C_{2r} \\ \vdots & \vdots & & \vdots \\ C_{p1} & C_{p2} & \cdots & C_{pr} \end{pmatrix}. \qquad (5)$$

ただし C_{su} は (l_s, n_u) 型で，

$$C_{su}=\sum_{t=1}^{q} A_{st}B_{tu}=A_{s1}B_{1u}+A_{s2}B_{2u}+\cdots+A_{sq}B_{qu}\,(1\leqq s\leqq p, 1\leqq u\leqq r) \qquad (6)$$

が成りたつ．

【証明】 まず (6) の右辺はちゃんと定義される．実際，A_{st} は (l_s, m_t) 型，B_{tu} は (m_t, n_u) 型だから，積 $A_{st}B_{tu}$ は定義され，t が何であっても (l_s, n_u) 型である．したがってその和，すなわち (6) の右辺は定義され，左辺 C_{su} と同じ (l_s, n_u) 型である．

つぎに (6) の両辺の対応する成分——それを (α, β) 成分としよう——が等しいことを示す．ここで

$$i=l_1+l_2+\cdots+l_{s-1}+\alpha, \qquad k=n_1+n_2+\cdots+n_{u-1}+\beta$$

と置くと，C_{su} の (α, β) 成分 $=C$ の (i, k) 成分 $=\sum_{j=1}^{m} a_{ij}b_{jk}$ であり，一方

$$A_{st}B_{tu} \text{ の } (\alpha, \beta) \text{ 成分} = \sum_{j=m_1+\cdots+m_{t-1}+1}^{m_1+\cdots+m_t} a_{ij}b_{jk}$$

だから，$\sum_{t=1}^{q} A_{st}B_{tu}$ の (α, β) 成分 $=\sum_{j=1}^{m} a_{ij}b_{jk}$ となって (6) が示された．□

1.2.13【例】 1) $p=q=r=2$ のとき,

$$\begin{pmatrix} A_{11} & A_{12} \\ A_{21} & A_{22} \end{pmatrix}\begin{pmatrix} B_{11} & B_{12} \\ B_{21} & B_{22} \end{pmatrix}=\begin{pmatrix} A_{11}B_{11}+A_{12}B_{21} & A_{11}B_{12}+A_{12}B_{22} \\ A_{21}B_{11}+A_{22}B_{21} & A_{21}B_{12}+A_{22}B_{22} \end{pmatrix}.$$

とくに A_{21} と B_{21} がゼロ行列なら

$$\begin{pmatrix} A_{11} & A_{12} \\ O & A_{22} \end{pmatrix}\begin{pmatrix} B_{11} & B_{12} \\ O & B_{22} \end{pmatrix}=\begin{pmatrix} A_{11}B_{11} & A_{11}B_{12}+A_{12}B_{22} \\ O & A_{22}B_{22} \end{pmatrix}.$$

ここで記号 O は型を区別せずにゼロ行列を表わす.

区分けはこの場合(またはこれを転置した場合)にとくに効力を発揮する. さらに A_{12}, B_{12} もゼロ行列なら

$$\begin{pmatrix} A_{11} & O \\ O & A_{22} \end{pmatrix}\begin{pmatrix} B_{11} & O \\ O & B_{22} \end{pmatrix}=\begin{pmatrix} A_{11}B_{11} & O \\ O & A_{22}B_{22} \end{pmatrix}.$$

2) A が (l, m) 型, B が (m, n) 型とする. B の第 j 列ベクトルが $\boldsymbol{b}_j$ のとき $B=(\boldsymbol{b}_1\ \boldsymbol{b}_2\ \cdots\ \boldsymbol{b}_n)$ と書き, 命題1.1.6の1) で

$$AB=(A\boldsymbol{b}_1\ A\boldsymbol{b}_2\ \cdots\ A\boldsymbol{b}_n)$$

が成りたつことを示した. このふたつの表示は区分けの特別な場合である. 前命題の記号を流用すれば, $p=q=1$, $r=n$ の場合である.

●正方行列の対称な区分け

1.2.14【定義】 A を n 次正方行列とする. 列と行を同じに区分けする. すなわち $n=n_1+n_2+\cdots+n_p$ とし,

$$A=\begin{matrix} n_1[\\ n_2[\\ \\ n_p[\end{matrix}\overset{\begin{matrix} \quad n_1 & \quad n_2 & & \quad n_p \end{matrix}}{\begin{pmatrix} A_{11} & A_{12} & \cdots & A_{1p} \\ A_{21} & A_{22} & \cdots & A_{2p} \\ \vdots & \vdots & & \vdots \\ A_{p1} & A_{p2} & \cdots & A_{pp} \end{pmatrix}}$$

のように分ける. 言いかえれば, すべての $A_{ii}(1\leqq i\leqq p)$ が正方行列になるような区分けである. こういう区分けを正方行列の**対称な区分け**と言う. 正方行列に対してはこれがもっとも重要である.

たとえば　$A=\left(\begin{array}{rr:rrr} 2 & 1 & 3 & 0 & -1 \\ 1 & 3 & 0 & 2 & 1 \\ \hdashline -1 & 4 & 1 & -2 & 2 \\ -3 & -2 & 1 & -4 & 3 \\ 1 & 2 & 4 & -1 & -2 \end{array}\right)$．$A_{11}=\begin{pmatrix} 2 & 1 \\ 1 & 3 \end{pmatrix}$，

$$A_{12}=\begin{pmatrix} 3 & 0 & -1 \\ 0 & 2 & 1 \end{pmatrix},\ A_{21}=\begin{pmatrix} -1 & 4 \\ -3 & -2 \\ 1 & 2 \end{pmatrix},\ A_{22}=\begin{pmatrix} 1 & -2 & 2 \\ 1 & -4 & 3 \\ 4 & -1 & -2 \end{pmatrix}.$$

1.2.15【命題】　正方行列 A が $\begin{pmatrix} A_{11} & O \\ O & A_{22} \end{pmatrix}$ の形に対称に区分けされているとする（同じ記号 O がいろいろな型のゼロ行列を表わしていることに注意）．すると A が正則であることと A_{11}，A_{22} が正則であることは同値であり，このとき $A^{-1}=\begin{pmatrix} A_{11}{}^{-1} & O \\ O & A_{22}{}^{-1} \end{pmatrix}$ が成りたつ．

【証明】　1°　まず A_{11}, A_{22} が正則のとき，$B=\begin{pmatrix} A_{11}{}^{-1} & O \\ O & A_{22}{}^{-1} \end{pmatrix}$ とする，$AB=$

$\begin{pmatrix} A_{11}A_{11}{}^{-1} & O \\ O & A_{22}A_{22}{}^{-1} \end{pmatrix}=\begin{pmatrix} E & O \\ O & E \end{pmatrix}=E$，$BA=\begin{pmatrix} A_{11}{}^{-1}A_{11} & O \\ O & A_{22}{}^{-1}A_{22} \end{pmatrix}=$

$\begin{pmatrix} E & O \\ O & E \end{pmatrix}=E$（同じ記号 E がいろいろな次数の単位行列を表わしていることに注意）．よって A は正則で $A^{-1}=B=\begin{pmatrix} A_{11}{}^{-1} & O \\ O & A_{22}{}^{-1} \end{pmatrix}$．

2°　逆に A が正則のとき，逆行列を $A^{-1}=\begin{pmatrix} X_{11} & X_{12} \\ X_{21} & X_{22} \end{pmatrix}$ とすると，$E=$

$AA^{-1}=\begin{pmatrix} A_{11}X_{11} & A_{11}X_{12} \\ A_{22}X_{21} & A_{22}X_{22} \end{pmatrix}$，$E=A^{-1}A=\begin{pmatrix} X_{11}A_{11} & X_{12}A_{22} \\ X_{21}A_{11} & X_{22}A_{22} \end{pmatrix}$ となるから，

$A_{11}X_{11}=X_{11}A_{11}=E$，$A_{22}X_{22}=X_{22}A_{22}=E$．よって A_{11} と A_{22} は正則で $X_{11}=A_{11}{}^{-1}$，$X_{22}=A_{22}{}^{-1}$ となる．$A_{11}X_{12}=O$ から $X_{12}=O$，$A_{22}X_{21}=O$ から $X_{21}=O$ が出る．□

1.2.16【命題】 前命題の仮定をちょっと緩め，正方行列 A が $\begin{pmatrix} A_{11} & A_{12} \\ O & A_{22} \end{pmatrix}$ の形に対称に区分けされているとする．このとき，もし A_{11} と A_{22} が正則なら A も正則であり，$A^{-1}=\begin{pmatrix} A_{11}{}^{-1} & -A_{11}{}^{-1}A_{12}A_{22}{}^{-1} \\ O & A_{22}{}^{-1} \end{pmatrix}$ が成りたつ．

【証明】 《未知行列》X を同じ仕方で対称に区分けして $X=\begin{pmatrix} X_{11} & X_{12} \\ X_{21} & X_{22} \end{pmatrix}$ と書く．方程式 $AX=E$ を考える．これを区分けして計算すると，命題 1.2.12 によって

$$A_{11}X_{11}+A_{12}X_{21}=E, \qquad A_{11}X_{12}+A_{12}X_{22}=O,$$
$$A_{22}X_{21}=O, \qquad A_{22}X_{22}=E.$$

下側のふたつの式の左から $A_{22}{}^{-1}$ を掛けると，$X_{21}=O$，$X_{22}=A_{22}{}^{-1}$ を得る．左上の式に $X_{21}=O$ を入れると $X_{11}=A_{11}{}^{-1}$．これらの結果を右上の式に入れると $X_{12}=-A_{11}{}^{-1}A_{12}A_{22}{}^{-1}$ を得る．よって $X=\begin{pmatrix} A_{11}{}^{-1} & -A_{11}{}^{-1}A_{12}A_{22}{}^{-1} \\ O & A_{22}{}^{-1} \end{pmatrix}$ となるが，これはまだ A の逆行列の候補者であり，$XA=E$ を調べなければならないが計算はやさしい．□

(ノート) 逆に A が正則なら A_{11}, A_{22} も正則であることが分かるが，いまは証明できない（命題 2.2.8 を見よ）．

1.2.17【例】 $2n$ 次の**実**正方行列で $\begin{pmatrix} A & -B \\ B & A \end{pmatrix}$ (A, B は n 次）の形のものぜんぶの集合を $\boldsymbol{D}(n)$ とする．$\begin{pmatrix} A & -B \\ B & A \end{pmatrix}$ と n 次複素行列 $A+iB$（i は虚数単位）を対応させると，n 次複素行列ぜんぶの集合 $\boldsymbol{M}(n\,;\boldsymbol{C})$ と $\boldsymbol{D}(n)$ とのあいだに一対一対応ができる（当たりまえだが確かめよ）．このとき $\boldsymbol{M}(n,\boldsymbol{C})$ での和・差・実数倍・積と $\boldsymbol{D}(n)$ での和・差・実数倍・積とがちょうど対応する．実際，積以外は明きらかである．

$$(A+iB)(C+iD)=(AC-BD)+i(AD+BC),$$
$$\begin{pmatrix} A & -B \\ B & A \end{pmatrix}\begin{pmatrix} C & -D \\ D & C \end{pmatrix}=\begin{pmatrix} AC-BD & -(AD+BC) \\ AD+BC & AC-BD \end{pmatrix}$$

となってちゃんと対応している．

§2の問題

問題 1　つぎの行列の正則性を調べ，正則なら逆行列を求めよ．

1)　$\begin{pmatrix} 3 & 5 \\ 4 & 7 \end{pmatrix}$　　2)　$\begin{pmatrix} 1 & 2 & -1 \\ 0 & 1 & 3 \\ 0 & 0 & 1 \end{pmatrix}$　　3)　$\begin{pmatrix} 3 & 1 & 0 & 0 \\ 2 & 1 & 0 & 0 \\ 0 & 0 & 2 & 0 \\ 0 & 0 & -3 & 1 \end{pmatrix}$

4)　$\begin{pmatrix} & & & a_n \\ & & \iddots & \\ & a_2 & & \\ a_1 & & & \end{pmatrix}$　(逆対角線上に a_i たちが並び，他はゼロ)

問題 2　正方行列 A について，つぎのことを証明せよ．

1)　$A^p=E$ となる p があれば A は正則である ($p\geqq 2$)．

2)　$A^2=A$，$A\neq E$ ならば A は正則でない．

3)　$A^p=O$ となる自然数 p があるとき，A を**べきれい（冪零）行列**と言う．このとき，A は正則でない．

4)　A が冪零なら $E-A$ は正則である．逆行列 $(E-A)^{-1}$ は A の多項式として書ける．それを求めよ．

問題 3　$AB-BA=E_n$ となる n 次行列は存しないことを示せ．

問題 4　A を n 次対角行列（例 1.2.7 の 1）を見よ）とする．

1)　A の対角成分が互にぜんぶ異なるとき，A と交換可能な行列（すなわち $AX=XA$ となる行列 X）をすべて求めよ．

2)　A がつぎのように対称に区分けされているとする：

$$A=\begin{pmatrix} \alpha_1 E_{n_1} & & & \\ & \alpha_2 E_{n_2} & & \\ & & \ddots & \\ & & & \alpha_p E_{n_p} \end{pmatrix} \quad \text{(空白はゼロ)．}$$

ただし E_{n_i} は n_i 次単位行列，$n_1+n_2+\cdots+n_p=n$ であり，$\alpha_1, \alpha_2, \cdots, \alpha_p$ は互いに異なる数とする．A と交換可能な行列をすべて求めよ．

問題 5　つぎの三つの 4 次行列を考える：

$$I=\begin{pmatrix}0 & -1 & 0 & 0\\ 1 & 0 & 0 & 0\\ 0 & 0 & 0 & -1\\ 0 & 0 & 1 & 0\end{pmatrix},\quad J=\begin{pmatrix}0 & 0 & -1 & 0\\ 0 & 0 & 0 & 1\\ 1 & 0 & 0 & 0\\ 0 & -1 & 0 & 0\end{pmatrix},\quad K=\begin{pmatrix}0 & 0 & 0 & -1\\ 0 & 0 & -1 & 0\\ 0 & 1 & 0 & 0\\ 1 & 0 & 0 & 0\end{pmatrix}.$$

区分けの計算によってこれら相互（自身も含めて）の積を求めよ．

問題 6 対称に区分けされた正方行列 A の，対角ブロック以外はすべてゼロ行列だとする：$A=\begin{pmatrix}A_1 & & & \\ & A_2 & & \\ & & \ddots & \\ & & & A_p\end{pmatrix}$． [$A$ が正則 $\Longleftrightarrow$ $A_1, A_2, \cdots, A_p$ がすべて正則]

を示し，そのときの A^{-1} を求めよ．

第1章末の問題

問題 1　X を (m, n) 型行列，A を m 次正則行列，B を n 次べきれい行列とする．$AX = XB$ なら $X = O$ であることを証明せよ．

問題 2　n 次行列 X, Y に対して $[X, Y] = XY - YX$ と定義する（これを X と Y の**カッコ積**と言う）．

1)　$[[X, Y], Z] + [[Y, Z], X] + [[Z, X], Y] = 0$ を示せ．この式を**ヤコービの恒等式**と言う．

2)　${}^tX = -X$ となる行列を**交代行列**と言う．X と Y が交代行列なら $[X, Y]$ も交代行列であることを示せ．

問題 3　3次の**実**交代行列 $X = \begin{pmatrix} 0 & -z & y \\ z & 0 & -x \\ -y & x & 0 \end{pmatrix}$ と3項**実**ベクトル $\boldsymbol{x} = \begin{pmatrix} x \\ y \\ z \end{pmatrix}$ とを対応させれば，3次実交代行列ぜんぶの集合と $\boldsymbol{R}^3$ とが一対一に洩れなく対応する．$X \longleftrightarrow \boldsymbol{x}$，$Y \longleftrightarrow \boldsymbol{y}$ のとき，$X + Y \longleftrightarrow \boldsymbol{x} + \boldsymbol{y}$，$cX \longleftrightarrow c\boldsymbol{x}$（$c$ は実数），$[X, Y] \longleftrightarrow \boldsymbol{x} \times \boldsymbol{y}$，$X\boldsymbol{y} = \boldsymbol{x} \times \boldsymbol{y}$ が成りたつことを示せ．ただし $\boldsymbol{x} \times \boldsymbol{y}$ はベクトル積（定義 0.3.7）である．

問題 4　n 次正方行列で，対角線より左下の成分がすべて0である行列

$$A = \begin{pmatrix} a_{11} & a_{12} & \cdots & a_{1n} \\ 0 & a_{22} & \cdots & a_{2n} \\ \vdots & \vdots & \ddots & \vdots \\ 0 & 0 & \cdots & a_{nn} \end{pmatrix}$$

を**上三角行列**と言う（下三角行列も同様に定義される）．

1)　$A = (a_{ij})$ と $B = (b_{ij})$ が上三角行列なら，積 AB も上三角行列で，その対角成分は $a_{11}b_{11}, a_{22}b_{22}, \cdots, a_{nn}b_{nn}$ であることを示せ．

2)　任意の自然数 p に対して A^p は上三角行列であり，その対角成分は ${a_{11}}^p$, ${a_{22}}^p, \cdots, {a_{nn}}^p$ であることを示せ．

問題 5　A が n 次 $(n \geqq 2)$ 上三角行列で，その対角成分がすべて0とする．このとき $A^n = O$ を示せ．（したがって A はべきれい行列である．あとで（命題 4.2.3 の 3)）任意の n 次べきれい行列 A に対して $A^n = O$ が成りたつことを示す．）

第2章

行列論の続きと1次方程式系

§1　ベクトルの線型独立性

2.1.1【定義】 1)　k 個の $\boldsymbol{C}^n$ のベクトルの有限列 $\mathscr{S}=\langle \boldsymbol{a}_1, \boldsymbol{a}_2, \cdots, \boldsymbol{a}_k\rangle$ を考える．$c_1\boldsymbol{a}_1+c_2\boldsymbol{a}_2+\cdots+c_k\boldsymbol{a}_k\,(c_i\in \boldsymbol{C})$ の形のベクトルを $\mathscr{S}$ の（またはベクトル $\boldsymbol{a}_1, \boldsymbol{a}_2, \cdots, \boldsymbol{a}_k$ たちの）**線型結合**と言う．$\boldsymbol{a}_1, \boldsymbol{a}_2, \cdots, \boldsymbol{a}_k$ のあいだの関係

$$c_1\boldsymbol{a}_1+c_2\boldsymbol{a}_2+\cdots+c_k\boldsymbol{a}_k=\boldsymbol{0}$$

を**線型関係**と言う．$0\boldsymbol{a}_1+0\boldsymbol{a}_2+\cdots+0\boldsymbol{a}_k=\boldsymbol{0}$ は線型関係である．これを**自明な**線型関係と言う．

2)　$\mathscr{S}$ のベクトルたちのあいだに自明でない線型関係が存在するとき，$\mathscr{S}$ は（または $\boldsymbol{a}_1, \boldsymbol{a}_2, \cdots, \boldsymbol{a}_k$ は）**線型従属**であると言う．線型従属でないとき，$\mathscr{S}$ は（または $\boldsymbol{a}_1, \boldsymbol{a}_2, \cdots, \boldsymbol{a}_k$ は）**線型独立**であると言う．線型独立性および線型従属性は $\mathscr{S}$ のベクトルの並べかたを変えても変わらない．

たとえば簡単に分かるように，$\left\langle \begin{pmatrix}1\\2\\3\end{pmatrix}, \begin{pmatrix}-2\\1\\-2\end{pmatrix}, \begin{pmatrix}0\\5\\4\end{pmatrix}\right\rangle$ は線型従属であり，$\left\langle \begin{pmatrix}1\\2\\-1\end{pmatrix}, \begin{pmatrix}-1\\3\\0\end{pmatrix}, \begin{pmatrix}2\\1\\2\end{pmatrix}\right\rangle$ は線型独立である（確かめよ）．

2.1.2【命題】 1)　$\boldsymbol{a}_1, \boldsymbol{a}_2, \cdots, \boldsymbol{a}_k$ が線型従属であることと，そのうちのあるひとつが他の $k-1$ 個のベクトルの線型結合であることとは同値である．

2)　$\mathscr{T}$ が $\mathscr{S}$ の部分列とする．$\mathscr{T}$ が線型従属なら $\mathscr{S}$ も線型従属であり，$\mathscr{S}$ が線型独立なら $\mathscr{T}$ も線型独立である．

3)　$\mathscr{S}$ が線型独立であり，$\boldsymbol{b}$ が $\mathscr{S}$ の線型結合でなければ，$\mathscr{S}$ に $\boldsymbol{b}$ を追加

した列も線型独立である．

4)　$\boldsymbol{c}$ が $\boldsymbol{b}_1, \boldsymbol{b}_2, \cdots, \boldsymbol{b}_l$ の線型結合であり，各 $\boldsymbol{b}_i (1 \leqq i \leqq l)$ が $\mathscr{S}$ の線型結合なら，$\boldsymbol{c}$ は $\mathscr{S}$ の線型結合である．

5)　$\mathscr{S}$ が線型独立なら，ベクトル $\boldsymbol{x}$ を $\mathscr{S}$ の線型結合として表わす仕方は（あっても）ひととおりしかない．

6)　$\boldsymbol{C}^n$ の n 個の単位ベクトル $\boldsymbol{e}_1, \boldsymbol{e}_2, \cdots, \boldsymbol{e}_n$ は線型独立である．

7)　A が (m, n) 型行列で，$\boldsymbol{C}^n$ のベクトル $\boldsymbol{b}_1, \boldsymbol{b}_2, \cdots, \boldsymbol{b}_k$ たちが線型従属なら $\boldsymbol{C}^m$ のベクトル $A\boldsymbol{b}_1, A\boldsymbol{b}_2, \cdots, A\boldsymbol{b}_k$ たちも線型従属である．

8)　A が n 次正則行列で，$\boldsymbol{C}^n$ のベクトル $\boldsymbol{b}_1, \boldsymbol{b}_2, \cdots, \boldsymbol{b}_k$ たちが線型独立なら $A\boldsymbol{b}_1, A\boldsymbol{b}_2, \cdots, A\boldsymbol{b}_k$ たちも線型独立である．

【証明】　1)　$\boldsymbol{a}_1, \boldsymbol{a}_2, \cdots, \boldsymbol{a}_k$ が線型従属なら，自明でない線型関係 $\sum_{i=1}^{k} c_i \boldsymbol{a}_i = \boldsymbol{0}$ がある．たとえば $c_p \neq 0$ とすると $\boldsymbol{a}_p = \sum_{i \neq p} \left(-\dfrac{c_i}{c_p}\right) \boldsymbol{a}_i$．逆にある p について $\boldsymbol{a}_p = \sum_{i \neq p} d_i \boldsymbol{a}_i$ なら $\sum_{i \neq p} d_i \boldsymbol{a}_i - \boldsymbol{a}_p = \boldsymbol{0}$ は $\boldsymbol{a}_1, \boldsymbol{a}_2, \cdots, \boldsymbol{a}_k$ のあいだの自明でない線型関係である．

2)　略．

3)　$\mathscr{S} = \langle \boldsymbol{a}_1, \boldsymbol{a}_2, \cdots, \boldsymbol{a}_k \rangle$ が線型独立と仮定する．仮に $\mathscr{S}$ に $\boldsymbol{b}$ を追加した列が線型従属なら，自明でない線型関係 $\sum_{i=1}^{k} c_i \boldsymbol{a}_i + d\boldsymbol{b} = \boldsymbol{0}$ がある．もし $d=0$ ならある $c_p \neq 0$ であり，$\sum_{i=1}^{k} c_i \boldsymbol{a}_i = \boldsymbol{0}$ は $\mathscr{S}$ の線型独立性に反する．したがって，$d \neq 0$，$\boldsymbol{b} = \sum_{i=1}^{k} \left(-\dfrac{c_i}{d}\right) \boldsymbol{a}_i$ となり，$\boldsymbol{b}$ は $\mathscr{S}$ の線型結合である．

4)　$\mathscr{S} = \langle \boldsymbol{a}_1, \boldsymbol{a}_2, \cdots, \boldsymbol{a}_k \rangle$ とする．$\boldsymbol{c} = \sum_{j=1}^{l} d_j \boldsymbol{b}_j$，$\boldsymbol{b}_j = \sum_{i=1}^{k} c_{ij} \boldsymbol{a}_i$ と書けるから，$\boldsymbol{c} = \sum_{j=1}^{l} d_j \left(\sum_{i=1}^{k} c_{ij} \boldsymbol{a}_i\right) = \sum_{i=1}^{k} \left(\sum_{j=1}^{l} c_{ij} d_j\right) \boldsymbol{a}_i$ と書ける．

5)　$\mathscr{S} = \langle \boldsymbol{a}_1, \boldsymbol{a}_2, \cdots, \boldsymbol{a}_k \rangle$ とし，$\sum_{i=1}^{k} c_i \boldsymbol{a}_i = \sum_{i=1}^{k} d_i \boldsymbol{a}_i$ とする．移項すると，$\sum_{i=1}^{k} (c_i - d_i) \boldsymbol{a}_i = \boldsymbol{0}$ という線型関係が得られる．$\mathscr{S}$ は線型独立だからこれは自明な関係，すなわち $c_i = d_i (1 \leqq i \leqq k)$ となる．

6) 略.

7) $\sum_{j=1}^{k} c_j \boldsymbol{b}_j = \boldsymbol{0}$ が自明でない線型関係なら, $\sum c_j(A\boldsymbol{b}_j) = A(\sum c_j \boldsymbol{b}_j) = \boldsymbol{0}$ もそうである.

8) 線型関係 $\sum c_j(A\boldsymbol{b}_j) = \boldsymbol{0}$ があれば $\sum c_j \boldsymbol{b}_j = A^{-1}(\sum c_j(A\boldsymbol{b}_j)) = \boldsymbol{0}$ だから, 仮定によって $c_1 = c_2 = \cdots = c_k = 0$. □

§1の問題

問題 1 つぎの三つのベクトルは線型独立か.

1) $\begin{pmatrix} 1 \\ 2 \\ -1 \end{pmatrix}, \begin{pmatrix} 2 \\ 1 \\ 0 \end{pmatrix}, \begin{pmatrix} 0 \\ 3 \\ -2 \end{pmatrix}$ 2) $\begin{pmatrix} 1 \\ -1 \\ -1 \end{pmatrix}, \begin{pmatrix} 2 \\ 2 \\ 1 \end{pmatrix}, \begin{pmatrix} 3 \\ 1 \\ 1 \end{pmatrix}$

3) $\begin{pmatrix} 1 \\ 1 \\ 2 \end{pmatrix}, \begin{pmatrix} 2 \\ 1 \\ 1 \end{pmatrix}, \begin{pmatrix} -1 \\ -1 \\ 1 \end{pmatrix}$ 4) $\begin{pmatrix} 1 \\ 2 \\ 3 \end{pmatrix}, \begin{pmatrix} -2 \\ 1 \\ 2 \end{pmatrix}, \begin{pmatrix} 5 \\ 0 \\ -1 \end{pmatrix}$

問題 2 n 次正方行列 $A = (\boldsymbol{a}_1\ \boldsymbol{a}_2\ \cdots\ \boldsymbol{a}_n)$ が正則なら, その n 個の列ベクトル $\boldsymbol{a}_1, \boldsymbol{a}_2, \cdots, \boldsymbol{a}_n$ は線型独立であることを示せ.

§2 基本行列, 基本変形, 階数標準形

行列のもつある性質を保ちつつ, できるだけ扱いやすい形に変形することは, しばしば重要な意味をもつ. これから述べる基本変形もそのひとつであり, 直接には1次方程式系（連立1次方程式のこと）の解法の理論と計算に応用される.

●基本行列と基本変形

2.2.1【**定義**】 つぎの三種類の n 次正方行列を（n 次の）**基本行列**と言う.

1) $P_n(i,j)=\begin{pmatrix} 1 & & & & & & & & \\ & \ddots & & \vdots & & \vdots & & & \\ & & 1 & & & & & & \\ & \cdots & & 0 & \cdots & 1 & \cdots & & \\ & & & & 1 & & & & \\ & & & \vdots & & \ddots & \vdots & & \\ & & & & & 1 & & & \\ & \cdots & & 1 & \cdots & 0 & \cdots & & \\ & & & & & & 1 & & \\ & & & \vdots & & \vdots & & \ddots & \\ & & & & & & & & 1 \end{pmatrix}$ $(i \neq j)$.

（第 i 列↓，第 j 列↓；第 i 行→，第 j 行→）

すなわち n 次単位行列 E_n の第 i 行と第 j 行（第 i 列と第 j 列でも同じ）を交換したもの．$P_n(i,j)$ は正則で $P_n(i,j)^{-1}=P_n(i,j)$（確かめよ）．

2) $Q_n(i\,;\,c)=\begin{pmatrix} 1 & & & & & \\ & \ddots & & \vdots & & \\ & & 1 & & & \\ & \cdots & & c & \cdots & \\ & & & & 1 & \\ & & & \vdots & & \ddots \\ & & & & & & 1 \end{pmatrix}$ $(c \neq 0)$.

（第 i 列↓；第 i 行↗）

すなわち E_n の (i,i) 成分を c 倍したもの．$Q_n(i\,;\,c)$ は正則で $Q_n(i\,;\,c)^{-1}=Q_n\left(i\,;\,\dfrac{1}{c}\right)$（確かめよ）．

$$
3)\quad R_n(i,j\,;\,c)=
\begin{array}{r@{}c}
 & \begin{array}{ccccccc} & & \text{第}\,i\,\text{列} & & \text{第}\,j\,\text{列} & & \\ & & \downarrow & & \downarrow & & \end{array} \\
\begin{array}{r} \\ \text{第}\,i\,\text{行}\searrow \\ \\ \\ \\ \text{第}\,j\,\text{行}\nearrow \\ \\ \end{array} &
\begin{pmatrix} 1 & & & & & & \\ & \ddots & \vdots & & \vdots & & \\ & \cdots & 1 & \cdots & c & \cdots & \\ & & \vdots & \ddots & \vdots & & \\ & \cdots & 0 & \cdots & 1 & \cdots & \\ & & \vdots & & \vdots & \ddots & \\ & & & & & & 1 \end{pmatrix}
\end{array}
\quad (i\neq j).
$$

すなわち E_n の (i,j) 成分である0を c に変えたもの．$R_n(i,j\,;\,c)$ は正則で $R_n(i,j\,;\,c)^{-1}=R_n(i,j\,;\,-c)$（確かめよ）．

たとえば $P_3(2,3)=\begin{pmatrix}1&0&0\\0&0&1\\0&1&0\end{pmatrix}$，　$Q_3(2\,;\,-4)=\begin{pmatrix}1&0&0\\0&-4&0\\0&0&1\end{pmatrix}$，

$R_3(2,3\,;\,-2)=\begin{pmatrix}1&0&0\\0&1&-2\\0&0&1\end{pmatrix}$．

2.2.2【定義】　(m,n) 型行列 A の左から m 次基本行列を掛ける操作，および右から n 次基本行列を掛ける操作を**基本変形**と言う．左から掛ける変形を**左基本変形**，右から掛ける変形を**右基本変形**と言う．これらの変形が表（ひょう）としての行列 A に視覚的にどういう変化をおこすか．それがつぎの命題である．

2.2.3【命題】　A を (m,n) 型行列とする．

1）　$P_m(i,j)$ を（A の）左から掛けると第 i 行と第 j 行が入れかわる．$P_n(i,j)$ を右から掛けると第 i 列と第 j 列が入れかわる．

2）　$Q_m(i\,;\,c)\,(c\neq 0)$ を左から掛けると第 i 行が c 倍される．$Q_n(i\,;\,c)$ を右から掛けると第 i 列が c 倍される．

3）　$R_m(i,j\,;\,c)$ を左から掛けると第 i 行に第 j 行の c 倍が加わる．$R_n(i,j\,;\,c)$ を右から掛けると第 j 列に第 i 列の c 倍が加わる（i と j の役割に注意）．

【証明】　$A=(a_{ij})$ を書いて，実際に手を動かして計算してみるのがいちばん

確実で簡単である．□

(ノート) 上の命題を整理すると，基本変形とはつぎの六種類の変形にほかならない．

(左 1) ふたつの行を入れかえる．

(左 2) ある行に 0 でない数を掛ける．

(左 3) ある行に他のある行の定数倍を足す．

(右 1) ふたつの列を入れかえる．

(右 2) ある列に 0 でない数を掛ける．

(右 3) ある列に他のある列の定数倍を足す．

2.2.4【命題】 基本変形は可逆な操作である．すなわち，行列 A に基本変形を繰りかえし施して B に達したとすれば，B に適当な（逆の）基本変形を繰りかえし施すことによって A に達する．

【証明】 命題 2.2.1 により基本行列は正則で，その逆行列はまた基本行列である．A に施した基本変形を，両側からの基本変形の掛け算の連続として書けば $P_t\cdots P_2P_1AQ_1Q_2\cdots Q_s=B$ (P_i, Q_j は基本行列) となるから $P_1^{-1}P_2^{-1}\cdots P_t^{-1}BQ_s^{-1}\cdots Q_2^{-1}Q_1^{-1}=A$ となる．□

2.2.5【命題】 行や列の交換（左 1 と右 1）はいらない．すなわちこれは他の操作の組合せによって得られる．

【証明】 たとえば第 i 行と第 j 行 ($i\neq j$) とを交換したければ，つぎの四つの基本変形を続けて行なえばいい：

1) 第 i 行に第 j 行を足す．

2) 第 j 行から第 i 行を引く．

3) 第 i 行に第 j 行を足す．

4) 第 j 行に -1 を掛ける．

【証明】 やさしい．各自確かめよ．□

この事実は理論的に重要である．

●掃きだし法とその正則行列への応用

2.2.6【定義】 (m, n) 型行列 A の (p, q) 成分が 0 でないとき，つぎの一連の基本変形を施す．まず第 p 行を (p,q) 成分で割って (p,q)成分を1にする．つぎに p 以外のすべての i に対し，第 i 行から第 p 行の (i,q) 成分倍を引く．これによって A はつぎの形 A' に変形される：

$$A'=\begin{pmatrix} * & 0 & * \\ & \vdots & \\ * & 0 & * \\ * & 1 & * \\ * & 0 & * \\ & \vdots & \end{pmatrix} \leftarrow \text{第 } p \text{ 行.}$$
（1 は第 q 列）

この操作を，位置 (p,q) を**かなめ**として左から第 q 列を**掃きだす**と言う．同様に (p,q) をかなめとして右から第 p 行を掃きだす操作が定義される．さて，いま得られた A' から，(p,q) をかなめとして右から第 p 行を掃きだすと，A' はつぎの A'' に変形される：

$$A''=\begin{pmatrix} & & 0 & & \\ & & \vdots & & \\ & & 0 & & \\ 0 \cdots 0 & & 1 & & 0 \cdots 0 \\ & & 0 & & \\ & & \vdots & & \\ & & 0 & & \end{pmatrix} \leftarrow \text{第 } p \text{ 行.}$$
（1 は第 q 列）

掃きだし法の直接の応用として，正則行列に関して証明してなかったことを証明しておく．

2.2.7【命題】 A を n 次行列とする．もし $XA=E_n$ となる n 次行列 X が存在すれば A は正則である（すなわち $AX=E$）．$AY=E$ となる Y の存在を仮定しても同様である．

【証明】 n に関する帰納法による．$n=1$ なら明きらかだから，$n \geqq 2$ とし，$n-1$ 次行列に対しては主張が正しいと仮定する．

A は O ではないから，必要なら行の交換，列の交換を行なって $(1,1)$ 成分が0でないようにする．ここで $(1,1)$ をかなめとして第1行と第1列を掃きだせば，$B=\begin{pmatrix} 1 & {}^t\mathbf{0} \\ \mathbf{0} & A_1 \end{pmatrix}$ の形になる．A_1 は $n-1$ 次行列，$\mathbf{0}$ は $n-1$ 項ゼロベクトル，すなわち $(n-1,\ 1)$ 型のゼロ行列である．上の操作はどれも基本変形だから，言いかえればある正則行列 P と Q によって，$PAQ=B$ となったわけである．B の区分けに応じて

$$Q^{-1}XP^{-1}=\begin{pmatrix} u & {}^t\boldsymbol{z} \\ \boldsymbol{y} & X_1 \end{pmatrix}$$

と区分けする（X_1 は $n-1$ 次行列，$\boldsymbol{y}$ と $\boldsymbol{z}$ は $n-1$ 項列ベクトル）．仮定によって $(Q^{-1}XP^{-1})B=(Q^{-1}XP^{-1})(PAQ)=Q^{-1}(XA)Q=E$ だから，

$$\begin{pmatrix} 1 & {}^t\mathbf{0} \\ \mathbf{0} & E_{n-1} \end{pmatrix}=\begin{pmatrix} u & {}^t\boldsymbol{z} \\ \boldsymbol{y} & X_1 \end{pmatrix}\begin{pmatrix} 1 & {}^t\mathbf{0} \\ \mathbf{0} & A_1 \end{pmatrix}=\begin{pmatrix} u & {}^t\boldsymbol{z}A_1 \\ \boldsymbol{y} & X_1A_1 \end{pmatrix}.$$

したがって $X_1A_1=E$．帰納法の仮定によって A_1 は正則である．命題1.2.15によって B も正則，$A=P^{-1}BQ^{-1}$ も正則である．□

2.2.8【命題】 正方行列 A が $A=\begin{pmatrix} A_{11} & A_{12} \\ O & A_{22} \end{pmatrix}$ のように対称に区分けされているとき，A が正則なことと A_{11}，A_{22} が正則であることとは同値である．このとき $A^{-1}=\begin{pmatrix} {A_{11}}^{-1} & -{A_{11}}^{-1}A_{12}{A_{22}}^{-1} \\ O & {A_{22}}^{-1} \end{pmatrix}$.

【証明】 命題1.2.16により，A が正則なら A_{11}，A_{22} も正則であることだけ証明すればいい．A の区分に応じて $A^{-1}=\begin{pmatrix} X_{11} & X_{12} \\ X_{21} & X_{22} \end{pmatrix}$ と区分けする．

$$E=A^{-1}A=\begin{pmatrix} X_{11}A_{11} & X_{11}A_{12}+X_{12}A_{22} \\ X_{21}A_{11} & X_{21}A_{12}+X_{22}A_{22} \end{pmatrix}=\begin{pmatrix} E' & 0 \\ 0 & E'' \end{pmatrix}$$

$$=AA^{-1}=\begin{pmatrix} A_{11}X_{11}+A_{12}X_{21} & A_{11}X_{12}+A_{12}X_{22} \\ A_{22}X_{21} & A_{22}X_{22} \end{pmatrix}.$$

（E' と E'' は小さい単位行列）

命題2.2.7によって A_{11} も A_{22} も正則である．□

2.2.9【命題】 正方行列 A が対称に区分けされて，**対角ブロック**より左下はぜんぶゼロとする：

$$A=\begin{pmatrix} A_{11} & & & * \\ & A_{22} & & \\ & & \ddots & \\ O & & & A_{pp} \end{pmatrix}.$$

このとき，A が正則であることと $A_{11}, A_{22}, \cdots, A_{pp}$ がぜんぶ正則であることは同値である．

【証明】 p に関する帰納法によってすぐできる．□

●階数標準形

2.2.10【定義】 (m, n) 型行列で，対角線（右下すみに達するとは限らない）上に1が左上から r 個並び，他はすべて0である行列を $F_{m,n}(r)$ と書く：

$$F_{m,n}(r)=\begin{pmatrix} E_r & O_{r,n-r} \\ O_{m-r,r} & O_{m-r,n-r} \end{pmatrix}=\begin{pmatrix} 1 & & & & & & \\ & 1 & & & & & \\ & & \ddots & & & & \\ & & & 1 & & & \\ & & & & 0 & & \\ & & & & & \ddots & \\ & & & & & & 0 \end{pmatrix}\left(\begin{matrix}\text{空白は}\\ \text{ゼロ}\end{matrix}\right).$$

（1 は r 個）

目標はつぎの定理である．

2.2.11【定理】 任意の (m, n) 型行列 A は，適当な基本変形を何回か施すことによって $F_{m,n}(r)$ に変換される．数 r は A だけによって決まり，基本変形のやりかたにはよらない．数 r を A の**階数**と言い，$r(A)$ と書く．$F_{m,n}(r)$ を A の**階数標準形**と言う．

【証明】 1° $A=O$ なら，それ自身が標準形 $F_{m,n}(0)$ である．$A \neq O$ のとき，必要なら行および列の交換を行なって $(1,1)$ 成分が0でないようにする．ここで $(1,1)$ をかなめとして左右から第1行と第1列を掃きだせば，行列は

$$A'=\begin{pmatrix} 1 & 0 & \cdots & 0 \\ 0 & & & \\ \vdots & & A_1 & \\ 0 & & & \end{pmatrix}$$

の形になる．もし $A_1=O$ なら $A'=F_{m,n}(1)$ である．$A_1 \neq O$ のときは0でない成分を場所 $(2,2)$ に移し，$(2,2)$ をかなめとして第2行および第2列を掃きだせば，行列は

$$A''=\begin{pmatrix} 1 & 0 & 0 & \cdots & 0 \\ 0 & 1 & 0 & \cdots & 0 \\ 0 & 0 & & & \\ \vdots & \vdots & & A_2 & \\ 0 & 0 & & & \end{pmatrix}$$

の形になる．この操作を可能なかぎり続ければ（正確には帰納法を使えば），結局，求める階数標準形に達する．この手続きは，与えられた行列の階数標準形を求める実際的な方法も与えている．

2° つぎに A がふたとおりの階数標準形 $F(r)=F_{m,n}(r)$ と $F(s)=F_{m,n}(s)$ をもつとする．$r \leqq s$ としてよい．基本変形の可逆性（命題2.2.4）により，$F(r)$ と $F(s)$ は一連の基本変形によって移りあうから，ある m 次正則行列 P と n 次正則行列 Q によって

$$F(s)=P\,F(r)\,Q$$

と書ける．

P と Q の行および列を r 番目で切って対称に区分けし，

$$P=\begin{pmatrix} P_{11} & P_{12} \\ P_{21} & P_{22} \end{pmatrix}, \qquad Q=\begin{pmatrix} Q_{11} & Q_{12} \\ Q_{21} & Q_{22} \end{pmatrix}$$

とすると，

$$F(s)=\begin{pmatrix} P_{11} & P_{12} \\ P_{21} & P_{22} \end{pmatrix}\begin{pmatrix} E_r & O \\ O & O \end{pmatrix}\begin{pmatrix} Q_{11} & Q_{12} \\ Q_{21} & Q_{22} \end{pmatrix}=\begin{pmatrix} P_{11}Q_{11} & P_{11}Q_{12} \\ P_{21}Q_{11} & P_{21}Q_{12} \end{pmatrix}$$

となる．$r \leqq s$ の仮定により，$P_{11}Q_{11}=E_r$，$P_{11}Q_{12}=O_{r,n-r}$，$P_{21}Q_{11}=O_{m-r,r}$ が成りたつ．命題2.2.7によって P_{11} も Q_{11} も正則である．したがって $P_{21}=O$，$P_{21}Q_{12}=O$ となるから，以下の概念図のまんなかへんの $\boxed{\begin{matrix}1 & \\ & 1\end{matrix}}$

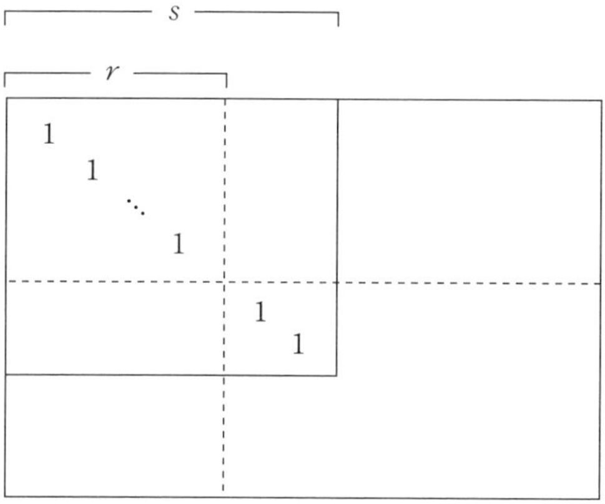

はありえない．すなわち $r=s$ が成りたつ．□

2.2.12【例】 $A=\begin{pmatrix} 0 & 2 & 4 & 2 \\ 1 & 2 & 3 & 1 \\ -2 & -1 & 0 & 1 \end{pmatrix}$ を基本変形によって階数標準形に変換しよう．やりかたはいくらでもある．以下に示すのはその一例にすぎない（手計算用に分数は避ける）．

$$A \overset{(1)}{\to} \begin{pmatrix} 1 & 2 & 3 & 1 \\ 0 & 1 & 2 & 1 \\ -2 & -1 & 0 & 1 \end{pmatrix} \overset{(2)}{\to} \begin{pmatrix} 1 & 2 & 3 & 1 \\ 0 & 1 & 2 & 1 \\ 0 & 3 & 6 & 3 \end{pmatrix} \overset{(3)}{\to} \begin{pmatrix} 1 & 0 & 0 & 0 \\ 0 & 1 & 2 & 1 \\ 0 & 3 & 6 & 3 \end{pmatrix}$$

$$\overset{(4)}{\to} \begin{pmatrix} 1 & 0 & 0 & 0 \\ 0 & 1 & 2 & 1 \\ 0 & 0 & 0 & 0 \end{pmatrix} \overset{(5)}{\to} \begin{pmatrix} 1 & 0 & 0 & 0 \\ 0 & 1 & 0 & 0 \\ 0 & 0 & 0 & 0 \end{pmatrix} = F_{3,4}(2).$$ 各段階の操作は，

（1） 第1行と第2行を交換し，新らしい第2行を2で割る．

（2） 第3行に第1行の2倍を足す．

（3） 第2，3，4列から第1列の2，3，1倍を引く．

（4） 第3行から第2行の3倍を引く．

（5） 第3，4列から第2列の2，1倍を引く．

2.2.13【コメント】 1) A の階数だけを知りたいのなら，A を階数標準形ま

でもっていく必要はなく，対角線（右下すみに達するとは限らない）の左下側（または右上側）だけを0にすればいい．対角線上に並ぶ1の数（または1でなくても0でない数）の個数が階数である．実際，掃きだしを続ければ階数標準形に達する．たとえば例 2.2.12 の行列の場合，

$$A=\begin{pmatrix} 0 & 2 & 4 & 2 \\ 1 & 2 & 3 & 1 \\ -2 & -1 & 0 & 1 \end{pmatrix} \to \begin{pmatrix} 1 & 2 & 3 & 1 \\ 0 & 1 & 2 & 1 \\ -2 & -1 & 0 & 1 \end{pmatrix} \to \begin{pmatrix} 1 & 2 & 3 & 1 \\ 0 & 1 & 2 & 1 \\ 0 & 3 & 6 & 3 \end{pmatrix}$$

$$\to \begin{pmatrix} 1 & 2 & 3 & 1 \\ 0 & 1 & 2 & 1 \\ 0 & 0 & 0 & 0 \end{pmatrix}$$ となって $r(A)=2$ が分かる．

2) P が基本行列なら，すぐ分かるように ${}^tP$ も $\bar{P}$ も基本行列である．これから $r(A)=r({}^tA)=r(\bar{A})$ が分かる．実際 $PAQ=F(r)$，P と Q は基本行列の積とすると ${}^tQ{}^tA{}^tP=F(r)$，$\bar{P}\,\bar{A}\,\bar{Q}=F(r)$ であり，${}^tQ$，${}^tP$，$\bar{P}$，$\bar{Q}$ はどれも基本行列の積である．

§2の問題

問題 1　つぎの行列を階数標準形に変形せよ．

1) $\begin{pmatrix} 4 & 1 & -1 & 0 \\ -7 & 0 & 5 & 1 \\ 6 & 5 & 5 & 2 \\ 1 & 2 & 3 & 1 \end{pmatrix}$　　2) $\begin{pmatrix} -2 & 1 & -2 \\ 2 & 1 & 1 \\ 1 & 2 & 3 \\ 1 & -1 & 0 \end{pmatrix}$

3) $\begin{pmatrix} 2 & 2 & 0 & 4 \\ 2 & 0 & 1 & 1 \\ 0 & 2 & 1 & 5 \\ 1 & 1 & -1 & 1 \\ -1 & 1 & 0 & 2 \end{pmatrix}$　　4) $\begin{pmatrix} 5 & 4 & 2 & 0 \\ -1 & 1 & 0 & 2 \\ -1 & -1 & 3 & 1 \\ 2 & 1 & 4 & 1 \\ 4 & 2 & 1 & 0 \end{pmatrix}$

問題 2　n 次行列 $\begin{pmatrix} 1 & x & x & \cdots & x \\ x & 1 & x & \cdots & x \\ x & x & 1 & \cdots & x \\ \vdots & \vdots & \vdots & \ddots & \\ x & x & x & \cdots & 1 \end{pmatrix}$ の階数（x に依存する）を求めよ（$n \geqq 2$）．

問題 3 n 次正則行列 A の第 i 行と第 j 行 $(i \neq j)$ を交換した行列 B の逆行列は A^{-1} にどういう変形を施したものか.

§3 正則行列，階数と列ベクトルの線型独立性

●逆行列の求めかた

2.3.1【命題】 n 次正方行列 A が正則であるためには，その階数が n に等しいことが必要十分である.

【証明】 定理 2.2.11 によって $PAQ=F(r)$ と書ける. ただし P と Q は正則行列，$r=r(A)$ で $F(r)$ は階数 r の標準形である. もし A が正則なら PAQ も正則だから $r(A)=n$，逆に $r(A)=n$ なら $PAQ=E$ だから $A=P^{-1}Q^{-1}$ となり，A は正則である. □

2.3.2【命題】 正方行列 A が正則なら，左（あるいは右）基本変形だけで A を単位行列に変形することができる.

【証明】 前命題によって $PAQ=E$. ただし P と Q はともに基本行列の積である. この式の左から Q，右から Q^{-1} を掛けると，$Q(PAQ)Q^{-1}=QEQ^{-1}=E$. 左辺は $(QP)A$ だから $(QP)A=E$. QP も基本行列の積である. □

2.3.3【コメント】 1) これからすぐ分かるように，任意の正則行列は何個かの基本行列の積として表わされる.

2) 上の記号で $A^{-1}=QP$ である. 一方，掃きだしの定義によって Q および P の成分は A の n^2 個の成分から有理演算（すなわち加減乗除）によって得られる. したがって，とくに A が実行列なら A^{-1} も実行列，A が有理行列なら A^{-1} も有理行列である.

2.3.4【命題】（正則性を判定し，逆行列を求める方法） 命題 2.3.2 を使うと逆行列の計算法が得られる. 前命題の記号で $A^{-1}=QP$，$QPA=E$ だから，A を E に移す変形（左から QP を掛けること）を E に施せば QP，すなわち A^{-1} が得られたことになる.

具体的には $(n, 2n)$ 型の行列 $(A\ \ E)$ を書き，これに上に述べた行だけの変形（すなわち左変形だけ）を施せば，結果は $(E\ \ A^{-1})$ となり，区分けの右半分に逆行列 A^{-1} が出てくる．

もしこの操作が途中で行きづまれば，命題2.3.1によって A は正則でない．この方法によって A が正則かそうでないかも判定できるわけである．

2.3.5【例】 $A=\begin{pmatrix} 3 & 3 & -5 & -6 \\ 1 & 2 & -3 & -1 \\ 2 & 3 & -5 & -3 \\ -1 & 0 & 0 & 1 \end{pmatrix}$ は正則か．正則なら逆行列を求めよ．

【解】 やりかたはいくらでもある．ここでは手計算に便利なように，なるべく分数や小数の出現を避ける．

$$\left(\begin{array}{cccc:cccc} 3 & 3 & -5 & -6 & 1 & 0 & 0 & 0 \\ 1 & 2 & -3 & -1 & 0 & 1 & 0 & 0 \\ 2 & 3 & -5 & -3 & 0 & 0 & 1 & 0 \\ -1 & 0 & 0 & 1 & 0 & 0 & 0 & 1 \end{array}\right) \overset{(1)}{\to} \left(\begin{array}{cccc:cccc} 1 & 2 & -3 & -1 & 0 & 1 & 0 & 0 \\ 0 & -3 & 4 & -3 & 1 & -3 & 0 & 0 \\ 0 & -1 & 1 & -1 & 0 & -2 & 1 & 0 \\ 0 & 2 & -3 & 0 & 0 & 1 & 0 & 1 \end{array}\right)$$

$$\overset{(2)}{\to} \left(\begin{array}{cccc:cccc} 1 & 0 & -1 & -3 & 0 & -3 & 2 & 0 \\ 0 & 1 & -1 & 1 & 0 & 2 & -1 & 0 \\ 0 & 0 & 1 & 0 & 1 & 3 & -3 & 0 \\ 0 & 0 & -1 & -2 & 0 & -3 & 2 & 1 \end{array}\right)$$

$$\overset{(3)}{\to} \left(\begin{array}{cccc:cccc} 1 & 0 & 0 & -3 & 1 & 0 & -1 & 0 \\ 0 & 1 & 0 & 1 & 1 & 5 & -4 & 0 \\ 0 & 0 & 1 & 0 & 1 & 3 & -3 & 0 \\ 0 & 0 & 0 & -2 & 1 & 0 & -1 & 1 \end{array}\right)$$

$$\overset{(4)}{\to} \left(\begin{array}{cccc:cccc} 1 & 0 & 0 & 0 & -0.5 & 0 & 0.5 & -1.5 \\ 0 & 1 & 0 & 0 & 1.5 & 5 & -4.5 & 0.5 \\ 0 & 0 & 1 & 0 & 1 & 3 & -3 & 0 \\ 0 & 0 & 0 & 1 & -0.5 & 0 & 0.5 & -0.5 \end{array}\right).$$

したがって A は正則で，この横長の行列の右半分が A^{-1} である．

各段階の操作はつぎのとおり．

（1） 第1行と第2行を入れかえてから $(1,1)$ をかなめとして左から第1列を掃きだす．

(2) 第2行と第3行を入れかえてから第2行に-1を掛け，$(2,2)$ をかなめとして第2列を掃きだす．

(3) $(3,3)$ をかなめとして第3列を掃きだす．

(4) 第4行を-2で割ってから，$(4,4)$ をかなめとして第4列を掃きだす．

2.3.6【コメント】 行に関する基本変形を使ったのは，スペースの節約という以外には理由がない．列に関する基本変形を使うときは，A の下に E を書いて $(2n,n)$ 型の行列を作り，上半分を単位行列に変形すればいい．下半分が A^{-1} である．上の例でやってみる．

$$\begin{pmatrix} 3 & 3 & -5 & -6 \\ 1 & 2 & -3 & -1 \\ 2 & 3 & -5 & -3 \\ -1 & 0 & 0 & 1 \\ \hdashline 1 & 0 & 0 & 0 \\ 0 & 1 & 0 & 0 \\ 0 & 0 & 1 & 0 \\ 0 & 0 & 0 & 1 \end{pmatrix} \to \begin{pmatrix} 1 & 0 & 0 & 0 \\ 1/3 & 1 & -4/3 & 1 \\ 2/3 & 1 & -5/3 & 1 \\ -1/3 & 1 & -5/3 & -1 \\ \hdashline 1/3 & -1 & 5/3 & 2 \\ 0 & 1 & 0 & 0 \\ 0 & 0 & 1 & 0 \\ 0 & 0 & 0 & 1 \end{pmatrix} \to$$

$$\begin{pmatrix} 1 & 0 & 0 & 0 \\ 0 & 1 & 0 & 0 \\ 1/3 & 1 & -1/3 & 0 \\ -2/3 & 1 & -1/3 & -2 \\ \hdashline 2/3 & -1 & 1/3 & 3 \\ -1/3 & 1 & 4/3 & -1 \\ 0 & 0 & 1 & 0 \\ 0 & 0 & 0 & 1 \end{pmatrix} \to \begin{pmatrix} 1 & 0 & 0 & 0 \\ 0 & 1 & 0 & 0 \\ 0 & 0 & 1 & 0 \\ -1 & 0 & 1 & 1 \\ \hdashline 1 & 0 & -1 & -3/2 \\ 1 & 5 & -4 & 1/2 \\ 1 & 3 & -3 & 0 \\ 0 & 0 & 0 & -1/2 \end{pmatrix}$$

$$\to \begin{pmatrix} 1 & 0 & 0 & 0 \\ 0 & 1 & 0 & 0 \\ 0 & 0 & 1 & 0 \\ 0 & 0 & 0 & 1 \\ \hdashline -1/2 & 0 & 1/2 & -3/2 \\ 3/2 & 5 & -9/2 & 1/2 \\ 1 & 3 & -3 & 0 \\ -1/2 & 0 & 1/2 & -1/2 \end{pmatrix}.$$

この計算では途中で無駄な分母3が出る．機械計算ならこれはなんでもない．手計算でどうしても分数を避けたければ，たとえば第3列から第4列を引き，新らしい第3列と第1列を入れかえれば，(1,1) 成分は1になる．

●正則性の判定

2.3.7【定理】 正則性の判定条件をまとめておく．n 次正方行列 A が正則であるためには，つぎの五つの条件のどれもが必要十分である：

1) A の階数は n に等しい．

2) A は左（または右）基本変形だけで単位行列に変形される．

3) $\boldsymbol{x}\in \boldsymbol{C}^n$, $\boldsymbol{x}\neq\boldsymbol{0}$ なら $A\boldsymbol{x}\neq\boldsymbol{0}$.

4) A の n 個の列ベクトルは線型独立である．

5) A の n 個の行ベクトルは線型独立である．

【証明】 1) は命題2.3.1そのものである．

2) は命題2.3.2による．

3) A が正則のとき，$A\boldsymbol{x}=\boldsymbol{0}$ なら $\boldsymbol{x}=A^{-1}(A\boldsymbol{x})=\boldsymbol{0}$.

A が正則でないとき，$PAQ=F(r)$ (P, Q は正則) と書くと $r<n$. 最後の単位ベクトルを $\boldsymbol{e}_n$（第 n 成分だけ1，他は0）とすると，すぐ分かるように $F(r)\boldsymbol{e}_n=\boldsymbol{0}$. $PAQ\boldsymbol{e}_n=F(r)\boldsymbol{e}_n=\boldsymbol{0}$ で，P は正則だから $AQ\boldsymbol{e}_n=\boldsymbol{0}$, $\boldsymbol{x}=Q\boldsymbol{e}_n$ と置くと Q は正則だから $\boldsymbol{x}\neq\boldsymbol{0}$. もちろん $A\boldsymbol{x}=AQ\boldsymbol{e}_n=\boldsymbol{0}$ である．

4) $A=(\boldsymbol{a}_1\ \boldsymbol{a}_2\ \cdots\ \boldsymbol{a}_n)$ とすると $\boldsymbol{a}_j=A\boldsymbol{e}_j (1\leqq j\leqq n)$. $\boldsymbol{e}_1, \boldsymbol{e}_2, \cdots, \boldsymbol{e}_n$ は線型独立である．

まず A が正則とすると，命題2.1.2の8）によって $\boldsymbol{a}_1, \boldsymbol{a}_2, \cdots, \boldsymbol{a}_n$ も線型独立である．

つぎに A が非正則とすると，すでに証明したこの定理の3）により，ある $\boldsymbol{x}\neq\boldsymbol{0}$ に対して $A\boldsymbol{x}=\boldsymbol{0}$ となる．$\boldsymbol{x}=\sum_{i=1}^{n} x_i\boldsymbol{e}_i$ と書くと，$\boldsymbol{0}=A\boldsymbol{x}=\sum_{i=1}^{n} x_iA\boldsymbol{e}_i=\sum_{i=1}^{n} x_i\boldsymbol{a}_i$. 少なくともひとつの i に対して $x_i\neq 0$ だから，$\boldsymbol{a}_1, \boldsymbol{a}_2, \cdots, \boldsymbol{a}_n$ は線型従属である．

5）は ${}^{t}A$ を考えて命題1.2.6の2）を使えばいい．□

●基本変形のしめくくり

2.3.8【定義】（(m, n) 型行列 A の，線型独立な列ベクトルの最大数を（とりあえず）$t(A)$ と書く．以後，一連の議論によって $t(A)=r(A)$ を証明する．

2.3.9【命題】 A に列の交換および左基本変形を施しても $t(A)$ は変わらない．

【証明】 $A=(\boldsymbol{a}_1\ \boldsymbol{a}_2\ \cdots\ \boldsymbol{a}_n)$ と書くと，列の交換は $\boldsymbol{a}_j$ たちの順番を変えるだけだから，当然 $t(A)$ も変わらない．

左基本変形は基本行列 P（これは正則）を左から掛ける操作である．$PA=(P\boldsymbol{a}_1\ P\boldsymbol{a}_2\ \cdots\ P\boldsymbol{a}_n)$．定理2.3.7の3）を使うと，

$\sum c_j(P\boldsymbol{a}_j)=\boldsymbol{0} \iff P(\sum c_j\boldsymbol{a}_j)=\boldsymbol{0} \iff \sum c_j\boldsymbol{a}_j=\boldsymbol{0}$

となるから，$\boldsymbol{a}_j$ たちの線型独立性，従属性が保たれる．□

2.3.10【命題】 (m, n) 型行列 A に列の交換，および左基本変形を施すことにより，A はつぎの形 B に変形される（$r=r(A)$）：

$$B=\begin{pmatrix} E_r & * \\ O & O \end{pmatrix}.$$

【証明】 $A=O$ ならやることはない．$A\neq O$ のとき，行および列の交換によって（1,1）成分が0でないようにし，（1,1）をかなめとして左から第1列を掃きだすと，A はつぎの形になる：

$$A'=\begin{pmatrix} 1 & * \\ \boldsymbol{0}_{n-1} & A'_{22} \end{pmatrix}.$$

$A'_{22}=O$ なら求める形である．$A'_{22}\neq O$ なら，行および列の交換によって（2,2）成分をゼロでなくし，（2,2）をかなめとして左から第2列を掃きだすと，

$$A''=\begin{pmatrix} E_2 & * \\ O_{m-2,2} & A''_{22} \end{pmatrix}.$$

の形になる．帰納的にこの操作を右下のブロックが O になるまで続けると，

結局

$$B=\begin{pmatrix} E_s & * \\ O_{m-s,s} & O_{m-s,n-s} \end{pmatrix}$$

の形になった．さらに右基本変形を施せば B は $F_{m,n}(s)$ に達するから $s=r$ である．□

2.3.11【定理】 (m,n) 型行列 A の階数を $r(A)$ と書く．

1) A の線型独立な列ベクトルの最大数 $t(A)$ は $r(A)$ である．

2) A の線型独立な行ベクトルの最大数も $r(A)$ である．

【証明】 1) はほとんどすんでいる．B の形からすぐ分かるように $t(A)=s=r(A)$ である．

2) ${}^tA$ を考え，例 2.2.12 のあとのコメント 2.2.13 の 2) によればいい．□

最後に，むかしは行列式論の重要な結果とされていた定理を，行列の階数の問題に書きなおして証明する．

2.3.12【定義】 A を (m,n) 型行列とする．A の m 個の行から p 個，n 個の列から q 個を選びだすと (p,q) 型の行列ができる．こういうものを A の**部分行列**，または**小行列**と言う．

2.3.13【命題】 部分行列の階数はもとの行列の階数をこえない．

【証明】 B を A の部分行列とし，$r=r(A)$，$s=s(B)$ とする．基本変形によって階数は変わらないから，行の交換と列の交換を施すことにより，はじめから $A=\begin{pmatrix} B & * \\ * & * \end{pmatrix}$ の形だとしていい（$*$ はそこに何かがあることを示す）．B を基本変形によって階数標準形に移す．そのとき B の右や下にある成分にも同じ変形を施すと，A の階数も変わらずに $A'=\begin{pmatrix} E_s & * \\ * & * \end{pmatrix}$ の形になる．さらに E_s の右側の列および下側の行を掃きだすと，$A''=\begin{pmatrix} E_s & O \\ O' & * \end{pmatrix}$ の形になる

から $s \leqq r$ が成りたつ．□

2.3.14【定理】 (m, n) 型行列 A の正方部分行列で正則なものの最大次数を s とすると，$s = r(A)$ が成りたつ．

【証明】 まず命題 2.3.13 によって $s \leqq r(A)$ である．s 次の正則部分行列 B をとる．命題 2.3.13 の証明と同様に，A の基本変形によって階数不変のまま $A' = \begin{pmatrix} E_s & O \\ O' & D \end{pmatrix}$ となる．ここでもし $D \neq O$ だったら，すぐ分かるように行の交換と列の交換によって左上に $s+1$ 次の正則小行列ができてしまう．したがって $D = O$，$s = r(A)$．□

§3 の問題

問題 1 つぎの行列は正則か．正則なら逆行列を求めよ．

1) $\begin{pmatrix} 2 & 1 & -1 \\ 1 & -2 & 2 \\ 2 & 1 & 1 \end{pmatrix}$　　2) $\begin{pmatrix} 1 & 2 & -1 & 2 \\ 2 & 2 & -1 & 1 \\ -1 & -1 & 1 & -1 \\ 2 & 1 & -1 & 2 \end{pmatrix}$

3) $\begin{pmatrix} 2 & 3 & 2 & 1 \\ 4 & 2 & -1 & 1 \\ -2 & -1 & -1 & -2 \\ 2 & 1 & 2 & 3 \end{pmatrix}$　　4) $\begin{pmatrix} 1.308 & -1.293 & 2.512 \\ 0.312 & 3.715 & -4.286 \\ -5.183 & 0.305 & 1.770 \end{pmatrix}$

問題 2 n 次正方行列 $A = (a_{ij})$ が $\sum_{j=1}^{n} a_{ij} = 0\ (1 \leqq i \leqq n)$ をみたせば，A は正則でないことを示せ．

問題 3 n 次正方行列 $A = (a_{ij})$ において $a_{ii} = 1$ $(1 \leqq i \leqq n)$，$|a_{ij}| < \dfrac{1}{n-1}$ $(i \neq j$ のとき$)$ なら A は正則であることを示せ．

§4 1次方程式系

1 次方程式系というのは連立 1 次方程式と同じ意味である．

●行列の問題としての1次方程式

2.4.1【定義】 1)　n 個の未知数 $x_1, x_2, \cdots, x_n$ に関する m 個の1次方程式の系

$$\left.\begin{array}{l} a_{11}x_1+a_{12}x_2+\cdots+a_{1n}x_n=c_1 \\ a_{21}x_1+a_{22}x_2+\cdots+a_{2n}x_n=c_2 \\ \quad\cdots \\ \quad\cdots \\ a_{m1}x_1+a_{m2}x_2+\cdots+a_{mn}x_n=c_m \end{array}\right\} \qquad (1)$$

を考える．こういうものを一般に**1次方程式系**と言う．解が一意に定まらない場合でも，それを《不定の場合》として捨てることはせず，解はどのくらいあるか，解ぜんぶを求めるにはどうすればよいか，解ぜんぶの集合はどんな構造をもつかなどを考える．

2)　方程式系 (1) を見ればすぐ分かるように，これは行列の問題に書きかえられる．(m, n) 型行列 A，n 項列ベクトル $\boldsymbol{x}$ および m 項列ベクトル $\boldsymbol{c}$ を

$$A=\begin{pmatrix} a_{11} & a_{12} & \cdots & a_{1n} \\ a_{21} & a_{22} & \cdots & a_{2n} \\ \vdots & \vdots & & \vdots \\ a_{m1} & a_{m2} & \cdots & a_{mn} \end{pmatrix}, \quad \boldsymbol{x}=\begin{pmatrix} x_1 \\ x_2 \\ \vdots \\ x_n \end{pmatrix}, \quad \boldsymbol{c}=\begin{pmatrix} c_1 \\ c_2 \\ \vdots \\ c_m \end{pmatrix}$$

と定義すると，方程式系 (1) は

$$A\boldsymbol{x}=\boldsymbol{c} \qquad (1')$$

と書ける．A を**係数行列**，$\boldsymbol{x}$ を**未知ベクトル**，$\boldsymbol{c}$ を**定数項ベクトル**と言う．いちばん簡単なのは $m=n$ で A が正則のときである．(1′) はただちに $\boldsymbol{x}=A^{-1}\boldsymbol{c}$ と書きかえられ，$A^{-1}\boldsymbol{c}$ が (1′) のただひとつの解である．しかしわれわれは一般的な場合を考える．

3)　さらに今後の便宜のために

$$\tilde{A}=(A\ \boldsymbol{c})=\begin{pmatrix} a_{11} & \cdots & a_{1n} & c_1 \\ \vdots & & \vdots & \vdots \\ a_{m1} & \cdots & a_{mn} & c_m \end{pmatrix}, \quad \tilde{\boldsymbol{x}}=\begin{pmatrix} \boldsymbol{x} \\ -1 \end{pmatrix}=\begin{pmatrix} x_1 \\ x_2 \\ \vdots \\ x_n \\ -1 \end{pmatrix}$$

と置くと，すぐ分かるように方程式系（1′）は

$$\tilde{A}\tilde{\boldsymbol{x}}=\mathbf{0} \tag{1″}$$

と書ける．$\tilde{A}$ を**拡大係数行列**，$\tilde{\boldsymbol{x}}$ を**拡大未知ベクトル**と言う．

4）解法の方針．任意の m 次正則行列 P に対し，方程式系（1″）は定理 2.3.7 の 3）によって

$$P\tilde{A}\tilde{\boldsymbol{x}}=\mathbf{0} \tag{1‴}$$

と同値である．すなわち，一方の解はかならず他方の解になっている．言いかえれば，$\tilde{A}$ に左基本変形を何回施しても，その結果得られる方程式系はもとの方程式系（1″）と同値である．

左基本変形だけで方程式が十分簡単な形に移れば申しぶんないのだが，一般にはかならずしもそうはいかない．

そこでわれわれは，変形の途中で未知数の順序の交換を許すことにする．それは拡大係数行列 $\tilde{A}$ において，いちばん右はしの列 $\boldsymbol{c}$ には触れずに，A 内のふたつの列を交換することを意味する．

5）$A=(\boldsymbol{a}_1\ \ \boldsymbol{a}_2\ \cdots\ \boldsymbol{a}_n)$ とすると，方程式（1）は

$$x_1\boldsymbol{a}_1+x_2\boldsymbol{a}_2+\cdots+x_n\boldsymbol{a}_n=\boldsymbol{c} \tag{1⁗}$$

と書ける．これからつぎの定理が得られる．

2.4.2【定理】 1 次方程式系（1）から（1⁗）までが解をもつためには $r(A)=r(\tilde{A})$ が成りたつことが必要十分である．ただし $r(A)$，$r(\tilde{A})$ はそれぞれ A，$\tilde{A}$ の階数である．

【証明】 式（1⁗）は $\boldsymbol{c}$ が $\boldsymbol{a}_1, \boldsymbol{a}_2, \cdots, \boldsymbol{a}_n$ の線型結合として表わされること，すなわち $\boldsymbol{a}_1, \boldsymbol{a}_2, \cdots, \boldsymbol{a}_n$ のなかの線型独立なベクトルの最大数と，$\boldsymbol{a}_1, \boldsymbol{a}_2, \cdots, \boldsymbol{a}_n, \boldsymbol{c}$ のなかの線型独立なベクトルの最大数とが一致することを意味する．$\tilde{A}=(\boldsymbol{a}_1\ \ \boldsymbol{a}_2\ \cdots\ \boldsymbol{a}_n\ \ \boldsymbol{c})$ に注意すると，定理 2.3.11 の 1）によって，これは $r(A)=r(\tilde{A})$ と同値である．□

● 1 次方程式系の解法

2.4.3【命題】 1 次方程式系（1）ないし（1″）で，拡大係数行列 $\tilde{A}$ に左基本変形および最後の列（定数項ベクトル $\boldsymbol{c}$）以外の列の交換を施して $\tilde{B}$ に達し

たとき，1次方程式系 $\tilde{B}\tilde{x} = 0$ の解は，未知数の順序が変わるほかはもとの方程式の解と一致する．

【証明】 まず定義 2.4.1 の 4) で見たように，左基本変形によって $\tilde{A}$ は $P\tilde{A}$ (P は正則) に変わるだけだから，定理 2.3.7 の 3) によって方程式系の解は変わらない．A の列を交換すれば x の成分の順序が変わるだけである．□

2.4.4【定理】 拡大係数行列 $\tilde{A}$ に適当な左基本変形および定数項以外の列の交換を何回か施すことにより，$\tilde{A}$ はつぎの形 $\tilde{B}$ に変形される ($r = r(A)$)：

$$\tilde{B} = \begin{pmatrix} E_r & B_1 & \vdots & d_1 \\ O_{m-r,r} & O_{m-r,n-1} & \vdots & d_2 \end{pmatrix}$$

$$= \begin{array}{c} r \\ m-r \end{array} \left[\begin{array}{c} \overbrace{}^{r} \quad \overbrace{}^{n-r} \\ \begin{pmatrix} 1 & 0 & \cdots & 0 & b_{1,r+1} & \cdots & b_{1,n} & d_1 \\ 0 & 1 & \cdots & 0 & b_{2,r+1} & \cdots & b_{2,n} & d_2 \\ \vdots & \vdots & \ddots & \vdots & \vdots & & \vdots & \vdots \\ 0 & 0 & \cdots & 1 & b_{r,r+1} & \cdots & b_{r,n} & d_r \\ 0 & 0 & \cdots & 0 & 0 & \cdots & 0 & d_{r+1} \\ \vdots & \vdots & & \vdots & \vdots & & \vdots & \vdots \\ 0 & 0 & \cdots & 0 & 0 & \cdots & 0 & d_m \end{pmatrix} \end{array} \right].$$

【証明】 $A = O$ ならそのままでいい ($\tilde{B}$ のいちばん右の列についてはなにも主張していないことに注意)．$A \neq O$ なら，行の交換および ($\tilde{A}$ の) 最後の列以外の列の交換によって $(1,1)$ 成分を 0 でなくし，$(1,1)$ をかなめとして第 1 列を掃きだす．ここで第 2 列から第 n 列までの第 2 行以下がすべて 0 なら，これが求める形 ($r = 1$ の場合) である．そこに 0 でない成分があれば，$(2,2)$ 成分を 1 にして第 2 列の $(2,2)$ 成分以外をぜんぶ 0 にすることができる．

帰納的にこの操作を可能なかぎり続ければ，結局，$\tilde{B}$ の形に達する (正確には帰納法による)．

ここに出てきた数 r について．$\tilde{B}$ の形からすぐ分かるように，最終列を除く列に関する基本変形によって B_1 は $O_{r,n-r}$ に変形され，最終列を除く (m,n) 型部分行列は標準形 $F_{m,n}(r)$ になる．したがって $r = r(A)$．□

さて，未知数の順序変更を除いて（1）と同値な新しい方程式系

$$\tilde{B}\tilde{\boldsymbol{x}}=\mathbf{0} \tag{2}$$

が得られた．これを $\tilde{B}$ の区分け（定理 2.4.4）に応じて区分けして書くと，

$$\begin{pmatrix} E_r & B_{12} & \boldsymbol{d}_1 \\ O & O & \boldsymbol{d}_2 \end{pmatrix}\begin{pmatrix} \boldsymbol{x}_1 \\ \boldsymbol{x}_2 \\ -1 \end{pmatrix}=\mathbf{0}_{n+1} \tag{2$'$}$$

と書ける．さらにこれを書きかえると

$$\left.\begin{aligned} \boldsymbol{x}_1+B_{12}\boldsymbol{x}_2&=\boldsymbol{d}_1 \\ O\boldsymbol{x}_1+\ \ O\boldsymbol{x}_2&=\boldsymbol{d}_2 \end{aligned}\right\} \tag{2$''$}$$

となる．念のために成分ごとに書けば，

$$\left.\begin{array}{l} x_1 \qquad\qquad +b_{1,r+1}x_{r+1}+\cdots+b_{1,n}x_n=d_1 \\ \quad x_2 \qquad\quad +b_{2,r+1}x_{r+1}+\cdots+b_{2,n}x_n=d_2 \\ \qquad \ddots \qquad\quad \cdots\cdots\cdots\cdots\cdots\cdots \\ \qquad\quad \ddots \qquad \cdots\cdots\cdots\cdots\cdots\cdots \\ \qquad\qquad x_r+b_{r,r+1}x_{r+1}+\cdots+b_{r,n}x_n=d_r \\ \qquad\qquad\qquad\qquad\qquad\qquad\quad 0=d_{r+1} \\ \qquad\qquad\qquad\qquad\qquad\qquad\quad \cdots \\ \qquad\qquad\qquad\qquad\qquad\qquad\quad \cdots \\ \qquad\qquad\qquad\qquad\qquad\qquad\quad 0=d_m \end{array}\right\} \tag{2$'''$}$$

これはただちに解ける．

2.4.5【定理】 1)　方程式系（2‴）は（したがって（1）も）$\boldsymbol{d}_2=\mathbf{0}$ のときに限って解をもつ．

2)　そのときの（2‴）の一般解は $\boldsymbol{x}_2$ を任意の $n-r$ 項ベクトルとし，

$$\boldsymbol{x}_1=\boldsymbol{d}_1-B_{12}\boldsymbol{x}_2 \tag{3}$$

によって $\boldsymbol{x}_1$ を定めることで得られる．

3)　こうして得られた（2‴）の一般解で，$\tilde{A}$ から $\tilde{B}$ への変形によって順序が変わった $\boldsymbol{x}=\begin{pmatrix} \boldsymbol{x}_1 \\ \boldsymbol{x}_2 \end{pmatrix}$ の成分の順序をもとに戻せば，はじめの方程式系（1）の一般解が得られる．

【証明】 証明は実質的にもうすんでいる．□

(ノート) 1) 念のために (2‴) の一般解を成分ごとに書いておく.

$$\left.\begin{array}{l} x_1=d_1-b_{1,r+1}x_{r+1}-\cdots-b_{1,n}x_n \\ x_2=d_2-b_{2,r+1}x_{r+1}-\cdots-b_{2,n}x_n \\ \cdots\cdots \\ \cdots\cdots \\ x_r=d_r-b_{r,r+1}x_{r+1}-\cdots-b_{r,n}x_n \\ x_{r+1}=x_{r+1} \\ \cdots\cdots \\ \cdots\cdots \\ x_n=x_n \end{array}\right\} \qquad (3')$$

ただし $x_{r+1}, x_{r+2}, \cdots, x_n$ は任意定数である.

2) この定理は1次方程式系の実用的・計算的な方法も与えている点で興味ぶかい.

2.4.6【コメント】 われわれは理論的にすっきりした形を欲したので (A の) 列の交換を許した. しかし方程式を解くだけなら列の交換はいらない. むしろ, あまりたくさん列を交換すると, 未知数の順序をもとに戻すときにまちがえる恐れがある. 拡大係数行列 $\tilde{A}$ は左基本変形だけでつぎのような階段形に変形される (機械計算ではこの形を使う):

$$\tilde{B}=\left(\begin{array}{ccccccccc|c} 1 & 0 & * & 0 & * & * & * & 0 & * & * \\ 0 & 1 & * & 0 & * & * & * & 0 & * & * \\ 0 & 0 & 0 & 1 & * & * & * & 0 & * & * \\ 0 & 0 & 0 & 0 & 0 & 0 & 0 & 1 & * & * \\ 0 & 0 & 0 & 0 & 0 & 0 & 0 & 0 & 0 & * \\ 0 & 0 & 0 & 0 & 0 & 0 & 0 & 0 & 0 & * \\ 0 & 0 & 0 & 0 & 0 & 0 & 0 & 0 & 0 & * \end{array}\right).$$

この例の $\tilde{B}$ で, 1と書いてある場所がかなめとして使われたところである. 右下に三つのタテに並んでいる $*$ が全部0のときに限って (1) は解をもつ. 1の書いてない列, すなわち第3, 5, 6, 7, 9列に対応する未知数 x_3, x_5, x_6, x_7, x_9 に任意定数を代入して移項すればいい. 1の個数4が A の階数である.

2.4.7【例】 パラメーター a, b を含む1次方程式系

$$\left.\begin{aligned} 2x_2+4x_3+2x_4&=2\\ -x_1+\ x_2+3x_3+2x_4&=2\\ x_1+2x_2+3x_3+\ x_4&=b\\ -2x_1-\ x_2+\qquad ax_4&=1 \end{aligned}\right\}$$

を解く（a, b の値によって解が変わる）.

【解】

$$\tilde{A}=\begin{pmatrix} 0 & 2 & 4 & 2 & 2\\ -1 & 1 & 3 & 2 & 2\\ 1 & 2 & 3 & 1 & b\\ -2 & -1 & 0 & a & 1 \end{pmatrix}\to$$

第1行を2で割り，第2行に−1を掛けてから，第1，2行を交換する．
$$\to\begin{pmatrix} 1 & -1 & -3 & -2 & -2\\ 0 & 1 & 2 & 1 & 1\\ 1 & 2 & 3 & 1 & b\\ -2 & -1 & 0 & a & 1 \end{pmatrix}\to$$

(1,1) をかなめとして左から第1列を掃きだす．
$$\to\begin{pmatrix} 1 & -1 & -3 & -2 & -2\\ 0 & 1 & 2 & 1 & 1\\ 0 & 3 & 6 & 3 & b+2\\ 0 & -3 & -6 & a-4 & -3 \end{pmatrix}\to$$

(2,2) をかなめとして左から第2列を掃きだす．
$$\to\begin{pmatrix} 1 & 0 & -1 & -1 & -1\\ 0 & 1 & 2 & 1 & 1\\ 0 & 0 & 0 & 0 & b-1\\ 0 & 0 & 0 & a-1 & 0 \end{pmatrix}.$$

もし $a=1$ なら操作は終わり，これが $\tilde{B}$ である $(r(A)=2)$．このとき $b\neq1$ なら解はない．$b=1$ なら x_3, x_4 を任意定数として

$$\begin{pmatrix} x_1\\ x_2\\ x_3\\ x_4 \end{pmatrix}=\begin{pmatrix} -1\\ 1\\ 0\\ 0 \end{pmatrix}-x_3\begin{pmatrix} -1\\ 2\\ 1\\ 0 \end{pmatrix}-x_4\begin{pmatrix} -1\\ 1\\ 0\\ 1 \end{pmatrix}$$

が一般解である．解の表示の仕方はいくらでもある．実数体で考えているときは，これを幾何学的に4次元空間 $\boldsymbol{R}^4$ のなかの平面のパラメーター表示とみなすことができる．

つぎに $a\neq1$ のとき，第4行を $a-1$ で割ってから第3行と第4行を交換し，

さらに第3列と第4列を交換すると，

$$\tilde{A}\to\begin{pmatrix}1&0&-1&-1&-1\\0&1&1&2&1\\0&0&1&0&0\\0&0&0&0&b-1\end{pmatrix}\to\begin{array}{l}\text{(3,3) をかな}\\\text{めとして左か}\\\text{ら第3列を掃}\\\text{きだす.}\end{array}\to\begin{pmatrix}1&0&0&-1&-1\\0&1&0&2&1\\0&0&1&0&0\\0&0&0&0&b-1\end{pmatrix}.$$

$b\neq 1$ なら解はない．$b=1$ なら $r(A)=3$ であり（x_3 と x_4 を交換しているから）x_3 を任意定数として

$$\begin{pmatrix}x_1\\x_2\\x_3\\x_4\end{pmatrix}=\begin{pmatrix}-1\\1\\0\\0\end{pmatrix}-x_3\begin{pmatrix}-1\\2\\1\\0\end{pmatrix}$$

が一般解である．$\boldsymbol{R}^4$ のなかの直線のパラメーター表示である．

2.4.8【コメント】 1)　ふたつの2変数1次方程式系

$$\left.\begin{array}{r}x+y=2\\x+1.001y=2.001\end{array}\right\}\ (4)\quad\text{および}\quad\left.\begin{array}{r}x+y=2\\x+1.001y=2.002\end{array}\right\}\ (5)$$

を考える．このふたつは係数行列 A が同じで，定数項がほんの少し違うだけである．しかし（4）の解は $x=y=1$，（5）の解は $x=0$，$y=2$ であって大きく違う．これは係数行列 A が非正則行列に非常に近いために起こる不安定さの一例である．

2)　0に近い数をかなめとして使うと誤差が大きくなることがある．

$$\left.\begin{array}{r}0.001x+y=0.002\\x+y=0.001\end{array}\right\}$$

を小数3ケタまで解く．(1,1) の 0.001 をかなめとして計算すると $x=0$，$y=0.002$ で 10^{-3} の誤差が出て，意味がない．行を入れかえ，1をかなめとして解くと $x=-0.001$，$y=0.002$ で，誤差は 10^{-6} である．

2.4.9【コメント】 同じ係数行列をもついくつかの方程式系

$$A\boldsymbol{x}=\boldsymbol{b}_1,\ A\boldsymbol{x}=\boldsymbol{b}_2,\ \cdots,\ A\boldsymbol{x}=\boldsymbol{b}_k$$

を解くときには一緒に解くほうがいい．同じ一連の基本変形ですむ．すなわち

$B=(\boldsymbol{b}_1\ \boldsymbol{b}_2\ \cdots\ \boldsymbol{b}_k)$ とし，X を (n,k) 型の未知行列として $AX=B$ を解くと，X の第 j 列が $A\boldsymbol{x}=\boldsymbol{b}_j$ の解である．もしとくに $m=n=k$ で $B=E$ なら，これは逆行列の求めかたにほかならない．たとえば

$$A=\begin{pmatrix} 2 & 0 & 1 \\ -1 & 1 & -3 \\ -1 & -1 & 2 \end{pmatrix},\quad \boldsymbol{b}_1=\begin{pmatrix} 1 \\ 0 \\ -1 \end{pmatrix},\quad \boldsymbol{b}_2=\begin{pmatrix} 1 \\ 1 \\ 0 \end{pmatrix}\ \text{とすると,}$$

$$\left(\begin{array}{ccc:cc} 2 & 0 & 1 & 1 & 1 \\ -1 & 1 & -3 & 0 & 1 \\ -1 & -1 & 2 & -1 & 0 \end{array}\right)\to\left(\begin{array}{ccc:cc} 1 & -1 & 3 & 0 & -1 \\ 0 & 2 & -5 & 1 & 3 \\ 0 & -2 & 5 & -1 & -1 \end{array}\right)$$

$$\to\left(\begin{array}{ccc:cc} 1 & 0 & 1/2 & 1/2 & 1/2 \\ 0 & 1 & -5/2 & 1/2 & 3/2 \\ 0 & 0 & 0 & 0 & 2 \end{array}\right).\ \text{よって}\ A\boldsymbol{x}=\boldsymbol{b}_1\ \text{の解は}\ \begin{pmatrix} 1/2 \\ 1/2 \\ 0 \end{pmatrix}-\alpha\begin{pmatrix} 1/2 \\ -5/2 \\ -1 \end{pmatrix}$$

であり，$A\boldsymbol{x}=\boldsymbol{b}_2$ は解をもたない．

●解集合の構造

2.4.10【定義】 定数項が $\boldsymbol{0}$ である1次方程式系 $A\boldsymbol{x}=\boldsymbol{0}$ を**斉次1次方程式系**と言う．これには必ず $\boldsymbol{x}=\boldsymbol{0}$ という解がある．これを**自明な解**と言う．

2.4.11【命題】 A を (m,n) 型行列として斉次1次方程式系

$$A\boldsymbol{x}=\boldsymbol{0} \tag{6}$$

を考える．これの解（$\boldsymbol{C}^n$ のベクトル）ぜんぶの集合（$\boldsymbol{C}^n$ の部分集合）を $\boldsymbol{V}$ と書くと，$\boldsymbol{V}$ はつぎの三性質をもつ：

1） $\boldsymbol{0}\in\boldsymbol{V}$．したがって $\boldsymbol{V}\neq\emptyset$．

2） $\boldsymbol{x}$，$\boldsymbol{y}\in\boldsymbol{V}$ なら $\boldsymbol{x}+\boldsymbol{y}=\boldsymbol{V}$．

3） $\boldsymbol{x}\in\boldsymbol{V}$，$c\in\boldsymbol{C}$ なら $c\boldsymbol{x}\in\boldsymbol{V}$．

【証明】 1） $A\boldsymbol{0}=\boldsymbol{0}$．　2） $A(\boldsymbol{x}+\boldsymbol{y})=A\boldsymbol{x}+A\boldsymbol{y}=\boldsymbol{0}+\boldsymbol{0}=\boldsymbol{0}$．
3） $A(c\boldsymbol{x})=c(A\boldsymbol{x})=c\cdot\boldsymbol{0}=\boldsymbol{0}$．□

ノート $\boldsymbol{C}^n$ の部分集合でこの三性質をもつものを $\boldsymbol{C}^n$ の**部分線型空間**と言う．これに合わせて，(6) の解ぜんぶの集合 $\boldsymbol{V}$ のことを斉次1次方程式系 (6) の**解空間**と言う．こういうものについてはまず第4章§3で部分的に扱い，第6章でもっと抽象的な一般論を展開する．

A が実行列のときには，上記の $\boldsymbol{C}$ と $\boldsymbol{C}^n$ を $\boldsymbol{R}$ と $\boldsymbol{R}^n$ に変えてもよい．

2.4.12【定理】 係数行列 A の階数が r ならば，方程式系（2）の解空間 $\boldsymbol{V}$ には $n-r$ 個の線型独立な解ベクトルが存在し，$\boldsymbol{V}$ の任意の元（方程式系の解ベクトル）はこれら $n-r$ 個の元の線型結合として表わされる．

【証明】 方程式系 $A\boldsymbol{x}=\boldsymbol{0}$ に定理 2.4.5 の 2）を適用すると，(1) の一般解は $\boldsymbol{x}_2$ を任意の $n-r$ 項ベクトルとし，式 $\boldsymbol{x}_1=-B_{12}\boldsymbol{x}_2$ によって $\boldsymbol{x}_1$ を定めることで得られる．ところが $n-r$ 項のベクトル全部の集合は $\boldsymbol{C}^{n-r}$ である．そこの $n-r$ 個の単位ベクトルを $\boldsymbol{e}_{r+1}, \boldsymbol{e}_{r+2}, \cdots, \boldsymbol{e}_n$ とすると，これらは線型独立であり（命題 2.1.2 の 6)），$\boldsymbol{C}^{n-r}$ の任意のベクトル $\boldsymbol{x}_2=\begin{pmatrix} x_{r+1} \\ x_{r+2} \\ \vdots \\ x_n \end{pmatrix}$ は $\sum_{j=r+1}^{n} x_j\boldsymbol{e}_j$ の形に $\boldsymbol{e}_{r+1}, \boldsymbol{e}_{r+2}, \cdots, \boldsymbol{e}_n$ の線型結合として書ける．□

（ノート） この事実を「$\boldsymbol{V}$ は $\boldsymbol{C}^n$ の $n-r$ 次元の部分線型空間である」と言いあらわす（第 4 章§ 3，および第 6 章§ 2）．

2.4.13【命題】 定義 2.4.1 の 5）に従って斉次方程式系（6）を

$$x_1\boldsymbol{a}_1+x_2\boldsymbol{a}_2+\cdots+x_n\boldsymbol{a}_n=\boldsymbol{0} \qquad (6')$$

と書く．こう書いただけでつぎの主張が証明された：斉次方程式系（6），ないし（6′）が自明でない解をもつためには，$\langle \boldsymbol{a}_1, \boldsymbol{a}_2, \cdots, \boldsymbol{a}_n \rangle$ が線型従属なことが必要十分である．

証明はもうすんだ．□

2.4.14【命題】 斉次方程式系（6），ないし（6′）が自明でない解をもつためには，$r(A)<n$ が成り立つことが必要十分である．とくに $m<n$ なら（6）は自明でない解をもつ．

【証明】 定理 2.4.12 からすぐに分かる．□

このふたつの命題からすぐにつぎの命題が得られる．

2.4.15【命題】 $m<n$ なら，$\boldsymbol{C}^m$ の n 個のベクトルは線型従属である．

(ノート) この命題はあとで線型空間の次元を定義するときに決定的な役割をはたす（定理 4.3.5，命題 6.2.5，定理 6.2.6 を見よ）．

2.4.16【定義】 1） もとに戻って一般の1次方程式系

$$A\boldsymbol{x}=\boldsymbol{c} \qquad (1')$$

を考える．この方程式系の定数項ベクトル $\boldsymbol{c}$ を $\boldsymbol{0}$ に変えた斉次1次方程式系

$$A\boldsymbol{x}=\boldsymbol{0} \qquad (6)$$

を，方程式系（1）**に伴う**斉次方程式系と言う．

2） 方程式系（1）の解ぜんぶの集合を $\boldsymbol{U}$ とする．$\boldsymbol{U}$ は空集合かもしれない．$\boldsymbol{U}$ が空集合でないとき，$\boldsymbol{U}$ と（1）に伴う斉次方程式系（6）の解空間 $\boldsymbol{V}$ との関係を解明するのがつぎの定理である．

2.4.17【定理】 上の記号で $\boldsymbol{U}\neq\emptyset$ のとき，つぎのことが成りたつ；

1） $\boldsymbol{u}\in\boldsymbol{U}$，$\boldsymbol{v}\in\boldsymbol{V}$ なら $\boldsymbol{u}+\boldsymbol{v}\in\boldsymbol{U}$．

2） $\boldsymbol{u}_1, \boldsymbol{u}_2\in\boldsymbol{U}$ なら $\boldsymbol{u}_1-\boldsymbol{u}_2\in\boldsymbol{V}$．

3） $\boldsymbol{U}$ の元 $\boldsymbol{u}_0$ を固定すると，$\boldsymbol{U}$ の任意の元は $\boldsymbol{u}_0+\boldsymbol{v}(\boldsymbol{v}\in\boldsymbol{V})$ の形である．$\boldsymbol{V}$ の元 $\boldsymbol{v}$ に $\boldsymbol{U}$ の元 $\boldsymbol{u}_0+\boldsymbol{v}$ を対応させると，$\boldsymbol{V}$ の元と $\boldsymbol{U}$ の元が漏れなく一対一に対応する．

【証明】 1） $A(\boldsymbol{u}+\boldsymbol{v})=A\boldsymbol{u}+A\boldsymbol{v}=\boldsymbol{c}+\boldsymbol{0}=\boldsymbol{c}$．

2） $A(\boldsymbol{u}_1-\boldsymbol{u}_2)=A\boldsymbol{u}_1-A\boldsymbol{u}_2=\boldsymbol{c}-\boldsymbol{c}=\boldsymbol{0}$．

3） $\boldsymbol{u}$ を $\boldsymbol{U}$ の元とすると 2）によって $\boldsymbol{u}-\boldsymbol{u}_0\in\boldsymbol{V}$ だから，$\boldsymbol{u}-\boldsymbol{u}_0$ を $\boldsymbol{v}$ と書くと $\boldsymbol{u}=\boldsymbol{u}_0+\boldsymbol{v}$．明きらかにこの対応は漏れのない一対一対応である．□

2.4.18【コメント】 いま係数行列も定数項ベクトルもすべて実数から成ると仮定する．たとえば $n=3$，$r=1$ なら $n-r=2$ であり，$\boldsymbol{U}$ は $\boldsymbol{R}^3$ のなかの平面，$\boldsymbol{V}$ は $\boldsymbol{U}$ と平行で原点をとおる平面と解釈される．$r=2$ なら $n-r=1$ であり，$\boldsymbol{U}$ は $\boldsymbol{R}^3$ のなかの直線，$\boldsymbol{V}$ は $\boldsymbol{U}$ と平行で原点をとおる直線と解釈される．

§4の問題

問題 1　つぎの1次方程式系を解け．

1) $\begin{cases} x_2 - x_3 + x_4 = -4 \\ x_1 + 2x_2 + x_3 + x_4 = -1 \\ 2x_1 + x_2 + 5x_3 + 6x_4 = 3 \\ x_1 + x_2 + 2x_3 + 2x_4 = 1 \end{cases}$　　2) $\begin{cases} 2x_1 + x_2 + 2x_3 + 3x_4 = 1 \\ -x_1 - x_2 + 2x_3 + 2x_4 = 2 \\ 3x_1 + x_2 + 2x_4 = 1 \\ 4x_1 + 2x_2 - x_3 + x_4 = 0 \end{cases}$

3) $\begin{cases} 3x_1 - 2x_2 + x_3 + x_5 = 2 \\ x_1 - x_2 + x_3 - 2x_4 + x_5 = 1 \\ 2x_1 + x_2 - 3x_3 + x_4 + 3x_5 = 2 \end{cases}$　　4) $\begin{cases} x_1 + x_2 + 2x_3 + x_4 = -1 \\ x_1 + x_2 + 3x_3 + 2x_4 = 2 \\ 2x_1 - 2x_2 + 2x_3 - x_4 = -1 \\ -x_1 + x_2 + x_4 = 1 \end{cases}$

5) $\begin{cases} 3.001x_1 + 1.003x_2 + 0.988x_3 = -4.991 \\ 3.971x_1 + 3.010x_2 - 0.989x_3 = -2.011 \\ 4.989x_1 + 4.012x_2 + 1.002x_3 = 5.987 \end{cases}$　　6) $\begin{cases} 3x_1 + x_2 + x_3 = -5 \\ 4x_1 + 3x_2 - x_3 = -2 \\ 5x_1 + 4x_2 + x_3 = 6 \end{cases}$

（5）と 6）は係数行列も定数項も互いに非常に近いことに注意）

§5　ベクトルの内積．重要な正方行列

●内　　積

2.5.1【定義】　$\boldsymbol{x}$ と $\boldsymbol{y}$ を $\boldsymbol{C}^n$ の元（ベクトル）とする．$\boldsymbol{x}$ を $(n, 1)$ 型行列と思えば ${}^t\boldsymbol{x}$ は $(1, n)$ 型だから，積 ${}^t\boldsymbol{x}\bar{\boldsymbol{y}}$ が $(1, 1)$ 型の行列として定義される．これのただひとつの成分を $\boldsymbol{x}$ と $\boldsymbol{y}$ の内積，または**エルミート積**と言い，$(\boldsymbol{x}\,|\,\boldsymbol{y})$ と書く．$\boldsymbol{x} = \begin{pmatrix} x_1 \\ x_2 \\ \vdots \\ x_n \end{pmatrix}$，$\boldsymbol{y} = \begin{pmatrix} y_1 \\ y_2 \\ \vdots \\ y_n \end{pmatrix}$ なら $(\boldsymbol{x}\,|\,\boldsymbol{y}) = \sum_{i=1}^{n} x_i \bar{y}_i = x_1\bar{y}_1 + x_2\bar{y}_2 + \cdots + x_n\bar{y}_n$ である．

2.5.2【命題】　内積はつぎの諸性質をもつ：

1)　$(\boldsymbol{x}_1 + \boldsymbol{x}_2\,|\,\boldsymbol{y}) = (\boldsymbol{x}_1\,|\,\boldsymbol{y}) + (\boldsymbol{x}_2\,|\,\boldsymbol{y})$，

$(\boldsymbol{x}\,|\,\boldsymbol{y}_1 + \boldsymbol{y}_2) = (\boldsymbol{x}\,|\,\boldsymbol{y}_1) + (\boldsymbol{x}\,|\,\boldsymbol{y}_2)$．

2) $(c\boldsymbol{x}|\boldsymbol{y})=c(\boldsymbol{x}|\boldsymbol{y})$, $(\boldsymbol{x}, c\boldsymbol{y})=\bar{c}(\boldsymbol{x}|\boldsymbol{y})$.

3) $(\boldsymbol{y}|\boldsymbol{x})=\overline{(\boldsymbol{x}|\boldsymbol{y})}$.

4) $(\boldsymbol{x}|\boldsymbol{x})$ は0または正の実数であり，$(\boldsymbol{x}|\boldsymbol{x})=0$ となるのは $\boldsymbol{x}=\boldsymbol{0}$ のときに限る（**正値性**）.

証明はどれも明きらか. □

2.5.3【**定義**】 上の性質 4) により，$\sqrt{(\boldsymbol{x}|\boldsymbol{x})}=\sqrt{|x_1|^2+|x_2|^2+\cdots+|x_n|^2}$（もちろん負でない平方根）が定まる．これを **$\boldsymbol{x}$ のノルム**（または長さ）と言い，$\|\boldsymbol{x}\|$ と書く.

2.5.4【**定理**】 1) $|(\boldsymbol{x}|\boldsymbol{y})|\leqq\|\boldsymbol{x}\|\cdot\|\boldsymbol{y}\|$（**シュヴァルツの不等式**）．ここで等号が成りたつのは $\boldsymbol{x}$ と $\boldsymbol{y}$ が線型従属，すなわち $\boldsymbol{x}$，$\boldsymbol{y}$ の成分が比例するときだけである.

2) $\|\boldsymbol{x}+\boldsymbol{y}\|\leqq\|\boldsymbol{x}\|+\|\boldsymbol{y}\|$（**三角不等式**）．ここで等号が成りたつのは $\boldsymbol{x}$ と $\boldsymbol{y}$ の成分が比例し，比例定数が非負実数のときに限る.

【**証明**】 簡潔な天下り証明を紹介する． 1) $\boldsymbol{y}=\boldsymbol{0}$ なら両辺とも0だから成りたつ．$\boldsymbol{y}\neq\boldsymbol{0}$ とする．任意の複素数 a, b に対して

$$
\begin{aligned}
0&\leqq\|a\boldsymbol{x}+b\boldsymbol{y}\|^2\\
&=(a\boldsymbol{x}+b\boldsymbol{y}|a\boldsymbol{x}+b\boldsymbol{y})=a\bar{a}(\boldsymbol{x}|\boldsymbol{x})+a\bar{b}(\boldsymbol{x}|\boldsymbol{y})+b\bar{a}(\boldsymbol{y}|\boldsymbol{x})+b\bar{b}(\boldsymbol{y}|\boldsymbol{y})\\
&=|a|^2\|\boldsymbol{x}\|^2+a\bar{b}(\boldsymbol{x}|\boldsymbol{y})+b\bar{a}\overline{(\boldsymbol{x}|\boldsymbol{y})}+|b|^2\|\boldsymbol{y}\|^2.
\end{aligned}
$$

ここで $a=\|\boldsymbol{y}\|^2$，$b=-(\boldsymbol{x}|\boldsymbol{y})$ と置くと，

$$
\begin{aligned}
0&\leqq\|\boldsymbol{y}\|^4\|\boldsymbol{x}\|^2-\|\boldsymbol{y}\|^2|(\boldsymbol{x}|\boldsymbol{y})|^2-\|\boldsymbol{y}\|^2|(\boldsymbol{x}|\boldsymbol{y})|^2+\|\boldsymbol{y}\|^2|(\boldsymbol{x}|\boldsymbol{y})|^2\\
&=\|\boldsymbol{y}\|^2\{\|\boldsymbol{x}\|^2\|\boldsymbol{y}\|^2-|(\boldsymbol{x}|\boldsymbol{y})|^2\}.
\end{aligned}
$$

両辺を $\|\boldsymbol{y}\|^2$ で割って第2項を移行し，負でない正方根をとれば (1) を得る.

2) を証明するために左辺を2乗すると，

$$
\begin{aligned}
\|\boldsymbol{x}+\boldsymbol{y}\|^2&=(\boldsymbol{x}+\boldsymbol{y}|\boldsymbol{x}+\boldsymbol{y})=\|\boldsymbol{x}\|^2+(\boldsymbol{x}|\boldsymbol{y})+\overline{(\boldsymbol{x}|\boldsymbol{y})}+\|\boldsymbol{y}\|^2\\
&\leqq\|\boldsymbol{x}\|^2+2|(\boldsymbol{x}|\boldsymbol{y})|+\|\boldsymbol{y}\|^2\leqq\|\boldsymbol{x}\|^2+2\|\boldsymbol{x}\|\|\boldsymbol{y}\|+\|\boldsymbol{y}\|^2=(\|\boldsymbol{x}\|+\|\boldsymbol{y}\|)^2.
\end{aligned}
$$

両辺の負でない平方根をとればいい. □

2.5.5【定義】 $\boldsymbol{x}$, $\boldsymbol{y}\in \boldsymbol{C}^n$, $(\boldsymbol{x}|\boldsymbol{y})=0$ のとき，$\boldsymbol{x}$ と $\boldsymbol{y}$ は**直交する**と言う．有限列 $\mathcal{S}=\langle \boldsymbol{x}_1, \boldsymbol{x}_2, \cdots, \boldsymbol{x}_k\rangle$ のふたつずつがすべて直交するとき，$\mathcal{S}$ を**直交系**と言う．とくに $\|\boldsymbol{x}_i\|=1$ $(1\leqq i\leqq k)$ のとき，$\mathcal{S}$ を**正規直交系**と言う．$\boldsymbol{C}^n$ の n 個の単位ベクトル $\langle \boldsymbol{e}_1, \boldsymbol{e}_2, \cdots, \boldsymbol{e}_n\rangle$ は正規直交系である．

2.5.6【命題】 $\boldsymbol{x}_1, \boldsymbol{x}_2, \cdots, \boldsymbol{x}_k$ がどれも $\boldsymbol{0}$ でなく，しかも直交系であれば，これらは線型独立である．とくに正規直交系は線型独立である．

【証明】 線型関係 $\sum_{i=1}^{k} c_i\boldsymbol{x}_i=\boldsymbol{0}\,(c_i\in \boldsymbol{C})$ があったとする．ひとつの $j\,(1\leqq j\leqq k)$ を固定して内積を考えると，$0=\left(\sum_{i=1}^{k} c_i\boldsymbol{x}_i \,\middle|\, \boldsymbol{x}_j\right)=\sum_{i=1}^{k} c_i(\boldsymbol{x}_i|\boldsymbol{x}_j)=c_j(\boldsymbol{x}_j|\boldsymbol{x}_j)$ だから $c_j=0\,(1\leqq j\leqq k)$ となり，はじめの式は自明な線型関係である．□

●重要な正方行列

2.5.7【定義】 A が (m, n) 型行列のとき，(n, m) 型行列 $\overline{{}^tA}={}^t(\bar{A})$ を A の**随伴行列**と言い，A^* と書く．つぎのことは明きらか：

$$(A+B)^*=A^*+B^*,\qquad (cA)^*=\bar{c}A^*,\qquad (AB)^*=B^*A^*.$$

2.5.8【命題】 1) A を (m, n) 型行列とする．任意の $\boldsymbol{x}\in \boldsymbol{C}^n$, $\boldsymbol{y}\in \boldsymbol{C}^m$ に対して $(A\boldsymbol{x}|\boldsymbol{y})=(\boldsymbol{x}|A^*\boldsymbol{y})$ が成りたつ．

2) B を (n, m) 型行列とする．任意の $\boldsymbol{x}\in \boldsymbol{C}^n$, $\boldsymbol{y}\in \boldsymbol{C}^m$ に対して $(A\boldsymbol{x}|\boldsymbol{y})=(\boldsymbol{x}|B\boldsymbol{y})$ が成りたてば $B=A^*$ である．

【証明】 1) $(A\boldsymbol{x}|\boldsymbol{y})={}^t(A\boldsymbol{x})\,\bar{\boldsymbol{y}}={}^t\boldsymbol{x}\,({}^tA\,\bar{\boldsymbol{y}})={}^t\boldsymbol{x}\,\overline{(A^*\boldsymbol{y})}=(\boldsymbol{x}|A^*\boldsymbol{y})$.

2) 条件により，任意の $\boldsymbol{x}\in \boldsymbol{C}^n$ に対して $0=(\boldsymbol{x}|A^*\boldsymbol{y})-(\boldsymbol{x}|B\boldsymbol{y})=(\boldsymbol{x}|(A^*-B)\boldsymbol{y})$ だから $(A^*-B)\boldsymbol{y}=\boldsymbol{0}$．これが任意の $\boldsymbol{y}\in \boldsymbol{C}^m$ に対して成りたつから $A^*-B=O$．□

2.5.9【定義】 A を n 次正方行列とする．

1) $A^*=A$ のとき，A を**エルミート行列**と言う．前命題により，これは任意の $\boldsymbol{x}\in \boldsymbol{C}^n$ に対して $(A\boldsymbol{x}|\boldsymbol{x})=(\boldsymbol{x}|A\boldsymbol{x})$ が成りたつことにほかならな

い．すぐ分かるように，エルミート行列の対角成分は実数である．

2) $A^*=-A$ のとき，A を**反エルミート行列**と言う．

3) ${}^tA=A$ のとき，A を**対称行列**と言う．とくに A が実行列のとき，A を**実対称行列**と言う．

4) ${}^tA=-A$ のとき，A を**交代行列**または**反対称行列**と言う．A が実行列なら，エルミート行列は**実対称行列**，反エルミート行列は**実交代行列**である．

(ノート) たとえば$\begin{pmatrix} 2 & i & 1-i \\ -i & -1 & 2 \\ 1+i & 2 & 3 \end{pmatrix}$はエルミート，$\begin{pmatrix} 2i & i & 1-i \\ i & -i & 2 \\ -1-i & -2 & 3i \end{pmatrix}$は反エルミート，$\begin{pmatrix} 2 & i & 1-i \\ i & -1+i & 2 \\ 1-i & 2 & 3-2i \end{pmatrix}$は対称，

$\begin{pmatrix} 2 & 1 & -3 \\ 1 & 1 & 2 \\ -3 & 2 & -1 \end{pmatrix}$は実対称，$\begin{pmatrix} 0 & i & 1-i \\ -i & 0 & 2 \\ -1+i & -2 & 0 \end{pmatrix}$は交代，$\begin{pmatrix} 0 & 1 & 2 \\ -1 & 0 & -3 \\ -2 & 3 & 0 \end{pmatrix}$は実交代である．

●ユニタリ行列・直交行列

2.5.10【定義】 正方行列 A が $AA^*=E$（したがって $A^*A=E$）をみたすとき，A を**ユニタリ行列**と言う．実ユニタリ行列（すなわち実行列で $A{}^tA={}^tAA=E$ をみたすもの）を**直交行列**と言う．

2.5.11【命題】 1) ユニタリ行列は正則で $A^{-1}=A^*$．

2) A がユニタリ行列【直交行列】なら ${}^tA$，$\bar{A}$，A^*，A^{-1} はどれもユニタリ行列【直交行列】である．

3) A と B がユニタリ行列【直交行列】なら，AB もユニタリ行列【直交行列】である．

証明はどれもごくやさしいから省略する．□

2.5.12【定理】 n 次正方行列 A に関するつぎの六つの主張はどれも互いに同

値である：

1)　A はユニタリ行列【直交行列】である．

2)　任意の $\boldsymbol{x}\in\boldsymbol{C}^n$【$\boldsymbol{R}^n$】に対して $\|A\boldsymbol{x}\|=\|\boldsymbol{x}\|$．

3)　任意の $\boldsymbol{x}$，$\boldsymbol{y}\in\boldsymbol{C}^n$【$\boldsymbol{R}^n$】に対して $(A\boldsymbol{x}|A\boldsymbol{y})=(\boldsymbol{x}|\boldsymbol{y})$．

4)　A の n 個の列ベクトル $\boldsymbol{a}_1, \boldsymbol{a}_2, \cdots, \boldsymbol{a}_n$ は正規直交系である．

5)　A の n 個の行ベクトル $\boldsymbol{a}_1', \boldsymbol{a}_2', \cdots, \boldsymbol{a}_n'$ は正規直交系である．

6)　$\langle \boldsymbol{b}_1, \boldsymbol{b}_2, \cdots, \boldsymbol{b}_n\rangle$ が正規直交系なら $\langle A\boldsymbol{b}_1, A\boldsymbol{b}_2, \cdots, A\boldsymbol{b}_n\rangle$ も正規直交系である．

【証明】　1) ⇒ 2)　$\|A\boldsymbol{x}\|^2=(A\boldsymbol{x}|A\boldsymbol{x})=(\boldsymbol{x}|A^*A\boldsymbol{x})=(\boldsymbol{x}|\boldsymbol{x})=\|\boldsymbol{x}\|^2$.

2) ⇒ 3)　$\|\boldsymbol{x}+\boldsymbol{y}\|^2=\|\boldsymbol{x}\|^2+(\boldsymbol{x}|\boldsymbol{y})+\overline{(\boldsymbol{x}|\boldsymbol{y})}+\|\boldsymbol{y}\|^2$.

$\|A(\boldsymbol{x}+\boldsymbol{y})\|^2=\|A\boldsymbol{x}\|^2+(A\boldsymbol{x}|A\boldsymbol{y})+\overline{(A\boldsymbol{x}|A\boldsymbol{y})}+\|A\boldsymbol{y}\|^2$.

条件 2) によってこのふたつの左辺は等しいから

$$(\boldsymbol{x}|\boldsymbol{y})+\overline{(\boldsymbol{x}|\boldsymbol{y})}=(A\boldsymbol{x}|A\boldsymbol{y})+\overline{(A\boldsymbol{x}|A\boldsymbol{y})}.$$

よって $(\boldsymbol{x}|\boldsymbol{y})$ と $(A\boldsymbol{x}|A\boldsymbol{y})$ の実数部分は一致する．$\boldsymbol{x}$ のかわりに $i\boldsymbol{x}$（i は虚数単位 $\sqrt{-1}$）を代入すると，

$$i\{(\boldsymbol{x}|\boldsymbol{y})-\overline{(\boldsymbol{x}|\boldsymbol{y})}\}=i\{(A\boldsymbol{x}|A\boldsymbol{y})-\overline{(A\boldsymbol{x}|A\boldsymbol{y})}\}$$

となるから虚数部分も一致し，3) が成りたつ．

3) ⇒ 1)　$(\boldsymbol{x}|(A^*A-E)\boldsymbol{y})=(\boldsymbol{x}|A^*A\boldsymbol{y})-(\boldsymbol{x}|\boldsymbol{y})=(A\boldsymbol{x}|A\boldsymbol{y})-(\boldsymbol{x}|\boldsymbol{y})=0$．一旦 $\boldsymbol{y}$ を固定すると，任意の $\boldsymbol{x}$ に対して $(\boldsymbol{x}|(A^*A-E)\boldsymbol{y})=0$ だから，命題 2.5.2 の 4) によって $(A^*A-E)\boldsymbol{y}=\boldsymbol{0}$．これが任意の $\boldsymbol{y}$ に対して成りたつから $A^*A-E=O$ となる．

1) ⇔ 4)　$A=(a_{ij})$ として ${}^tA\bar{A}$ の成分を計算すると，${}^tA\bar{A}$ の (i, j) 成分は $\sum_{k=1}^{n} a_{ki}\bar{a}_{kj}=(\boldsymbol{a}_i|\boldsymbol{a}_j)$ だから，

$${}^tA\bar{A}=\begin{pmatrix} (\boldsymbol{a}_1|\boldsymbol{a}_1) & (\boldsymbol{a}_1|\boldsymbol{a}_2) & \cdots & (\boldsymbol{a}_1|\boldsymbol{a}_n) \\ (\boldsymbol{a}_2|\boldsymbol{a}_1) & (\boldsymbol{a}_2|\boldsymbol{a}_2) & \cdots & (\boldsymbol{a}_2|\boldsymbol{a}_n) \\ \vdots & \vdots & & \\ (\boldsymbol{a}_n|\boldsymbol{a}_1) & (\boldsymbol{a}_n|\boldsymbol{a}_2) & \cdots & (\boldsymbol{a}_n|\boldsymbol{a}_n) \end{pmatrix}$$

と書ける（この行列を A の**グラム行列**と言う）．これを見れば明らかなように，${}^tA\bar{A}=E$ となるのは $(\boldsymbol{a}_i|\boldsymbol{a}_j)=\delta_{ij}$ のとき（δ_{ij} はクロネッカーの

デルタ（定義1.1.8の3)），すなわち $\boldsymbol{a}_1, \boldsymbol{a}_2, \cdots, \boldsymbol{a}_n$ が正規直交系のときである．

1) ⇔ 5)　${}^tA$ を考えればよい．

4) ⇒ 6)　$B=(\boldsymbol{b}_1\ \boldsymbol{b}_2\ \cdots\ \boldsymbol{b}_n)$ とすると，4) によって B はユニタリ行列，したがって AB もユニタリ行列であり，$AB=(A\boldsymbol{b}_1\ A\boldsymbol{b}_2\ \cdots\ A\boldsymbol{b}_n)$ だから 4) によって $A\boldsymbol{b}_1, A\boldsymbol{b}_2, \cdots, A\boldsymbol{b}_n$ は正規直交系である．

6) ⇒ 4)　$\boldsymbol{e}_1, \boldsymbol{e}_2, \cdots, \boldsymbol{e}_n$ は正規直交系だから，6) によって $\boldsymbol{a}_1=A\boldsymbol{e}_1$，$\boldsymbol{a}_2=A\boldsymbol{e}_2$，$\cdots$，$\boldsymbol{a}_n=A\boldsymbol{e}_n$ も正規直交系である．□

上の証明の構造を図式化すればつぎのとおり：

$$\begin{array}{ccccccc} 2) & \Longleftarrow & 1) & \Longleftrightarrow & 4) & \Longleftrightarrow & 6) \\ \Downarrow & \nearrow & \Updownarrow & & & & \\ 3) & & 5) & & & & \end{array}$$

●正規行列

2.5.13【定義】　$AA^*=A^*A$ をみたす正方行列を**正規行列**と言う．

2.5.14【命題】　n 次行列 A に対するつぎの三条件は互いに同値である：

1)　A は正規行列である．

2)　任意の $\boldsymbol{x}\in\boldsymbol{C}^n$ に対して $\|A\boldsymbol{x}\|=\|A^*\boldsymbol{x}\|$．

3)　任意の $\boldsymbol{x}$，$\boldsymbol{y}\in\boldsymbol{C}^n$ に対して $(A\boldsymbol{x}\,|\,A\boldsymbol{y})=(A^*\boldsymbol{x}\,|\,A^*\boldsymbol{y})$．

【証明】　1) ⇒ 2)　$\|A^*\boldsymbol{x}\|^2=(A^*\boldsymbol{x}\,|\,A^*\boldsymbol{x})=(\boldsymbol{x}\,|\,A^{**}A^*\boldsymbol{x})=(\boldsymbol{x}\,|\,AA^*\boldsymbol{x})$
$=(\boldsymbol{x}\,|\,A^*A\boldsymbol{x})=(A\boldsymbol{x}\,|\,A\boldsymbol{x})=\|A\boldsymbol{x}\|^2$．

2) ⇒ 3)　$\|A(\boldsymbol{x}+\boldsymbol{y})\|^2=(A\boldsymbol{x}+A\boldsymbol{y}\,|\,A\boldsymbol{x}+A\boldsymbol{y})=(A\boldsymbol{x}\,|\,A\boldsymbol{x})+(A\boldsymbol{x}\,|\,A\boldsymbol{y})+(A\boldsymbol{y}\,|\,A\boldsymbol{x})+(A\boldsymbol{y}\,|\,A\boldsymbol{y})=\|A\boldsymbol{x}\|^2+(A\boldsymbol{x}\,|\,A\boldsymbol{y})+\overline{(A\boldsymbol{x}\,|\,A\boldsymbol{y})}+\|A\boldsymbol{y}\|^2$．同様に $\|A^*(\boldsymbol{x}+\boldsymbol{y})\|^2=\|A^*\boldsymbol{x}\|^2+(A^*\boldsymbol{x}\,|\,A^*\boldsymbol{y})+\overline{(A^*\boldsymbol{x}\,|\,A^*\boldsymbol{y})}+\|A^*\boldsymbol{y}\|^2$．仮定によって $(A\boldsymbol{x}\,|\,A\boldsymbol{y})+\overline{(A\boldsymbol{x}\,|\,A\boldsymbol{y})}=(A^*\boldsymbol{x}\,|\,A^*\boldsymbol{y})+\overline{(A^*\boldsymbol{x}\,|\,A^*\boldsymbol{y})}$．したがって $(A\boldsymbol{x}\,|\,A\boldsymbol{y})$ と $(A^*\boldsymbol{x}\,|\,A^*\boldsymbol{y})$ の実数部分は等しい．$\boldsymbol{x}$ のかわりに $i\boldsymbol{x}$（i は虚数単位 $\sqrt{-1}$）を代入すると，$i(A\boldsymbol{x}\,|\,A\boldsymbol{y})-\overline{i(A\boldsymbol{x}\,|\,A\boldsymbol{y})}=i(A^*\boldsymbol{x}\,|\,A^*\boldsymbol{y})-\overline{i(A^*\boldsymbol{x}\,|\,A^*\boldsymbol{y})}$ となって虚数部分も等しい．

3) ⇒ 1)　任意の $\boldsymbol{x}$，$\boldsymbol{y}$ に対して $(\boldsymbol{x}\,|\,(A^*A-AA^*)\boldsymbol{y})=0$．$\boldsymbol{y}$ を一旦固定

すると，$\boldsymbol{x}$ は任意だから（たとえば $\boldsymbol{x}=(A^*A-AA^*)\boldsymbol{y}$ として）$(A^*A-AA^*)\boldsymbol{y}=\boldsymbol{0}$．$\boldsymbol{y}$ は任意だから $A^*A-AA^*=O$．□

●グラム-シュミットの正規直交化と正則行列のグラム-シュミット分解

2.5.15【**命題**】 $\langle \boldsymbol{u}_1, \boldsymbol{u}_2, \cdots, \boldsymbol{u}_r \rangle$ を $\boldsymbol{C}^n$ のベクトルの正規直交系とし，$\boldsymbol{a}$ はこれらの線型結合として表わされないベクトルとする．いま

$$\boldsymbol{b}=\boldsymbol{a}-\sum_{i=1}^{r}(\boldsymbol{a}\,|\,\boldsymbol{u}_i)\,\boldsymbol{u}_i$$

と置くと $\boldsymbol{b}$ は $\boldsymbol{0}$ でなく，すぐ分かるようにすべての $\boldsymbol{u}_i(1\leqq i\leqq r)$ と直交する．そこで $\boldsymbol{u}_{r+1}=\dfrac{1}{\|\boldsymbol{b}\|}\boldsymbol{b}$ と置くと，当然 $\boldsymbol{u}_1, \cdots, \boldsymbol{u}_r, \boldsymbol{u}_{r+1}$ は正規直交系である．しかもこの作りかたから分かるように，$\langle \boldsymbol{u}_1, \cdots, \boldsymbol{u}_r, \boldsymbol{u}_{r+1} \rangle$ の線型結合ぜんぶの集合は $\langle \boldsymbol{u}_1, \cdots, \boldsymbol{u}_r, \boldsymbol{a} \rangle$ の線型結合ぜんぶの集合と一致する．

証明は命題の叙述に含まれている．□

2.5.16【**命題**】 $\langle \boldsymbol{a}_1, \boldsymbol{a}_2, \cdots, \boldsymbol{a}_n \rangle$ を $\boldsymbol{C}^n$ の n 個の元から成る，線型独立な有限列とする．このときまず $\boldsymbol{u}_1=\dfrac{1}{\|\boldsymbol{a}_1\|}\boldsymbol{a}_1$ とし，$\langle \boldsymbol{u}_1, \boldsymbol{a}_2 \rangle$ から前命題の手続きで正規直交系 $\langle \boldsymbol{u}_1, \boldsymbol{u}_2 \rangle$ を作る．つぎに $\langle \boldsymbol{u}_1, \boldsymbol{u}_2, \boldsymbol{a}_3 \rangle$ から同じ方法で $\langle \boldsymbol{u}_1, \boldsymbol{u}_2, \boldsymbol{u}_3 \rangle$ を作る．この操作を続ければ，n 個のベクトルの正規直交系 $\langle \boldsymbol{u}_1, \boldsymbol{u}_2, \cdots, \boldsymbol{u}_n \rangle$ ができる．

このとき任意の $r(1\leqq r\leqq n)$ に対し，$\langle \boldsymbol{u}_1, \cdots, \boldsymbol{u}_r \rangle$ の線型結合ぜんぶの集合と，$\langle \boldsymbol{a}_1, \cdots, \boldsymbol{a}_r \rangle$ の線型結合ぜんぶの集合とは一致する．以上の操作を**グラム-シュミットの正規直交化**と言う．

証明は命題の叙述に含まれている．□

2.5.17【**定理**】 任意の n 次正則行列 A はユニタリ行列 U と，対角成分が正の実数であるような上三角行列（下三角でもいい）T の積 UT（TU でもいい）として一意的に表わされる．

【**証明**】 1° 表示の可能性．$A=(\boldsymbol{a}_1\ \ \boldsymbol{a}_2\ \cdots\ \boldsymbol{a}_n)$ とすると，$\langle \boldsymbol{a}_1, \boldsymbol{a}_2, \cdots, \boldsymbol{a}_n \rangle$ は線型独立である（定理 2.3.7 の 4)）．これを前命題のグラム-シュミット

の方法で正規直交化したものを$\langle \boldsymbol{u}_1, \boldsymbol{u}_2, \cdots, \boldsymbol{u}_n \rangle$とする．定理2.5.12の4)によって$U=(\boldsymbol{u}_1\ \ \boldsymbol{u}_2\ \cdots\ \boldsymbol{u}_n)$はユニタリ行列である．この手続きの$k$番目の段階は

$$\boldsymbol{b}_k = \boldsymbol{a}_k - \sum_{j=1}^{k-1} (\boldsymbol{a}_k \mid \boldsymbol{u}_j)\,\boldsymbol{u}_j, \quad \boldsymbol{u}_k = \frac{1}{\|\boldsymbol{b}_k\|}\boldsymbol{b}_k.$$

ここで$t_{kk}=\|\boldsymbol{b}_k\|$，$t_{jk}=(\boldsymbol{a}_k \mid \boldsymbol{u}_j)\,(1 \leqq j \leqq k-1)$と置くと，$t_{kk}>0$であり，$\boldsymbol{a}_k=\sum_{j=1}^{k} t_{jk}\boldsymbol{u}_j\,(1 \leqq k \leqq n)$となる．$j>k$のときは$t_{jk}=0$として$T=(t_{jk})$と置くと$T$は上三角行列で，$a_{ik}=\sum_{j=1}^{n} u_{ij}t_{jk}$と書け，$A=UT$が成りたつ．$T$の対角成分$t_{kk}\,(1 \leqq k \leqq n)$はどれも正の実数である．

2° 一意性　まず正則な上三角行列Tの逆行列が上三角行列であることを帰納法で示す．実際，$T=\begin{pmatrix} t_{11} & * \\ \mathbf{0} & S \end{pmatrix}$なら$T^{-1}=\begin{pmatrix} {t_{11}}^{-1} & * \\ \mathbf{0} & S^{-1} \end{pmatrix}$(命題2.2.8)．帰納法の仮定によって$S^{-1}$は上三角だから$T^{-1}$もそうである．とくに$T$の対角成分が$t_{ii}>0$なら，$T^{-1}$の対角成分は${t_{ii}}^{-1}>0$である．
さていま$A=U_1T_1=U_2T_2$を1°の形の分解とすると$B={U_2}^{-1}U_1=T_2{T_1}^{-1}$．両辺はユニタリ，かつ上三角（対角成分$>0$）である．${}^t\overline{B}=B^*=B^{-1}$だから$B$は上三角かつ下三角，すなわち対角行列である．その対角成分b_{ii}は正の実数で${b_{ii}}^2=1$だから$b_{ii}=1$，すなわち$B=E$，$U_1=U_2$，$T_1=T_2$が成りたつ．

3° Aが実行列の場合の証明もまったく同じである．□

(ノート) この表示$A=UT$を正則行列Aの**グラム-シュミット分解**と言う．数値解析では，Aが実行列の場合のこの分解をQR**分解**と言う．

なお，下三角のときもTUのときも証明は簡単にできる．

2.5.18【例】 $\boldsymbol{a}_1=\begin{pmatrix} 1 \\ 1 \\ -1 \end{pmatrix}$, $\boldsymbol{a}_2=\begin{pmatrix} 0 \\ 1 \\ 2 \end{pmatrix}$, $\boldsymbol{a}_3=\begin{pmatrix} 1 \\ 2 \\ 2 \end{pmatrix}$をグラム-シュミットの方法で正規直交化し，$A=(\boldsymbol{a}_1\ \ \boldsymbol{a}_2\ \ \boldsymbol{a}_3)$のグラム-シュミットの分解を求める．

まず $\boldsymbol{u}_1=\dfrac{1}{\sqrt{3}}\begin{pmatrix}1\\1\\-1\end{pmatrix}$, $\boldsymbol{a}_1=\sqrt{2}\,\boldsymbol{u}_1$. $\boldsymbol{b}_2=\boldsymbol{a}_2-(\boldsymbol{a}_2\,|\,\boldsymbol{u}_1)\,\boldsymbol{u}_1=\dfrac{1}{3}\begin{pmatrix}1\\4\\5\end{pmatrix}$, $\|\boldsymbol{b}_2\|=\dfrac{1}{3}\sqrt{42}$, $\boldsymbol{u}_2=\dfrac{1}{\sqrt{42}}\begin{pmatrix}1\\4\\5\end{pmatrix}$, $\boldsymbol{b}_3=\boldsymbol{a}_3-(\boldsymbol{a}_3\,|\,\boldsymbol{u}_1)\,\boldsymbol{u}_1-(\boldsymbol{a}_3\,|\,\boldsymbol{u}_2)\,\boldsymbol{u}_2=\dfrac{1}{14}\begin{pmatrix}3\\-2\\1\end{pmatrix}$, $\|\boldsymbol{b}_3\|=\dfrac{1}{\sqrt{14}}$, $\boldsymbol{u}_3=\dfrac{1}{\sqrt{14}}\begin{pmatrix}3\\-2\\1\end{pmatrix}$. したがって分解 $A=UT$ は

$$U=\begin{pmatrix}\dfrac{1}{\sqrt{3}} & \dfrac{1}{\sqrt{42}} & \dfrac{3}{\sqrt{14}}\\ \dfrac{1}{\sqrt{3}} & \dfrac{4}{\sqrt{42}} & \dfrac{-2}{\sqrt{14}}\\ \dfrac{-1}{\sqrt{3}} & \dfrac{5}{\sqrt{42}} & \dfrac{1}{\sqrt{14}}\end{pmatrix},\qquad T=\begin{pmatrix}\sqrt{3} & \dfrac{-1}{\sqrt{3}} & \dfrac{1}{\sqrt{3}}\\ 0 & \dfrac{\sqrt{14}}{\sqrt{3}} & \dfrac{19}{\sqrt{42}}\\ 0 & 0 & \dfrac{1}{\sqrt{14}}\end{pmatrix}.$$

§5の問題

問題 1　1)　$\|\boldsymbol{x}+\boldsymbol{y}\|^2+\|\boldsymbol{x}-\boldsymbol{y}\|^2=2(\|\boldsymbol{x}\|^2+\|\boldsymbol{y}\|^2)$ を示せ（中線定理）.

2)　$(\boldsymbol{x}\,|\,\boldsymbol{y})=0$ なら $\|\boldsymbol{x}+\boldsymbol{y}\|^2=\|\boldsymbol{x}\|^2+\|\boldsymbol{y}\|^2$ が成りたつことを示せ（ピタゴラスの定理）. $\boldsymbol{x}$, $\boldsymbol{y}$ が実ベクトルなら逆も成りたつが，複素ベクトルに対しては逆が必ずしも成りたたないことを（反例で）示せ.

3)　$\boldsymbol{x}$, $\boldsymbol{y}$ が実ベクトルなら $(\boldsymbol{x}\,|\,\boldsymbol{y})=\dfrac{1}{4}(\|\boldsymbol{x}+\boldsymbol{y}\|^2-\|\boldsymbol{x}-\boldsymbol{y}\|^2)$ が成りたつことを示せ.

問題 2　任意の正方行列はエルミート行列と反エルミート行列の和として一意的に表わされることを示せ.

問題 3　2 次の直交行列をぜんぶ求めよ.

問題 4　2 次，3 次，4 次の直交行列で，成分がどれも 0 でない有理数であるものを（ひとつ）さがせ.

問題 5　つぎの正則行列 A の列ベクトルを正規直交化し，グラム-シュミット分解 $A=UT$ を求めよ.

1) $\begin{pmatrix} 1 & 2 & 1 \\ -1 & 1 & 2 \\ 0 & 1 & 3 \end{pmatrix}$ 2) $\begin{pmatrix} 1 & 1 & 2 \\ 2 & 0 & 1 \\ 2 & 1 & 0 \end{pmatrix}$ 3) $\begin{pmatrix} 1 & 1 & 1 & 0 \\ 1 & 1 & -1 & -2 \\ 1 & -3 & 1 & 2 \\ 1 & -3 & -1 & 4 \end{pmatrix}$

問題 6 任意の正方行列 A はエルミート行列 B と反エルミート行列 C の和として，一意的に $A=B+C$ と書ける（問題 2）．A が正規行列であるためには $BC=CB$ が成りたつことが必要十分であることを示せ．

第 2 章末の問題

問題 1　ゼロでない任意の n 項列ベクトル $\boldsymbol{p}$ を第 1 列とする n 次正則行列 P が存在することを証明せよ．とくに $\boldsymbol{p}$ が実【有理】ベクトルなら，P は実【有理】行列に取れる．

問題 2　$\|\boldsymbol{p}\|=1$ なる任意の n 項列ベクトル $\boldsymbol{p}$ を第 1 列とするユニタリ行列が存在することを証明せよ．

問題 3　任意の正方行列は正則行列と，$C^2=C$ なる行列の積として書けることを示せ．

問題 4　n 次正方行列 $A=(a_{ij})$ に対して正の数 α が存在し，条件

$$|a_{ii}|\geqq\alpha(1\leqq i\leqq n),\qquad |a_{ij}|<\frac{\alpha}{n-1}\quad(i\neq j\text{ のとき})$$

が成りたてば A は正則であることを示せ．条件を $|a_{ii}|>\alpha(1\leqq i\leqq n)$，$|a_{ij}|\leqq\dfrac{\alpha}{n-1}$ $(i\neq j$ のとき$)$ としても同じである．

問題 5　A を (m,n) 型行列，B を (n,m) 型行列とする．E_m+AB が正則なことと，E_n+BA が正則なこととは同値であることを示せ．

問題 6　正方行列 A が正規行列かつ上三角行列なら，A は対角行列であることを示せ．

問題 7　A と B が n 次**実**行列のとき，$A+iB$（i は虚数単位 $\sqrt{-1}$）がユニタリ行列であるためには，$2n$ 次の実行列 $\begin{pmatrix} A & -B \\ B & A \end{pmatrix}$ が直交行列であることが必要十分なことを示せ．

第3章

行　列　式

§1　置　　換

行列式の定義に必要な置換について述べる．

●置換の定義

3.1.1【**定義**】 n 個の元から成る集合，たとえば $\{1,2,\cdots,n\}$ の一対一変換を n 文字の**置換**と言う．それは言いかえれば $1,2,\cdots,n$ を並べかえる操作のことである．n 文字の置換ぜんぶの集合を S_n と書く．S_n の元の個数は n 個のものの順列の数 $n!$ である．置換をふつうギリシャ小文字の σ（シグマ），τ（タウ），ρ（ロー）などで表わす．

σ が n 文字の置換であり，

$$\sigma(1)=i_1, \sigma(2)=i_2, \cdots, \sigma(n)=i_n$$

のとき，

$$\sigma=\begin{pmatrix} 1 & 2 & \cdots & n \\ i_1 & i_2 & \cdots & i_n \end{pmatrix}$$

と書く．1，2 などの数の下に何があるかだけが問題なのであり，上の行が 1，$2,\cdots,n$ の順に並んでいなくてもよい．たとえば

$$\begin{pmatrix} 1 & 2 & 3 \\ 2 & 3 & 1 \end{pmatrix}=\begin{pmatrix} 1 & 3 & 2 \\ 2 & 1 & 3 \end{pmatrix}=\begin{pmatrix} 2 & 1 & 3 \\ 3 & 2 & 1 \end{pmatrix} \text{など．}$$

3.1.2【**定義**】 1）　どの文字もまったく動かさない n 文字の置換を 1_n と書き，**恒等置換**と言う：$1_n=\begin{pmatrix} 1 & 2 & \cdots & n \\ 1 & 2 & \cdots & n \end{pmatrix}$．

2）　置換 σ の逆変換を σ の**逆置換**と言い，σ^{-1} と書く．当然 $(\sigma^{-1})^{-1}=\sigma$．

$$\sigma=\begin{pmatrix}1 & 2 & \cdots & n\\ i_1 & i_2 & \cdots & i_n\end{pmatrix} \text{ なら } \sigma^{-1}=\begin{pmatrix}i_1 & i_2 & \cdots & i_n\\ 1 & 2 & \cdots & n\end{pmatrix}.$$

たとえば $\sigma=\begin{pmatrix}1 & 2 & 3\\ 2 & 3 & 1\end{pmatrix}$ なら $\sigma^{-1}=\begin{pmatrix}2 & 3 & 1\\ 1 & 2 & 3\end{pmatrix}=\begin{pmatrix}1 & 2 & 3\\ 3 & 1 & 2\end{pmatrix}$.

3) ふたつの置換（同じ置換でもいい）τ と σ の合成変換を σ と τ の**積**と言い，$\sigma\tau$ と書く．変数 i に対して $(\sigma\tau)(i)$ は $\sigma(\tau(i))$ のことだから，まず τ を施こし，つぎに σ を施こすのである．たとえば $\sigma=\begin{pmatrix}1 & 2 & 3\\ 2 & 3 & 1\end{pmatrix}$,

$\tau=\begin{pmatrix}1 & 2 & 3\\ 1 & 3 & 2\end{pmatrix}$ なら $\sigma\tau=\begin{pmatrix}1 & 3 & 2\\ 2 & 1 & 3\end{pmatrix}\begin{pmatrix}1 & 2 & 3\\ 1 & 3 & 2\end{pmatrix}=\begin{pmatrix}1 & 2 & 3\\ 2 & 1 & 3\end{pmatrix}$,

$\tau\sigma=\begin{pmatrix}2 & 3 & 1\\ 3 & 2 & 1\end{pmatrix}\begin{pmatrix}1 & 2 & 3\\ 2 & 3 & 1\end{pmatrix}=\begin{pmatrix}1 & 2 & 3\\ 3 & 2 & 1\end{pmatrix}$ となる．この例から分かるように $\sigma\tau$ と $\tau\sigma$ とは一般には等しくない．

3.1.3【命題】 1) $(\sigma\tau)\rho=\sigma(\tau\rho)$． 2) $\mathbf{1}_n\sigma=\sigma\mathbf{1}_n=\sigma$． 3) $\sigma\sigma^{-1}=\sigma^{-1}\sigma=\mathbf{1}_n$．
4) $(\sigma\tau)^{-1}=\tau^{-1}\sigma^{-1}$．

【証明】 1) 合成変換の定義により，任意の i に対して
$\{(\sigma\tau)\rho\}(i)=(\sigma\tau)\{\rho(i)\}=\sigma[\tau\{\rho(i)\}]=\sigma[(\tau\rho)(i)]=\{\sigma(\tau\rho)\}(i)$.

2) 3) は明らか． 4) は $(\sigma\tau)(\tau^{-1}\sigma^{-1})=\sigma(\tau\tau^{-1})\sigma^{-1}=\sigma\mathbf{1}_n\sigma^{-1}=\sigma\sigma^{-1}=\mathbf{1}_n$.
同様に $(\tau^{-1}\sigma^{-1})(\sigma\tau)=\mathbf{1}_n$. □

3.1.4【命題】 1) σ が S_n を漏れなく，重複なく動くとき，σ^{-1} も S_n を漏れなく重複なく動く．

2) τ を固定された n 文字の置換とする．σ が S_n を漏れなく重複なく動くとき，$\sigma\tau$ も $\tau\sigma$ も S_n を漏れなく重複なく動く．

【証明】 1) $\sigma_1\neq\sigma_2$ なら $\sigma_1^{-1}\neq\sigma_2^{-1}$ だから σ^{-1} は重複しない．置換の個数は有限（$n!$ 個）だから，σ^{-1} はすべての置換を漏れなく動いたことになる．

2) $\sigma_1\neq\sigma_2$ なら $\sigma_1\tau\neq\sigma_2\tau$ だから $\sigma\tau$ は重複しない．上と同じ理由で $\sigma\tau$ は S_n を漏れなく動く．$\tau\sigma$ も同様． □

【注意】 この命題は行列式の性質の証明に使われる．

●サイクル

3.1.5【定義】 i と j $(i \neq j)$ を交換し，他はまったく動かさない置換を**互換**または**2サイクル**と言い，$(i\ j)$ と書く．もちろん $(j\ i)=(i\ j)$，$(i\ j)^2=1_n$．同様に i を j に，j を k に，k を i に（i,j,k は互いに異なるとして）移すだけの置換を**3サイクル**と言い，$(i\ j\ k)$ と書く：$(i\ j\ k)=(j\ k\ i)=(k\ i\ j)$．

一般に i_1 を i_2 に，i_2 を i_3 に，…，i_{l-1} を i_l に，i_l を i_1 に移すだけの置換を $\boldsymbol{l}$ **サイクル**と言い，$(i_1\ i_2\ \cdots\ i_l)$ と書く．l を指定しなければ単に**サイクル**（**巡回置換**とも言う）と言う．l をサイクル σ の**長さ**と言い，$l(\sigma)$ と書く．

たとえば $(1\ 3\ 6\ 4\ 2)=\begin{pmatrix}1&2&3&4&5&6\\3&1&6&2&5&4\end{pmatrix}$，$\begin{pmatrix}1&2&3&4&5&6\\3&5&4&6&2&1\end{pmatrix}=(1\ 3\ 4\ 6)(2\ 5)$
$=(2\ 5)(1\ 3\ 4\ 6)$

3.1.6【命題】 1） σ がサイクルなら σ^{-1} もサイクルで，$l(\sigma^{-1})=l(\sigma)$．

2） 任意の l サイクルは $l-1$ 個の互換の積である．

【証明】 1） $\sigma=(i_1\quad i_2\quad \cdots\quad i_l)$ なら $\sigma^{-1}=(i_l\quad \cdots\quad i_2\quad i_1)$（確かめよ）．

2） $(i_1\quad i_2\quad \cdots\quad i_l)=(i_1\quad i_2)(i_2\quad i_3)\cdots(i_{l-1}\quad i_l)$（確かめよ）．□

3.1.7【定義】 共通の文字を含まない何個か（1個も容認する）のサイクルの積をサイクルの**分離積**と言う．

たとえば $(1\ 3\ 5)(7\ 2\ 4\ 8)$ や $(3\ 6\ 4\ 1)(2\ 7)$ はサイクルの分離積である．

3.1.8【命題】 1） サイクルの分離積は交換可能である．すなわち $\sigma\tau$ がサイクルの分離積なら $\sigma\tau=\tau\sigma$．

2） 任意の置換（恒等置換を除く）は何個かのサイクル（1個の場合も容認する）の分離積として表わされる．その表わしかたはサイクルの内部の書きかた，およびサイクルを並べる順序を除けばひととおりしかない．

3） 任意の置換は何個かの互換の積として表わされる．

【証明】 1） σ に含まれるひとつの文字 i の行くさきを考えると，τ には i がないのだから，$\sigma\tau$ でも $\tau\sigma$ でも同じ結果になる．

2)　まず1からはじめてつぎつぎに行くさきを書いていくと，ひとつのサイクルが閉じる．他に動く文字がなければ置換はこのサイクルである．他に動く文字があれば，その行くさきをつぎつぎに書いていくと，もうひとつのサイクルが閉じる．作りかたから当然，ふたつのサイクルには共通の文字がない．この手続きを終わりまで進めればよい．表示の一意性は当たりまえである．

3)　本命題2）と前命題3.1.6の2）を合わせればよい．□

3.1.9【定義】　$\sigma=\sigma_1\sigma_2\cdots\sigma_k$ を置換 σ のサイクルによる分離積表示とする．このとき

$$p(\sigma)=\sum_{i=1}^{k}[l(\sigma_i)-1]=\sum_{i=1}^{k}l(\sigma_i)-k$$

と置く．ただし $p(1_n)=0$ と約束する．前命題3.1.8によって $p(\sigma)$ は σ だけで決まり，分離積表示の仕方にはよらない．すぐ分かるように $p(\sigma^{-1})=p(\sigma)$．実際 $\sigma=\sigma_1\sigma_2\cdots\sigma_k$（分離積表示）なら $\sigma^{-1}=\sigma_k{}^{-1}\cdots\sigma_2{}^{-1}\sigma_1{}^{-1}$ であり，命題3.1.6の1）によって，これもサイクルの分離積で $l(\sigma^{-1})=l(\sigma)$．

●符号関数 sgn

以下，行列式の定義に必要な**符号関数** sgn（英語の sign の短縮形）を定義したい．これは n 文字の置換ぜんぶの集合 S_n で定義され，値±1をとる関数で，つぎの性質をもつものである：

1)　$\mathrm{sgn}\,1_n=1$．

2)　σ が互換なら $\mathrm{sgn}\,\sigma=-1$．

3)　任意の置換 σ，τ に対して $\mathrm{sgn}(\sigma\tau)=\mathrm{sgn}\,\sigma\cdot\mathrm{sgn}\,\tau$．

3.1.10【命題】　σ が置換，τ が互換（すなわち2サイクル）なら，

$$p(\sigma\tau)=p(\tau\sigma)=p(\sigma)\pm1$$

のどちらかである．

【証明】　もし $\tau\sigma$ の場合に証明できたとすれば，

$$p(\sigma\tau)=p((\sigma\tau)^{-1})=p(\tau^{-1}\sigma^{-1})=p(\tau\sigma^{-1})=p(\sigma^{-1})\pm1=p(\sigma)\pm1$$

となるから，$\tau\sigma$ の場合を調べればよい．一般性を失うことなく $\tau=(1\ 2)$ としてよい（文字を変えるだけ）．つぎのように場合わけをして考える．

1° σ に 1 も 2 も含まれないとき，$\sigma=\sigma_1\sigma_2\cdots\sigma_k$ が σ のサイクルによる分離積表示なら，$\tau\sigma=(1\ 2)\sigma_1\sigma_2\cdots\sigma_k$ は $\tau\sigma$ のサイクルによる分離積表示だから $p(\tau\sigma)=p(\sigma)+1$．

2° σ に 1 が含まれ，2 が含まれないとき．$\sigma=(1\ i_2\cdots i_l)\sigma_2\cdots\sigma_k$（分離積）としてよい．$\tau\sigma=(1\ 2)(1\ i_2\cdots i_l)\sigma_2\cdots\sigma_k=(1\ i_2\cdots i_l\ 2)\sigma_2\cdots\sigma_k$ だから $p(\tau\sigma)=p(\sigma)+1$．置換の積は右から先に施すことに注意．$\sigma$ に 2 が含まれ，1 が含まれないときも同じ．

3° σ に 1 と 2 の両方が含まれるとき．このときはさらに四つの場合に分かれる．

3°a σ の分離積表示に互換 $(1\ 2)$ があるとき：$\sigma=(1\ 2)\sigma_2\cdots\sigma_k$．
$\tau\sigma=(1\ 2)(1\ 2)\sigma_2\cdots\sigma_k=\sigma_2\cdots\sigma_k$ だから $p(\tau\sigma)=p(\sigma)-1$．

3°b 1 と 2 が σ の分離積表示の，長さ 3 以上のサイクルに並んで含まれるとき：$\sigma(1\,2\ i_3\cdots i_l)\sigma_2\cdots\sigma_k$．$\tau\sigma=(1\ 2)(1\ 2\ \ i_3\cdots i_l)\sigma_2\cdots\sigma_k=(2\ \ i_3\cdots i_l)\sigma_2\cdots\sigma_k$ だから $p(\tau\sigma)=p(\sigma)-1$．

3°c 1 と 2 が σ の分離積表示のあるサイクルに並ばずに含まれるとき：
$\sigma=(1\ \ i_2\cdots i_l\ \ 2\ \ j_2\cdots j_m)\sigma_2\cdots\sigma_k$．$\tau\sigma=(1\ 2)(1\ \ i_2\cdots i_l\ \ 2\ \ j_2\cdots j_m)\sigma_2\cdots\sigma_k=(1\ \ i_2\cdots i_l)(2\ \ j_2\cdots j_m)\sigma_2\cdots\sigma_k$．$p(\sigma)=(l+m-1)+p(\sigma_2\cdots\sigma_k)$，$p(\tau\sigma)=(l-1)+(m-1)+p(\sigma_2\cdots\sigma_k)=p(\sigma)-1$．

3°d 1 と 2 が σ の分離積表示の別のサイクルに含まれるとき：$\sigma=(1\ \ i_2\cdots i_l)(2\ \ j_2\cdots j_m)\sigma_3\cdots\sigma_k$．$\tau\sigma=(1\ 2)(1\ \ i_2\cdots i_l)(2\ \ j_2\cdots j_m)\sigma_3\cdots\sigma_k=(1\ \ i_2\cdots i_l\ \ 2\ \ j_2\cdots j_m)\sigma_3\cdots\sigma_k$．$p(\sigma)=(l-1)+(m-1)+p(\sigma_3\cdots\sigma_k)$，$p(\tau\sigma)=(l+m-1)+p(\sigma_3\cdots\sigma_k)=p(\sigma)+1$．

結局どの場合にも $p(\tau\sigma)=p(\sigma)\pm1$ であることが確かめられた．□

3.1.11【**定義**】 1） $p(\sigma)$ が偶数のとき σ を**偶置換**，奇数のとき**奇置換**と言う．1_n は偶置換，互換は奇置換である．

2） 置換 σ に対して $\operatorname{sgn}\sigma=(-1)^{p(\sigma)}$ と置き，これを σ の**符号**と言う．σ の偶奇に従って $\operatorname{sgn}\sigma=\pm1$ である．

3.1.12【命題】 1) σ が置換，τ が互換なら $\mathrm{sgn}(\sigma\tau)=\mathrm{sgn}(\tau\sigma)=-\mathrm{sgn}\sigma$.

2) 置換 σ を互換の積として $\sigma=\tau_1\tau_2\cdots\tau_k$ と書く（これが可能であることは命題3.1.8の3）による．書きかたはいろいろありうる）．このとき $\mathrm{sgn}\,\sigma=(-1)^k$.

【証明】 1) 命題3.1.10を書きかえただけ．

2) k に関する帰納法．$k=1$ なら σ は互換だから $\mathrm{sgn}\,\sigma=(-1)^1$. $k-1$ のときを仮定する．$\sigma=\sigma_1(\sigma_2\cdots\sigma_k)$ と書くと，この命題の1）によって $\mathrm{sgn}\,\sigma=-\mathrm{sgn}(\sigma_2\cdots\sigma_k)$. 帰納法の仮定によって $\mathrm{sgn}(\sigma_2\cdots\sigma_k)=(-1)^{k-1}$ だから $\mathrm{sgn}\,\sigma=-(-1)^{k-1}=(-1)^k$. □

3.1.13【命題】 任意の置換 σ, τ に対して

$$\mathrm{sgn}(\sigma\tau)=\mathrm{sgn}\,\sigma\cdot\mathrm{sgn}\,\tau.$$

【証明】 τ を互換の積として $\tau=\rho_1\rho_2\cdots\rho_s$ と書き，s に関する帰納法を使う．$s=1$ なら τ は互換だから，命題3.1.12の1）によって $\mathrm{sgn}\,\sigma\tau=-\mathrm{sgn}\,\sigma=\mathrm{sgn}\,\sigma\cdot\mathrm{sgn}\,\tau$. $s-1$ のときを仮定し，$\tau'=\rho_1\rho_2\cdots\rho_{s-1}$ とすると $\tau=\tau'\rho_s$. $\mathrm{sgn}(\sigma\tau)=\mathrm{sgn}[\sigma(\tau'\rho_s)]=\mathrm{sgn}[(\sigma\tau')\rho_s]=-\mathrm{sgn}(\sigma\tau')=-\mathrm{sgn}\,\sigma\cdot\mathrm{sgn}\,\tau'=\mathrm{sgn}\,\sigma\cdot\mathrm{sgn}(\tau'\rho_s)=\mathrm{sgn}\,\sigma\cdot\mathrm{sgn}\,\tau$. □

§1の問題

問題 1 つぎのふたつの置換の積を計算し，それをサイクルの分離積として表わせ．

1) $\begin{pmatrix}1&2&3&4&5\\4&1&5&2&3\end{pmatrix}\begin{pmatrix}1&2&3&4&5\\5&1&3&4&2\end{pmatrix}$ 2) $\begin{pmatrix}1&2&3&4&5\\5&1&3&4&2\end{pmatrix}\begin{pmatrix}1&2&3&4&5\\4&1&5&2&3\end{pmatrix}$

問題 2 つぎの置換をサイクルの分離積として表わせ．

1) $\begin{pmatrix}1&2&3&4&5&6&7\\4&1&6&7&3&5&2\end{pmatrix}$ 2) $\begin{pmatrix}1&2&3&4&5&6&7\\3&5&6&1&7&2&4\end{pmatrix}$ 3) $\begin{pmatrix}1&2&3&4&5&6&7\\7&2&5&1&6&3&4\end{pmatrix}$

4) $(1\ 3)(4\ 5)(3\ 6)(2\ 4)$ 5) $(1\ 2\ 4)(1\ 3\ 4\ 5)$ 6) $(1\ 3\ 6)(1\ 5\ 3)$

問題 3 $\sigma_n=\begin{pmatrix}1&2&\cdots&n-1&n\\n&n-1&\cdots&2&1\end{pmatrix}$ の符号を求めよ．

問題 4 $n\geqq 3$ のとき，$\mathbf{1}_n$ 以外の任意の偶置換は何個かの3サイクルの積として書けることを示せ．

§2　行列式の定義と基本性質

与えられた正方行列の行列式という概念を定義する．定義は複雑で一見分かりにくいけれども，行列式はとてもよい性質をもち，行列の研究にたいへん役にたつ．

●行列式の定義

3.2.1【定義】　n 次正方行列 $A=(a_{ij})$ に対し，数

$$\sum_{\sigma\in S_n}\operatorname{sgn}\sigma\cdot a_{1\sigma(1)}a_{2\sigma(2)}\cdots a_{n\sigma(n)}$$

を A の行列式（determinant）と言い，$\det A$ と書く．このほかにもいろいろな書きかたがある．

$$A=\begin{pmatrix} a_{11} & a_{12} & \cdots & a_{1n} \\ a_{21} & a_{22} & \cdots & a_{2n} \\ \vdots & \vdots & & \vdots \\ a_{n1} & a_{n2} & \cdots & a_{nn} \end{pmatrix}\text{のとき，}\det A=\begin{vmatrix} a_{11} & a_{12} & \cdots & a_{1n} \\ a_{21} & a_{22} & \cdots & a_{2n} \\ \vdots & \vdots & & \vdots \\ a_{n1} & a_{n2} & \cdots & a_{nn} \end{vmatrix}$$

と書くこともある（とくに具体的な数値の場合）．また，A の列ベクトルが $\boldsymbol{a}_1,\cdots,\boldsymbol{a}_n$ のとき，$\det A=\det(\boldsymbol{a}_1,\boldsymbol{a}_2,\cdots,\boldsymbol{a}_n)$ と書く．この記法は行列式の大事な性質を記述するのに便利である．$|A|$ という記号もあるが，この本ではなるべく使わないことにする．なお，記号 $\sum_{\sigma\in S_n}$ は，σ が n 文字の置換ぜんぶの集合 S_n を，漏れなく重複なく動くときの総和を表わす．

3.2.2【例】　1）　$n=1$，$A=(a)$ なら $\det A=a$．$n=2$，$A=\begin{pmatrix} a_{11} & a_{12} \\ a_{21} & a_{22} \end{pmatrix}$ なら

$\det A=a_{11}a_{22}-a_{12}a_{21}$.

2）　$n=3$，$A=\begin{pmatrix} a_{11} & a_{12} & a_{13} \\ a_{21} & a_{22} & a_{23} \\ a_{31} & a_{32} & a_{33} \end{pmatrix}$ なら $\det A$ は $3!=6$ 個の項から成り，

$\det A=a_{11}a_{22}a_{33}+a_{12}a_{23}a_{31}+a_{13}a_{21}a_{32}-a_{11}a_{23}a_{32}-a_{12}a_{21}a_{33}-a_{13}a_{22}a_{31}$.

$n=3$ のときだけ通用する，覚えやすい計算法がある．それは《たすきがけ法》とでも呼ぶべきもので，図のように，左上から右下へ向かう線上の

成分を掛けて符号＋をつけ，右上から左下に向かう線上の成分を掛けて符号－をつけ，得られた6個の数をぜんぶ足せばよい．4次以上のときにこれを適用してはいけない．

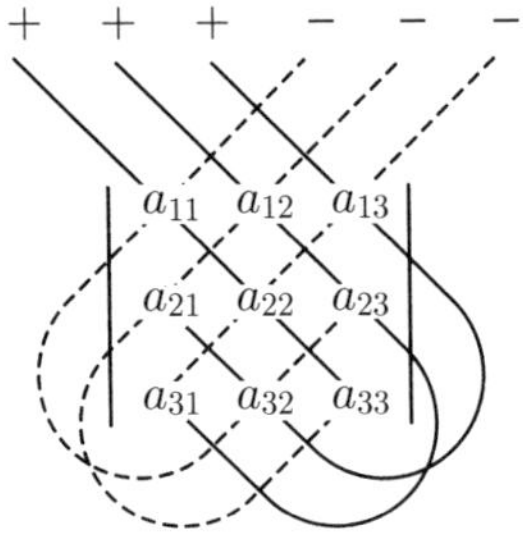

3) $\begin{vmatrix} 2 & -3 & 1 \\ -1 & 4 & -2 \\ 3 & 1 & 2 \end{vmatrix} = 16+18-1-12-6+4=19$

4) $\begin{vmatrix} a & b & c \\ c & a & b \\ b & c & a \end{vmatrix} = a^3+b^3+c^3-3abc.$

5) $\begin{vmatrix} a_1 & & & O \\ & a_2 & & \\ & & \ddots & \\ O & & & a_n \end{vmatrix} = a_1a_2\cdots a_n.$
(空白はゼロ)

6) $\begin{vmatrix} & & & a_1 \\ & & a_2 & \\ & \iddots & & \\ a_n & & & \end{vmatrix}$ は1個の項$\pm a_1a_2\cdots a_n$から成り，その符号は置換

$\begin{pmatrix} 1 & 2 & \cdots & n \\ n & n-1 & \cdots & 1 \end{pmatrix}$の符号だから，§1の問題3により，$n=2m$なら$(-1)^m a_1a_2\cdots a_n$，$n=2m-1$なら$(-1)^{m-1}a_1a_2\cdots a_n$.

●転置行列の行列式

3.2.3【定理】 $\det {}^tA=\det A$．ただし${}^tA$はAの転置行列．

【証明】 $A=(a_{ij})$ とすると

$$\det A=\sum_{\sigma\in S_n}\operatorname{sgn}\sigma\cdot a_{1\sigma(1)}\ a_{2\sigma(2)}\ \cdots\ a_{n\sigma(n)}.$$

命題3.1.4の1）により，σ が S_n を漏れなく重複なく動くとき，σ^{-1} も S_n を漏れなく重複なく動くから，

$$\det A=\sum_{\sigma\in S_n}\operatorname{sgn}\sigma\cdot a_{1\sigma^{-1}(1)}\ a_{2\sigma^{-1}(2)}\ \cdots\ a_{n\sigma^{-1}(n)}.$$

$\sigma^{-1}(1),\sigma^{-1}(2),\cdots,\sigma^{-1}(n)$ は全体としては $1,2,\cdots,n$ と一致しているから，これらの数を小さい順に並べかえる．任意の $i(1\leqq i\leqq n)$ に対して $\sigma^{-1}(i)=k$ と書けば，$i=\sigma(k)$ だから

$$\det A=\sum_{\sigma\in S_n}\operatorname{sgn}\sigma\cdot a_{\sigma(1)1}\ a_{\sigma(2)2}\ \cdots\ a_{\sigma(n)n}$$

となり，これは $\det{}^tA$ の定義式にほかならない．□

この定理により，行列式の性質で列に関して成りたつことは，すべて行に関して成りたつことが分かる．

ノート 定義から明きらかに $\det\overline{A}=\overline{\det A}$ だから $\det A^*=\overline{\det A}$.

●多重線型性と交代性

3.2.4【定理】 $A=(a_{ij})=(\boldsymbol{a}_1\ \boldsymbol{a}_2\ \cdots\ \boldsymbol{a}_n)$ とする．

1） あるひとつの $j(1\leqq j\leqq n)$ について $\boldsymbol{a}_j=\boldsymbol{a}_j'+\boldsymbol{a}_j''$ ならば，

$$\det(\boldsymbol{a}_1,\cdots,\boldsymbol{a}_j,\cdots,\boldsymbol{a}_n)=\det(\boldsymbol{a}_1,\cdots,\boldsymbol{a}_j',\cdots,\boldsymbol{a}_n)+\det(\boldsymbol{a}_1,\cdots,\boldsymbol{a}_j'',\cdots,\boldsymbol{a}_n).$$

すなわち，行列 A の第 j 列の各成分 $a_{ij}(1\leqq i\leqq n)$ がふたつの数の和 $a_{ij}'+a_{ij}''$ であれば $\det A$ は第 j 列の各成分をそれぞれ a_{ij}', a_{ij}'' に置きかえたふたつの行列の行列式の和に等しい．

2） あるひとつの $j(1\leqq j\leqq n)$ について $\boldsymbol{a}_j=c\boldsymbol{a}_j'$ なら，

$$\det(\boldsymbol{a}_1,\cdots,\boldsymbol{a}_j,\cdots,\boldsymbol{a}_n)=c\cdot\det(\boldsymbol{a}_1,\cdots,\boldsymbol{a}_j',\cdots,\boldsymbol{a}_n).$$

すなわち，ある行列の第 j 列だけの各成分を c 倍した行列の行列式はもとの行列の行列式の c 倍に等しい．

以上，ふたつの性質を行列式の列に関する n **重線型性**，n を指定しないときは**多重線型性**，または**複線型性**と言う．

【証明】 1） $\det(\boldsymbol{a}_1,\cdots,\boldsymbol{a}_j'+\boldsymbol{a}_j'',\cdots,\boldsymbol{a}_n)$

$$= \sum_{\sigma \in S_n} \operatorname{sgn} \sigma \cdot a_{1\sigma(1)} \cdots [a_j{}'_{\sigma(j)} + a_j{}''_{\sigma(j)}] \cdot a_{n\sigma(n)}$$

$$= \sum_{\sigma \in S_n} \operatorname{sgn} \sigma \cdot a_{1\sigma(1)} \cdots a_j{}'_{\sigma(j)} \cdots a_{n\sigma(n)} + \sum_{\sigma \in S_n} \operatorname{sgn} \sigma \cdot a_{1\sigma(1)} \cdots a_j{}''_{\sigma(j)} \cdots a_{n\sigma(n)}$$

$$= \det(\boldsymbol{a}_1, \cdots, \boldsymbol{a}_j{}', \cdots, \boldsymbol{a}_n) + \det(\boldsymbol{a}_1, \cdots, \boldsymbol{a}_j{}'', \cdots, \boldsymbol{a}_n).$$

$$\det(\boldsymbol{a}_1, \cdots, c\boldsymbol{a}_j{}', \cdots, \boldsymbol{a}_n) = \sum_{\sigma \in S_n} \operatorname{sgn} \sigma \cdot a_{1\sigma(1)} \cdots [c a_j{}'_{\sigma(j)}] \cdots a_{n\sigma(n)}$$

$$= c \cdot \sum_{\sigma \in S_n} \operatorname{sgn} \sigma \cdot a_{1\sigma(1)} \cdots a_j{}'_{\sigma(j)} \cdots a_{n\sigma(n)} = c \cdot \det(\boldsymbol{a}_1, \cdots, \boldsymbol{a}_j{}', \cdots, \boldsymbol{a}_n). \quad \square$$

定理 3.2.3 により，行に関する多重線型性も同様に定式化されて成りたつ.

3.2.5【定理】 n 文字の置換 τ に対し，

$$\det(\boldsymbol{a}_{\tau(1)}, \boldsymbol{a}_{\tau(2)}, \cdots, \boldsymbol{a}_{\tau(n)}) = \operatorname{sgn} \tau \cdot \det(\boldsymbol{a}_1, \boldsymbol{a}_2, \cdots, \boldsymbol{a}_n).$$

すなわち行列 A の列（または行）の番号に置換 τ を施こして得られる行列の行列式は $\operatorname{sgn} \tau \cdot \det A$ に等しい．この性質を行列式の列（または行）に関する**交代性**と言う.

【証明】 $\det(\boldsymbol{a}_{\tau(1)}, \boldsymbol{a}_{\tau(2)}, \cdots, \boldsymbol{a}_{\tau(n)}) = \sum_{\sigma \in S_n} \operatorname{sgn} \sigma \cdot a_{1\sigma\tau(1)} a_{2\sigma\tau(2)} \cdots a_{n\sigma\tau(n)}$

$$= \operatorname{sgn} \tau \sum_{\sigma \in S_n} \operatorname{sgn} \sigma\tau \cdot a_{1\sigma\tau(1)} a_{2\sigma\tau(2)} \cdots a_{n\sigma\tau(n)}.$$

σ が S_n を動くとき，$\sigma\tau$ も S_n を動くから

$$= \operatorname{sgn} \tau \sum_{\sigma \in S_n} \operatorname{sgn} \sigma \cdot a_{1\sigma(1)} a_{2\sigma(2)} \cdots a_{n\sigma(n)} = \operatorname{sgn} \tau \cdot \det A. \quad \square$$

3.2.6【系】 1) 行列 A のふたつの列（または行）を交換すると，行列式の符号が変わる.

2) 行列 A のふたつの列（または行）が一致すれば $\det A = 0$.

3) 行列 A のある列（または行）に他のある列（または行）の定数倍を加えても行列式は変わらない.

【証明】 1) 前定理の τ が互換の場合であり，$\operatorname{sgn} \tau = -1$.

2) このとき $\det A = -\det A$ だから $\det A = 0$.

3) 第 j 列に第 i 列の c 倍を加えると，直前の 2) と定理 3.2.4 により，

$$\det(\boldsymbol{a}_1, \cdots, \boldsymbol{a}_i, \cdots, \boldsymbol{a}_j + c\boldsymbol{a}_i, \cdots, \boldsymbol{a}_n)$$
$$= \det(\boldsymbol{a}_1, \cdots, \boldsymbol{a}_i, \cdots, \boldsymbol{a}_j, \cdots, \boldsymbol{a}_n) + c \cdot \det(\boldsymbol{a}_1, \cdots, \boldsymbol{a}_i, \cdots, \boldsymbol{a}_i, \cdots, \boldsymbol{a}_n)$$
$$= \det(\boldsymbol{a}_1, \cdots, \boldsymbol{a}_i, \cdots, \boldsymbol{a}_j, \cdots, \boldsymbol{a}_n) = \det A. \quad \square$$

多重線型性と交代性は行列式を《特徴づける》．すなわちつぎの定理が成りたつ．この定理は難かしいけれども，これを証明しておくとあとの重要な定理の証明が簡潔になる．

3.2.7【定理】 n 個の列ベクトルの組 $\boldsymbol{x}_1, \boldsymbol{x}_2, \cdots, \boldsymbol{x}_n$ に対して数 $F(\boldsymbol{x}_1, \boldsymbol{x}_2, \cdots, \boldsymbol{x}_n)$ を対応させる写像（関数と言っても同じ）F を考える．この写像 F が n 重線型性および交代性をもつと仮定する．すなわち各 $j\,(1\leqq j\leqq n)$ に対して

$$\begin{aligned}&F(\boldsymbol{x}_1, \cdots, a\boldsymbol{x}_j'+b\boldsymbol{x}_j'', \cdots, \boldsymbol{x}_n)\\&=aF(\boldsymbol{x}_1, \cdots, \boldsymbol{x}_j', \cdots, \boldsymbol{x}_n)+bF(\boldsymbol{x}_1, \cdots, \boldsymbol{x}_j'', \cdots, \boldsymbol{x}_n),\\&F(\boldsymbol{x}_{\sigma(1)}, \boldsymbol{x}_{\sigma(2)}, \cdots, \boldsymbol{x}_{\sigma(n)})=\operatorname{sgn}\sigma\cdot F(\boldsymbol{x}_1, \boldsymbol{x}_2, \cdots, \boldsymbol{x}_n)\end{aligned}$$

が成りたつと仮定する．このとき $F(\boldsymbol{x}_1, \boldsymbol{x}_2, \cdots, \boldsymbol{x}_n)$ は $\det(\boldsymbol{x}_1, \boldsymbol{x}_2, \cdots, \boldsymbol{x}_n)$ の定数倍である．詳しくは $\boldsymbol{e}_1, \boldsymbol{e}_2, \cdots, \boldsymbol{e}_n$ を n 項単位ベクトルとして，

$$F(\boldsymbol{x}_1, \boldsymbol{x}_2, \cdots, \boldsymbol{x}_n)=F(\boldsymbol{e}_1, \boldsymbol{e}_2, \cdots, \boldsymbol{e}_n)\cdot\det(\boldsymbol{x}_1, \boldsymbol{x}_2, \cdots, \boldsymbol{x}_n)$$

が成りたつ．

【証明】 $\boldsymbol{x}_j=\sum_{i=1}^{n} x_{ij}\boldsymbol{e}_i\,(1\leqq j\leqq n)$ と書いておくと

$$F(\boldsymbol{x}_1, \boldsymbol{x}_2, \cdots, \boldsymbol{x}_n)=F\left(\sum_{i_1=1}^{n} x_{i_1 1}\boldsymbol{e}_{i_1}, \sum_{i_2=1}^{n} x_{i_2 2}\boldsymbol{e}_{i_2}, \cdots, \sum_{i_n=1}^{n} x_{i_n n}\boldsymbol{e}_{i_n}\right).$$

これに n 重線型性を繰りかえし使うと，

$$=\sum_{i_1=1}^{n}\sum_{i_2=1}^{n}\cdots\sum_{i_n=1}^{n} x_{i_1 1}x_{i_2 2}\cdots x_{i_n n}F(\boldsymbol{e}_{i_1}, \boldsymbol{e}_{i_2}, \cdots, \boldsymbol{e}_{i_n})$$

となる．このひとつの項において $i_1, i_2, \cdots, i_n$ のなかに同じものがあれば，交代性によって $F(\boldsymbol{e}_{i_1}, \boldsymbol{e}_{i_2}, \cdots, \boldsymbol{e}_{i_n})=0$ である．$i_1, i_2, \cdots, i_n$ がすべて異なれば $\sigma=\begin{pmatrix}1 & 2 & \cdots & n\\ i_1 & i_2 & \cdots & i_n\end{pmatrix}$ は n 文字の置換だから，ふたたび交代性によって

$$F(\boldsymbol{e}_{i_1}, \boldsymbol{e}_{i_2}, \cdots, \boldsymbol{e}_{i_n})=\operatorname{sgn}\sigma\cdot F(\boldsymbol{e}_1, \boldsymbol{e}_2, \cdots, \boldsymbol{e}_n)$$

となる．したがって

$$\begin{aligned}F(\boldsymbol{x}_1, \boldsymbol{x}_2, \cdots, \boldsymbol{x}_n)&=\sum_{\sigma\in S_n} x_{\sigma(1)1}\ x_{\sigma(2)2}\ \cdots\ x_{\sigma(n)n}\cdot\operatorname{sgn}\sigma\cdot F(\boldsymbol{e}_1, \boldsymbol{e}_2, \cdots, \boldsymbol{e}_n)\\&=F(\boldsymbol{e}_1, \boldsymbol{e}_2, \cdots, \boldsymbol{e}_n)\cdot\det(\boldsymbol{x}_1, \boldsymbol{x}_2, \cdots, \boldsymbol{x}_n).\ \square\end{aligned}$$

（ノート） この定理で F の n 重線型性を仮定し，さらにつぎのふたつの性質のどちらか一方だけを仮定すれば交代性が導かれる：

a)　F のなかの $\boldsymbol{x}_i$ と $\boldsymbol{x}_j\,(i \neq j)$ を交換すると符号が変わる，すなわち $F(\cdots \boldsymbol{x}_j, \cdots, \boldsymbol{x}_i, \cdots) = -F(\cdots \boldsymbol{x}_i, \cdots, \boldsymbol{x}_j, \cdots)$.

b)　$\boldsymbol{x}_i = \boldsymbol{x}_j\,(i \neq j)$ なら $F(\cdots, \boldsymbol{x}_i, \cdots, \boldsymbol{x}_i, \cdots) = 0$.

【証明】 a）は σ が互換の場合の交代性である．任意の置換 σ は互換の積として $\sigma = \tau_1 \cdots \tau_k$ と書け，$\operatorname{sgn} \sigma = (-1)^k$ だからよい．

b)　$0 = F(\cdots, \boldsymbol{x}_i + \boldsymbol{x}_j, \cdots, \boldsymbol{x}_i + \boldsymbol{x}_j, \cdots) = F(\cdots, \boldsymbol{x}_i, \cdots, \boldsymbol{x}_i, \cdots) + F(\cdots, \boldsymbol{x}_i, \cdots, \boldsymbol{x}_j, \cdots) + F(\cdots, \boldsymbol{x}_j, \cdots, \boldsymbol{x}_i, \cdots) + F(\cdots, \boldsymbol{x}_j, \cdots, \boldsymbol{x}_j, \cdots)$ から条件 a）がすぐ出る．□

●乗法定理と区分け

3.2.8 **【定理】（乗法定理）** ふたつの n 次行列の積の行列式は，それぞれの行列式の積に等しい．

【証明】 A をひとつの n 次行列，X を n 次《変数行列》とし，$X = (\boldsymbol{x}_1, \boldsymbol{x}_2, \cdots, \boldsymbol{x}_n)$ とする．

$$F(\boldsymbol{x}_1, \boldsymbol{x}_2, \cdots, \boldsymbol{x}_n) = \det(A\boldsymbol{x}_1, A\boldsymbol{x}_2, \cdots, A\boldsymbol{x}_n) = \det AX$$

と置く．簡単に分かるように F は n 重線型性と交代性をもつから前定理によって

$$\det AX = F(\boldsymbol{e}_1, \boldsymbol{e}_2, \cdots, \boldsymbol{e}_n) \cdot \det(\boldsymbol{x}_1, \boldsymbol{x}_2, \cdots, \boldsymbol{x}_n) = \det A \cdot \det X$$

となって証明を終わる．□

行列式の特徴づけの定理 3.2.7 を使わずに証明しようとすると，計算がたいへん複雑になる．

3.2.9 **【定理】** 正方行列 A を対称に区分けして

$$A = \begin{pmatrix} A_{11} & A_{12} \\ O & A_{22} \end{pmatrix} \quad \text{または} \quad A = \begin{pmatrix} A_{11} & O \\ A_{21} & A_{22} \end{pmatrix}$$

の形になったとすれば

$$\det A = \det A_{11} \cdot \det A_{22}$$

が成りたつ．

【証明】 定理 3.2.3 により，右上が O のときだけ証明すればよい．A_{11} が m 次，A_{22} が n 次の正方行列だとしよう．

はじめに $A_{22}=E_n$（単位行列）の場合を考え，$\begin{pmatrix} A_{11} & O \\ A_{21} & E_n \end{pmatrix}=(a_{ij})$ とする．行列式の定義式

$$\det A=\sum_{\sigma\in S_{m+n}}\operatorname{sgn}\sigma\cdot a_{1\sigma(1)}\cdots a_{m\sigma(m)}a_{m+1\sigma(m+1)}\cdots a_{m+n\sigma(m+n)}$$

のひとつの項において，m より先のすべての i に対して $\sigma(i)=i$ でないかぎり，その項は 0 である．すなわち和は

$$\sigma=\begin{pmatrix} 1 & 2 & \cdots & m & m+1 & \cdots & m+n \\ i_1 & i_2 & \cdots & i_m & m+1 & \cdots & m+n \end{pmatrix}$$

の形の σ に対してだけとればよい．このような σ は m 文字の置換

$$\begin{pmatrix} 1 & 2 & \cdots & m \\ i_1 & i_2 & \cdots & i_m \end{pmatrix}$$

と同一視されるから，

$$\det A=\sum_{\sigma\in S_m}\operatorname{sgn}\sigma\cdot a_{1\sigma(1)}\cdots a_{m\sigma(m)}=\det A_{11}=\det A_{11}\cdot\det E_n$$

となり，$A_{22}=E_n$ の場合は成りたつことが分かった．

つぎに一般の場合には，$X=(\boldsymbol{x}_1\ \boldsymbol{x}_2\ \cdots\ \boldsymbol{x}_n)$ を n 次の《変数行列》と見て

$$F(\boldsymbol{x}_1,\boldsymbol{x}_2,\cdots,\boldsymbol{x}_n)=\det\begin{pmatrix} A_{11} & O \\ A_{21} & X \end{pmatrix}$$

と置く．簡単に分かるように F は定理 3.2.7 の条件である n 重線型性と交代性をもつから，その定理により，

$$\det\begin{pmatrix} A_{11} & O \\ A_{21} & X \end{pmatrix}=F(\boldsymbol{x}_1,\boldsymbol{x}_2,\cdots,\boldsymbol{x}_n)=F(\boldsymbol{e}_1,\boldsymbol{e}_2,\cdots,\boldsymbol{e}_n)\cdot\det X$$
$$=\det A_{11}\cdot\det X$$

となって定理が証明された．□

3.2.10【命題】 正方行列 A を対称に区分けして

$$A=\begin{pmatrix} A_{11} & & \\ & A_{22} & * \\ & & \ddots \\ O & & & A_{pp} \end{pmatrix}\quad (*\text{は任意の行列})$$

となれば $\det A=\det A_{11}\cdot\det A_{22}\cdot\cdots\cdot\det A_{pp}$．とくに上（下）三角行列の行列

式は対角成分ぜんぶの積に等しい：

$$\det\begin{pmatrix} a_{11} & a_{12} & \cdots & a_{1n} \\ & a_{22} & \cdots & a_{2n} \\ & & \ddots & \vdots \\ & O & & a_{nn} \end{pmatrix} = a_{11}a_{22}\cdots a_{nn}.$$

【証明】 $p(p\geqq 2)$ に関する帰納法で定理 3.2.9 に帰着する．□

3.2.11【例】 変数 $x_1, x_2, \cdots, x_n$ を含む n 次の行列式

$$\varDelta(x_1, x_2, \cdots, x_n) = \begin{vmatrix} 1 & 1 & \cdots & 1 \\ x_1 & x_2 & \cdots & x_n \\ {x_1}^2 & {x_2}^2 & \cdots & {x_n}^2 \\ \vdots & \vdots & & \vdots \\ {x_1}^{n-1} & {x_2}^{n-1} & \cdots & {x_n}^{n-1} \end{vmatrix}$$

を n 変数の**ヴァンデルモンドの行列式**と言う．この多項式の形を求める．$i<j$ で $x_j=x_i$ とすれば $\varDelta=0$，ここで因数定理が多変数多項式に対しても成りたつことを認めれば，$\varDelta$ は x_j-x_i で割れる．したがって $\varDelta$ はそれらの積で割れて，因数の個数は組みあわせの数 ${}_nC_2=\dfrac{n(n-1)}{2}$ である．$\varDelta$ の総次数は $1+2+\cdots+(n-1)=\dfrac{n(n-1)}{2}$ だから，

$$\varDelta(x_1, x_2, \cdots, x_n) = c\prod_{i<j}(x_j-x_i)$$

と書ける．ただし c は定数，$\prod_{i<j}$ は $1\leqq i<j\leqq n$ なる i，j のすべてのペアにわたる積を表わす．両辺とも $x_2\cdot{x_3}^2\cdot\cdots\cdot{x_n}^{n-1}$ の係数は 1 だから $c=1$ となる．

本当にこれが成りたつことを帰納法で証明する．$n=2$ なら明きらかだから，$n-1$ で成りたつと仮定する．第 i 行から第 $i-1$ 行の x_1 倍を引く，という操作を $i=n$，$n-1$，…，3，2 の順に施すと，

$$\begin{vmatrix} 1 & 1 & 1 & \cdots & 1 \\ 0 & x_2-x_1 & x_3-x_1 & \cdots & x_n-x_1 \\ 0 & x_2(x_2-x_1) & x_3(x_3-x_1) & \cdots & x_n(x_n-x_1) \\ \vdots & \vdots & \vdots & & \vdots \\ 0 & {x_2}^{n-2}(x_2-x_1) & {x_3}^{n-2}(x_3-x_1) & \cdots & {x_n}^{n-2}(x_n-x_1) \end{vmatrix}.$$

定理 3.2.9 を使い，その結果の各列の共通因数を外に出すと，

$$\Delta=(x_2-x_1)(x_3-x_1)\cdots(x_n-x_1)\begin{vmatrix} 1 & 1 & \cdots & 1 \\ x_2 & x_3 & \cdots & x_n \\ {x_2}^2 & {x_3}^2 & \cdots & {x_n}^2 \\ \vdots & \vdots & & \vdots \\ {x_2}^{n-2} & {x_3}^{n-2} & \cdots & {x_n}^{n-2} \end{vmatrix}.$$

最後の行列式は $n-1$ 次のヴァンデルモンドの行列式だから，帰納法の仮定により，

$$\Delta=\prod_{j=2}^{n}(x_j-x_1)\cdot\prod_{\substack{i,j\geqq 2\\ i<j}}^{n}(x_j-x_i)=\prod_{i<j}(x_j-x_i)$$

となって証明を終わる．この右辺の多項式を n 変数の**差積**と言う．

●基本変形の効果

基本行列の定義およびそれを掛けると行列がどう変わるかについては第 2 章 §2 を見ていただきたい．

3.2.12【命題】 A を n 次正方行列とする．

1) A の右または左から $P_n(i,j)\,(i\neq j)$ を掛けると，行列式の符号が変わる．

2) A の右または左から $Q_n(i\,;\,c)\,(c\neq 0)$ を掛けると，行列式は c 倍される．

3) A の右または左から $R_n(i,j\,;\,c)\,(i\neq j)$ を掛けても，行列式は変わらない．

【証明】 乗法定理 3.2.8 による．実際，系 3.2.6 の 1) によって $\det P_n(i,j)=-1$．例 3.2.2 の 5) によって $\det Q_n(i\,;\,c)=c$．命題 3.2.10 によって $\det R_n(i,j\,;\,c)=1$．□

3.2.13【定理】 正方行列 A に左右の基本変形を施しても，行列式 $\det A$ が 0 でないという性質は変わらない．

【証明】 前命題を何回も使えばよい．□

ここから重要な性質が導かれる：

3.2.14【定理】 正方行列 A が正則なことと，$\det A \neq 0$ とは同値である．

【証明】 まず A が正則と仮定すると，$AA^{-1}=E$ から乗法定理 3.2.8 によって，$\det A \cdot \det A^{-1} = \det E = 1$ となるから $\det A \neq 0$．つぎに n 次行列 A の階数を r とする．命題 2.3.1 により，A が正則なことと $r=n$ とは同値である．基本変形によって $PAQ=F_r$ と書ける．P，Q は正則だから，$\det A \neq 0$ なら $\det F_r \neq 0$，よって $r=n$．□

つぎの定理は行列式に関する定理として名高いが，これは実は行列に関する定理であり，証明もすんでいる．

3.2.15【定理】 (m, n) 型行列 A の正方部分行列のうち，行列式が 0 でないものの最大次数は A の階数に等しい．

【証明】 定理 2.3.14 と定理 3.2.14 から明らかか．□

§2 の問題

問題 1 つぎの行列式を計算せよ．

1) $\begin{vmatrix} 2 & 1 & 3 \\ -1 & -2 & 0 \\ 3 & 1 & -2 \end{vmatrix}$ 　 2) $\begin{vmatrix} 2.01 & -1.78 & 2.24 \\ -2.56 & 0.83 & -4.29 \\ 1.76 & -3.02 & 0.5 \end{vmatrix}$

3) $\begin{vmatrix} 1-i & 0 & 2 \\ -1+2i & i & 1+i \\ 2 & 2-i & 0 \end{vmatrix}$ （i は虚数単位） 　 4) $\begin{vmatrix} a & i & 1 \\ -i & b & i \\ 1 & -i & c \end{vmatrix}$

5) $\begin{vmatrix} 1 & 1 & 1 \\ a & b & c \\ a^2 & b^2 & c^2 \end{vmatrix}$ 　 6) $\begin{vmatrix} \sin\theta\cos\varphi & \sin\theta\sin\varphi & \cos\theta \\ r\cos\theta\cos\varphi & r\cos\theta\sin\varphi & -r\sin\theta \\ -r\sin\theta\sin\varphi & r\sin\theta\cos\varphi & 0 \end{vmatrix}$

問題 2 A，B が n 次正方行列のとき，つぎの等式を示せ．

1) $\det\begin{pmatrix} A & B \\ B & A \end{pmatrix} = \det(A+B)\cdot\det(A-B)$

2) $\det\begin{pmatrix} A & -B \\ B & A \end{pmatrix} = \det(A+iB)\cdot\det(A-iB)$

とくに，A，B が実行列なら $=|\det(A+iB)|^2$

問題 3 a, b, c, d が実数のとき，行列式 $D=\det\begin{pmatrix} a & -b & -c & -d \\ b & a & -d & c \\ c & d & a & -b \\ d & -c & b & a \end{pmatrix}$ を計算せよ．［ヒント：前問］．

問題 4 1) エルミート行列の行列式は実数である．

2) ユニタリ行列の行列式は絶対値が 1 の複素数である．

3) べきれい行列の行列式は 0 である．

問題 5 A が 2 次のユニタリ行列で $\det A=1$ なら，A はつぎの形に書けることを示せ．e^{ix} については 7.4.16 を見よ．

$$A=\begin{pmatrix} e^{i\alpha}\cos\theta & -e^{-i\beta}\sin\theta \\ e^{i\beta}\sin\theta & e^{-i\alpha}\cos\theta \end{pmatrix} \quad \left(\begin{array}{c} 0\leqq \alpha, \beta<2\pi, \\ 0\leqq\theta\leqq\dfrac{\pi}{2} \end{array}\right).$$

§3 行列式の展開．余因子

●行列式の展開

3.3.1【**定義**】 n 次行列 $A=(a_{ij})$ の第 i 行と第 j 列を取りさってできる $n-1$ 次行列の行列式を A の第 (i,j) **小行列式**と言い，$\varDelta_{ij}$ と書く．これに符号 $(-1)^{i+j}$ を掛けたもの $(-1)^{i+j}\varDelta_{ij}$ を，A の第 (i,j) **余因子**と言い，$\tilde{a}_{ij}$ と書く．

3.3.2【**定理**】（展開定理） 上の記号のもと，ふたつの展開式

$$\det A=a_{1j}\tilde{a}_{1j}+a_{2j}\tilde{a}_{2j}+\cdots+a_{nj}\tilde{a}_{nj} \quad (1\leqq j\leqq n),$$
$$\det A=a_{i1}\tilde{a}_{i1}+a_{i2}\tilde{a}_{i2}+\cdots+a_{in}\tilde{a}_{in} \quad (1\leqq i\leqq n)$$

が成りたつ（これらをそれぞれ第 j 列，第 i 行に関する**行列式の展開**と言う．

【**証明**】 第一の式，すなわち第 j 列に関する展開式だけ示せばよい．まず $j=1$ の場合を調べる．n 重線型性（定理 3.2.4）により

$$\det A=\begin{vmatrix} a_{11} & a_{12} & \cdots & a_{1n} \\ 0 & a_{22} & \cdots & a_{2n} \\ \vdots & \vdots & & \vdots \\ 0 & a_{n2} & \cdots & a_{nn} \end{vmatrix}+\begin{vmatrix} 0 & a_{12} & \cdots & a_{1n} \\ a_{21} & a_{22} & \cdots & a_{2n} \\ \vdots & \vdots & & \vdots \\ 0 & a_{n2} & \cdots & a_{nn} \end{vmatrix}+\cdots+\begin{vmatrix} 0 & a_{12} & \cdots & a_{1n} \\ 0 & a_{22} & \cdots & a_{2n} \\ \vdots & \vdots & & \vdots \\ a_{n1} & a_{n2} & \cdots & a_{nn} \end{vmatrix}.$$

この右辺の各第 i 項 $(1 \leqq i \leqq n)$ の行列式で，第 i 行をいちばん上に持っていけば，交代性（定理 3.2.5）によって

$$\det A = \begin{vmatrix} a_{11} & a_{12} & \cdots & a_{1n} \\ 0 & a_{22} & \cdots & a_{2n} \\ \vdots & \vdots & & \vdots \\ 0 & a_{n2} & \cdots & a_{nn} \end{vmatrix} - \begin{vmatrix} a_{21} & a_{22} & \cdots & a_{2n} \\ 0 & a_{12} & \cdots & a_{1n} \\ \vdots & \vdots & & \vdots \\ 0 & a_{n2} & \cdots & a_{nn} \end{vmatrix}$$

$$+ \cdots + (-1)^{n-1} \begin{vmatrix} a_{n1} & a_{n2} & \cdots & a_{nn} \\ 0 & a_{12} & \cdots & a_{1n} \\ \vdots & \vdots & & \vdots \\ 0 & a_{n-1,2} & \cdots & a_{n-1,n} \end{vmatrix}$$

となる．定理 3.2.9 によって

$$\begin{aligned} \det A &= a_{11}\varDelta_{11} - a_{21}\varDelta_{21} + \cdots + (-1)^{n+1} a_{n1}\varDelta_{n1} \\ &= a_{11}\tilde{a}_{11} + a_{21}\tilde{a}_{21} + \cdots + a_{n1}\tilde{a}_{n1} \end{aligned}$$

となって展開式が成りたつ．一般の j に対しては，A の第 j 列をいちばん左に持っていけば，$\det A$ は $(-1)^{j+1}$ 倍される．ここで上の結果を使うと，

$$\begin{aligned} (-1)^{j+1}\det A &= a_{1j}\varDelta_{1j} - a_{2j}\varDelta_{2j} + \cdots + (-1)^{n+1} a_{nj}\varDelta_{nj} \\ &= (-1)^{j+1}(a_{1j}\tilde{a}_{1j} + a_{2j}\tilde{a}_{2j} + \cdots + a_{nj}\tilde{a}_{nj}) \end{aligned}$$

となって定理が証明された．□

3.3.3【例】（行列式の計算）

1) $d = \begin{vmatrix} 3 & -1 & 2 & 4 \\ 2 & 1 & 1 & 3 \\ -2 & 0 & 3 & -1 \\ 0 & -2 & 1 & 3 \end{vmatrix}$. 数値行列式を手で計算するときは，なるべく0をふやす．かつ複雑な分数を避けるとよい．たとえば第2行に第1行を足し，第4行から第1行の2倍を引くと，系 3.2.6 によって行列式は変わらず，$d = \begin{vmatrix} 3 & -1 & 2 & 4 \\ 5 & 0 & 3 & 7 \\ -2 & 0 & 3 & -1 \\ -6 & 0 & -3 & -5 \end{vmatrix}$. ここで第2列に関して展開すれば，

$$d=\begin{vmatrix} 5 & 3 & 7 \\ -2 & 3 & -1 \\ -6 & -3 & -5 \end{vmatrix}=3\times\begin{vmatrix} 5 & 1 & 7 \\ -2 & 1 & -1 \\ -6 & -1 & -5 \end{vmatrix}.$$ 第2行から第1行を引き，

第3行に第1行を足すと，　$d=3\times\begin{vmatrix} 5 & 1 & 7 \\ -7 & 0 & -8 \\ -1 & 0 & 2 \end{vmatrix}=-3\times\begin{vmatrix} -7 & -8 \\ -1 & 2 \end{vmatrix}$

$=-3\times(-14-8)=66$.

2)　n 次行列式 $d=\begin{vmatrix} x & -1 & & & \\ & x & -1 & & \\ & & \ddots & \ddots & \\ & & & x & -1 \\ a_n & a_{n-1} & \cdots & a_2 & x+a_1 \end{vmatrix}$ を計算する（空白は0）.

これを $F_n(a_1, a_2, \cdots, a_n\,;\,x)$ と書くと $F_1(a_1\,;\,x)=x+a_1$，$F_2(a_1, a_2\,;\,x)$ $=\begin{vmatrix} x & -1 \\ a_2 & x+a_1 \end{vmatrix}=x^2+a_1x+a_2$，$F_3(a_1, a_2, a_3\,;\,x)=\begin{vmatrix} x & -1 & 0 \\ 0 & x & -1 \\ a_3 & a_2 & x+a_1 \end{vmatrix}$ $=xF_2(a_1, a_2\,;\,x)+a_3=x^3+a_1x^2+a_2x+a_3$ となる．帰納法を使うことにして $F_{n-1}(a_1, a_2, \cdots, a_{n-1}\,;\,x)=x^{n-1}+a_1x^{n-2}+\cdots+a_{n-1}$ と仮定する．はじめの行列式 d を第1列に関して展開すると，$d=xF_{n-1}(a_1, a_2, \cdots, a_{n-1}\,;\,x)$ $+(-1)^{n-1}a_n\cdot(-1)^{n-1}=x^n+a_1x^{n-1}+\cdots+a_{n-1}x+a_n$. この行列式はあとで出てくる（命題5.4.3と命題7.2.4）.

●余因子行列による逆行列の表示

3.3.4【定理】　n 次行列 $A=(a_{ij})$ に対し，

$$a_{1j}\tilde{a}_{1l}+a_{2j}\tilde{a}_{2l}+\cdots+a_{nj}\tilde{a}_{nl}=\delta_{lj}\cdot\det A \quad (1\leqq j,\ l\leqq n),$$
$$a_{i1}\tilde{a}_{k1}+a_{i2}\tilde{a}_{k2}+\cdots+a_{in}\tilde{a}_{kn}=\delta_{ik}\cdot\det A \quad (1\leqq i,\ k\leqq n).$$

ただし，δ_{ij} はクロネッカーのデルタ（定義1.1.8）である.

【証明】　第一の式だけ示せばよい．$j=l$ ならこれは展開定理3.3.2の第一式にほかならない．$j\neq l$ のとき，左辺は行列 A の第 l 列の各成分を第 j 列の対応する各成分で置きかえた行列の，第 l 列に関する展開式である．第 j 列と第 l 列は一致しているから，系3.2.6の2）によってこれは0である．□

上の記号で $\tilde{a}_{ji}$ を第 (i,j) 成分とする n 次行列（添字の順序に注意）を A の**余因子行列**と言い，$\tilde{A}$ と書く：

$$\tilde{A}=\begin{pmatrix} \tilde{a}_{11} & \tilde{a}_{21} & \cdots & \tilde{a}_{n1} \\ \tilde{a}_{12} & \tilde{a}_{22} & \cdots & \tilde{a}_{n2} \\ \vdots & \vdots & & \vdots \\ \tilde{a}_{1n} & \tilde{a}_{2n} & \cdots & \tilde{a}_{nn} \end{pmatrix}.$$

すると定理の二式の左辺はそれぞれ $\tilde{A}A$ の (l,j) 成分および $A\tilde{A}$ の (i,k) 成分である．一方，右辺はスカラー行列 $\det A\cdot E_n$ の (l,j) 成分および (i,k) 成分だから，つぎの系が証明された．

3.3.5【系】 $\tilde{A}A=A\tilde{A}=\det A\cdot E_n$.

すでに知っているように，A が正則なためには $\det A\neq 0$ が必要十分である（定理 3.2.14）．ここで逆行列 A^{-1} の簡明な表示が得られたことになる．

3.3.6【定理】 A が正則のとき，$A^{-1}=\dfrac{1}{\det A}\tilde{A}$.

3.3.7【コメント】 1) すでに知っているように（コメント 2.3.3 の 2)），逆行列 A^{-1} の各成分は A の n^2 個の成分から有理算法（加減乗除）によって得られる．上の定理 3.3.6 によって，それを表わす具体的な有理式（分数式のこと）が分かったのである．しかも A^{-1} のどの成分を表わす式も，分母は共通で A の行列式だけという簡明なものである．

2) 定理 3.3.6 は理論的には重要だが，数値計算には向かない．手計算でも機械計算でも，第 2 章でやった基本変形による計算のほうがずっと速くできる．

●クラメールの公式

3.3.8【定理】 A を n 次正則行列として 1 次方程式系 $A\boldsymbol{x}=\boldsymbol{b}$ を考える．すでに知っているように（定義 2.4.1 の 2）の最後）これはただひとつの解 $\boldsymbol{u}$

をもち，$\boldsymbol{u}=A^{-1}\boldsymbol{b}$ である．系 3.3.6 によって $\boldsymbol{u}=\dfrac{1}{\det A}\tilde{A}\boldsymbol{b}$ と書ける（$\tilde{A}$ は A の余因子行列）．$A=(a_{ij})$，$\boldsymbol{b}=(b_j)$，$\boldsymbol{u}=(u_j)$ とすると，

$$\boldsymbol{u}=\frac{1}{\det A}\begin{pmatrix} \tilde{a}_{11} & \tilde{a}_{21} & \cdots & \tilde{a}_{n1} \\ \tilde{a}_{12} & \tilde{a}_{22} & \cdots & \tilde{a}_{n2} \\ \vdots & \vdots & & \vdots \\ \tilde{a}_{1n} & \tilde{a}_{2n} & \cdots & \tilde{a}_{nn} \end{pmatrix}\begin{pmatrix} b_1 \\ b_2 \\ \vdots \\ b_n \end{pmatrix}$$

$$=\frac{1}{\det A}\begin{pmatrix} b_1\tilde{a}_{11}+b_2\tilde{a}_{21}+\cdots+b_n\tilde{a}_{n1} \\ b_1\tilde{a}_{12}+b_2\tilde{a}_{22}+\cdots+b_n\tilde{a}_{n2} \\ \cdots \\ \cdots \\ b_1\tilde{a}_{1n}+b_2\tilde{a}_{2n}+\cdots+b_n\tilde{a}_{nn} \end{pmatrix}$$

となる．この最右辺のベクトルの第 j 成分 $b_1\tilde{a}_{1j}+b_2\tilde{a}_{2j}+\cdots+b_n\tilde{a}_{nj}$ は，行列 A の第 j 列のかわりに $\boldsymbol{b}$ を置いた行列

$$A_j=\begin{pmatrix} a_{11} & \cdots & \overset{\text{第 } j \text{ 列}}{\overset{\downarrow}{b_1}} & \cdots & b_{1n} \\ a_{21} & \cdots & b_2 & \cdots & b_{2n} \\ \vdots & & \vdots & & \vdots \\ a_{n1} & \cdots & b_n & \cdots & a_{nn} \end{pmatrix}$$

の行列式を第 j 列に関して展開したもの，すなわち $\det A_j$ にほかならない．したがってつぎの公式が得られた：

$$u_j=\frac{\det A_j}{\det A}=\frac{\begin{vmatrix} a_{11} & \cdots & b_1 & \cdots & a_{1n} \\ a_{21} & \cdots & b_2 & \cdots & a_{2n} \\ \vdots & & \vdots & & \vdots \\ a_{n1} & \cdots & b_n & \cdots & a_{nn} \end{vmatrix}}{\begin{vmatrix} a_{11} & \cdots & a_{1j} & \cdots & a_{1n} \\ a_{21} & \cdots & a_{2j} & \cdots & a_{2n} \\ \vdots & & \vdots & & \vdots \\ a_{n1} & \cdots & a_{nj} & \cdots & a_{nn} \end{vmatrix}} \quad (1\leqq j\leqq n).$$

これを**クラメールの公式**と言う．すなわち u_j の分母は $\det A$，分子は A の第 j 列を $\boldsymbol{b}$ で置きかえた行列の行列式であり，非常に分かりやすく，簡明である．この公式は文字係数の方程式系や，係数の配列が規則的な方程式系の解の

公式を作るのに有効である．しかし数値係数の方程式を解くのには必ずしも適当でない（計算量が多い）．掃きだし法で解くほうがずっといい．

3.3.9【例】 1） 1次方程式系

$$\begin{cases} x+y+z+w=1 \\ ax+by+cz+dw=0 \\ a^2x+b^2y+c^2z+d^2w=0 \\ a^3x+b^3y+c^3z+d^3w=0 \end{cases}$$

を解く，ただし a，b，c，d は互いに相異なるとする．係数行列式は4変数の差積，すなわちヴァンデルモンドの行列式 $\varDelta_4(a,b,c,d)$ である．これを $\varDelta_4$ と略記する．クラメールの公式により，

$$x=\frac{1}{\varDelta_4}\begin{vmatrix} 1 & 1 & 1 & 1 \\ 0 & b & c & d \\ 0 & b^2 & c^2 & d^2 \\ 0 & b^3 & c^3 & d^3 \end{vmatrix}=\frac{bcd}{\varDelta_4}\begin{vmatrix} 1 & 1 & 1 \\ b & c & d \\ b^2 & c^2 & d^2 \end{vmatrix}=\frac{bcd}{\varDelta_4}\cdot\varDelta_3(b,c,d)$$

$$=\frac{bcd}{(b-a)(c-a)(d-a)}.$$

同様に $y=-\dfrac{acd}{\varDelta_4}\cdot\varDelta_3(a,c,d)=\dfrac{acd}{(a-b)(c-b)(d-b)}$,

$$z=\frac{abd}{\varDelta_4}\cdot\varDelta_3(a,b,d)=\frac{abd}{(a-c)(b-c)(d-c)},$$

$$w=-\frac{abc}{\varDelta_4}\cdot\varDelta_3(a,b,c)=\frac{abc}{(a-d)(b-d)(c-d)}.$$

2） 1次方程式系（a，b，c，d は実数で少なくともひとつは0でないとする）

$$\begin{cases} ax-by-cz-dw=1 \\ bx+ay-dz+cw=0 \\ cx+dy+az-bw=0 \\ dx-cy+bz+aw=0 \end{cases}$$

を解く．この係数行列式は§2の問題3のものだから，$f=a^2+b^2+c^2+d^2$ とすると f^2 である．クラメールの公式により，

$$x=\frac{1}{f^2}\begin{vmatrix}1 & -b & -c & -d\\ 0 & a & -d & c\\ 0 & d & a & -b\\ 0 & -c & b & a\end{vmatrix}=\frac{a}{f},\quad y=\frac{1}{f^2}\begin{vmatrix}a & 1 & -c & -d\\ b & 0 & -d & c\\ c & 0 & a & -b\\ d & 0 & b & a\end{vmatrix}=-\frac{b}{f},$$

$$z=\frac{1}{f^2}\begin{vmatrix}a & -b & 1 & -d\\ b & a & 0 & c\\ c & d & 0 & -b\\ d & -c & 0 & a\end{vmatrix}=-\frac{c}{f},\quad w=\frac{1}{f^2}\begin{vmatrix}a & -b & -c & 1\\ b & a & -d & 0\\ c & d & a & 0\\ d & -c & b & 0\end{vmatrix}=-\frac{d}{f}.$$

§3の問題

問題 1　つぎの行列式を計算せよ．

1) $\begin{vmatrix}3 & -2 & 2 & -5\\ -2 & 3 & -2 & 3\\ 4 & -1 & 2 & -2\\ -3 & 2 & -4 & 3\end{vmatrix}$　　2) $\begin{vmatrix}2 & 0 & -3 & 1\\ 3 & 2 & -1 & 2\\ 4 & 3 & -2 & -1\\ 0 & 1 & -3 & 2\end{vmatrix}$

問題 2　つぎの n 次行列式を計算せよ．

1) $\begin{vmatrix}1 & 0 & \cdots & 0 & 1\\ 1 & 1 & & & 0\\ & 1 & \ddots & & \vdots\\ & & \ddots & 1 & 0\\ & & & 1 & 1\end{vmatrix}$　　2) $\begin{vmatrix}1 & 1 & \cdots & 1 & a\\ 1 & 1 & \cdots & a & 1\\ \vdots & \vdots & ⋰ & \vdots & \vdots\\ 1 & a & \cdots & 1 & 1\\ a & 1 & \cdots & 1 & 1\end{vmatrix}$

3) $\begin{vmatrix}0 & a & 0 & \cdots & 0 & 0\\ a & 0 & a & \cdots & 0 & 0\\ 0 & a & 0 & \ddots & 0 & 0\\ \vdots & \vdots & \ddots & \ddots & \ddots & \vdots\\ 0 & 0 & 0 & \ddots & 0 & a\\ 0 & 0 & 0 & & a & 0\end{vmatrix}$　(対角線の両側が a，その他は 0)

4) $\begin{vmatrix}1 & 0 & \cdots & 0 & a_1\\ 0 & 1 & \cdots & 0 & a_2\\ \vdots & \vdots & \ddots & \vdots & \vdots\\ 0 & 0 & \cdots & 1 & a_{n-1}\\ a_1 & a_2 & \cdots & a_{n-1} & b\end{vmatrix}$

第3章末の問題

問題 1　f を n 文字の置換ぜんぶの集合 S_n で定義され，複素数に値をもつ関数とする．任意の置換 σ，τ に対して $f(\sigma\tau)=f(\sigma)f(\tau)$ が成りたつとき，f はどんな関数か．

問題 2　平面上の n 個の点 $\mathrm{P}_i(x_i, y_i)\ (1 \leqq i \leqq n)$ の x 座標がぜんぶ異なるとする．このとき $n-1$ 次の多項式関数，すなわち $y=a_0+a_1x+\cdots+a_{n-1}x^{n-1}$ の形の関数で，そのグラフが点 $\mathrm{P}_1, \mathrm{P}_2, \cdots, \mathrm{P}_n$ すべてを通るものがちょうどひとつ存在することを示せ．

問題 3　対称に区分けされた行列 $\begin{pmatrix} A & B \\ C & D \end{pmatrix}$ で A が正則なら，

$\begin{pmatrix} E & O \\ -CA^{-1} & E' \end{pmatrix}\begin{pmatrix} A & B \\ C & D \end{pmatrix}=\begin{pmatrix} A & B \\ O & D-CA^{-1}B \end{pmatrix}$ が成りたつ（E，E' は単位行列）．

したがって $\det\begin{pmatrix} A & B \\ C & D \end{pmatrix}=\det A\cdot\det(D-CA^{-1}B)$ となる．D が正則の場合に類似の式を作れ．

問題 4　1)　空間の四点 $\mathrm{P}_i(x_i, y_i, z_i)\ (1 \leqq i \leqq 4)$ が同一平面上にあるためには

$$\det\begin{pmatrix} 1 & 1 & 1 & 1 \\ x_1 & x_2 & x_3 & x_4 \\ y_1 & y_2 & y_3 & y_4 \\ z_1 & z_2 & z_3 & z_4 \end{pmatrix}=0$$

が必要十分であることを証明せよ．

2)　空間の，一直線上にない三点 $\mathrm{P}_i(x_i, y_i, z_i)\ (1 \leqq i \leqq 3)$ を通る平面の方程式は

$$\det\begin{pmatrix} 1 & 1 & 1 & 1 \\ x_1 & x_2 & x_3 & x \\ y_1 & y_2 & y_3 & y \\ z_1 & z_2 & z_3 & z \end{pmatrix}=0$$

で与えられることを示せ．

問題 5　$\boldsymbol{R}^3$ のベクトル $\boldsymbol{a}$，$\boldsymbol{b}$，$\boldsymbol{c}$ に対して $(\boldsymbol{a}\times\boldsymbol{b}\,|\,\boldsymbol{c})=\det(\boldsymbol{a}, \boldsymbol{b}, \boldsymbol{c})$ が成りたつことを示せ．ただし $\boldsymbol{a}\times\boldsymbol{b}$ はベクトル積（定義 0.3.7）である．

第4章
固有値と固有ベクトル

線型代数の諸問題に行列論を適用するとき，問題の行列 A が対角行列であれば，ものごとはもっとも簡明になる．A 自身が対角行列でなくても，ある正則行列 P を選んで $B=P^{-1}AP$ を対角行列にできれば非常にいい．そうならなくても，B が対角行列に近い行列になればものごとは扱いやすい．

いちばん手軽にできるのは A を三角化することである．すなわち適当な正則行列 P（これはユニタリ行列にとれる）を選んで $B=P^{-1}AP$ を上（または下）三角行列にすることができる（定理 4.2.1）．

いまから考える（行列の）固有値と固有ベクトルは，上記の問題にとってもっとも重要な概念である．この章だけでなく，あとの章でもこの概念が大事な役割を演ずる．

§1　固有値・固有ベクトルの定義と基本性質

（ノート）方程式の**解**ということばは高校で使ったはずである．それはそれでいいとして，この本ではちょっと違う用語法も許容したい．すなわち $f(x)$ を変数 x の多項式とする．複素数 α が $f(\alpha)=0$ をみたすとき，α を方程式 $f(x)=0$ の**根**（こん）とも言い，また多項式 $f(x)$ の**ゼロ点**または**零点**とも言うことにする．

●固有値・固有ベクトルの定義

4.1.1【定義】 A を n 次行列，α を複素数とする．ある $\mathbf{0}$ でない n 項列ベクトル $\boldsymbol{u}$ に対して $A\boldsymbol{u}=\alpha\boldsymbol{u}$ が成りたつとき，α を行列 A の**固有値**と言い，$A\boldsymbol{u}=\alpha\boldsymbol{u}$ をみたす（$\mathbf{0}$ でない）$\boldsymbol{u}$ を，A の固有値 α に属する**固有ベクトル**と言う．

4.1.2【定義】 A を n 次行列とする．変数 x の多項式 $\det(xE-A)$ を A の

特性多項式，または**固有多項式**と言い，この本では $\Phi(A\,;x)$ と書く（E は n 次単位行列，Φ はファイと読む）．そして方程式 $\Phi(A\,;x)=0$ を A の**特性方程式**と言う．複素数 α が $\Phi(A\,;\alpha)=0$ をみたすとき，α を行列 A の**特性根**と言う．

4.1.3【**命題**】 行列 A の固有値と特性根は同じものである．

【**証明**】 α が A の固有値 $\Longleftrightarrow$ ある $\boldsymbol{u}\neq\boldsymbol{0}$ に対して $A\boldsymbol{u}=\alpha\boldsymbol{u}$ $\Longleftrightarrow$ ある $\boldsymbol{u}\neq\boldsymbol{0}$ に対して $(\alpha E-A)\boldsymbol{u}=\boldsymbol{0}$ $\Longleftrightarrow$ $\alpha E-A$ は正則でない（(定理 2.3.7 の 3) による）$\Longleftrightarrow$ $\Phi(A\,;\alpha)=\det(\alpha E-A)=0$ （定理 3.2.14）．□

ノート 1) 記号 $\Longleftrightarrow$ はこれの両側の主張が論理的に同値であることを表わす．

2) 同じものを，固有値は幾何的に，特性根は代数的に定義したのである．

3) 今後，固有値と特性根という用語を状況に応じて適宜使い分ける．

4.1.4【**例**】 3 次行列 A の固有値と固有ベクトルを求める．

1) $A=\begin{pmatrix} 6 & -3 & -7 \\ -1 & 2 & 1 \\ 5 & -3 & -6 \end{pmatrix}$.

$$\Phi(A\,;\alpha)=\det(xE-A)=\begin{vmatrix} x-6 & 3 & 7 \\ 1 & x-2 & -1 \\ -5 & 3 & x+6 \end{vmatrix}=x^3-2x^2-x+2$$

$=(x-1)(x+1)(x-2)$．固有値は $1, -1, 2$．斉次方程式系

$(A-E)\boldsymbol{x}=\boldsymbol{0}$ を解いて，固有値 1 に属する固有ベクトル $c_1\begin{pmatrix} 2 \\ 1 \\ 1 \end{pmatrix}$. 同様に

$(A+E)\boldsymbol{x}=\boldsymbol{0}$ から $c_2\begin{pmatrix} 1 \\ 0 \\ 1 \end{pmatrix}$, $(A-2E)\boldsymbol{x}=\boldsymbol{0}$ から $c_3\begin{pmatrix} 1 \\ -1 \\ 1 \end{pmatrix}$. c_1, c_2, c_3 は

任意の 0 でない数である．

2) $A=\begin{pmatrix} 1 & 2 & 1 \\ -1 & 4 & 1 \\ 2 & -4 & 0 \end{pmatrix}$. $\Phi(A\,;x)=(x-2)^2(x-1)$．$(A-2E)\boldsymbol{x}=\boldsymbol{0}$ か

らたとえば $c_1\begin{pmatrix}1\\0\\1\end{pmatrix}+c_2\begin{pmatrix}0\\1\\-2\end{pmatrix}$. $(A-E)\boldsymbol{x}=\boldsymbol{0}$ から $c_3\begin{pmatrix}1\\1\\-2\end{pmatrix}$.

3) $A=\begin{pmatrix}1 & 3 & -2\\-3 & 13 & -7\\-5 & 19 & -10\end{pmatrix}$. $\Phi(A\,;x)=(x-1)^2(x-2)$. $(A-E)\boldsymbol{x}=\boldsymbol{0}$ から $c_1\begin{pmatrix}1\\2\\3\end{pmatrix}$, $(A-2E)\boldsymbol{x}=\boldsymbol{0}$ から $c_2\begin{pmatrix}-1\\1\\2\end{pmatrix}$. この場合，固有値1は $\Phi(A\,;x)=0$ の2重根だが，1に属する固有ベクトルは（線型独立なものが）1本しかない.

4.1.5【命題】 1) n 次行列 A の特性多項式 $\Phi(A\,;x)$ は n 次多項式で，x^n の係数は1，x^{n-1} の係数は $-\mathrm{Tr}A$，定数項は $(-1)^n\det A$ である.

2) P が n 次正則行列なら $\Phi(P^{-1}AP\,;x)=\Phi(A\,;x)$.

3) $A=(a_{ij})$ が三角行列なら $\Phi(A\,;x)=(x-a_{11})(x-a_{22})\cdots(x-a_{nn})$. したがって A の固有値は対角成分 $a_{11}, a_{22}, \cdots, a_{nn}$ である.

4) A が正則なことと，0が A の固有値でないことは同値である.

5) A が対称に区分けされて $A=\begin{pmatrix}A_{11} & A_{12}\\O & A_{22}\end{pmatrix}$, または $A=\begin{pmatrix}A_{11} & O\\A_{32} & A_{22}\end{pmatrix}$ の形なら $\Phi(A\,;x)=\Phi(A_{11}\,;x)\Phi(A_{22}\,;x)$.

【証明】 1) x^n, x^{n-1} は $xE-A$ の対角成分の積 $\prod_{i=1}^{n}(x-a_{ii})$ から出てくるだけ. 定数項 $=\Phi(A\,;0)=\det(-A)=(-1)^n\det A$.

2) $\Phi(P^{-1}AP\,;x)=\det(xE-P^{-1}AP)=\det[P^{-1}(xE-A)P]$
$=\det(xE-A)$（行列式の乗法定理3.2.8による）.

3) 命題3.2.10による.

4) A が正則でない $\Longleftrightarrow$ ある $\boldsymbol{u}\neq\boldsymbol{0}$ に対して $A\boldsymbol{u}=\boldsymbol{0}=0\boldsymbol{u}$ $\Longleftrightarrow$ 0が A の固有値である.

5) 定理3.2.9による. □

4.1.6【定理】 1) 任意の正方行列は少なくともひとつの固有値をもつ.

2) もっと強く，任意の n 次行列 A は，重複もこめてちょうど n 個の特性根をもつ．すなわち A の特性多項式は

$$\Phi(A\,;\,x)=(x-\alpha_1)(x-\alpha_2)\cdots(x-\alpha_n)$$

のように1次式の積に因数分解され，$\alpha_1, \alpha_2, \cdots, \alpha_n$ は重複もこめて A の固有値のぜんぶである（同じものがあるかもしれない）.

【証明】 代数学の基本定理による．基本定理は証明が難かしいし，線型代数の定理ではないので，証明は付録にまわす（定理 B.1.1）.

4.1.7【コメント】 この定理により，行列 A の固有値は A の特性方程式 $\Phi(A\,;\,x)=0$ を解くことによって得られる．しかし実際にはこれは実行可能とは限らない．A が2次行列ならその特性方程式は2次方程式だから，よく知られた根の公式が使える．3，4次のときにも公式はあるが，手計算では実用にならないほど複雑である．5次以上の方程式には根の公式がなく，めのこで計算できる場合を除けば，機械計算によって近似的に解くしかない．そこで行列の固有値の計算法が，特性方程式を経由しない方法も含めて，いろいろ工夫されている．しかしこの本ではこれに触れることはほとんどできない．線型数値計算の本を見ていただきたい.

4.1.8【定義】 n 次行列 A の相異なる固有値の全部を $\beta_1, \beta_2, \cdots, \beta_k$ とする．β_i が A の特性方程式 $\Phi(A\,;\,x)=0$ の m_i 重根 $(1\leqq m_i\leqq n)$ のとき，m_i を A の固有値 β_i の**重複度**と言う：

$$m_1+m_2+\cdots+m_k=n,$$
$$\Phi(A\,;\,x)=(x-\beta_1)^{m_1}(x-\beta_2)^{m_2}\cdots(x-\beta_k)^{m_k}.$$

●固有値・固有ベクトルの性質

4.1.9【命題】 A を n 次行列とする.

1) A がエルミート行列 $(A^*={}^t\bar{A}=A)$ なら，その固有値はすべて実数である.

2) A が反エルミート行列 $(A^*=-A)$ なら，その固有値はすべて純虚数

または 0 である．

3)　A がユニタリ行列 $(A^*A=E)$ なら，その固有値はどれも絶対値 1 の複素数である．

【証明】 $A\boldsymbol{u}=\alpha\boldsymbol{u}$，$\boldsymbol{u}\neq\boldsymbol{0}$ とする．1) $\alpha(\boldsymbol{u}|\boldsymbol{u})=(\alpha\boldsymbol{u}|\boldsymbol{u})=(A\boldsymbol{u}|\boldsymbol{u})=(\boldsymbol{u}|A^*\boldsymbol{u})=(\boldsymbol{u}|A\boldsymbol{u})=(\boldsymbol{u}|\alpha\boldsymbol{u})=\bar{\alpha}(\boldsymbol{u}|\boldsymbol{u})$．$(\boldsymbol{u}|\boldsymbol{u})\neq 0$ だから $\alpha=\bar{\alpha}$．

2)　同様に $\alpha(\boldsymbol{u}|\boldsymbol{u})=-\bar{\alpha}(\boldsymbol{u}|\boldsymbol{u})$ から $\bar{\alpha}=-\alpha$．

3)　$\alpha\bar{\alpha}(\boldsymbol{u}|\boldsymbol{u})=(\alpha\boldsymbol{u}|\alpha\boldsymbol{u})=(A\boldsymbol{u}|A\boldsymbol{u})=(\boldsymbol{u}|\boldsymbol{u})$ から $\alpha\bar{\alpha}=1$．□

4.1.10【命題】 1)　A を n 次行列，$\beta_1, \beta_2, \cdots, \beta_k$ を A の相異なる固有値，$\boldsymbol{u}_1, \boldsymbol{u}_2, \cdots, \boldsymbol{u}_k$ をそれぞれに属する固有ベクトルとする（$\boldsymbol{0}$ は固有ベクトルとは言わないことに注意）．このとき k 個の固有ベクトル $\langle\boldsymbol{u}_1, \boldsymbol{u}_2, \cdots, \boldsymbol{u}_k\rangle$ は線型独立である．

2)　とくに A がユニタリ行列なら，$\langle\boldsymbol{u}_1, \boldsymbol{u}_2, \cdots, \boldsymbol{u}_k\rangle$ は直交系である．

【証明】 1)　背理法．$\boldsymbol{u}_1, \boldsymbol{u}_2, \cdots, \boldsymbol{u}_l$ は線型独立だが $\boldsymbol{u}_1, \boldsymbol{u}_2, \cdots, \boldsymbol{u}_{l+1}$ は線型従属だとする $(l<k)$．よって $\boldsymbol{u}_{l+1}=\sum_{i=1}^{l} c_i\boldsymbol{u}_i$ と書ける．これに β_{l+1} を掛ければ $\beta_{l+1}\boldsymbol{u}_{l+1}=\sum_{i=1}^{l} c_i\beta_{l+1}\boldsymbol{u}_i$．一方，$\beta_{l+1}\boldsymbol{u}_{l+1}=A\boldsymbol{u}_{l+1}=\sum_{i=1}^{l} c_iA\boldsymbol{u}_i=\sum_{i=1}^{l} c_i\beta_i\boldsymbol{u}_i$．したがって $\sum_{l=1}^{l} c_i(\beta_{l+1}-\beta_i)\boldsymbol{u}_i=\boldsymbol{0}$ となる．$\langle\boldsymbol{u}_1, \boldsymbol{u}_2, \cdots, \boldsymbol{u}_l\rangle$ は線型独立であり，$\beta_{l+1}\neq\beta_i$ だから $c_i=0\,(1\leqq i\leqq l)$ となって $\boldsymbol{u}_{l+1}\neq\boldsymbol{0}$ に反する．

2)　$A\boldsymbol{u}=\alpha\boldsymbol{u}$，$A\boldsymbol{v}=\beta\boldsymbol{v}$，$\alpha\neq\beta$，$\boldsymbol{u}\neq\boldsymbol{0}$，$\boldsymbol{v}\neq\boldsymbol{0}$ とする．$A^*\boldsymbol{v}=A^{-1}\boldsymbol{v}=\beta^{-1}\boldsymbol{v}$ $(|\beta|=1$ に注意) だから，$\alpha(\boldsymbol{u}|\boldsymbol{v})=(\alpha\boldsymbol{u}|\boldsymbol{v})=(A\boldsymbol{u}|\boldsymbol{v})=(\boldsymbol{u}|A^*\boldsymbol{v})=(\boldsymbol{u}|\beta^{-1}\boldsymbol{v})=(\boldsymbol{u}|\bar{\beta}\boldsymbol{v})=\beta(\boldsymbol{u}|\boldsymbol{v})$ となって $(\boldsymbol{u}|\boldsymbol{v})=0$．□

§1 の問題

問題 1　つぎの行列 A の特性方程式，固有値，固有ベクトルを求めよ．

1) $\begin{pmatrix} 5 & -2 & 4 \\ 2 & 0 & 2 \\ -2 & 1 & -1 \end{pmatrix}$　2) $\begin{pmatrix} 0 & 1 & 0 \\ 0 & 0 & 1 \\ -6 & -1 & 4 \end{pmatrix}$　3) $\begin{pmatrix} -1 & 0 & 2 \\ -1 & 1 & 1 \\ -1 & 0 & 2 \end{pmatrix}$

4) $\begin{pmatrix} 3 & -3 & -1 \\ 3 & -4 & -2 \\ -4 & 7 & 4 \end{pmatrix}$

問題 2　任意の (m, n) 型行列 A に対し，A^*A（n 次行列）および AA^*（m 次行列）の固有値は 0 または正の実数であることを示せ．

問題 3　α と β を正方行列 A の異なる固有値，$\boldsymbol{u}$ と $\boldsymbol{v}$ をそれぞれ α と β に属する固有ベクトルとする．［参考：もし A がユニタリなら命題 4.1.10 の 2）によって $\boldsymbol{u}$ と $\boldsymbol{v}$ は直交する．すなわち $(\boldsymbol{u}|\boldsymbol{v})=0$.］

1）A がエルミート行列なら $\boldsymbol{u}$ と $\boldsymbol{v}$ は直交することを示せ．

2）A が反エルミート行列のときはどうか．

§2　行列の三角化と対角化

●行列の三角化

4.2.1【定理】　任意の正方行列はユニタリ行列によって三角化される．すなわち任意の n 次行列 A に対し，適当なユニタリ行列 U を選ぶと，$B=U^{-1}AU=U^*AU$ は上三角行列になる．B の対角線上には A の固有値が並び，その順序は好きなようにできる．とくに A が実行列でその固有値がすべて実数なら，U は直交行列にとれる．

【証明】　n に関する帰納法による．$n=1$ なら明きらか．$n-1$ 次行列に対しては定理が成りたつと仮定する．定理 4.1.6 によって存在が保証される A のひとつの固有値 α_1 と，α_1 に属する長さ 1 の固有ベクトル $\boldsymbol{u}_1$ をとる．第 2 章末の問題 2 により，$\boldsymbol{u}_1$ を第 1 列とするユニタリ行列 U をとり，$B=U^{-1}AU$ と置く．n 項の第 1 単位ベクトルを $\boldsymbol{e}_1$ と書くと，B の第 1 列 $=B\boldsymbol{e}_1=U^{-1}AU\boldsymbol{e}_1=U^{-1}A\boldsymbol{u}_1=U^{-1}\alpha_1\boldsymbol{u}_1=\alpha_1U^{-1}\boldsymbol{u}_1=\alpha_1\boldsymbol{e}_1$ となるから，B は $B=\begin{pmatrix} \alpha_1 & {}^t\boldsymbol{c} \\ \boldsymbol{0} & B_1 \end{pmatrix}$ と対称に区分けされる．命題 4.1.5 の 5）により，B_1 の特性根は B の特性根から α_1 をひとつ減らしたものである．

帰納法の仮定により，ある $n-1$ 次ユニタリ行列 V_1 をとると，$V_1^{-1}B_1V_1$ は上三角行列である．ここで $V=\begin{pmatrix} 1 & {}^t\boldsymbol{0} \\ \boldsymbol{0} & V_1 \end{pmatrix}$, $W=UV$ と置くと，V も W もユニタ

りであり，$W^{-1}AW=V^{-1}U^{-1}AUV=V^{-1}BV=\begin{pmatrix}1 & {}^t\mathbf{0}\\ \mathbf{0} & V_1{}^{-1}\end{pmatrix}\begin{pmatrix}\alpha_1 & {}^t\boldsymbol{c}\\ \mathbf{0} & B_1\end{pmatrix}\begin{pmatrix}1 & {}^t\mathbf{0}\\ \mathbf{0} & V_1\end{pmatrix}$
$=\begin{pmatrix}\alpha_1 & {}^t\boldsymbol{c}\\ \mathbf{0} & V_1{}^{-1}B_1\end{pmatrix}\begin{pmatrix}1 & {}^t\mathbf{0}\\ \mathbf{0} & V_1\end{pmatrix}=\begin{pmatrix}\alpha_1 & {}^t\boldsymbol{c}V_1\\ \mathbf{0} & V_1{}^{-1}B_1V_1\end{pmatrix}$となり，これは上三角行列である．その対角成分が A の固有値のぜんぶであることは命題 4.1.5 の 2）および 5）による．□

（ノート）この定理はユニタリ行列による三角化がつねに可能だという強い定理である．しかし後の命題 4.2.3 等でわかるように，必ずしもユニタリでない正則行列による三角化でも役にたつことは多い．

4.2.2【例】 $A=\begin{pmatrix}-9 & 6 & -4\\ -14 & 11 & -8\\ -1 & 3 & -3\end{pmatrix}$を**正則**行列によって三角化する．

定理 4.2.1 の証明の道筋どおりにやると，つぎのようになる．
$\Phi(A\,;x)=x^3+x^2-x-1=(x-1)(x+1)^2$．$A\boldsymbol{x}=\boldsymbol{x}$ を解いて，固有値 1 に属する固有ベクトル $\boldsymbol{p}_1=\begin{pmatrix}1\\3\\2\end{pmatrix}$を得る（スカラー倍は自由）．$\boldsymbol{p}_1$ を第 1 列にもつ正則行列として $P=\begin{pmatrix}1 & 0 & 0\\ 3 & 1 & 0\\ 2 & 0 & 1\end{pmatrix}$をとると $P^{-1}=\begin{pmatrix}1 & 0 & 0\\ -3 & 1 & 0\\ -2 & 0 & 1\end{pmatrix}$,

$B=P^{-1}AP=\begin{pmatrix}1 & 6 & -4\\ 0 & -7 & 4\\ 0 & -9 & 5\end{pmatrix}$．$B_1=\begin{pmatrix}-7 & 4\\ -9 & 5\end{pmatrix}$の唯一つの固有値 -1 に属する固有ベクトルとして$\begin{pmatrix}2\\3\end{pmatrix}$が得られる．$Q_1=\begin{pmatrix}2 & 0\\ 3 & 1\end{pmatrix}$とすれば

$Q_1{}^{-1}=\frac{1}{2}\begin{pmatrix}1 & 0\\ -3 & 2\end{pmatrix}$，$Q_1{}^{-1}B_1Q_1=\begin{pmatrix}-1 & 2\\ 0 & -1\end{pmatrix}$．$Q=\begin{pmatrix}1 & {}^t\mathbf{0}\\ \mathbf{0} & Q_1\end{pmatrix}$と置き，

$R=PQ=\begin{pmatrix}1 & 0 & 0\\ 3 & 2 & 0\\ 2 & 3 & 1\end{pmatrix}$とすれば，$R^{-1}AR=Q^{-1}BQ=\begin{pmatrix}1 & 0 & -4\\ 0 & -1 & 2\\ 0 & 0 & -1\end{pmatrix}$．

4.2.3【命題】 1)　n 次行列 A の特性根が重複もこめて $\alpha_1, \alpha_2, \cdots, \alpha_n$ なら，A^p の特性根は $\alpha_1{}^p, \alpha_2{}^p, \cdots, \alpha_n{}^p$ である．（p は 0 または自然数）．もし A が正則なら p は負の整数でもいい．

2)　A がべきれいであるためには，その特性根がすべて 0 であることが必要十分である．

3)　A がべきれいなら $A^n = O$．

【証明】 1)　正則行列 P によって A を上三角化し，$B = P^{-1}AP$ とすれば，B の対角線には $\alpha_1, \alpha_2, \cdots, \alpha_n$ が並ぶから，B^p の対角線には $\alpha_1{}^p, \alpha_2{}^p, \cdots, \alpha_n{}^p$ が並ぶ（これはすぐわかる；正確には帰納法による）．命題 4.1.5 の 2）と 3）によって主張が成りたつ．

2）と 3）は一緒に証明する．つぎの（A）と（B）を示せばいい：

(A)　A がベキ零ならその特性根はすべて 0 である．

(B)　A の特性根がすべて 0 なら $A^n = O$（n は A の次数）．

(A)　$A^p = O$ とする（p は自然数）．1）により，A の特性根が $\alpha_1, \alpha_2, \cdots, \alpha_n$ なら A^p の特性根は $\alpha_1{}^p, \alpha_2{}^p, \cdots, \alpha_n{}^p$ であり，$A^p = O$ だから $\alpha_1 = \alpha_2 = \cdots = \alpha_n = 0$．

(B)　n に関する帰納法．正則行列 P によって A を上三角化して $B = P^{-1}AP$ とすると，命題 4.1.5 の 2）によって B の特性根もすべて 0 だから，$B = \begin{pmatrix} 0 & * \\ \mathbf{0} & B_1 \end{pmatrix}$ の形に対称に区分けされる．命題 4.1.5 の 5）によって B_1 の特性根はすべて 0 だから，帰納法の仮定によって $B_1{}^{n-1} = O$ であり，$B^{n-1} = \begin{pmatrix} 0 & * \\ \mathbf{0} & B_1{}^{n-1} \end{pmatrix} = \begin{pmatrix} 0 & * \\ \mathbf{0} & O \end{pmatrix}$．

$B^n = \begin{pmatrix} 0 & * \\ \mathbf{0} & B_1 \end{pmatrix}\begin{pmatrix} 0 & * \\ \mathbf{0} & O \end{pmatrix} = O$ となり，$A^n = PB^nP^{-1} = O$．□

●正規行列の対角化

2 章の定義 2.5.13 で正規行列という概念を定義した．すなわち正方行列 A が正規行列とは，$AA^* = A^*A$ が成りたつことだった．これに関してつぎの重要な定理が成りたつ．

4.2.4【定理】 正規行列はユニタリ行列によって対角化される．すなわちあるユニタリ行列 U を選ぶと，$B=U^{-1}AU=U^*AU$ は対角行列になる．

逆にユニタリ行列によって対角化される行列は正規行列である．

【証明】 1° A を正規行列とする．定理 4.2.1 により，あるユニタリ行列 U を選ぶと，$B=U^{-1}AU=U^*AU$ は上三角行列になる．B は正規行列でもある．実際，$BB^*=(U^{-1}AU)(U^*A^*U)=U^{-1}A(UU^*)A^*U$ $=U^{-1}(AA^*)U=U^{-1}(A^*A)U=(U^*A^*U)(U^{-1}AU)=B^*B$．第 2 章末の問題 6 によって B は対角行列でなければならない．

2° U がユニタリ行列で $B=U^{-1}AU$ が対角行列とする．$A=UBU^{-1}$，$A^*=U\bar{B}U^*$，$AA^*=UB\bar{B}U^*=U\bar{B}BU^{-1}=(U\bar{B}U^{-1})(UBU^{-1})=A^*A$．□

4.2.5【定理】 とくにエルミート行列，反エルミート行列，ユニタリ行列はユニタリ行列によって対角化される．なかでも，実対称行列は直交行列によって対角化される．

【証明】 簡単にわかるように，これら三種類の行列はどれも正規行列である．実対称行列については命題 4.1.9 の 1）および定理 4.2.1 の最後による．□

4.2.6【例】 エルミート行列 $A=\begin{pmatrix} 0 & i & 1 \\ -i & 0 & i \\ 1 & -i & 0 \end{pmatrix}$ をユニタリ行列によって対角化する（i は虚数単位）．$\Phi(A\,;x)=(x-1)^2(x+2)$．固有値 1 に対して $A\boldsymbol{x}=\boldsymbol{x}$ を解き，2 本の正規直交系として（たとえば）$\boldsymbol{u}_1=\begin{pmatrix} 1/\sqrt{2} \\ 0 \\ 1/\sqrt{2} \end{pmatrix}$，$\boldsymbol{u}_2=\begin{pmatrix} -1/\sqrt{6} \\ 2i/\sqrt{6} \\ 1/\sqrt{6} \end{pmatrix}$ を得る．固有値 -2 に対して $A\boldsymbol{x}=-2\boldsymbol{x}$ を解いて（長さ 1 の）$\boldsymbol{u}_3=\begin{pmatrix} 1/\sqrt{3} \\ i/\sqrt{3} \\ -1\sqrt{3} \end{pmatrix}$ を得る．$U=(\boldsymbol{u}_1\ \boldsymbol{u}_2\ \boldsymbol{u}_3)=\begin{pmatrix} 1/\sqrt{2} & -1/\sqrt{6} & 1/\sqrt{3} \\ 0 & 2i/\sqrt{6} & i/\sqrt{3} \\ 1/\sqrt{2} & 1/\sqrt{6} & -1/\sqrt{3} \end{pmatrix}$

とすれば，$U^{-1}AU=\begin{pmatrix}1&0&0\\0&1&0\\0&0&-2\end{pmatrix}$.

●与えられた行列の対角化可能性と計算

行列の三角化は必ずできたが，対角化はいつもできるとは限らない．どういう行列が対角化可能かを知るのは大事なことである．

4.2.7【定理】 n 次正方行列 A が正則行列によって対角化されることと，A がつぎの条件をみたすこととは同値である．：A の各固有値 α について，特性方程式の根としての重複度の数だけ，α に属する線型独立な固有ベクトルが存在する．

【証明】 1° A が対角化可能で $B=P^{-1}AP=\begin{pmatrix}\alpha_1&&&\\&\alpha_2&&\\&&\ddots&\\&&&\alpha_n\end{pmatrix}$ とする．P は正則行列である．$\Phi(A\,;x)=\Phi(B\,;x)=(x-\alpha_1)(x-\alpha_2)\cdots(x-\alpha_n)$ である．$P=(\boldsymbol{p}_1\ \boldsymbol{p}_2\ \cdots\ \boldsymbol{p}_n)$ とする．$A\boldsymbol{p}_j=AP\boldsymbol{e}_j=PB\boldsymbol{e}_j=P\alpha_j\boldsymbol{e}_j=\alpha_jP\boldsymbol{e}_j=\alpha_j\boldsymbol{p}_j$，すなわち $\boldsymbol{p}_j$ は α_j に属する固有ベクトルである．もしたとえば α_1 が k 重根で $\alpha_1=\alpha_2=\cdots=\alpha_k$ なら，ベクトル $\boldsymbol{p}_1,\boldsymbol{p}_2,\cdots,\boldsymbol{p}_k$ は α_1 に属する k 個の線型独立な固有ベクトルである（定理 2.3.7 の 4)）．

2° 逆に条件がみたされているとき，各固有値に属する線型独立な固有ベクトルを，その固有値の特性根としての重複度の数だけとると，それらは全部で n 個ある．それらを全部並べた行列を $P=(\boldsymbol{p}_1\ \boldsymbol{p}_2\ \cdots\ \boldsymbol{p}_n)$ とすると，命題 4.1.10 によって $\langle\boldsymbol{p}_1,\boldsymbol{p}_2,\cdots,\boldsymbol{p}_n\rangle$ は線型独立であり，定理 2.3.7 の 4) によって P は正則で，$B=P^{-1}AP$ は対角行列である．実際 $A\boldsymbol{p}_j=\alpha_j\boldsymbol{p}_j$ として，B の第 j 列$=B\boldsymbol{e}_j=P^{-1}AP\boldsymbol{e}_j=P^{-1}A\boldsymbol{p}_j=\alpha_jP^{-1}\boldsymbol{p}_j=\alpha_j\boldsymbol{e}_j$ となる．□

4.2.8【例】 1) 例 4.2.2 で $A=\begin{pmatrix}-9&6&-4\\-14&11&-8\\-1&3&-3\end{pmatrix}$ を三角化した．対角化で

きるだろうか．$\Phi(A\,;x)=(x-1)(x+1)^2$ だから，固有値 $\alpha=-1$ は2重根である．$A\boldsymbol{x}=-\boldsymbol{x}$ を解くと，固有ベクトルは $\begin{pmatrix}0\\2\\3\end{pmatrix}$ のスカラー倍しかない．したがって A は対角化できない．

2)　$A=\begin{pmatrix}1&2&1\\-1&4&1\\2&-4&0\end{pmatrix}$ (例 4.1.4 の 2) と同じ行列)．

$\Phi(A\,;x)=(x-2)^2(x-1)$．$A\boldsymbol{x}=2\boldsymbol{x}$ には線型独立なふたつの解，たとえば $\boldsymbol{p}_1=\begin{pmatrix}1\\0\\1\end{pmatrix}$，$\boldsymbol{p}_2=\begin{pmatrix}0\\1\\-2\end{pmatrix}$ があるから対角化できる．$A\boldsymbol{x}=\boldsymbol{x}$ の解ベクトル $\boldsymbol{p}_3=\begin{pmatrix}1\\1\\-2\end{pmatrix}$ と合わせて $P=\begin{pmatrix}1&0&1\\0&1&1\\1&-2&-2\end{pmatrix}$ とすれば

$$P^{-1}AP=\begin{pmatrix}2&&\\&2&\\&&1\end{pmatrix}$$ (空白はゼロ)．

4.2.9【定理】 n 次行列 A の n 個の特性根がすべて単根なら，A は対角化できる．

【証明】 定理 4.2.7 の特別な場合である．□

§2の問題

問題 1　つぎの行列 A が正規行列であることを確かめ，ユニタリ行列によって対角化せよ．

1) $\begin{pmatrix}0&-1&-2\\1&0&-2\\2&2&0\end{pmatrix}$　2) $\begin{pmatrix}2-i&0&i\\0&1+i&0\\i&0&2-i\end{pmatrix}$　3) $\begin{pmatrix}1&\omega&\omega^2\\\omega^2&1&\omega\\\omega&\omega^2&1\end{pmatrix}$

(ただし $\omega=-\dfrac{1}{2}+i\dfrac{\sqrt{3}}{2}$ は1の3乗根，i は虚数単位)

問題 2　つぎの行列 A は対角化可能か．可能なら対角化せよ．

1) $\begin{pmatrix} -4 & 0 & 0 & 3 \\ 3 & -1 & 0 & -3 \\ 0 & 0 & -1 & 0 \\ -6 & 0 & 0 & 5 \end{pmatrix}$　　2) $\begin{pmatrix} -1 & 2 & 2 \\ 3 & -1 & -4 \\ -2 & 2 & 3 \end{pmatrix}$

3) $\begin{pmatrix} -1 & -1 & -1 & -2 \\ 1 & 1 & 1 & 0 \\ 2 & 1 & 2 & 2 \\ 1 & 1 & 0 & 3 \end{pmatrix}$　　4) $\begin{pmatrix} 0 & 0 & 0 & 1 \\ -2 & 0 & -2 & 0 \\ 3 & 1 & 3 & -1 \\ -2 & 0 & 0 & 3 \end{pmatrix}$

§3　$\boldsymbol{C}^n$ の部分線型空間，とくに固有空間．対角化可能の条件

●部分線型空間

一般論からはじめる．命題2.4.11のあとのノートで，$\boldsymbol{C}^n$ の部分線型空間という概念を定義した．定義をあらためて書いておく．

4.3.1【定義】　$\boldsymbol{C}^n$ の部分集合 $\boldsymbol{W}$ がつぎの三つの性質をもつとき，$\boldsymbol{W}$ を $\boldsymbol{C}^n$ の**部分線型空間**，略して**部分空間**と言う：

1)　$\boldsymbol{0} \in \boldsymbol{W}$．したがって $\boldsymbol{W} \neq \emptyset$．

2)　$\boldsymbol{x}$，$\boldsymbol{y} \in \boldsymbol{W}$ なら $\boldsymbol{x}+\boldsymbol{y} \in \boldsymbol{W}$．

3)　$\boldsymbol{x} \in \boldsymbol{W}$，$c \in \boldsymbol{C}$ なら $c\boldsymbol{x} \in \boldsymbol{W}$．

4.3.2【例】　1)　$\boldsymbol{C}^n$ 自身も $\{\boldsymbol{0}\}$ も $\boldsymbol{C}^n$ の部分空間である．これらを**自明**な部分空間と言う．

2)　A を (m, n) 型行列とする．命題2.4.11により，斉次1次方程式系 $A\boldsymbol{x}=\boldsymbol{0}$ の解ぜんぶの集合は $\boldsymbol{C}^n$ の部分空間である．

4.3.3【定義】　$\boldsymbol{W}$ を $\boldsymbol{C}^n$ の部分線型空間とする．$\boldsymbol{W}$ の元の有限列 $\mathscr{E}=\langle \boldsymbol{u}_1, \boldsymbol{u}_2, \cdots, \boldsymbol{u}_k \rangle$ が $\boldsymbol{W}$ の**基底**（basis または base）であるとは，つぎのふたつの条件がみたされることである：

1)　$\mathscr{E}=\langle \boldsymbol{u}_1, \boldsymbol{u}_2, \cdots, \boldsymbol{u}_k \rangle$ は線型独立である．

2)　$\boldsymbol{W}$ の任意の元は $\mathscr{E}$ の元たちの線型結合として書ける.

たとえば n 個の単位ベクトル $\langle \boldsymbol{e}_1, \boldsymbol{e}_2, \cdots, \boldsymbol{e}_n \rangle$ は $\boldsymbol{C}^n$ の基底である.

4.3.4【命題】　$\boldsymbol{C}^n$ の $\{\boldsymbol{0}\}$ 以外の任意の部分空間 $\boldsymbol{W}$ に基底が存在する.

【証明】　$\boldsymbol{W}$ の $\boldsymbol{0}$ でない元 $\boldsymbol{u}_1$ をとる. $\langle \boldsymbol{u}_1 \rangle$ が基底なら終わり. $\boldsymbol{u}_1$ のスカラー倍でない $\boldsymbol{W}$ の元があったら, そのひとつを $\boldsymbol{u}_2$ とする. $\langle \boldsymbol{u}_1, \boldsymbol{u}_2 \rangle$ は線型独立である. これがまだ基底でなければ, $\boldsymbol{u}_1$ と $\boldsymbol{u}_2$ の線型結合でない $\boldsymbol{u}_3$ をとると, 命題2.1.2によって $\langle \boldsymbol{u}_1, \boldsymbol{u}_2, \boldsymbol{u}_3 \rangle$ は線型独立である. この操作をできるかぎり続けるのだが, これは限りなくは続かない. 実際, 命題2.4.15により, $n<l$ なら $\boldsymbol{W}$ の l 個の元は線型従属である. したがって上の操作はある $k(k \leqq n)$ で終わり, $\langle \boldsymbol{u}_1, \boldsymbol{u}_2, \cdots, \boldsymbol{u}_k \rangle$ は $\boldsymbol{W}$ の基底となる. □

4.3.5【定理】　$\boldsymbol{W}$ の任意の基底は同数のベクトルから成る.

【証明】　たくさんある基底のうち, それを構成するベクトルの数のもっとも少ないものをひとつとって $\mathscr{E} = \langle \boldsymbol{u}_1, \boldsymbol{u}_2, \cdots, \boldsymbol{u}_k \rangle$ とする. $l>k$ なる任意の l に対し, $\boldsymbol{W}$ の任意の l 個の元が線型従属であることを示せばいい. l 個の元を $\boldsymbol{v}_1, \boldsymbol{v}_2, \cdots, \boldsymbol{v}_l$ とする. $\mathscr{E}$ が基底だという仮定によって $\boldsymbol{v}_j = \sum_{i=1}^{k} a_{ij} \boldsymbol{u}_i \ (1 \leqq j \leqq l)$ と書ける. 線型関係 $\sum_{j=1}^{l} x_j \boldsymbol{v}_j = \boldsymbol{0}$ を考える.

$$\boldsymbol{0} = \sum_{j=1}^{l} x_j \boldsymbol{v}_j = \sum_{j=1}^{l} x_j \left(\sum_{i=1}^{k} a_{ij} \boldsymbol{u}_i \right) = \sum_{i=1}^{k} \left(\sum_{j=1}^{l} a_{ij} x_j \right) \boldsymbol{u}_i.$$

$\boldsymbol{u}_i$ たちは線型独立だから,

$$\sum_{j=1}^{l} a_{ij} x_j = 0 \quad (1 \leqq i \leqq k). \qquad (*)$$

これを $x_1, x_2, \cdots, x_l$ に関する斉次1次方程式系と思うと, $k<l$ だから, 命題2.4.14によって (*) は自明でない解 $c_1, c_2, \cdots, c_l$ をもつ. $\sum_{j=1}^{l} c_j \boldsymbol{v}_j = \boldsymbol{0}$ だから $\boldsymbol{v}_1, \boldsymbol{v}_2, \cdots, \boldsymbol{v}_l$ は線型従属である. □

4.3.6【定義】　$\boldsymbol{V}$ を $\boldsymbol{C}^n$ の部分線型空間で, $\{\boldsymbol{0}\}$ でないものとする. $\boldsymbol{V}$ の任

意の基底の含むベクトルの数を $\boldsymbol{V}$ の**次元**（dimension）と言い，$\dim \boldsymbol{V}$ と書く．$\dim\{\mathbf{0}\}=0$ と約束する．

4.3.7【例】 1）当然 $\dim \boldsymbol{C}^n=n$．$\boldsymbol{C}^n$ の部分集合 $\boldsymbol{V}_k\,(1 \leqq k \leqq n)$ を

$$\boldsymbol{V}_k=\left\{\begin{pmatrix} x_1 \\ \vdots \\ x_k \\ 0 \\ \vdots \\ 0 \end{pmatrix};\ x_i \in \boldsymbol{C}\,(1 \leqq i \leqq k)\right\}$$

として定めると，$\boldsymbol{V}_k$ は $\boldsymbol{C}^n$ の k 次元部分空間である．実際，$\langle \boldsymbol{e}_1, \boldsymbol{e}_2, \cdots, \boldsymbol{e}_k \rangle$ は $\boldsymbol{V}_k$ の基底である．$\boldsymbol{V}_k$ と $\boldsymbol{C}^k$ は実質同じものである．あとで同型という一般的概念を定義する．

2）A を (m, n) 型行列で階数が r なるものとする．このとき斉次 1 次方程式系 $A\boldsymbol{x}=\mathbf{0}$ の解ぜんぶの集合は，$\boldsymbol{C}^n$ の $n-r$ 次元の部分空間である．実際，定理 2.4.12 はこのことの内容を表わしている．

●固有空間

4.3.8【命題と定義】 A を n 次正方行列，α を A のひとつの固有値とする．α に属する A の固有ベクトルの全部に $\mathbf{0}$ を追加した集合 $\boldsymbol{V}(\alpha)$ は $\boldsymbol{C}^n$ の部分線型空間である．これを行列 A の固有値 α に属する**固有空間**と言う．

【証明】 部分空間の三条件を調べる．まず定義によって $\mathbf{0} \in \boldsymbol{V}(\alpha)$．$\boldsymbol{x}$，$\boldsymbol{y} \in \boldsymbol{V}$ なら $A\boldsymbol{x}=\alpha\boldsymbol{x}$，$A\boldsymbol{y}=\alpha\boldsymbol{y}$ だから $A(\boldsymbol{x}+\boldsymbol{y})=A\boldsymbol{x}+A\boldsymbol{y}=\alpha(\boldsymbol{x}+\boldsymbol{y})$，したがって $\boldsymbol{x}+\boldsymbol{y} \in \boldsymbol{V}(\alpha)$．$\boldsymbol{x} \in \boldsymbol{V}(\alpha)$，$c \in \boldsymbol{C}$ なら $A(c\boldsymbol{x})=c(A\boldsymbol{x})=\alpha(c\boldsymbol{x})$ だから $c\boldsymbol{x} \in \boldsymbol{V}(\alpha)$．□

4.3.9【命題】 α と β が行列 A の相異なる固有値なら $\boldsymbol{V}(\alpha) \cap \boldsymbol{V}(\beta)=\{\mathbf{0}\}$．

【証明】 $\boldsymbol{x} \in \boldsymbol{V}(\alpha) \cap \boldsymbol{V}(\beta)$ なら $A\boldsymbol{x}=\alpha\boldsymbol{x}=\beta\boldsymbol{x}$，$(\alpha-\beta)\boldsymbol{x}=\mathbf{0}$ だから $\boldsymbol{x}=\mathbf{0}$．□

α が n 次行列 A の固有値のとき，定義 4.1.8 で α の重複度というものを定

義した．表現を少し変えてみる：α の重複度を $m(1 \leqq m \leqq n)$ とすると，A の特性多項式 $\Phi(A\,;x)$ は $(x-\alpha)^m$ で割りきれるが，$(x-\alpha)^{m+1}$ では割りきれない．これについてつぎの命題が成りたつ．

4.3.10【命題】 α を行列 A の固有値，m を α の重複度，$\boldsymbol{V}(\alpha)$ を α に属する固有空間とすると，$\dim \boldsymbol{V}(\alpha) \leqq m$ が成りたつ．

【証明】 $\dim \boldsymbol{V}(\alpha)$ を d と書く．$\boldsymbol{V}(\alpha)$ の基底 $\mathcal{R}=\langle \boldsymbol{p}_1, \boldsymbol{p}_2, \cdots, \boldsymbol{p}_d \rangle$ を延長した $\boldsymbol{C}^n$ の基底 $\mathcal{S}=\langle \boldsymbol{p}_1, \boldsymbol{p}_2, \cdots, \boldsymbol{p}_n \rangle$ をとり，$P=(\boldsymbol{p}_1\ \boldsymbol{p}_2\ \cdots\ \boldsymbol{p}_n)$ と置く．$1 \leqq j \leqq d$ なる j に対し，（$\boldsymbol{e}_j$ は第 j 単位ベクトルとして）

$$P^{-1}AP \text{ の第 } j \text{ 列} = P^{-1}AP\boldsymbol{e}_j = P^{-1}A\boldsymbol{p}_j = P^{-1}\alpha\boldsymbol{p}_j = \alpha P^{-1}\boldsymbol{p}_j = \alpha\boldsymbol{e}_j.$$

よって $P^{-1}AP=\begin{pmatrix} \alpha E_d & * \\ O & B \end{pmatrix}$ の形である．

$xE_n - P^{-1}AP=\begin{pmatrix} (x-\alpha)E_d & * \\ O & xE_{n-d}-B \end{pmatrix}$．命題 4.1.5 の 2）により，

$$\begin{aligned} \Phi(A\,;x) &= \Phi(P^{-1}AP\,;x) = \det(xE_n - P^{-1}AP) \\ &= \det[(x-\alpha)E_d]\cdot\det(xE_{n-d}-B) \\ &= (x-\alpha)^d\cdot\det(xE_{n-d}-B). \end{aligned}$$

したがって $\Phi(A\,;x)$ は $(x-\alpha)^d$ で割りきれ，$d \leqq m$ となる．□

（ノート） 1） ここで等号 $\dim \boldsymbol{V}(\alpha)=m$ がなりたつかどうかが行列の対角化可能性のかぎとなる．

2） 上の証明で，$\boldsymbol{V}(\alpha)$ の基底 $\mathcal{R}$ を延長して $\boldsymbol{C}^n$ の基底 $\mathcal{S}$ を作ることを無断で使ったが，これはつぎのようにすればよい．もし $\mathcal{R}$ の線型結合として表わされない $\boldsymbol{C}^n$ の元がなければ $d=n$，$\boldsymbol{V}(\alpha)=\boldsymbol{C}^n$ で終わり．もしあれば，そのような $\boldsymbol{p}_{d+1}$ をとって $\mathcal{R}_1=\langle \boldsymbol{p}_1, \cdots, \boldsymbol{p}_d,\ \boldsymbol{p}_{d+1} \rangle$ とする．もし $\mathcal{R}_1$ の線型結合でない元がなければこれで終わり．もしあれば，そのような $\boldsymbol{p}_{d+2}$ をとって $\mathcal{R}_2=\langle \mathcal{R}_1,\ \boldsymbol{p}_{d+2} \rangle$ とする．この操作を続ければよい．抽象的な線型空間での基底の延長定理は命題 6.2.11 をみよ．

●行列の対角化可能性

この問題について，われわれはすでにつぎの定理をもっている：

定理 4.2.7 n 次正方行列 A が正則行列によって対角化されることと，A

がつぎの条件をみたすこととは同値である：A の各固有値 α について，特性方程式の根としての重複度の数だけ，α に属する線型独立な固有ベクトルが存在する．

この定理を，そのあと導入された概念を使って書きなおそう．

n 次行列 A の相異なる固有値の全部を $\beta_1, \beta_2, \cdots, \beta_k$ とし，それぞれの重複度を $m_1, m_2, \cdots, m_k$ とする：

$$m_1 + m_2 + \cdots + m_k = n,$$
$$\Phi(A\,;\,x) = (x-\beta_1)^{m_1}(x-\beta_2)^{m_2}\cdots(x-\beta_k)^{m_k}.$$

また，各固有値 β_i に属する固有空間を $V(\beta_i)$ とする．命題 4.3.10 で見たように，一般には $\dim \boldsymbol{V}(\beta_i) \leqq m_i$ であり，必ずしも等号は成立しない．定理 4.2.7 はつぎのことを言っている：

4.3.11【定理】 上の記号で A が（正則行列によって）対角化可能であるためには，

$$\dim \boldsymbol{V}(\beta_i) = m_i \quad (1 \leqq i \leqq k)$$

が成りたつことが必要十分である．

証明は固有空間，基底，次元の定義から明らかである．□

これはつぎのようにも表現できる：

4.3.12【定理】 引きつづき上の記号で A が対角化可能であるためには

$$\sum_{i=1}^{k} \dim \boldsymbol{V}(\beta_i) = n$$

が成りたつことが必要十分である．

【証明】 実際，一般には $\sum_{i=1}^{k} \dim \boldsymbol{V}(\beta_i) \leqq \sum_{i=1}^{k} m_i = n$ だから，ここで等号が成りたつためには，各 i に対して $\dim \boldsymbol{V}(\beta_i) = m_i$ が成りたつことが必要十分である．□

つぎの定理はもっと早く出すべきだった．しかし締めくくりとしては適当な定理だろう.

4.3.13【定理】 n 次行列 A が対角化可能であるためには，A の固有ベクトルから成る $\boldsymbol{C}^n$ の基底が存在することが必要十分である.

【証明】 もし A が対角化可能なら，ある正則行列 P を選ぶと，$P^{-1}AP=B=\begin{pmatrix} \alpha_1 & & & \\ & \alpha_1 & & \\ & & \ddots & \\ & & & \alpha_n \end{pmatrix}=(\alpha_1\boldsymbol{e}_1\ \alpha_2\boldsymbol{e}_2\ \cdots\ \alpha_n\boldsymbol{e}_n)$ となる. $P=(\boldsymbol{p}_1\ \boldsymbol{p}_2\ \cdots\ \boldsymbol{p}_n)$ と書くと，$A\boldsymbol{p}_j=PBP^{-1}\boldsymbol{p}_j=PB\boldsymbol{e}_j=P\alpha_j\boldsymbol{e}_j=\alpha_j\boldsymbol{p}_j$ となるから，$\boldsymbol{p}_j(1\leqq j\leqq n)$ は A の固有ベクトルであり，定理 2.3.7 の 4) によって $\langle\boldsymbol{p}_1,\boldsymbol{p}_2,\cdots,\boldsymbol{p}_n\rangle$ は $\boldsymbol{C}^n$ の基底である.

逆に固有ベクトルから成る $\boldsymbol{C}^n$ の基底 $\langle\boldsymbol{p}_1,\boldsymbol{p}_2,\cdots,\boldsymbol{p}_n\rangle$ があるとして，$A\boldsymbol{p}_j=\alpha_j\boldsymbol{p}_j(1\leqq j\leqq n)$ とする. 定理 2.3.7 の 4) によって $P=(\boldsymbol{p}_1\ \boldsymbol{p}_2\ \cdots\ \boldsymbol{p}_n)$ は正則で，$1\leqq j\leqq n$ に対して

$$P^{-1}AP\text{の第 } j \text{ 列}=P^{-1}AP\boldsymbol{e}_j=P^{-1}A\boldsymbol{p}_j=P^{-1}\alpha_j\boldsymbol{p}_j=\alpha_jP^{-1}\boldsymbol{p}_j=\alpha_j\boldsymbol{e}_j$$

となるから $P^{-1}AP$ は対角行列である. □

●対角化の応用

4.3.14【コメント】 A が n 次正方行列のとき，その累乗 A^p というものを定義した（定義 1.1.8 および命題 1.2.10）. p は 0 または自然数 $(A^0=E)$，A が正則なら p は負の整数でもよかった $(A^{-p}=(A^{-1})^p)$.

しかし A が特別な形でないと，A^p を計算するのはやさしくない. 一方，$A=(a_{ij})$ が対角行列なら，すぐ分かるように

$$A^p=\begin{pmatrix} {a_{11}}^p & & & \\ & {a_{22}}^p & & \\ & & \ddots & \\ & & & {a_{nn}}^p \end{pmatrix}$$

である. だからもし A が対角化可能なら，A を正則行列 P によって対角化することにより，A^p が計算されるはずである. 実際このとき，A のすべての固有

値を(重複もこめて) $\alpha_1, \alpha_2, \cdots, \alpha_n$ とすると，$B=P^{-1}AP=\begin{pmatrix} \alpha_1 & & & \\ & \alpha_1 & & \\ & & \ddots & \\ & & & \alpha_n \end{pmatrix}$

となるから $B^p=\begin{pmatrix} {\alpha_1}^p & & & \\ & {\alpha_2}^p & & \\ & & \ddots & \\ & & & {\alpha_n}^p \end{pmatrix}$ であり，$A^p=(PBP^{-1})^p=PB^pP^{-1}$ に

よって A^p が計算できる．

4.3.15【例】 $A=\begin{pmatrix} 6 & -3 & -7 \\ -1 & 2 & 1 \\ 5 & -3 & -6 \end{pmatrix}$．$\Phi(A\,;x)=x^3-2x^2-x+2=(x-1)(x+1)(x-2)$．固有値 1, −1, 2 に属する固有ベクトルとして（たとえば）

$\boldsymbol{p}_1=\begin{pmatrix} 2 \\ 1 \\ 1 \end{pmatrix}$, $\boldsymbol{p}_2=\begin{pmatrix} 1 \\ 0 \\ 1 \end{pmatrix}$, $\boldsymbol{p}_3=\begin{pmatrix} 1 \\ -1 \\ 1 \end{pmatrix}$, $P=(\boldsymbol{p}_1\ \boldsymbol{p}_2\ \boldsymbol{p}_3)=\begin{pmatrix} 2 & 1 & 1 \\ 1 & 0 & -1 \\ 1 & 1 & 1 \end{pmatrix}$ とすると

$B=P^{-1}AP=\begin{pmatrix} 1 & & \\ & -1 & \\ & & 2 \end{pmatrix}$, $B^p=\begin{pmatrix} 1 & & \\ & (-1)^p & \\ & & 2^p \end{pmatrix}$,

$P^{-1}=\begin{pmatrix} 1 & 0 & -1 \\ -2 & 1 & 3 \\ 1 & -1 & -1 \end{pmatrix}$ だから

$$A^p=PB^pP^{-1}=\begin{pmatrix} 2-2\cdot(-1)^p+2^p & (-1)^p-2^p & -2+3\cdot(-1)^p-2^p \\ 1-2^p & 2^p & -1+2^p \\ 1-2\cdot(-1)^p+2^p & (-1)^p-2^p & -1+3\cdot(-1)^p-2^p \end{pmatrix}.$$

§3の問題

問題 1　つぎの行列は対角化可能か．

1) $\begin{pmatrix} 6 & -3 & -7 \\ -1 & 2 & 1 \\ 5 & -3 & -6 \end{pmatrix}$　2) $\begin{pmatrix} 6 & -3 & -2 \\ 4 & -1 & -2 \\ 3 & -2 & 0 \end{pmatrix}$　3) $\begin{pmatrix} 0 & 2 & 1 \\ -4 & 6 & 2 \\ 4 & -4 & 0 \end{pmatrix}$

問題 2 n 次行列 $A=(a_{ij})$ をつぎのように定義する：$a_{12}=a_{23}=\cdots=a_{n-1,n}=a_{n,1}=1$，他の成分はすべて 0．このとき A は対角化可能である．なぜか．

§4 実対称行列と 2 次形式

（ノート） A を n 次の実対称行列とする．A は正規行列だから，定理 4.2.4 によって対角化可能である．また，命題 4.1.9 によってその固有値はすべて実数だから，ある直交行列 P を選ぶと，$B=P^{-1}AP={}^tPAP$ は対角行列になる．しかも B の対角成分（A の固有値）を $\alpha_1\geqq\alpha_2\geqq\cdots\geqq\alpha_n$ のように並べることもできる．

4.4.1【定義】 1) n 個の実変数 $x_1, x_2, \cdots, x_n$ に関する実係数の斉次 2 次式を **n 元の 2 次形式**と言う．ただし，斉次 2 次式とは $\sum_{i=1}^{n}\sum_{j=1}^{n}a_{ij}x_ix_j$ の形の式を言う（1 次式 b_ix_i や定数項がない）．

関数 $F(x_1, x_2, \cdots, x_n)=\sum_{i,j}a_{ij}x_ix_j$ があれば，a_{ii} は一意的に決まるが，$x_ix_j=x_jx_i$ なので $a_{ij}\,(i\neq j)$ は決まらない．そこで $a_{ij}=a_{ji}$ という条件をつける．これによって $A=(a_{ij})$ という n 次実対称行列が定まる．

2) $\boldsymbol{R}^n$ のベクトル $\begin{pmatrix} x_1 \\ x_2 \\ \vdots \\ x_n \end{pmatrix}$ を $\boldsymbol{x}$ と書けば，

$$F(\boldsymbol{x})=F(x_1, x_2, \cdots, x_n)={}^t\boldsymbol{x}A\boldsymbol{x}$$

と書け，n 元 2 次形式と n 次実対称行列が一対一に対応する．習慣により，$F(\boldsymbol{x})={}^t\boldsymbol{x}A\boldsymbol{x}$ を $A[\boldsymbol{x}]$ と表わす（注意！）．

3) 特別な 2 次形式

$$F(\boldsymbol{x})=A[\boldsymbol{x}]={x_1}^2+\cdots+{x_p}^2-{x_{p+1}}^2-\cdots-{x_{p+q}}^2$$

を**シルヴェスターの標準形**と言う．もちろん p は A の正固有値の数，q は負固有値の数，$r=p+q$ は A の階数である．ペア (p, q) を $F(\boldsymbol{x})=A[\boldsymbol{x}]$ の**符号**と言い，$\mathrm{sgn}(A)$ と書く．

4.4.2【定義】 ふたつの変数ベクトル $\boldsymbol{x}$ と $\boldsymbol{y}$ が（必ずしも直交行列でない）実正則行列 P によって

$$\boldsymbol{x}=P\boldsymbol{y}$$

という関係で結ばれているとする．$\boldsymbol{x}$ の 2 次形式 $F(\boldsymbol{x})$ は $\boldsymbol{y}$ に関しても 2 次形式だから，$G(\boldsymbol{y})=F(\boldsymbol{x})$ と置くと，

$$G(\boldsymbol{y})=F(\boldsymbol{x})={}^t\boldsymbol{x}A\boldsymbol{x}={}^t(P\boldsymbol{y})A(P\boldsymbol{y})={}^t\boldsymbol{y}({}^tPAP)\boldsymbol{y}=({}^tPAP)[\boldsymbol{y}].$$

すなわち，$G(\boldsymbol{y})$ は実対称行列 ${}^tPAP$ に対応する 2 次形式である．

4.4.3【命題】 1)　n 元の 2 次形式 $F(\boldsymbol{x})=A[\boldsymbol{x}]$ に対し，適当な直交行列 P を選んで $\boldsymbol{x}=P\boldsymbol{y}$ とすると，

$$F(\boldsymbol{x})=G(\boldsymbol{y})=\alpha_1\boldsymbol{y}_1{}^2+\alpha_2\boldsymbol{y}_2{}^2+\cdots+\alpha_n\boldsymbol{y}_n{}^2$$

となる．ただし $\alpha_1, \alpha_2, \cdots, \alpha_n$ は A の（重複を込めての）全固有値である．しかも $\alpha_i>0$ $(1\leqq i\leqq p)$，$\alpha_j<0\,(p+1\leqq j\leqq p+q)$，$\alpha_k=0\,(p+q<k\leqq n)$ のように並べておく．$r=p+q$ は A の階数である．これを 2 次形式 $F(\boldsymbol{x})$ の**直交標準形**と言い，数のペア (p, q) を $F(\boldsymbol{x})$ の**符号**と言い，$\mathrm{sgn}\,F$ または $\mathrm{sgn}\,A$ と書く．

2)　さらに変数の線型変換

$$y_i=\frac{1}{\sqrt{\alpha_i}}z_i \quad (1\leqq i\leqq p), \qquad y_j=\frac{1}{\sqrt{-\alpha_j}}z_j \quad (p+1\leqq j\leqq p+q)$$

を施せば，

$$F(\boldsymbol{x})=H(\boldsymbol{z})=z_1{}^2+\cdots+z_p{}^2-z_{p+1}{}^2-\cdots-z_{p+q}{}^2$$

となる．これを 2 次形式 $F(\boldsymbol{x})$ の**シルヴェスター標準形**と言う．

【証明】 1）は実対称行列 A を直交行列 P によって対角化すればいい（${}^tP=P^{-1}$ に注意）．2）はあたりまえ．□

4.4.4【定理】（シルヴェスターの慣性法則） シルヴェスター標準形は一意に定まる．すなわち，変数にどんな正則線型変換を施してシルヴェスター標準形に移しても，符号，すなわち正負の項の数 p，q は一定である．

【証明】 ふたとおりの変数変換 $\boldsymbol{x}=P\boldsymbol{y}$，$\boldsymbol{x}=Q\boldsymbol{z}$ によってふたとおりのシルヴェスター標準形を得たとする：

$$F(\boldsymbol{x})=G(\boldsymbol{y})={y_1}^2+\cdots+{y_p}^2-{y_{p+1}}^2-\cdots-{y_{p+q}}^2$$
$$=H(\boldsymbol{z})={z_1}^2+\cdots+{z_s}^2-{z_{s+1}}^2-\cdots-{z_{s+t}}^2.$$

$p+q=s+t=r(A)$ である．$p>s$ と仮定する．n 個の未知数 $x_1, x_2, \cdots, x_n$ に関する斉次１次方程式系

$$\left.\begin{aligned} y_{p+1}=y_{p+2}=\cdots=y_n=0 \\ z_1=z_2=\cdots=z_s=0 \end{aligned}\right\} \qquad (1)$$

を考える．方程式の数は $n-p+s$ であり，仮定によって未知数の数 n より小さいから，命題 2.4.14 または命題 2.4.15 により，方程式系 (1) は自明でない解 $a_1, a_2, \cdots, a_n$ をもつ．

$$P^{-1}\begin{pmatrix} a_1 \\ a_2 \\ \vdots \\ \vdots \\ \vdots \\ \vdots \\ a_n \end{pmatrix}=\begin{pmatrix} b_1 \\ b_2 \\ \vdots \\ b_p \\ 0 \\ \vdots \\ 0 \end{pmatrix}, \qquad Q^{-1}\begin{pmatrix} a_1 \\ a_2 \\ \vdots \\ \vdots \\ \vdots \\ \vdots \\ a_n \end{pmatrix}=\begin{pmatrix} 0 \\ 0 \\ \vdots \\ 0 \\ c_{s+1} \\ \vdots \\ c_n \end{pmatrix}$$

の形だから

$${b_1}^2+{b_2}^2+\cdots+{b_p}^2=-{c_{s+1}}^2-{c_{s+2}}^2-\cdots-{c_n}^2$$

が成りたち，$b_1=b_2=\cdots=b_p=0$ となるが，これは $a_1, a_2, \cdots, a_n$ が自明でない解だということに反する．

$p<s$ と仮定しても同様に矛盾に導かれるから，$p=s$ でなければならない．□

4.4.5【例】 上の定理により，任意の正則変換で２次形式の符号は不変だから，つぎのような簡単な手続きで符号とシルヴェスター標準形が得られる．

1) $F(x, y, z)=x^2+y^2-z^2+4xz+4yz=(x+2z)^2+y^2-5z^2+4yz$
$$=(x+2z)^2+(y+2z)^2-(3z)^2.$$

よって符号は (2,1)．しかも標準形への変換行列 P が上三角行列として得られる．

2) $F(x, y, z)=2xy+2yz$．平方項がないから，$x'=x+y$，$y'=x-y$ とすると，$F(x, y, z)=\frac{1}{2}x'^2-\frac{1}{2}y'^2+(x'-y')z=\frac{1}{2}(x'+z)^2-\frac{1}{2}y'^2-$

$$y'z-\frac{1}{2}z^2=\frac{1}{2}(x'+z)^2-\frac{1}{2}(y'+z)^2=\frac{1}{2}(x+y+z)^2-\frac{1}{2}(x-y+z)^2.$$

4.4.6【**定義**】 $F(\boldsymbol{x})$ を n 元の 2 次形式とする．$\mathbf{0}$ でない任意のベクトル $\boldsymbol{x}$ に対して $F(\boldsymbol{x})>0$【$F(\boldsymbol{x})\geqq 0$】が成りたつとき，F を**正値**【**半正値**】2 次形式と言う．これは係数行列 A が正値【半正値】ということであり，また $p=n$【$q=0$】ということでもある（$\mathrm{sgn}\,F=(n,0)$【$\mathrm{sgn}\,F=(p,0)$】）．

(ノート) A が n 次行列のとき，その第 1 行から第 k 行まで，および第 1 列から第 k 列までを並べた k 次部分行列を A_k と書く（$1\leqq k\leqq n$）：

$$A=\begin{matrix} k[\\ n-k[\end{matrix}\begin{pmatrix} \overbrace{A_k}^{k} & \overbrace{*}^{n-k} \\ * & * \end{pmatrix}.$$

古典的な定理をひとつ．

4.4.7【**定理**】 n 元の 2 次形式 $F(\boldsymbol{x})=A[\boldsymbol{x}]$ が正値であるためには，すべての $k(1\leqq k\leqq n)$ に対して $\det A_k$ が正であることが必要十分である．

【**証明**】 1） A が正値と仮定すると，任意の k（$1\leqq k\leqq n$）に対して k 元 2 次形式 $A_k[\boldsymbol{u}]$（$\boldsymbol{u}\in\boldsymbol{R}^k$）も正値である．実際 $\boldsymbol{u}\neq\mathbf{0}_k$ なら $\boldsymbol{x}=\begin{pmatrix}\boldsymbol{u}\\ \mathbf{0}_{n-k}\end{pmatrix}$ は $\mathbf{0}_n$ でないから，仮定によって $A[\boldsymbol{x}]>0$．$A=\begin{pmatrix}A_k & C\\ {}^tC & D\end{pmatrix}$ とすると，

$0<A[\boldsymbol{x}]={}^t\boldsymbol{x}A\boldsymbol{x}=({}^t\boldsymbol{u}\ \ {}^t\mathbf{0}_{n-k})\begin{pmatrix}A_k & C\\ {}^tC & D\end{pmatrix}\begin{pmatrix}\boldsymbol{u}\\ \mathbf{0}_{n-k}\end{pmatrix}={}^t\boldsymbol{u}A_k\boldsymbol{u}$ となる．A_k の固有値の積として $\det A_k>0$．

2） 逆に $\det A_k>0\,(1\leqq k\leqq n)$ と仮定し，n に関する帰納法を使う．$n=1$ なら明きらかだから，$n-1$ のとき正しいと仮定すると，$A_{n-1}[\boldsymbol{x}]$ は正値である．$A=\begin{pmatrix}A_{n-1} & \boldsymbol{b}\\ {}^t\boldsymbol{b} & d\end{pmatrix}$ と区分けして，$P=\begin{pmatrix}E_{n-1} & A_{n-1}{}^{-1}\boldsymbol{b}\\ {}^t\mathbf{0} & 1\end{pmatrix}$ と置くと，P は正則，$\det P=1$ であり，簡単な計算によって

$$A={}^tP\begin{pmatrix} A_{n-1} & \mathbf{0}_{n-1} \\ {}^t\mathbf{0}_{n-1} & d-A_{n-1}{}^{-1}[\boldsymbol{b}] \end{pmatrix}P \tag{1}$$

が成りたつ．したがって実対称行列 $B=\begin{pmatrix} A_{n-1} & \mathbf{0}_{n-1} \\ {}^t\mathbf{0}_{n-1} & d-A_{n-1}{}^{-1}[\boldsymbol{b}] \end{pmatrix}$ が正値であることを言えば，$A={}^tPBP$ だから定理 4.4.4 によって A も正値となり，証明を終わる．

実際，式 (1) の両辺の行列式をとると，

$$\det A=\det A_{n-1}\cdot(d-A_{n-1}{}^{-1}[\boldsymbol{b}])$$

となる．仮定によって $\det A>0$，$\det A_{n-1}>0$ だから $c=d-A_{n-1}{}^{-1}[\boldsymbol{b}]>0$．$\mathbf{0}\neq\boldsymbol{x}=\begin{pmatrix} \boldsymbol{x}' \\ x_n \end{pmatrix}$ ($\boldsymbol{x}'\in\boldsymbol{R}^{n-1}$) と書くと，

$B[\boldsymbol{x}]=({}^t\boldsymbol{x}'\ \ x_n)\begin{pmatrix} A_{n-1} & \mathbf{0}_{n-1} \\ {}^t\mathbf{0}_{n-1} & c \end{pmatrix}\begin{pmatrix} \boldsymbol{x}' \\ x_n \end{pmatrix}=A_{n-1}[\boldsymbol{x}']+cx_n{}^2>0$ となり，B は正値である．□

● 2 次曲線・2 次曲面の分類

(ノート) むかし，2 次曲線と 2 次曲面の分類は《解析幾何》という授業のハイライトだった．いまではその重要性が大幅に減ったので，ごく簡単に 2 次形式の符号によって分類した結果だけを書いておく．

A　2 次曲線　よく知っているように，平面上の 2 次曲線は楕円・双曲線・放物線で尽される．そのほかに $x^2-y^2=0$ のような交わる 2 直線，$x^2-1=0$ のような平行 2 直線がある．また，空集合 ($x^2+y^2+1=0$)，1 点集合 ($x^2+y^2=0$)，1 直線 ($x^2=0$) は除外する．

4.4.8【定義】　x，y の 2 次式の一般形は

$$a_{11}x^2+a_{22}y^2+2a_{12}xy+2b_1x+2b_2y+c=0 \tag{1}$$

と書ける．$A=\begin{pmatrix} a_{11} & a_{12} \\ a_{21} & a_{22} \end{pmatrix}$ ($a_{21}=a_{12}$)，$\boldsymbol{b}=\begin{pmatrix} b_1 \\ b_2 \end{pmatrix}$，$\boldsymbol{x}=\begin{pmatrix} x \\ y \end{pmatrix}$ とすれば，(1) は

$$A[\boldsymbol{x}]+2(\boldsymbol{b}|\boldsymbol{x})+c=0 \tag{1'}$$

と書ける．さらに $\tilde{A}=\begin{pmatrix} A & \boldsymbol{b} \\ {}^t\boldsymbol{b} & c \end{pmatrix}$，$\tilde{\boldsymbol{x}}=\begin{pmatrix} \boldsymbol{x} \\ 1 \end{pmatrix}$ とすると，

$$\tilde{A}[\tilde{\boldsymbol{x}}]=0 \tag{1''}$$

と書ける．

ここで $\operatorname{sgn} A=(p, q)$，$\operatorname{sgn}\tilde{A}=(\tilde{p}, \tilde{q})$ とする．このとき $p \geqq q$，$\tilde{p} \geqq \tilde{q}$ としても一般性を失わない．

4.4.9【**命題**】 分類の結果を一覧表で示す．

p	q	$\tilde{p}$	$\tilde{q}$	
2	0	2	1	楕円
1	1	2	1	双曲線
1	1	1	1	交わる 2 直線
1	0	2	1	放物線
1	0	1	1	平行 2 直線

B 2 次曲面

4.4.10【**定義**】 3 次元空間のなかの 2 次曲面にはあまり親しみがないかもしれない．2 次曲面の一般式は A を 3 次実対称行列，$\boldsymbol{b} \in \boldsymbol{R}^3$，$c \in \boldsymbol{R}$，$\boldsymbol{x} \in \boldsymbol{R}^3$ として

$$A[\boldsymbol{x}]+2(\boldsymbol{b}|\boldsymbol{x})+c=0 \tag{2}$$

と書ける．$\tilde{A}=\begin{pmatrix} A & \boldsymbol{b} \\ {}^t\boldsymbol{b} & c \end{pmatrix}$，$\tilde{\boldsymbol{x}}=\begin{pmatrix} \boldsymbol{x} \\ 1 \end{pmatrix}$ とすると，

$$A[\tilde{\boldsymbol{x}}]=0 \tag{2'}$$

と書ける．つまらない場合を除いて，2 次曲面の分類表を掲げる．$\operatorname{sgn} A=(p, q)$，$\operatorname{sgn}\tilde{A}=(\tilde{p}, \tilde{q})$，$\tilde{r}=r(\tilde{A})=\tilde{p}+\tilde{q}$ である．

4.4.11【**命題**】 分類の結果を一覧表で示す．

p	q	$\tilde{p}$	$\tilde{q}$	$\tilde{r}$	
3	0	3	1		楕円面
2	1	2	2		一葉双曲面
2	1	3	1		二葉双曲面
2	1	2	1		楕円錐面
2	0			4	楕円放物面
2	0	2	1		楕円柱面
1	1			4	双曲放物面
1	1			3	双曲柱面
1	1			2	交わる 2 平面
1	0			3	放物柱面
1	0	1	1		平行 2 平面

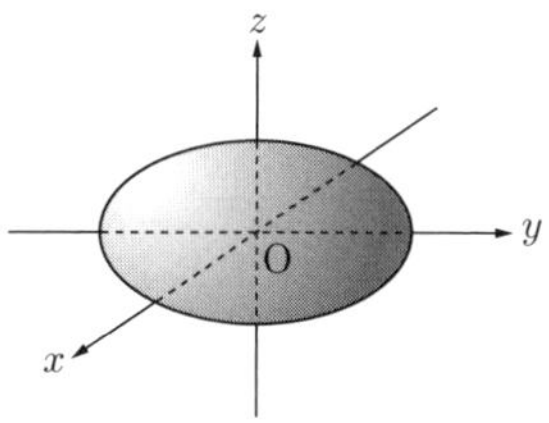

楕円面

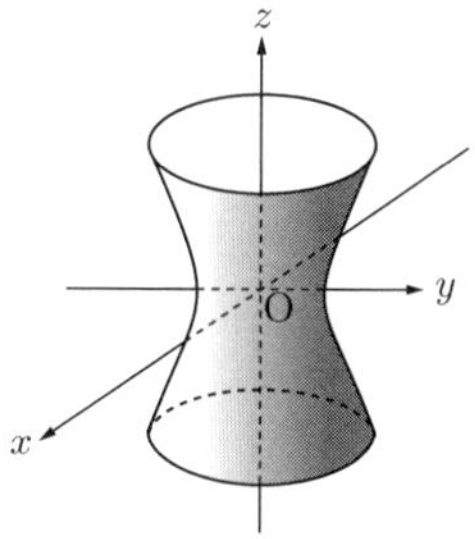

一葉双曲面

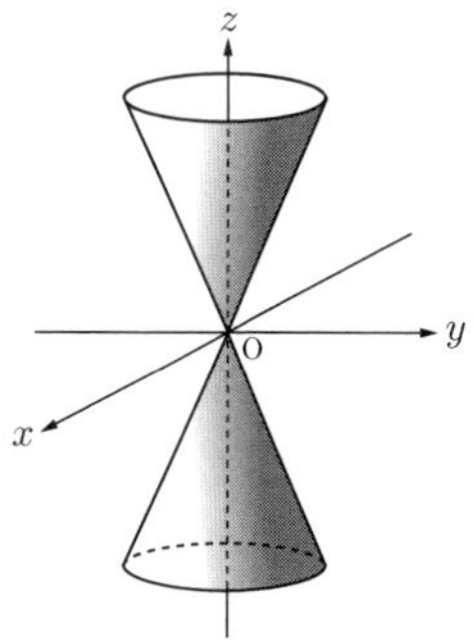

楕円錐面

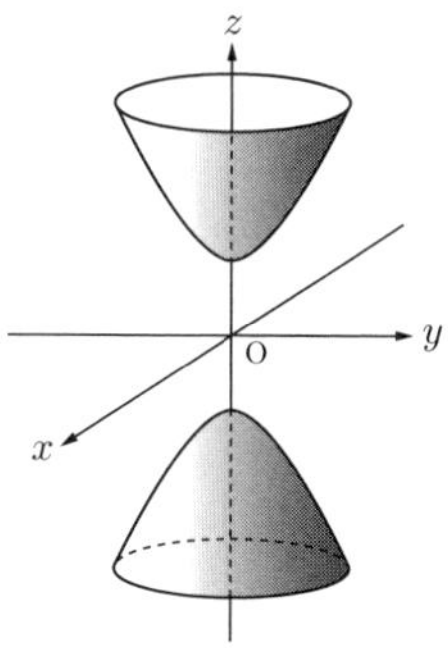

二葉双曲面

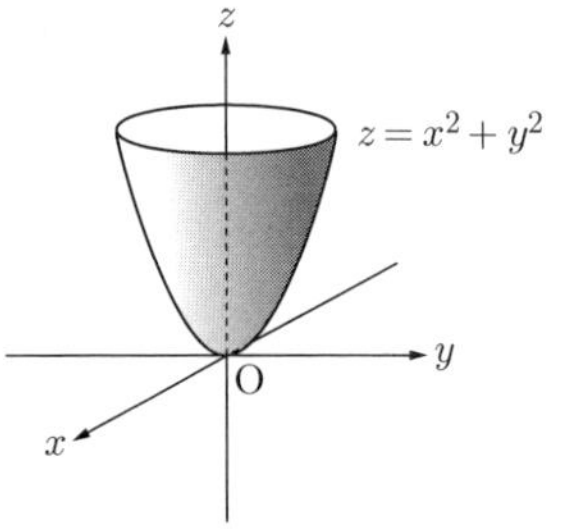

楕円放物面

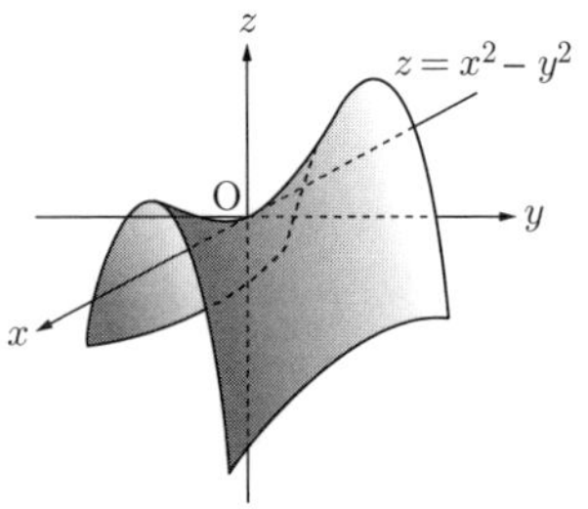

双曲放物面

§4の問題

問題 1　つぎの2次形式をシルヴェスターの標準形に移し，符号を求めよ．

1)　$x^2+4y^2+2z^2-2w^2+2xz-2xw-4yz+4yw-4zw$

2)　$y^2+2z^2+3w^2-2xy-2xz+4yz-2yw-2zw$

3)　$x^2+y^2+4w^2+2xy-4xw+4yz-2yw-2zw$

4)　$4xy+4xw+4zw$

問題 2　n 次実行列を $X=(x_{ij})$ と書く．n^2 個の変数 $x_{ij}(1\leqq i,\ j\leqq n)$ に関するつぎの2次形式の符号を求めよ．

1)　$\mathrm{Tr}({}^tXX)$　　2)　$\mathrm{Tr}X^2$

第4章末の問題

問題 1　n 次行列 $A=(a_{ij})$ の任意の固有値 α に対し，不等式

$$|\alpha| \leqq \max_{1\leqq i\leqq n} \sum_{j=1}^{n} |a_{ij}|$$

が成りたつことを示せ．

問題 2　［復習］n 次正方行列 A が**エルミート行列**であるとは，${}^tA=\bar{A}$ または同じことだが $A^*=A$ が成りたつことだった（定義2.5.9）．エルミート行列は正規だから対角化可能であり（定理4.2.5），その固有値はすべて実数である（命題4.1.9）．なお，実エルミート行列は実対称行列である．

さて，エルミート行列 A の固有値がすべて正の実数のとき，A を**正値エルミート行列**と言う．A の固有値がすべて0または正の実数のとき，A を**半正値エルミート行列**と言う．

1)　A が正値であるためには，任意の $\boldsymbol{x}\in \boldsymbol{C}^n$，$\boldsymbol{x}\neq\boldsymbol{0}$ に対して $(A\boldsymbol{x}\,|\,\boldsymbol{x})={}^t\boldsymbol{x}\,{}^tA\,\bar{\boldsymbol{x}}>0$ が成りたつことが必要十分であることを示せ．

2)　A が半正値であるためには，任意の $\boldsymbol{x}\in \boldsymbol{C}^n$ に対して $(A\boldsymbol{x}\,|\,\boldsymbol{x})={}^t\boldsymbol{x}\,{}^tA\,\bar{\boldsymbol{x}}\geqq 0$ が成りたつことが必要十分であることを示せ．

問題 3　任意の半正値エルミート行列 A および任意の自然数 p に対し，ある半正値エルミート行列 X を選ぶと，$A=X^p$ と書けることを示せ．

問題 4　任意の正則な正方行列 A は $A=HU$ と書けることを示せ．ただし H は正値エルミート行列，U はユニタリ行列である．

問題 5　$A=(a_{ij})$ を n 次行列とする．A がつぎの二条件をみたすとき，A を**確率行列**と言う：

1) a_{ij} は0または正の実数である．　2) $\displaystyle\sum_{j=1}^{n} a_{ij}=1\,(1\leqq i\leqq n)$．

成分がすべて1である n 項列ベクトルを $\mathbf{1}$ と書く（ここだけの記号）と，上の条件2）は2′）$A\mathbf{1}=\mathbf{1}$ と書ける．これからすぐ分かるように，数1は A の固有値であり，ベクトル $\mathbf{1}$ は A の固有値1に属する固有ベクトルである．以上の設定のもとで，A の任意の固有値 α は $|\alpha|\leqq 1$ をみたすことを示せ．

問題 6　確率行列 A がさらに強い条件 $a_{ij}>0\,(1\leqq i,\ j\leqq n)$ をみたすとする．このとき，α が A の固有値で $\alpha\neq 1$ なら $|\alpha|<1$ が成りたつことを示せ．

問題 7　n 次行列 A と B が交換可能で $A-B$ がべきれい，すなわち $(A-B)^n=0$ なら，A と B の固有値はすべて共通であることを示せ．

第5章

行列の解析学

§1 行列のノルムおよび微分法

●行列のノルム

5.1.1【定義】 複素数 $a_{ij}(1 \leqq i \leqq m, 1 \leqq j \leqq n)$ を成分とする (m, n) 型行列 $A=(a_{ij})$ に対し，

$$\sqrt{\sum_{i=1}^{m}\sum_{j=1}^{n}|a_{ij}|^2}$$

を A の**2乗ノルム**と言い，ふつう $\|A\|_2$ と書く．しかしこの本では他のノルムは扱わないから，これを単に A の**ノルム**と言い，$\|A\|$ と書く．

5.1.2【命題】 ノルムはつぎの性質をもつ．

1) $\|A\|$ は0または正の実数であり，$\|A\|=0$ となるのは A が（各型の）ゼロ行列のときだけである．

2) 任意の複素数 c に対して $\|cA\|=|c|\cdot\|A\|$．

3) A，B が同じ型なら $\|A+B\|\leqq\|A\|+\|B\|$．

4) 積 AB が定義されれば $\|AB\|\leqq\|A\|\cdot\|B\|$．

【証明】 1）と2）は明きらか．乗法を考えなければ，(m, n) 型行列は mn 項列ベクトル，すなわち $\boldsymbol{C}^{mn}$ の元と同じことだから，そのノルムは定義2.5.3ですでに定義されている．しかも上の性質3）は定理2.5.4の2)（三角不等式）にほかならない．

性質4）を証明する．$A=(a_{ij})$ を (l, m) 型，$B=(b_{jk})$ を (m, n) 型とする．A の l 個の行ベクトルを ${}^t\boldsymbol{a}_1, {}^t\boldsymbol{a}_2, \cdots, {}^t\boldsymbol{a}_l$ とし，B の n 個の列ベクトルを $\boldsymbol{b}_1, \boldsymbol{b}_2, \cdots, \boldsymbol{b}_n$ とする．$\boldsymbol{a}_i$ も $\boldsymbol{b}_j$ も $\boldsymbol{C}^m$ の元である．

$$\|AB\|^2=\sum_{i=1}^{l}\sum_{k=1}^{n}\left|\sum_{j=1}^{m}a_{ij}b_{jk}\right|^2=\sum_{i=1}^{l}\sum_{k=1}^{n}(\boldsymbol{a}_i\,|\,\boldsymbol{b}_k)^2\leqq\sum_{i=1}^{l}\sum_{k=1}^{n}\|\boldsymbol{a}_i\|^2\cdot\|\boldsymbol{b}_k\|^2$$

$$=\sum_{i=1}^{l}\|\boldsymbol{a}_i\|^2\cdot\sum_{k=1}^{n}\|\boldsymbol{b}_k\|^2=\|A\|^2\cdot\|B\|^2.$$

途中の不等式はシュヴァルツの不等式（定理 2.5.4 の 1)）である．□

●行列値関数の微分法

5.1.3【定義】 1) $\boldsymbol{R}$ の区間 I から (m,n) 型行列ぜんぶの集合 $\boldsymbol{M}(m,n\,;\boldsymbol{C})$ への写像 F を考える．$t\in I$ での値 $F(t)$ の (i,j) 成分を $f_{ij}(t)$ と書けば $F(t)=(f_{ij}(t))$，すなわち F は mn 個の複素数値関数をタテ m 個，ヨコ n 個の方形に並べたものである．

ここで注意しておくが，複素数値関数 $f(t)$ があるとき，これを実部と虚部に分けて $f(t)=g(t)+\sqrt{-1}\,h(t)$ ($g(t)$ と $h(t)$ は実数値関数）と書く．f の連続性，極限 $\lim_{t\to a}f(t)$，導関数 $f'(t)=\dfrac{df}{dt}$ は実部，虚部ごとのものとする：$\lim_{t\to a}f(t)=\lim_{t\to a}g(t)+\sqrt{-1}\lim_{t\to a}h(t)$, $f'(t)=g'(t)+\sqrt{-1}\,h'(t)$.

さて $\lim_{t\to a}F(t)=A=(a_{ij})$ とは，各 i，j に対して $\lim_{t\to a}f_{ij}(t)=a_{ij}$ が成りたつことと定義する．また，F が $t=a$ で連続ないし微分可能とは，各 i，j に対して f_{ij} が a で連続ないし微分可能のことと定義する．導関数を $F'(t)=(f_{ij}{}'(t))$，または $\dfrac{dF}{dt}$ と書く．

2) (m,n) 型行列の無限列 $A(1),A(2),\cdots$ を $\langle A(p)\rangle_{p\in\boldsymbol{N}}$ とも書く．$A(p)$ の (i,j) 成分を $a_{ij}(p)$ と書く．$\langle A(p)\rangle_{p\in\boldsymbol{N}}$ は mn 個の数列 $\langle a_{ij}(p)\rangle_{p\in\boldsymbol{N}}$ を方形に並べたものである．

$B=(b_{ij})$ を (m,n) 型行列とする．$\lim_{p\to\infty}A(p)=B$ とは，各 i，j に対して $\lim_{p\to\infty}a_{ij}(p)=b_{ij}$ が成りたつことと定義する．

5.1.4【命題】 $F'(a)=\dfrac{dF}{dt}(a)=\lim_{t\to a}\dfrac{F(t)-F(a)}{t-a}$.

【証明】 明らかか．□

5.1.5【命題】 $F(t)$，$G(t)$ が微分可能とする．

1) $F(t)$，$G(t)$ が同じ型なら $F+G$ も微分可能で $(F+G)'=F'+G'$．

2) $c(t)$ が微分可能な複素数値関数なら，$(cF)'=c'F+cF'$．

3) $F(t)G(t)$ が定義されれば，FG も微分可能で $(FG)'=F'G+FG'$．

4) $F(t)$ が正則行列なら，$F(t)^{-1}$ も微分可能で $[F(t)^{-1}]'=-F(t)^{-1}F'(t)F(t)^{-1}$．

【証明】 1)，2)，3) は定義からすぐ分かる．4) を示す．コメント 2.3.3 の 2)，またはコメント 3.3.7 の 1) により，$F(t)^{-1}$ の成分は，$F(t)$ の成分の有理関数だから微分可能である．$F(t)F(t)^{-1}=E$ の両辺を微分すれば，3) によって $F'(t)F(t)^{-1}+F(t)[F(t)^{-1}]'=O$ を得る．これの第 1 項を移項して左から $F(t)^{-1}$ を掛ければ結果を得る．なお，ここで行列の乗法の非可換性がはっきり現われた．□

5.1.6【例】 $F(t)$ を，0 を内部に含む区間で定義され，n 次行列に値をとる微分可能な関数とする．

1) $F(t)$ がつねにユニタリ行列なら，$F(t)^*F'(t)$ は反エルミート行列 $(A^*={}^t\bar{A}=-A)$ である．とくに $F(0)=E$ なら $F'(0)$ は反エルミート行列である．

2) 逆に $F(t)^*F'(t)$ がつねに反エルミートであり，$F(0)=E$ ならば $F(t)$ はユニタリ行列である．

【証明】 1) $F(t)^*F(t)=E$ の両辺を微分すれば $F'(t)^*F(t)+F(t)^*F'(t)=O$ だから $F(t)^*F'(t)$ は反エルミートである．とくに $F(0)=E$ なら $F'(0)^*+F'(0)=O$．

2) $F(t)^*F(t)=C(t)$ として両辺を微分すると，$F'(t)^*F(t)+F(t)^*F'(t)=C'(t)$．仮定によって左辺は O，したがって $C'(t)$ は恒等的に O である．だから $C(t)$ は t によらず，ある行列 C に等しい．$t=0$ を入れて $C=C(0)=E$，したがって $F(t)^*F(t)=E$ となる．□

§1の問題

問題 1　A を (m, n) 型行列とする．

1)　$\|A\|^2=\mathrm{Tr}(AA^*)=\mathrm{Tr}(A^*A)$ を示せ．

2)　U が m 次ユニタリ行列，V が n 次ユニタリ行列なら，$\|UA\|=\|AV\|=\|A\|$ が成りたつことを示せ．

（ノート）　以下，2乗ノルム $\|A\|=\|A\|_2=\sum_{i=1}^{m}\sum_{j=1}^{n}|a_{ij}|^2$ 以外のノルムを演習問題にするが，この本では使わない．

問題 2　(m, n) 型行列 $A=(a_{ij})$ に対し，成分の絶対値の和 $\sum_{i=1}^{m}\sum_{j=1}^{n}|a_{ij}|$ を $\|A\|_1$ と書くと，$\|\ \ \|_1$ はノルムの四条件をみたすことを示せ．これを1乗ノルムと言う．

問題 3　A を (m, n) 型行列とする．$\boldsymbol{X}=\{\boldsymbol{x}\in\boldsymbol{C}^n\,;\,\|\boldsymbol{x}\|_2=1\}$ は有界閉集合だから，解析学の最大値の定理により，$\boldsymbol{X}$ 上の連続関数 $\boldsymbol{x}\to\|A\boldsymbol{x}\|_2$ は最大値をもつ（たとえば拙著『齋藤正彦　微分積分学』定理5.7.9)．これを $\|A\|_o$ と書く．

1)　$\boldsymbol{C}^n-\{\boldsymbol{0}\}$ 上の関数 $\dfrac{\|A\boldsymbol{x}\|_2}{\|\boldsymbol{x}\|_2}$ は有界で，その上限（実は最大値）は $\|A\|_o$ に等しいことを示せ．

2)　$\|\ \ \|_o$ は行列のノルムの四条件（命題5.1.2）をみたすことを示せ．このノルムを作用素ノルムと言う（$\|\ \ \|_o$ の記号 o はゼロではなく，operator のオーのつもりである)．

問題 4　(m, n) 型行列 $A=(a_{ij})$ の成分の絶対値の最大値 $\max|a_{ij}|$ はノルムの条件のはじめの三つはみたすが最後の条件をみたさない．反例をつくれ．しかし，$\|A\|_\infty=\sqrt{mn}\cdot\max|a_{ij}|$ とすると，四条件全部をみたすことを示せ．これを A の最大値ノルム と言う．

問題 5　(m, n) 型行列 A の各種のノルムについて，つぎの一連の不等式が成りたつことを示せ：

$$\frac{1}{\sqrt{mn}}\|A\|_\infty\leqq\|A\|_o\leqq\|A\|_2\leqq\|A\|_1\leqq\sqrt{mn}\,\|A\|_\infty.$$

したがって，どのノルムも $\boldsymbol{M}(m, n\,;\boldsymbol{C})$ に同じ《位相》を定める．すなわち，極限 $\lim_{p\to\infty}A_p=B$ の定義や条件に現われるノルムは，四種類のどのノルムを使っても同じ結果になる．

§2　行列の無限列および級数

●行列の無限列

5.2.1【命題】 1)　(m, n) 型行列の無限列 $\langle A(p)\rangle_{p\in \boldsymbol{N}}$ および (m, n) 型行列 B に対し，

$$\lim_{p\to\infty} A(p)=B \iff \lim_{p\to\infty}\|A(p)-B\|=0.$$

2)　(m, n) 型行列値関数 $F(t)$ および (m, n) 型行列 B に対し，

$$\lim_{t\to a} F(t)=B \iff \lim_{t\to a}\|F(t)-B\|=0.$$

【証明】 1)　定義により，$\lim_{p\to\infty} A(p)=B$ とは，各 i, j に対して $\lim_{p\to\infty} a_{ij}(p)=b_{ij}$ となることである．

($\Longrightarrow$) 任意に与えられた $\varepsilon>0$ に対してある番号 p_0 をとると，$p_0\leqq p$ なるすべての p に対して $|a_{ij}(p)-b_{ij}|<\dfrac{\varepsilon}{mn}$ が成りたつ．よって $\|A(p)-B\|=\sqrt{\sum_{i,j}|a_{ij}(p)-b_{ij}|^2}\leqq\sqrt{mn\left(\dfrac{\varepsilon}{\sqrt{mn}}\right)^2}=\varepsilon$ となる．

($\Longleftarrow$) 任意の $\varepsilon>0$ に対してある p_0 をとると，$p_0\leqq p$ なるすべての p に対して $\|A(p)-B\|<\varepsilon$．$|a_{ij}(p)-b_{ij}|\leqq\|A(p)-B\|<\varepsilon$．

2)　1) とほぼ同じだから省略する．□

5.2.2【定理】（完備性）　(m, n) 型行列の列 $\langle A(p)\rangle_{p\in \boldsymbol{N}}$ がどこかに収束するためには，つぎの条件が必要十分である：任意の $\varepsilon>0$ に対し，ある番号 p_0 をとると，$p_0\leqq p$，q なるすべての番号 p，q に対して $\|A(p)-A(q)\|<\varepsilon$ が成りたつ．

【証明】　この定理は解析学の基本である実数体 $\boldsymbol{R}$ の完備性からすぐ出る．しかし $\boldsymbol{R}$ の完備性の扱い（公理とするか，他の公理から証明するか）は解析学にまかせる．たとえば拙著『齋藤正彦　微分積分学』（東京図書）の公理 2.2.3 を見よ．□

5.2.3【例】　A が正方行列で $\|A\|<1$ なら $\lim_{p\to\infty} A^p=O$.

【解】 実際，ノルムの性質 (4) を繰りかえし適用して $\|A^p\| \leqq \|A\|^p$．したがって $\lim_{p\to\infty}\|A\|^p=0$．命題 5.2.1 の 1) で $B=O$ とすればいい．□

5.2.4【定義】 (m, n) 型行列の級数 $\sum_{p=0}^{\infty} A(p)$ が収束して和が S であるとは，部分和 $S(q)=\sum_{p=0}^{q} A(p)$ とするとき，$\lim_{q\to\infty} S(q)=S$ となることである．$A(p)$ の (i, j) 成分を $a_{ij}(p)$ とするとき，このことは各成分から成る級数 $\sum_{p=0}^{\infty} a_{ij}(p)$ が S の (i, j) 成分に収束することである．

5.2.5【定理】 $\sum_{p=0}^{\infty} A(p)$ が収束するためには，任意の $\varepsilon>0$ に対してある番号 p_0 をとると，$p_0 \leqq p<q$ なる任意の p，q に対して

$$\|A(p+1)+A(p+2)+\cdots+A(q)\|<\varepsilon$$

が成りたつことが必要十分である．

【証明】 部分和の列を $S(q)=\sum_{p=0}^{q} A(p)$ とすると，

$$\|S(q)-S(p)\|=\|A(p+1)+A(p+2)+\cdots+A(q)\|$$

だから，定理 5.2.2 によって結果が出る．□

5.2.6【定義】 行列の級数 $\sum_{p=0}^{\infty} A_p$ があるとき，各項のノルムから成る非負実数値級数 $\sum_{p=0}^{\infty}\|A_p\|$ をもとの級数の**ノルム級数**と言う．ノルム級数が収束すれば，もとの行列級数の $\sum_{p=0}^{\infty} A_p$ も収束する．このとき行列の級数 $\sum_{p=0}^{\infty} A_p$ は**ノルム収束**すると言う．

【証明】 $\|A_{p+1}+\cdots+A_q\| \leqq \|A_{p+1}\|+\cdots+\|A_q\|$．□

5.2.7【例】 A を正方行列とする．$\|A\|<1$ なら等比級数 $\sum_{p=0}^{\infty} A^p$ は収束し，和は $(E-A)^{-1}$ に等しい．

【解】 ノルムから成る実数の等比級数 $\sum_{p=0}^{\infty}\|A^p\| \leqq \sum_{k=0}^{\infty}\|A\|^p$ は収束するから，前命題によって $\sum_{p=0}^{\infty}A^p$ は収束する．等式 $\sum_{p=0}^{q}A^p(E-A)=E-A^{q+1}$ の両辺で $q\to+\infty$ とすればよい．□

5.2.8【例】 $A=\begin{pmatrix}1-a & a\\ b & 1-b\end{pmatrix}$ $(0<a,\ b<1)$ に対して $\lim_{p\to\infty}A^p$ が存在することを示し，それを求める．

【解】 簡単な計算によって特性方程式は $\Phi(A\,;\,x)=(x-1)(x-1+a+b)$ だから，固有値は $\alpha=1$ と $\beta=1-a-b$．α，β に属する固有ベクトルは（たとえば）$\boldsymbol{p}_1=\begin{pmatrix}1\\1\end{pmatrix}$，$\boldsymbol{p}_2=\begin{pmatrix}-a\\b\end{pmatrix}$．$P=\begin{pmatrix}1 & -a\\ 1 & b\end{pmatrix}$ とすると，

$B=P^{-1}AP=\begin{pmatrix}1 & 0\\ 0 & 1-a-b\end{pmatrix}$．$|1-a-b|<1$ だから $\lim_{p\to\infty}B^p=\begin{pmatrix}1 & 0\\ 0 & 0\end{pmatrix}$，

$P^{-1}=\dfrac{1}{a+b}\begin{pmatrix}b & a\\ 1 & 1\end{pmatrix}$ となるから $\lim_{p\to\infty}A^p=P(\lim_{p\to\infty}B^p)P^{-1}=\dfrac{1}{a+b}\begin{pmatrix}b & a\\ b & a\end{pmatrix}$．

§2の問題

問題 1 n 次の行列 A に対し，$X=A-E$ と置く．

1) $\|X\|<1$ のとき，級数 $\sum_{p=1}^{\infty}\dfrac{(-1)^{p-1}}{p}X^p=X-\dfrac{X^2}{2}+\dfrac{X^3}{3}-\cdots$ がノルム収束することを示せ．こうして定まる関数を A の**対数関数**と言い，$\log A=\log(E+X)=\sum_{p=1}^{\infty}\dfrac{(-1)^{p-1}}{p}X^p$ と書く．

2) X を O でない n 次行列，t を実変数とする．$|t|<\dfrac{1}{\|X\|}$ なら $\dfrac{d}{dt}\log(E+tX)=X(E+tX)^{-1}=(E+tX)^{-1}X$ が成りたつことを示せ．ただし定理5.3.1（項別微積分）を使っていい．

問題 2 (m,n) 型実行列の列 $\langle A(p)\rangle_{p=1,2,3,\cdots}$ がつぎの条件をみたすとする．ただし，$A(p)$ の (i,j) 成分を $a_{ij}(p)$ と書く：

1) すべての i，j，p に対して $a_{ij}(p)\leqq a_{ij}(p+1)$

2) ある数 L をとると，すべての p に対して $\|A(p)\| \leqq L$.

このとき列 $\langle A(p) \rangle$ はある行列 B に収束することを示せ.

§3 行列の指数関数

●行列の指数関数 $\exp X$

指数関数を定義するまえに，もうひとつ解析学の結果を借りてくる.

5.3.1【定理】（項別微積分） 実変数 x の整級数 $\sum_{p=0}^{\infty} a_p x^p$ の収束半径を r とする（r は $+\infty$ でもいい）. $|x|<r$ なる x に対して $f(x)=\sum_{p=0}^{\infty} a_p x^p$ と置くとつぎのことが成りたつ.

1) f は連続である.

2) $|x|<r$ なる任意の実数 x に対して

$$\int_0^x f(t)\,dt=\sum_{p=0}^{\infty}\frac{a_p}{p+1}x^{p+1}.$$

3) f は微分可能であり，$|x|<r$ なる任意の実数 x に対して

$$f'(x)=\sum_{p=1}^{\infty} p a_p x^{p-1}.$$

証明は解析学（微積分）の本にゆずる. たとえば拙著『齋藤正彦　微分積分学』（東京図書）の定理 4.2.17 を見よ.

5.3.2【コメント】 この定理を mn 個の関数（を方形に並べた行列）に適用することにより，行列係数の整級数 $F(x)=\sum_{p=0}^{\infty} A_p x^p$ に対する項別微積分定理が得られる. これからわれわれが使うのは，行列係数の項別微分公式 $F'(x)=\sum_{p=1}^{\infty} p A_p x^{p-1}$ である.

5.3.3【定義】 任意の n 次行列 X に対し，級数 $\sum_{p=0}^{\infty}\frac{1}{p!}X^p$ はノルム収束する.

実際，$\sum_{p=0}^{\infty}\frac{1}{p!}\|X\|^p$ は周知のように収束し，値は $e^{\|X\|}$ である．行列級数の和 $\sum_{p=0}^{\infty}\frac{1}{p!}X^p$ を $\exp X$ と書き，X に $\exp X$ を対応させる写像 exp を行列の**指数関数**と言う（exp は exponential の略）．

5.3.4【**定理**】 t を実変数，X を n 次行列とする．

1） 行列の指数関数 $\exp tX$ は t に関して微分可能で，

$$\frac{d}{dt}(\exp tX)=X(\exp tX)=(\exp tX)X.$$

2） $(\exp -tX)(\exp tX)=E$．したがって $\exp tX$ は正則行列である．

3） n 次行列に値をとる実変数関数 F が $F'(t)=XF(t)$ または $F'(t)=F(t)X$ をみたし，かつ $F(0)=E$ なら $F(t)=\exp tX$．

4） $XY=YX$ なら $\exp(X+Y)=(\exp X)(\exp Y)$．

【**証明**】 1） 行列の項別微分定理により，$\frac{d}{dt}(\exp tX)=\frac{d}{dt}\left(\sum_{p=0}^{\infty}\frac{1}{p!}X^pt^p\right)$

$$=\sum_{p=1}^{\infty}\frac{1}{p!}X^p\cdot pt^{p-1}=\sum_{p=1}^{\infty}\frac{1}{(p-1)!}X^pt^{p-1}=X(\exp tX)=(\exp tX)X.$$

2） $\frac{d}{dt}[(\exp -tX)(\exp tX)]=-X(\exp -tX)(\exp tX)+(\exp -tX)(\exp tX)X=O$．したがって $(\exp -tX)(\exp tX)=C$（定行列）．$t=0$ として $C=E$．

3） $G(t)=(\exp -tX)F(t)$ とおくと

$$G'(t)=-X(\exp -tX)F(t)+(\exp -tX)XF(t)=O.$$

したがって $G(t)=(\exp -tX)F(t)=C$（定行列）．$t=0$ として $C=E$．

4） $F(t)=(\exp tX)(\exp tY)$ とおくと

$$\begin{aligned}F'(t)&=(\exp tX)X(\exp tY)+(\exp tX)Y(\exp tY)\\&=(X+Y)(\exp tX)(\exp tY)\\&=(X+Y)F(t).\end{aligned}$$

$F(0)=E$ だから，3）によって $F(t)=\exp t(X+Y)$．□

5.3.5【**命題**】 1） P が正則行列なら $\exp(P^{-1}XP)=P^{-1}(\exp X)P$．

2) X が上三角行列で対角成分が $x_1, x_2, \cdots, x_n$ なら，$\exp X$ も上三角行列で対角成分は $e^{x_1}, e^{x_2}, \cdots, e^{x_n}$ である．

3) X の固有値が（重複もこめて）$\alpha_1, \alpha_2, \cdots, \alpha_n$ なら，$\exp X$ の固有値は $e^{\alpha_1}, e^{\alpha_2}, \cdots, e^{\alpha_n}$ である．

4) $\det(\exp X)=e^{\mathrm{Tr}X}$．ただし $\mathrm{Tr}\,X$ は X のトレース，すなわち対角成分ぜんぶの和である（定義1.2.8を見よ）．

【証明】 1) $\exp(P^{-1}XP)=\sum_{p=0}^{\infty}\frac{1}{p!}(P^{-1}XP)^p=\sum_{p=0}^{\infty}\frac{1}{p!}P^{-1}X^pP$

$=P^{-1}(\exp X)P$.

2) 第1章末の問題4により，X^p は上三角行列でその対角成分は $x_1{}^p, x_2{}^p, \cdots, x_n{}^p$ である．したがって $\exp X$ も上三角行列でその第 i 対角成分は $\sum_{p=0}^{\infty}\frac{1}{p!}x_i{}^p=e^{x_i}$ である．

3) 正則行列 P によって $Y=P^{-1}XP$ を上三角行列にする．X と Y の固有値は同じ $\alpha_1, \alpha_2, \cdots, \alpha_n$ であり，2）によって $\exp Y$ の固有値は $e^{\alpha_1}, e^{\alpha_2}, \cdots, e^{\alpha_n}$ である．1）によって $\exp X=P(\exp Y)P^{-1}$ だから，$\exp X$ の固有値も $e^{\alpha_1}, e^{\alpha_2}, \cdots, e^{\alpha_n}$ である．

4) やはり $Y=P^{-1}XP$ を上三角行列にする．$\mathrm{Tr}\,X=\mathrm{Tr}\,Y$ であり（命題1.2.9の4)），$\mathrm{Tr}\,Y=\alpha_1+\alpha_2+\cdots+\alpha_n$ だから，$\det(\exp X)=\det(\exp Y)=e^{\alpha_1}e^{\alpha_2}\cdots e^{\alpha_n}=e^{\alpha_1+\alpha_2+\cdots+\alpha_n}=e^{\mathrm{Tr}X}$．□

●X が反エルミート行列の場合

5.3.6【命題】 1) X が反エルミート行列 $(X^*={}^t\bar{X}=-X)$ なら，$\exp X$ はユニタリ行列である．とくにもし X が実交代行列なら，$\exp X$ は直交行列である．

2) $\exp X$ がユニタリ行列であっても，X は反エルミート行列とは限らない．$X=k\pi\begin{pmatrix}1 & 2\\ -1 & -1\end{pmatrix}$（$k$ は整数）が反例になる．

3) しかし，もし0の近くのすべての実数 t に対して $\exp tX$ がユニタリ行列なら，X は反エルミート行列である．

【証明】 まず $\exp X^* = (\exp X)^*$ に注意する.

1) $X^* = -X$ なら当然 $XX^* = X^*X$ だから, 定理 5.3.4 の 4) によって
$(\exp X)^*(\exp X) = (\exp X^*)(\exp X) = \exp(X^* + X) = \exp O = E$.

2) 簡単な計算により, $X^{2p} = (-1)^p (k\pi)^{2p} E$, $X^{2p+1} = (-1)^p (k\pi)^{2p+1} X$ $(p=0, 1, 2, \cdots)$. よって $\exp X = \sum_{p=0}^{\infty} \frac{(-1)^p (k\pi)^{2p}}{(2p)!} E + \sum_{p=0}^{\infty} \frac{(-1)^p (k\pi)^{2p+1}}{(2p+1)!} X$ $= \cos(k\pi) E + \sin(k\pi) X = (-1)^k E$ となる. したがって $\exp X$ はユニタリである. □

3) $(\exp tX)^*(\exp tX) = E$ の両辺を微分すると,

$$(\exp tX^*) X^* (\exp tX) + (\exp tX^*) X (\exp tX) = O.$$

ここで $t=0$ とすれば $X^* + X = O$ となり, 反エルミートである. □

§3の問題

問題 1 つぎの 2 次行列 X に対する $\exp X$ を求めよ.

1) $\begin{pmatrix} x & y \\ -y & x \end{pmatrix}$ 2) $\begin{pmatrix} x & y \\ 0 & w \end{pmatrix}$ 3) $\begin{pmatrix} x & y \\ z & -x \end{pmatrix}$

問題 2 3 次の実反対称行列 $X = \begin{pmatrix} 0 & -z & y \\ z & 0 & -x \\ -y & x & 0 \end{pmatrix}$ について, つぎの問いに答えよ.

1) X^2, X^3 を求めよ.

2) X^{2p} $(p \geqq 1)$, X^{2p+1} $(p \geqq 0)$ を求めよ.

3) $r = \sqrt{x^2 + y^2 + z^2}$ とおいて $\exp X$ を求めよ.

問題 3 1) X がエルミート行列なら, $\exp X$ は正値エルミート行列であることを示せ.

2) 任意の正値エルミート行列 A に対し, あるエルミート行列 X を選ぶと, $A = \exp X$ と書けることを示せ.

§4　線型微分方程式への応用

●連立１階微分方程式

5.4.1【**定理**】 t は 0 を内部に含むある区間を動く実変数とし，n 個の複素数値未知関数 $x_1(t), x_2(t), \cdots, x_n(t)$ に関する定数係数の連立１階斉次線型微分方程式系

$$\left.\begin{aligned} x_1'(t) &= a_{11}x_1(t)+a_{12}x_2(t)+\cdots+a_{1n}x_n(t) \\ x_2'(t) &= a_{21}x_1(t)+a_{22}x_2(t)+\cdots+a_{2n}x_n(t) \\ &\cdots\cdots \\ &\cdots\cdots \\ x_n'(t) &= a_{n1}x_1(t)+a_{n2}x_2(t)+\cdots+a_{nn}x_n(t) \end{aligned}\right\} \qquad (1)$$

を考える．

$$A=(a_{ij})=\begin{pmatrix} a_{11} & a_{12} & \cdots & a_{1n} \\ a_{21} & a_{22} & \cdots & a_{2n} \\ \vdots & \vdots & & \vdots \\ a_{n1} & a_{n2} & \cdots & a_{nn} \end{pmatrix}, \qquad \boldsymbol{x}(t)=\begin{pmatrix} x_1(t) \\ x_2(t) \\ \vdots \\ x_n(t) \end{pmatrix}$$

とおけば，この方程式系は

$$\boldsymbol{x}'(t)=A\cdot\boldsymbol{x}(t) \qquad (1')$$

と書ける．このとき，初期条件 $\boldsymbol{x}(0)=\boldsymbol{c}$ （$\boldsymbol{c}\in\boldsymbol{C}^n$）をみたす（1′）の解がただひとつ存在し，それは $\boldsymbol{f}(t)=(\exp tA)\,\boldsymbol{c}$ で与えられる．

【**証明**】 1° $\boldsymbol{f}'(t)=(\exp tA)'\boldsymbol{c}=A(\exp tA)\,\boldsymbol{c}=A\boldsymbol{f}(t)$，$\boldsymbol{f}(0)=\boldsymbol{c}$．

2° $\boldsymbol{g}(t)$ が（1′）の解だとする．$\boldsymbol{h}(t)=(\exp -tA)\,\boldsymbol{g}(t)$ とすると，$\boldsymbol{h}(0)=\boldsymbol{g}(0)=\boldsymbol{c}$，$\boldsymbol{h}'(t)=(\exp -tA)(-A)\,\boldsymbol{g}(t)+(\exp -tA)A\boldsymbol{g}(t)=\boldsymbol{0}$．したがって $\boldsymbol{h}(t)$ は恒等的に $\boldsymbol{c}$ に等しい．すなわち $\boldsymbol{g}(t)=(\exp tA)\,\boldsymbol{c}$．□

5.4.2【**命題**】 定理 5.4.1 の記号で，行列 A が**対角化可能だと仮定する**．定理 4.3.13 により，A の固有値 $\alpha_1, \alpha_2, \cdots, \alpha_n$ に属する固有ベクトルから成る $\boldsymbol{C}^n$ の基底 $\boldsymbol{p}_1, \boldsymbol{p}_2, \cdots, \boldsymbol{p}_n$ をとる．$A\boldsymbol{p}_j=\alpha_j\boldsymbol{p}_j$ だから $A^k\boldsymbol{p}_j=\alpha_j{}^k\boldsymbol{p}_j$．定理 5.4.1 により，初期条件 $\boldsymbol{f}(0)=\boldsymbol{p}_j$ をみたす（1）ないし（1′）の解は

$$\boldsymbol{f}_j(t)=(\exp tA)\boldsymbol{p}_j=\sum_{k=0}^{\infty}\frac{1}{k!}t^kA^k\boldsymbol{p}_j=\sum_{k=0}^{\infty}\frac{1}{k!}t^k\alpha_j{}^k\boldsymbol{p}_j=e^{\alpha_j t}\boldsymbol{p}_j$$

となり，解の具体的な形が分かった．一般解は $\sum_{j=1}^{n}c_je^{\alpha_j t}\boldsymbol{p}_j$ （$c_j\in\boldsymbol{C}$）で与えられる．

A が対角化できない場合は難かしい（本書では扱わない）．

●高階単独の方程式

5.4.3【命題】 t は 0 を内部に含むある区間を動く実変数とし，複素数値の未知関数 $x(t)$ に関する，定数係数の n 階斉次線型微分方程式

$$x^{(n)}(t)+a_1x^{(n-1)}(t)+\cdots+a_{n-1}x'(t)+a_nx(t)=0 \qquad (2)$$

を考える．この係数を使って作った多項方程式

$$\Psi(x)=x^n+a_1x^{n-1}+\cdots+a_{n-1}x+a_n=0 \qquad (3)$$

を微分方程式（2）の**特性方程式**と言う（Ψ はプサイとよむ）．

ここで $\Psi(x)$ の根は**すべて単根だと仮定する**．それらを $\alpha_1, \alpha_2, \cdots, \alpha_n$ とすれば

$$\Psi(x)=(x-\alpha_1)(x-\alpha_2)\cdots(x-\alpha_n). \qquad (3')$$

このとき，微分方程式（2）の一般解は

$$\sum_{j=1}^{n}c_je^{\alpha_j t}=c_1e^{\alpha_1 t}+c_2e^{\alpha_2 t}+\cdots+c_ne^{\alpha_n t} \quad (c_j\in\boldsymbol{C})$$

で与えられる．

【証明】 定理5.4.1を使うために，新らしい未知関数を導入する：

$$x_1(t)=x(t),\ x_2(t)=x'(t), \cdots, x_{n-1}(t)=x^{(n-2)}(t),\ x_n(t)=x^{(n-1)}(t).$$

すると

$$\begin{aligned}
x_1{}'(t)&=\quad x_2(t)\\
x'{}_2(t)&=\qquad x_3(t)\\
&\vdots \qquad\qquad \ddots\\
x'{}_{n-1}(t)&=\qquad\qquad x_n(t)\\
x'{}_n(t)&=-a_nx_1(t)-a_{n-1}x_2(t)-\cdots-a_2x_{n-1}(t)-a_1x_n(t)
\end{aligned}$$

となる．$\boldsymbol{x}(t)=\begin{pmatrix} x_1(t) \\ x_2(t) \\ \vdots \\ x_n(t) \end{pmatrix}$とすれば，上の方程式は定理5.4.1の$\boldsymbol{x}'(t)=A\cdot\boldsymbol{x}(t)$において

$$A=\begin{pmatrix} 0 & 1 & 0 & \cdots & \cdots & 0 & 0 \\ 0 & 0 & 1 & \ddots & & \vdots & \vdots \\ \vdots & \vdots & 0 & & \ddots & 0 & \vdots \\ \vdots & \vdots & \vdots & \ddots & \ddots & \ddots & 0 \\ 0 & 0 & 0 & & & 0 & 1 \\ -a_n & -a_{n-1} & -a_{n-2} & & \cdots & -a_2 & -a_1 \end{pmatrix}$$

としたものである．帰納法を使ってAの特性方程式を計算すると（例3.3.3の2）を見よ），

$$\begin{aligned}\Phi(A\,;x)&=\det(xE_n-A)=x^n+a_1x^{n-1}+\cdots+a_{n-1}x+a_n\\&=\Psi(x)\end{aligned}$$

となる．したがってAの固有値は$\alpha_1, \alpha_2, \cdots, \alpha_n$であり，仮定によってこれらはすべて異なるから，定理4.2.9によってAは対角化可能である．簡単な計算により，固有値α_jに属する固有ベクトルとして$\boldsymbol{p}_j=\begin{pmatrix} 1 \\ \alpha_j \\ \alpha_j^{\,2} \\ \vdots \\ \alpha_j^{\,n-1} \end{pmatrix}$が得られる．

したがって$x'(t)=x_2(t)=\alpha_jx_1(t)=\alpha_jx(t)$が成りたち，解$x(t)=c_je^{\alpha_jt}$が得られた．□

$\Psi(x)=0$に重根がある場合は難かしい（本書では扱わない）．

5.4.4【例】 以上のように，微分方程式を解く問題が，代数方程式を解く問題に帰着される．たとえば微分方程式

$$x'''(t)-2x''(t)-x'(t)+2x(t)=0$$

を解くには，その特性方程式$\Psi(x)=0$を解けばいい．

$$\Psi(x)=x^3-2x^2-x+2=(x-1)(x+1)(x-2)$$

だから，特性根は1，-1，2であり，一般解は $c_1e^t+c_2e^{-t}+c_3e^{2t}$ で与えられる．

§4の問題

問題 1 つぎの微分方程式の一般解を求めよ．

1) $x'''(t)-6x''(t)+11x'(t)-6x(t)=0$

2) $x'''(t)-x'(t)=0$

3) $x''''(t)-3x''(t)+2x(t)=0$

第6章

線型空間と線型写像（その1）

【序】 線型空間はこれまでにたくさん扱ってきた．しかし，それらはすべて数ベクトル空間 $\boldsymbol{C}^n$ の部分空間だった．そして具体的な対象としてはもっぱら行列を扱った．すなわち，いままでやってきたことは《行列論》だったと言える．

もっと理論の適用範囲を拡げるために，これから抽象的な線型空間および線型写像の理論を展開する．

いままでの行列論では，ベクトルや行列の成分は複素数であり，実行列は特別な複素行列と思って差しつかえなかった．しかし，抽象的な線型空間の理論では，複素ベクトルから成る空間と実ベクトルから成る空間を別々に，しかも並行して扱わなければならない．

そのためにわれわれは $\boldsymbol{K}$ という記号を導入し，$\boldsymbol{K}$ は複素数体 $\boldsymbol{C}$，または実数体 $\boldsymbol{R}$ のどちらか一方を表わすと約束する．もちろん一連の議論のなかでは，$\boldsymbol{K}$ は $\boldsymbol{C}$ または $\boldsymbol{R}$ の一方だけを表わすとする．

§1 線型空間と線型写像

●線型空間の定義と例

6.1.1【**定義**】 空でない集合 V につぎのような二種類の算法が備わっているとき，V を $\boldsymbol{K}$ 上の**線型空間**と言う．$\boldsymbol{K}$ が $\boldsymbol{C}$ のときは**複素線型空間**，$\boldsymbol{K}$ が $\boldsymbol{R}$ のときは**実線型空間**と言う．

(A) 加法 V の任意の元 $\boldsymbol{x}$，$\boldsymbol{y}$ に対して V のある元を対応させる規則が定まっている．この元を $\boldsymbol{x}$ と $\boldsymbol{y}$ の**和**と言い，$\boldsymbol{x}+\boldsymbol{y}$ と書く．この算法を**加法**（足し算）と言う．加法はつぎの四つの公理をみたす：

1) $(\boldsymbol{x}+\boldsymbol{y})+\boldsymbol{z}=\boldsymbol{x}+(\boldsymbol{y}+\boldsymbol{z})$ （結合法則）

2) $\boldsymbol{x}+\boldsymbol{y}=\boldsymbol{y}+\boldsymbol{x}$ （交換法則）

3) $\boldsymbol{V}$ のひとつの元 $\mathbf{0}$ が指定されている．これはゼロ元，またはゼロベクトルと呼ばれ，つぎの性質をもつ：$\boldsymbol{V}$ の任意の元 $\boldsymbol{x}$ に対して $\mathbf{0}+\boldsymbol{x}=\boldsymbol{x}$.

4) $\boldsymbol{V}$ の任意の元 $\boldsymbol{x}$ に対し，$\boldsymbol{x}+\boldsymbol{x}'=\mathbf{0}$ となる $\boldsymbol{V}$ の元 $\boldsymbol{x}'$ がただひとつ存在する．これを（$\boldsymbol{x}$ の逆向きベクトルと言い）$-\boldsymbol{x}$ と書く．$\boldsymbol{y}+(-\boldsymbol{x})$ を $\boldsymbol{y}-\boldsymbol{x}$ と書く．

(B) （スカラー倍） $\boldsymbol{V}$ の任意の元 $\boldsymbol{x}$ と $\boldsymbol{K}$ の任意の元 a に対し，$\boldsymbol{V}$ のある元を対応させる規則が定まっている．この元を $\boldsymbol{x}$ の a 倍と言い，$a\boldsymbol{x}$ と書く．この算法を**スカラー倍**と言う．スカラー倍はつぎの四つの公理をみたす：

5) $(a+b)\boldsymbol{x}=a\boldsymbol{x}+b\boldsymbol{x}$.

6) $a(\boldsymbol{x}+\boldsymbol{y})=a\boldsymbol{x}+a\boldsymbol{y}$.

7) $(ab)\boldsymbol{x}=a(b\boldsymbol{x})$.

8) $1\boldsymbol{x}=\boldsymbol{x}$.

以上で線型空間の定義を終わる．$\boldsymbol{V}$ の元をふつう**ベクトル**と言う．これに対して $\boldsymbol{K}$ の元を**スカラー**と言うことがある．

6.1.2【例】 1) いままでもっぱら扱ってきた $\boldsymbol{C}^n$ は複素線型空間，$\boldsymbol{R}^n$ は実線型空間の典型例である．あとで定義する概念を使えば，$\boldsymbol{K}$ 上の任意の有限次元線型空間はある $\boldsymbol{K}^n$ に同型である（定義 6.1.12，命題 6.2.10）．

2) 一元集合 $\boldsymbol{V}=\{\mathbf{0}\}$ に $\mathbf{0}+\mathbf{0}=\mathbf{0}$，$a\mathbf{0}=\mathbf{0}(a\in\boldsymbol{K})$ として算法を決めれば，$\boldsymbol{V}$ は $\boldsymbol{K}$ 上の線型空間である．これを**ゼロ空間**と言う．

3) 空間【平面】のベクトルぜんぶの集合（序章§3を見よ）．

4) $\boldsymbol{K}$ の元を成分とする n 項列ベクトルぜんぶの集合 $\boldsymbol{K}^n$.

5) (m, n) 型 $\boldsymbol{K}$ 行列ぜんぶの集合 $\boldsymbol{M}(m, n\,;\boldsymbol{K})$.

6) $\boldsymbol{K}$ の元を係数とする1変数多項式ぜんぶの集合 $\boldsymbol{P}(\boldsymbol{K})$.

6.1.3【命題】 $\boldsymbol{X}$ を空でない集合，$\boldsymbol{W}$ を $\boldsymbol{K}$ 上の線型空間とする．$\boldsymbol{X}$ から $\boldsymbol{W}$ への写像（写像については序章§1の後半を見よ）ぜんぶの集合を $\mathcal{F}(\boldsymbol{X}\,;\boldsymbol{W})$ とし，ここにつぎのようにふたつの算法を定義する：T，$S\in\mathcal{F}(\boldsymbol{X}\,;\boldsymbol{W})$ に対して和 $T+S$ およびスカラー倍 $aT(a\in\boldsymbol{K})$ を，

$$(T+S)(x)=T(x)+S(x),$$

$$(aT)(x)=a[T(x)]$$

として定める．ただし x は $\boldsymbol{X}$ の任意の元である．〔$T(x)$ を Tx とも書くことにする．〕このとき，上記の二算法によって $\mathscr{F}(\boldsymbol{X}\,;\,\boldsymbol{W})$ は $\boldsymbol{K}$ 上の線型空間になる．

【証明】 線型空間の公理 1)〜8) を確かめる．以下の証明は慣れない人には不親切で，何をやっているのか分からないかもしれない．しかし，慣れてしまえばこれはなんでもないことであり，ただ面倒なだけである．以下 T，S，R は $\mathscr{F}(\boldsymbol{X}\,;\,\boldsymbol{W})$ の元を，a と b は $\boldsymbol{K}$ の元を，変数 x は $\boldsymbol{X}$ の元を表わす．定義 6.1.1 の八つの公理を順に見ていく．

1) $[(T+S)+R](x)=(T+S)(x)+Rx=(Tx+Sx)+Rx=Tx+(Sx+Rx)=Tx+(S+R)(x)=[T+(S+R)](x)$ となるから $(T+S)+R=T+(S+R)$．

2) $(T+S)(x)=Tx+Sx=Sx+Tx=(S+T)x$ だから $T+S=S+T$．

3) 線型空間 $\boldsymbol{W}$ のゼロ元を $\mathbf{0}$ と書く．$\boldsymbol{X}$ のすべての元 x を $\mathbf{0}$ に移す写像（ゼロ写像と言う）を O と書く．$Ox=\mathbf{0}$．$(O+T)(x)=Ox+Tx=\mathbf{0}+Tx=Tx$ だから $O+T=T$．

4) $\mathscr{F}(\boldsymbol{X}\,;\,\boldsymbol{W})$ の元 T に対し，$\mathscr{F}(\boldsymbol{X}\,;\,\boldsymbol{W})$ の元 T' を $T'x=-Tx\,(x\in\boldsymbol{X})$ として定めると，$(T+T')(x)=Tx+T'x=Tx+(-Tx)=\mathbf{0}$ だから $T+T'=O$．一意性の証明は省略する．

5) $[(a+b)T](x)=(a+b)(Tx)=a(Tx)+b(Tx)=(aT)(x)+(bT)(x)=(aT+bT)(x)$．よって $(a+b)T=aT+bT$．

6) $[a(T+S)](x)=a[(T+S)(x)]=a(Tx+Sx)=a(Tx)+a(Sx)=(aT)(x)+(aS)(x)=(aT+aS)(x)$．したがって $a(T+S)=aT+aS$．

7) $[(ab)T](x)=(ab)(Tx)=a[b(Tx)]=a[(bT)(x)]=[a(bT)](x)$ となるから $(ab)T=a(bT)$．

8) $(1\cdot T)(x)=1(Tx)=Tx$ だから $1\cdot T=T$．□

世のなかにはつまらないけれども，しなくてはならないことがある，という好例．しかしこの命題によって，たくさんの重要な線型空間が作られる．

6.1.4【例】 1) 命題6.1.3で $\boldsymbol{X}$ が $\boldsymbol{R}$ の区間 I であり，$\boldsymbol{W}$ が $\boldsymbol{K}$ 自身のとき，$\mathscr{F}(I\,;\boldsymbol{K})$ は I 上の $\boldsymbol{K}$ 値関数ぜんぶの作る $\boldsymbol{K}$ 上の線型空間である．

2) やはり命題6.1.3で $\boldsymbol{X}$ が自然数ぜんぶの集合 $\boldsymbol{N}$ であり，$\boldsymbol{W}$ が $\boldsymbol{K}$ 自身のとき，$\mathscr{F}(\boldsymbol{N}\,;\boldsymbol{K})$ は $\boldsymbol{K}$ の元から成る無限数列ぜんぶの作る $\boldsymbol{K}$ 上の線型空間である．

●部分線型空間

6.1.5【定義】 $\boldsymbol{V}$ を $\boldsymbol{K}$ 上の線型空間，$\boldsymbol{W}$ を $\boldsymbol{V}$ の部分集合とする．$\boldsymbol{V}$ の算法を $\boldsymbol{W}$ に制限した規則によって $\boldsymbol{W}$ が $\boldsymbol{K}$ 上の線型空間になるとき，$\boldsymbol{W}$ を $\boldsymbol{V}$ の**部分線型空間**，略して**部分空間**と言う．すぐに分かることとして，もし $\boldsymbol{U}$ が $\boldsymbol{W}$ の部分空間なら，$\boldsymbol{U}$ は $\boldsymbol{V}$ の部分空間でもある．また，$\{\boldsymbol{0}\}$ と $\boldsymbol{V}$ 自身は $\boldsymbol{V}$ の部分線型空間である．このふたつを**自明**な部分空間と言う．

6.1.6【命題】 $\boldsymbol{V}$ を $\boldsymbol{K}$ 上の線型空間，$\boldsymbol{W}$ を $\boldsymbol{V}$ の部分集合とする．$\boldsymbol{W}$ が $\boldsymbol{V}$ の部分線型空間であるためには，つぎの三つの条件が必要十分である：

1) $\boldsymbol{W}$ は空集合でない．

2) $\boldsymbol{x}$，$\boldsymbol{y}\in\boldsymbol{W}$ なら $\boldsymbol{x}+\boldsymbol{y}\in\boldsymbol{W}$．

3) $\boldsymbol{x}\in\boldsymbol{W}$，$a\in\boldsymbol{K}$ なら $a\boldsymbol{x}\in\boldsymbol{W}$．

【証明】 まず $\boldsymbol{W}$ が $\boldsymbol{V}$ の部分空間なら，三条件は当然みたされる．逆に三条件がみたされるとしよう．$\boldsymbol{W}$ は空集合でないから，少なくともひとつの元 $\boldsymbol{u}$ が存在する．$\boldsymbol{V}$ のゼロ元を $\boldsymbol{0}$ とすると，$\boldsymbol{0}=\boldsymbol{u}+(-1)\cdot\boldsymbol{u}$ だから，条件3）と2）によって $\boldsymbol{0}\in\boldsymbol{W}$ となり，$\boldsymbol{0}$ は $\boldsymbol{W}$ のゼロ元でもある．また，任意の $\boldsymbol{x}\in\boldsymbol{W}$ に対して $-\boldsymbol{x}=(-1)\cdot\boldsymbol{x}$ だから条件3）によって $-\boldsymbol{x}$ は $\boldsymbol{W}$ に属し，$\boldsymbol{x}$ の逆向きベクトルである．算法のみたすべき八個の条件（定義6.1.1を見よ）のうち，上に示した3)，4）以外は，広い領域 $\boldsymbol{V}$ で成りたつ等式だから，狭い領域 $\boldsymbol{W}$ でも成りたち，$\boldsymbol{W}$ は $\boldsymbol{V}$ の部分線型空間である．□

6.1.7【例】 1) A を (m, n) 型 $\boldsymbol{K}$ 行列とする．斉次1次方程式系 $A\boldsymbol{x}=\boldsymbol{0}_m$ の $\boldsymbol{K}$ 解 $\boldsymbol{x}$（$\boldsymbol{x}\in\boldsymbol{K}^n$）ぜんぶの集合 $\boldsymbol{W}=\{\boldsymbol{x}\in\boldsymbol{K}^n\,;A\boldsymbol{x}=\boldsymbol{0}_m\}$ は $\boldsymbol{K}^n$ の部分線型空間である（命題2.4.11およびそれに続くノートを見よ）．$\boldsymbol{W}$ を

方程式系 $A\boldsymbol{x}=\boldsymbol{0}_m$ の**解空間**と言う．

2) 例6.1.2の6) の多項式空間 $\boldsymbol{P}(\boldsymbol{K})$ の元のうち，n次 ($n\geqq 0$) 以下の多項式ぜんぶの集合 $\boldsymbol{P}_n(\boldsymbol{K})$ は $\boldsymbol{P}(\boldsymbol{K})$ の部分空間である．$0\leqq m\leqq n$ なら，$\boldsymbol{P}_m(\boldsymbol{K})$ は $\boldsymbol{P}_n(\boldsymbol{K})$ の部分空間である．

3) 命題4.3.8で示したように，任意の n 次正方行列 A および A の任意の固有値 α に対し，α に属する A の固有空間 $\boldsymbol{V}=\{\boldsymbol{x}\in\boldsymbol{C}^n\,;\,A\boldsymbol{x}=\alpha\boldsymbol{x}\}$ は $\boldsymbol{C}^n$ の $\{\boldsymbol{0}\}$ でない部分空間である．

4) n 次 $\boldsymbol{K}$ 行列ぜんぶの作る $\boldsymbol{K}$ 上の線型空間 $\boldsymbol{M}(n\,;\,\boldsymbol{K})$ において，a) $\{X\in\boldsymbol{M}(n\,;\,\boldsymbol{K})\,;\,\mathrm{Tr}\,X=0\}$，b) 対角行列の全体，c) 上（下）三角行列の全体，d) 対称行列 (${}^tX=X$) の全体，e) 交代行列 (${}^tX=-X$) の全体はどれも（$\boldsymbol{K}$ 上の）部分線型空間である．

しかしエルミート行列の全体 $\boldsymbol{X}$ や反エルミート行列の全体 $\boldsymbol{Y}$ は，$\boldsymbol{M}(n\,;\,\boldsymbol{C})$ の部分線型空間ではない．たとえば $X=\begin{pmatrix}0 & i\\ -i & 0\end{pmatrix}$ (i は虚数単位) はエルミート行列だが，$iX=\begin{pmatrix}0 & -1\\ 1 & 0\end{pmatrix}$ はエルミート行列ではない．係数を実数に制限すれば，$\boldsymbol{X}$ も $\boldsymbol{Y}$ も実線型空間である．

また，ユニタリ行列の全体も直交行列の全体も線型空間ではない．

5) 実数全体で定義された実数値関数ぜんぶの集合 $\boldsymbol{V}$ は，命題6.1.3で作った（写像の）線型空間 $\mathcal{F}(\boldsymbol{R}\,;\,\boldsymbol{R})$ である．つぎのものはどれも $\boldsymbol{V}$ の重要な部分線型空間である：a) 連続関数の全体，b) 微分可能関数の全体，c) 何回でも微分可能な関数の全体，d) 正の実数 p を周期とする周期関数 ($f(x+p)=f(x)$) の全体，証明はどれもやさしい．

6) 上の例5) の空間 $\mathcal{F}(\boldsymbol{R}\,;\,\boldsymbol{R})$ の部分空間c)，すなわち何回でも微分できる関数の空間を $\boldsymbol{V}$ とする．$\boldsymbol{V}$ の元で斉次線型微分方程式

$$f^{(n)}(x)+a_1(x)f^{(n-1)}(x)+\cdots+a_n(x)f(x)=0$$

の解である関数 f ぜんぶの集合 $\boldsymbol{W}$ は $\boldsymbol{V}$ の実部分線型空間である（証明略）．

●線型写像の定義と例

6.1.8【定義】 1) $\boldsymbol{V}$, $\boldsymbol{V}'$ を $\boldsymbol{K}$ 上の線型空間とする．$\boldsymbol{V}$ から $\boldsymbol{V}'$ への写像 T がつぎの二条件をみたすとき，T を $\boldsymbol{V}$ から $\boldsymbol{V}'$ への**線型写像**と言う：$\boldsymbol{x}$, $\boldsymbol{y}\in\boldsymbol{V}$, $a\in\boldsymbol{K}$ に対して

$$T(\boldsymbol{x}+\boldsymbol{y})=T\boldsymbol{x}+T\boldsymbol{y}, \qquad T(a\boldsymbol{x})=a(T\boldsymbol{x}).$$

すぐ分かるように，$\boldsymbol{V}$ のゼロ元 $\boldsymbol{0}$ は T によって $\boldsymbol{V}'$ のゼロ元 $\boldsymbol{0}'$ に移る．とくに $\boldsymbol{V}$ のすべての元を $\boldsymbol{0}'$ に移す写像は線型写像である．これを $\boldsymbol{V}$ から $\boldsymbol{V}'$ への**ゼロ写像**と言い，O と書くことが多い．

2) $\boldsymbol{V}'=\boldsymbol{V}$ のとき，T を $\boldsymbol{V}$ の**線型変換**と言う．$\boldsymbol{V}$ の恒等写像 ($T\boldsymbol{x}=\boldsymbol{x}$) は線型変換である．これを $\boldsymbol{V}$ の**恒等変換**と言い，I（または I_V）と書くことが多い．T が $\boldsymbol{V}$ の線型変換で，逆写像 T^{-1} が存在するとき，T は**正則**または**可逆**であると言う．このとき T^{-1} も $\boldsymbol{V}$ の線型変換で，$T\circ T^{-1}=T^{-1}\circ T=I_V$.

6.1.9【命題】 $\boldsymbol{V}$, $\boldsymbol{V}'$, $\boldsymbol{V}''$ が $\boldsymbol{K}$ 上の線型空間で，S が $\boldsymbol{V}$ から $\boldsymbol{V}'$ への線型写像，T が $\boldsymbol{V}'$ から $\boldsymbol{V}''$ への線型写像なら，合成写像 $TS=T\circ S$ は $\boldsymbol{V}$ から $\boldsymbol{V}'$ への線型写像である．

【証明】 $\boldsymbol{x},\boldsymbol{y}\in\boldsymbol{V}$, $a\in\boldsymbol{K}$ に対し，$(TS)(\boldsymbol{x}+\boldsymbol{y})=T[S(\boldsymbol{x}+\boldsymbol{y})]=T(S\boldsymbol{x}+S\boldsymbol{y})=T(S\boldsymbol{x})+T(S\boldsymbol{y})=(TS)(\boldsymbol{x})+(TS)(\boldsymbol{y})$．$(TS)(a\boldsymbol{x})=T[S(a\boldsymbol{x})]=T[a(S\boldsymbol{x})]=a[T(S\boldsymbol{x})]=a[(TS)(\boldsymbol{x})]$．□

6.1.10【例】 1) 定理1.1.14により，$\boldsymbol{C}^n$ から $\boldsymbol{C}^m$ への線型写像は，ある (m,n) 型行列 A を掛ける写像 T_A：$\boldsymbol{x}\to A\boldsymbol{x}$ で尽くされる．$\boldsymbol{C}$ を $\boldsymbol{R}$ に変え，A を実行列としてもいい．

2) 例6.1.2の6）の多項式空間 $\boldsymbol{P}(\boldsymbol{K})$ を考える．$\boldsymbol{K}$ の元 b を固定し，多項式 $f(x)$ に対して $(T_bf)(x)=f(x+b)$ と定義すると，T_bf も x の多項式で，写像 T_b は $\boldsymbol{P}(\boldsymbol{K})$ の線型変換である（証明略）．もし $f\in\boldsymbol{P}_n(\boldsymbol{K})$ なら $T_bf\in\boldsymbol{P}_n(\boldsymbol{K})$ だから，T_b を $\boldsymbol{P}_n(\boldsymbol{K})$ に制限した写像は $\boldsymbol{P}_n(\boldsymbol{K})$ の線型交換でもある．

3) 実変数実数値関数で，何回でも微分できるもの全部の作る実線型空間を

$\boldsymbol{V}$ とする（例6.1.7の5）を見よ）．$\boldsymbol{V}$ の元 f にその導関数 f' を対応させる写像 D は $\boldsymbol{V}$ の線型変換である．実際 $(f+g)'=f'+g'$，$(af)'=af'$．

4）例6.1.7の6）で考えた斉次線型微分方程式の解空間を $\boldsymbol{W}$ とし，微分方程式の係数関数がすべて定数だと仮定する：

$$f^{(n)}(x)+a_1f^{(n-1)}(x)+\cdots+a_nf(x)=0.$$

このとき $\boldsymbol{W}$ の元 f にその導関数 f' を対応させる写像 D は $\boldsymbol{W}$ の線型変換である（証明はやさしい）．

6.1.11【**命題**】 命題6.1.3で作った写像の線型空間 $\mathscr{F}(\boldsymbol{X}\,;\,\boldsymbol{W})$（$\boldsymbol{X}$ は集合，$\boldsymbol{W}$ は $\boldsymbol{K}$ 上の線型空間）を考える．とくに $\boldsymbol{X}$ が $\boldsymbol{K}$ 上の線型空間のとき，$\boldsymbol{X}$ から $\boldsymbol{W}$ への線型写像ぜんぶの集合 $\mathscr{L}(\boldsymbol{X}\,;\,\boldsymbol{W})$ は $\mathscr{F}(\boldsymbol{X}\,;\,\boldsymbol{W})$ の部分線型空間である．

【**証明**】 部分空間の三条件（命題6.1.6を見よ）を調べる．

1）ゼロ写像（$\boldsymbol{X}$ のすべての元を $\boldsymbol{W}$ のゼロベクトルに移す写像 O）は $\mathscr{L}(\boldsymbol{X}\,;\,\boldsymbol{W})$ に属する．

2）$T, S\in\mathscr{L}(\boldsymbol{X}\,;\,\boldsymbol{W}), a\in\boldsymbol{K}$ とする．$\boldsymbol{x}, \boldsymbol{y}\in\boldsymbol{X}$ に対し，$(T+S)(\boldsymbol{x}+\boldsymbol{y})=T(\boldsymbol{x}+\boldsymbol{y})+S(\boldsymbol{x}+\boldsymbol{y})=(T\boldsymbol{x}+T\boldsymbol{y})+(S\boldsymbol{x}+S\boldsymbol{y})=(T+S)(\boldsymbol{x})+(T+S)(\boldsymbol{y})$．$(T+S)(a\boldsymbol{x})=T(a\boldsymbol{x})+S(a\boldsymbol{x})=a(T\boldsymbol{x})+a(S\boldsymbol{x})=a(T\boldsymbol{x}+S\boldsymbol{x})=a[(T+S)(\boldsymbol{x})]$ となるから $T+S\in\mathscr{L}(\boldsymbol{X}\,;\,\boldsymbol{W})$．

3）つぎに b も $\boldsymbol{K}$ の元として $(aT)(\boldsymbol{x}+\boldsymbol{y})=a[T(\boldsymbol{x}+\boldsymbol{y})]=a(T\boldsymbol{x}+T\boldsymbol{y})=a(T\boldsymbol{x})+a(T\boldsymbol{y})=(aT)(\boldsymbol{x})+(aT)(\boldsymbol{y})$．$(aT)(b\boldsymbol{x})=a[T(b\boldsymbol{x})]=a[b(T\boldsymbol{x})]=(ab)(T\boldsymbol{x})=b[a(T\boldsymbol{x})]=b[(aT)\boldsymbol{x})]$ となるから $aT\in\mathscr{L}(\boldsymbol{X}\,;\,\boldsymbol{W})$ となり，三条件がみたされた．面倒くさいばっかりでちっとも面白くないことの第二弾．□

ノート 定理1.1.14ないし例6.1.10の1）により，上の命題で $\boldsymbol{X}=\boldsymbol{K}^n$，$\boldsymbol{W}=\boldsymbol{K}^m$ であれば，$\mathscr{L}(\boldsymbol{K}^n\,;\,\boldsymbol{K}^m)$ は $\boldsymbol{M}(m, n\,;\,\boldsymbol{K})$ と同一視される．

●同型の概念

ノート 集合 X から集合 Y への写像 T が**一対一**であることの定義，および T が X から Y の**上への**写像であることの定義は定義0.1.5の3）で既出である．

6.1.12【定義】 1)　$\boldsymbol{V}$ と $\boldsymbol{V}'$ を $\boldsymbol{K}$ 上の線型空間，T を $\boldsymbol{V}$ から $\boldsymbol{V}'$ への**線型写像**とする．T が一対一，かつ $\boldsymbol{V}'$ の上への写像であるとき，T を $\boldsymbol{V}$ から $\boldsymbol{V}'$ への**同型写像**と言う．

2)　すぐ分かるように，このとき T の逆写像 T'：$\boldsymbol{V}' \to \boldsymbol{V}$ が存在し，$\boldsymbol{V}'$ から $\boldsymbol{V}$ への同型写像である．

3)　$\boldsymbol{V}$ から $\boldsymbol{V}'$ への同型写像が存在するとき（2) によって $\boldsymbol{V}'$ から $\boldsymbol{V}$ への同型写像も存在する)，$\boldsymbol{V}$ と $\boldsymbol{V}'$ とは互いに**同型**であると言い，$\boldsymbol{V} \cong \boldsymbol{V}'$（このとき $\boldsymbol{V}' \cong \boldsymbol{V}$）と書く．

6.1.13【命題】 1)　$\boldsymbol{V}$ が $\boldsymbol{K}$ 上の線型空間のとき，$\boldsymbol{V}$ の恒等変換 $I_{\boldsymbol{V}}$ は $\boldsymbol{V}$ から $\boldsymbol{V}$ 自身への同型写像である．したがって $\boldsymbol{V} \cong \boldsymbol{V}$．

2)　$\boldsymbol{V}'$，$\boldsymbol{V}''$ も $\boldsymbol{K}$ 上の線型空間で，T が $\boldsymbol{V}$ から $\boldsymbol{V}'$ への同型写像，S が $\boldsymbol{V}'$ から $\boldsymbol{V}''$ への同型写像なら，合成写像 $S \circ T$ は $\boldsymbol{V}$ から $\boldsymbol{V}''$ への同型写像である．言いかえれば，$\boldsymbol{V} \cong \boldsymbol{V}'$ かつ $\boldsymbol{V}' \cong \boldsymbol{V}''$ なら $\boldsymbol{V} \cong \boldsymbol{V}''$．

証明は非常にやさしい．□

(ノート)　$\boldsymbol{V}$ と $\boldsymbol{V}'$ が同型なら，このふたつは線型空間としてまったく同じ構造をもつ．このことの具体的な内容は次節で論ずる．

6.1.14【例】 1)　(m, n) 型 $\boldsymbol{K}$ 行列 $A = (\boldsymbol{a}_1\ \boldsymbol{a}_2\ \cdots\ \boldsymbol{a}_n)$ $(\boldsymbol{a}_j \in \boldsymbol{K}^m)$ に対して

$$T(A) = \begin{pmatrix} \boldsymbol{a}_1 \\ \boldsymbol{a}_2 \\ \vdots \\ \boldsymbol{a}_n \end{pmatrix}$$

とすれば，T は $\boldsymbol{M}(m, n\,;\boldsymbol{K})$ から $\boldsymbol{K}^{mn}$ への同型写像である．

2)　すでに知っている（コメント 1.1.15）ように，$\mathscr{L}(\boldsymbol{K}^n\,;\boldsymbol{K}^m) \cong \boldsymbol{M}(m, n\,;\boldsymbol{K})$．

3)　n 次以下の $\boldsymbol{K}$ 係数多項式ぜんぶの空間 $\boldsymbol{P}_n(\boldsymbol{K})$ を考える（例 6.1.7 の 2))．$\boldsymbol{P}_n(\boldsymbol{K})$ の元

$$f(x) = a_0x^n + a_1x^{n-1} + \cdots + a_{n-1}x + a_n$$

を $\boldsymbol{K}^{n+1}$ の元 $Tf=\begin{pmatrix} a_0 \\ a_1 \\ \vdots \\ a_n \end{pmatrix}$ に移す写像 T は，$\boldsymbol{P}_n(\boldsymbol{K})$ から $\boldsymbol{K}^{n+1}$ への同型写像である．

§1の問題

問題 1 つぎの線型空間 $\boldsymbol{V}$ の部分集合 $\boldsymbol{S}$ は $\boldsymbol{V}$ の部分線型空間か．

1) $\boldsymbol{V}=\boldsymbol{K}^n$，$\boldsymbol{S}=\{\boldsymbol{x}\in\boldsymbol{V}\,;\,\|\boldsymbol{x}\|=1\}$．

2) $\boldsymbol{V}=\boldsymbol{M}(l, m\,;\,\boldsymbol{K})$，$\boldsymbol{S}=\{X\in\boldsymbol{V}\,;\,AXB=C\}$．ただし A は (k, l) 型，B は (m, n) 型，C は (k, n) 型の $\boldsymbol{K}$ 行列．

3) $\boldsymbol{V}=\boldsymbol{M}(n\,;\,\boldsymbol{K})$，$\boldsymbol{S}=\{X\in\boldsymbol{V}\,;\,\det X=0\}$．

4) $\boldsymbol{V}$ は閉区間 $[a, b]$ 上の実数値連続関数ぜんぶの作る実線型空間，p は $[a, b]$ 上のある連続関数，$\boldsymbol{S}=\left\{f\in\boldsymbol{V}\,;\,\int_a^b f(x)p(x)\,dx=0\right\}$．

5) $\boldsymbol{V}$ は 4) と同じ空間，$\boldsymbol{S}=\{f\in\boldsymbol{V}\,;\,f(a)=f(b)=0\}$．

問題 2 $\boldsymbol{V}$ を $\boldsymbol{K}$ 上の線型空間，$\boldsymbol{W}$ と $\boldsymbol{U}$ を $\boldsymbol{V}$ の部分空間とする．

1) $\boldsymbol{W}\cap\boldsymbol{U}$ は $\boldsymbol{V}$ の部分空間であることを示せ．

2) $\boldsymbol{X}=\{\boldsymbol{x}+\boldsymbol{y}\,;\,\boldsymbol{x}\in\boldsymbol{W}，\boldsymbol{y}\in\boldsymbol{U}\}$ とすると，$\boldsymbol{X}$ も $\boldsymbol{V}$ の部分空間であることを示せ．$\boldsymbol{X}$ を $\boldsymbol{W}$ と $\boldsymbol{U}$ の**和空間**と言い，$\boldsymbol{W}+\boldsymbol{U}$ と書く．

問題 3 $\boldsymbol{V}$，$\boldsymbol{V}'$ を $\boldsymbol{K}$ 上の線型空間，T を $\boldsymbol{V}$ から $\boldsymbol{V}'$ への写像とする．つぎの T は線型写像か．

1) $\boldsymbol{V}=\boldsymbol{C}^n$，$\boldsymbol{V}'=\boldsymbol{C}$，$\boldsymbol{b}\in\boldsymbol{C}^n$，$T\boldsymbol{x}=(\boldsymbol{x}\,|\,\boldsymbol{b})$ $(\boldsymbol{x}\in\boldsymbol{V})$

2) $\boldsymbol{V}=\boldsymbol{R}^n$，$\boldsymbol{V}'=\boldsymbol{R}$，$T\boldsymbol{x}=\|\boldsymbol{x}\|$

3) $\boldsymbol{V}=\boldsymbol{V}'=\boldsymbol{M}(n\,;\,\boldsymbol{K})$；$A$ と B は n 次 $\boldsymbol{K}$ 行列．$T(X)=AXB$ $(X\in\boldsymbol{V})$

4) 3) と同じ状況で $T(X)=XAX$

5) $\boldsymbol{V}=\boldsymbol{M}(n\,;\,\boldsymbol{K})$，$\boldsymbol{V}'\in\boldsymbol{K}$，$T(X)=\det X$

問題 4 $\boldsymbol{V}$，$\boldsymbol{V}'$ を $\boldsymbol{K}$ 上の線型空間，T を $\boldsymbol{V}$ から $\boldsymbol{V}'$ への線型写像とする．さらに A を $\boldsymbol{V}$ の部分空間，P を $\boldsymbol{V}'$ の部分空間とする．このときつぎのふたつの記号は，序章§1の問題3と問題4で既出である：

$$T[A]=\{T\boldsymbol{x}\,;\,\boldsymbol{x}\in A\},$$

$$T^{-1}[P]=\{\boldsymbol{x}\in\boldsymbol{V}\ ;\ T\boldsymbol{x}\in P\}.$$

1)　$T[A]$ は $\boldsymbol{V}'$ の部分空間であることを示せ．これを A の T による**像空間**と言う．とくに $A=\boldsymbol{V}$ のとき，$T[\boldsymbol{V}]$ を T の**像空間**と言う．

2)　$T^{-1}[P]$ は $\boldsymbol{V}$ の部分空間であることを示せ．これを P の T による**逆像空間**と言う．とくに $P=\{\boldsymbol{0}'\}$($\boldsymbol{0}'$ は $\boldsymbol{V}'$ のゼロ元)のとき，$T^{-1}[\{\boldsymbol{0}'\}]$を T の**核**(kernel)と言う．ちなみに $T^{-1}[\boldsymbol{V}']=\boldsymbol{V}$.

§2　基底および次元

●線型独立性

$\boldsymbol{C}^n$ のベクトルの線型独立性などについては，第2章§1で十分に理論を展開した．そこを見れば分かるように，そのなかの記号 $\boldsymbol{C}^n$ を $\boldsymbol{K}$ 上の任意の線型空間 $\boldsymbol{V}$ に置きかえ，定数の範囲 $\boldsymbol{C}$ を $\boldsymbol{K}$ に置きかえれば，すべての定義と命題にそのまま通用する（命題2.1.2の6)，7)，8）は除く）．

だから線型独立性の議論は繰りかえさない．第2章§1を読みかえしてもらいたい．つぎの命題だけ補っておく．

6.2.1【命題】　$\boldsymbol{V}$ と $\boldsymbol{V}'$ を $\boldsymbol{K}$ 上の線型空間，T を $\boldsymbol{V}$ から $\boldsymbol{V}'$ への線型写像とし，$\mathscr{S}=\langle\boldsymbol{u}_1, \boldsymbol{u}_2, \cdots, \boldsymbol{u}_k\rangle$ を $\boldsymbol{V}$ の元の有限列とする．

1)　$\mathscr{S}$ が線型従属なら，$\mathscr{S}'=\langle T\boldsymbol{u}_1, T\boldsymbol{u}_2, \cdots, T\boldsymbol{u}_k\rangle$ も線型従属である．

2)　$\mathscr{S}'$ が線型独立なら $\mathscr{S}$ も線型独立である．

3)　とくに T が同型写像なら，$\mathscr{S}$ が線型独立であることと $\mathscr{S}'$ が線型独立であることとは同値である．

【証明】　$\boldsymbol{V}$ の線型関係 $c_1\boldsymbol{u}_1+c_2\boldsymbol{u}_2+\cdots+c_k\boldsymbol{u}_k=\boldsymbol{0}$ を T によって $\boldsymbol{V}'$ に移すだけですべて分かる．□

●基底および次元

6.2.2【コメント】　$\boldsymbol{C}^n$ の部分空間の基底と次元については，第4章§3ですでに理論を展開した．いま考えている $\boldsymbol{K}$ 上の一般の線型空間の場合，$\boldsymbol{V}$ とある $\boldsymbol{K}^n$ が同型であることを使って，すべての議論を $\boldsymbol{K}^n$ に移すことができ，それ（$\boldsymbol{K}=\boldsymbol{C}$ のとき）はすでにできている．しかし，ここでは抽象的な線型空間論の自立性を重んじ，すべての理論を作りなおすことにする．

6.2.3【定義】 $\boldsymbol{V}$ を $\boldsymbol{K}$ 上の線型空間，$\boldsymbol{W}$ を $\boldsymbol{V}$ の部分空間（$\boldsymbol{V}$ 自身でもいい），X を $\boldsymbol{W}$ の部分集合とする．$\boldsymbol{W}$ の任意の元が X の元たちの線型結合として書けるとき，$\boldsymbol{W}$ は X によって**張られる**，または X は $\boldsymbol{W}$ を**張る**と言う．

6.2.4【定義】 $\boldsymbol{V}$ を $\boldsymbol{K}$ 上の線型空間，$\mathcal{R}=\langle \boldsymbol{u}_1, \boldsymbol{u}_2, \cdots, \boldsymbol{u}_r\rangle$ を $\boldsymbol{V}$ の元の有限列とする．つぎの二条件がみたされているとき，$\mathcal{R}$ を $\boldsymbol{V}$ の**基底**（basis または base）と言う：

1） $\mathcal{R}$ は線型独立である．

2） $\mathcal{R}$ は $\boldsymbol{V}$ を張る．

このとき，V の任意の元 $\boldsymbol{x}$ は一意的に $\boldsymbol{x}=\sum_{i=1}^{n} x_i\boldsymbol{u}_i$ と書ける（2.1.2 の 5）を参照）．

6.2.5【命題】 $\boldsymbol{V}$ を $\boldsymbol{K}$ 上の線型空間，$\mathcal{R}=\langle \boldsymbol{u}_1, \boldsymbol{u}_2, \cdots, \boldsymbol{u}_r\rangle$ を $\boldsymbol{V}$ の基底とする．このとき，r 個より多い $\boldsymbol{V}$ のベクトルは線型従属である．

【証明】 $\mathcal{S}=\langle \boldsymbol{v}_1, \boldsymbol{v}_2, \cdots, \boldsymbol{v}_s\rangle (r<s)$ を $\boldsymbol{V}$ の元の有限列とする．$\mathcal{R}$ は基底だから，$\boldsymbol{v}_j=\sum_{i=1}^{r} a_{ij}\boldsymbol{u}_i (1\leqq j\leqq s)$ と書ける．$\boldsymbol{K}$ 行列 $A=(a_{ij})$ は (r, s) 型である（ヨコナガ）．

ここで斉次１次方程式系 $A\boldsymbol{x}=\boldsymbol{0}$（$\boldsymbol{0}$ は $\boldsymbol{K}^r$ のゼロベクトル）を考える．$r<s$ だから，ずっと前にやった命題 2.4.14 により，方程式系 $A\boldsymbol{x}=\boldsymbol{0}$ は自明でない解をもつ．そのひとつを $\boldsymbol{c}\in\boldsymbol{K}^s$ とする：$\boldsymbol{c}\neq\boldsymbol{0}$，$A\boldsymbol{c}=\boldsymbol{0}$，$\boldsymbol{c}=\begin{pmatrix} c_1 \\ c_2 \\ \vdots \\ c_s \end{pmatrix}$ とすると $\sum_{j=1}^{s} a_{ij}c_j=0 (1\leqq i\leqq r)$．したがって

$$\sum_{j=1}^{s} c_j\boldsymbol{v}_j=\sum_{j=1}^{s} c_j\left(\sum_{i=1}^{r} a_{ij}\boldsymbol{u}_i\right)=\sum_{i=1}^{r}\left(\sum_{j=1}^{s} a_{ij}c_j\right)\boldsymbol{u}_i=\boldsymbol{0}$$

となり，これ（左辺）は $\mathscr{S}$ の自明でない線型関係である．□

6.2.6【定理】 $\boldsymbol{V}$ を $\boldsymbol{K}$ 上の線型空間とする．$\boldsymbol{V}$ の基底は（もしあれば）どれも同数のベクトルから成る．

【証明】 $\boldsymbol{V} \neq \{\boldsymbol{0}\}$ とし，$\boldsymbol{V}$ の基底のなかでそれを構成するベクトルの数が最小のもののひとつを $\mathscr{R} = \langle \boldsymbol{u}_1, \boldsymbol{u}_2, \cdots, \boldsymbol{u}_r \rangle$ とする．他の任意の基底 $\mathscr{S}$ が s 個の元から成るとすると，$\mathscr{R}$ の取りかたによって $r \leqq s$ だが，命題6.2.5によって $s \leqq r$ である．□

6.2.7【定義】 $\boldsymbol{V}$ に基底があるとき，それを構成するベクトルの数（どの基底にも共通）を $\boldsymbol{V}$ の**次元**（dimension）と言い，$\dim \boldsymbol{V}$ と書く．ゼロ空間の次元はゼロとする：$\dim\{\boldsymbol{0}\} = 0$．

6.2.8【コメント】 ゼロ空間以外にも基底をもたない線型空間がたくさんある．そういう空間では線型独立なベクトル列でいくらでも長いものが存在する．たとえば $\boldsymbol{K}$ 係数の多項式空間 $\boldsymbol{P}(\boldsymbol{K})$ で，単項式 $1, x, x^2, \cdots$ は線型独立である．こういう線型空間は**無限次元**であると言う．ゼロ空間 $\{\boldsymbol{0}\}$ および基底をもつ線型空間は**有限次元**であると言う．**これから扱う線型空間はすべて有限次元であると仮定する．**

（ノート） たとえば例6.1.7の5）で扱った，実関数の作るいくつかの線型空間はどれも無限次元である．しかし同じ例6）の線型微分方程式の解空間は n 次元であることが証明される．無限次元線型空間の理論はむしろ解析学に属する．

6.2.9【例】 1） $\boldsymbol{K}^n$ は n 次元で，n 個の単位ベクトル $\boldsymbol{e}_1 = \begin{pmatrix} 1 \\ 0 \\ \vdots \\ 0 \end{pmatrix}, \boldsymbol{e}_2 = \begin{pmatrix} 0 \\ 1 \\ \vdots \\ 0 \end{pmatrix},$

$\cdots, \ \boldsymbol{e}_n = \begin{pmatrix} 0 \\ 0 \\ \vdots \\ 1 \end{pmatrix}$ は基底である（**標準基底**）．

2)　$\boldsymbol{M}(m, n\,;\boldsymbol{K})$ は mn 次元であり，自然な基底として (j, j) 成分だけ 1，他はすべて 0 の行列 $E_{ij}(1 \leqq i \leqq m,\ 1 \leqq j \leqq n)$ たちを任意の順序に並べた列がとれる．

3)　n 次以下の多項式の空間 $\boldsymbol{P}_n(\boldsymbol{K})$ では，$n+1$ 個の単項式 1，$x, x^2, \cdots, x^n$ が（自然な）基底となる．

6.2.10【命題】　$\boldsymbol{V}$，$\boldsymbol{V}'$を $\boldsymbol{K}$ 上の線型空間とする．

1)　$\dim \boldsymbol{V} = n$ なら $\boldsymbol{V} \cong \boldsymbol{K}^n$．

2)　したがって $\dim \boldsymbol{V} = \dim \boldsymbol{V}'$ なら $\boldsymbol{V} \cong \boldsymbol{V}'$．すなわち線型空間の構造はその次元だけで決まる．

3)　$n \neq m$ なら $\boldsymbol{K}^n$ と $\boldsymbol{K}^m$ は同型でない．

【証明】 1)　$\boldsymbol{V}$ の基底 $\mathscr{S} = \langle \boldsymbol{u}_1, \cdots, \boldsymbol{u}_n \rangle$ をとる，$\boldsymbol{V}$ の任意の元 $\boldsymbol{x}$ は一意的に $\boldsymbol{x} = \sum_{i=1}^{n} x_i \boldsymbol{u}_i$ と書けるから，$\varphi(\boldsymbol{x}) = \begin{pmatrix} x_1 \\ x_2 \\ \vdots \\ x_n \end{pmatrix}$ として $\boldsymbol{V}$ から $\boldsymbol{K}^n$ への写像 φ を定めると，すぐ分かるように φ は同型写像である．

2)　命題 6.1.13 の 2) による．

3)　定理 6.2.6 による．□

6.2.11【命題】　$\boldsymbol{V}$ を $\boldsymbol{K}$ 上の線型空間，$\mathscr{S} = \langle \boldsymbol{u}_1, \boldsymbol{u}_2, \cdots, \boldsymbol{u}_r \rangle$ を $\boldsymbol{V}$ 内の線型独立系とする．このとき，$\mathscr{S}$ を延長して $\boldsymbol{V}$ の基底 $\mathscr{R} = \langle \boldsymbol{u}_1, \cdots, \boldsymbol{u}_r, \boldsymbol{u}_{r+1}, \cdots, \boldsymbol{u}_n \rangle$ を作ることができる．

【証明】　$\mathscr{S}$ が基底ならこれで終り，$\mathscr{S}$ が基底でなければ，$\mathscr{S}$ の元の線型結合として書けない $\boldsymbol{V}$ の元があるから，そのひとつをとって $\boldsymbol{u}_{r+1}$ とする．これで基底になったら終り．終らなかったら，この手続きを続けていくと，$\boldsymbol{V}$ の有限次元性により，有限回で手続きは終わり，$\boldsymbol{V}$ の基底が得られる．□

6.2.12【命題】　$\boldsymbol{V}$ が $\boldsymbol{K}$ 上の線型空間，$\boldsymbol{W}$ と $\boldsymbol{U}$ が $\boldsymbol{V}$ の部分空間のとき，

1)　$\boldsymbol{W} \subset \boldsymbol{U}$ なら $\dim \boldsymbol{W} \leqq \dim \boldsymbol{U}$．

2)　$\boldsymbol{W} \subset \boldsymbol{U}$，$\dim \boldsymbol{W} = \dim \boldsymbol{U}$ なら $\boldsymbol{W} = \boldsymbol{U}$．

証明は非常にやさしい（前命題による）．□

6.2.13【定理】　前命題の記号を使う．§1の問題2で新らしい部分空間 $\boldsymbol{W} \cap \boldsymbol{U}$（共通部分）と $\boldsymbol{W} + \boldsymbol{U}$（和空間）を作った．ただし

$$\boldsymbol{W} + \boldsymbol{U} = \{\boldsymbol{x} + \boldsymbol{y}\ ;\ \boldsymbol{x} \in \boldsymbol{W}, \boldsymbol{y} \in \boldsymbol{U}\}.$$

このとき，つぎの次元等式が成りたつ：

$$\dim \boldsymbol{W} + \dim \boldsymbol{U} = \dim(\boldsymbol{W} + \boldsymbol{U}) + \dim(\boldsymbol{W} \cap \boldsymbol{U}).$$

【証明】　1°　命題6.2.12により，$\boldsymbol{W} \cap \boldsymbol{U}$ の次元を r, $\boldsymbol{W}$ の次元を $r+s\,(s \geqq 0)$，$\boldsymbol{U}$ の次元を $r+t\,(t \geqq 0)$ とすることができる．命題6.2.11により，$\boldsymbol{W} \cap \boldsymbol{U}$ の基底 $\langle \boldsymbol{u}_1, \boldsymbol{u}_2, \cdots, \boldsymbol{u}_r \rangle$ を延長して，$\boldsymbol{W}$ の基底 $\langle \boldsymbol{u}_1, \cdots, \boldsymbol{u}_r, \boldsymbol{v}_1, \cdots, \boldsymbol{v}_s \rangle$ および $\boldsymbol{U}$ の基底 $\langle \boldsymbol{u}_1, \cdots, \boldsymbol{u}_r,\ \boldsymbol{w}_1, \cdots, \boldsymbol{w}_t \rangle$ を得る．このとき $\mathscr{S} = \langle \boldsymbol{u}_1, \cdots, \boldsymbol{u}_r,\ \boldsymbol{v}_1, \cdots, \boldsymbol{v}_s,\ \boldsymbol{w}_1, \cdots, \boldsymbol{w}_t \rangle$ が $\boldsymbol{W} + \boldsymbol{U}$ の基底であることを示せばいい．

2°　$\mathscr{S}$ が $\boldsymbol{W} + \boldsymbol{U}$ を張ること．$\boldsymbol{W} + \boldsymbol{U}$ の任意の元 $\boldsymbol{x}$ は $\boldsymbol{x} = \boldsymbol{y} + \boldsymbol{z}\,(\boldsymbol{y} \in \boldsymbol{W}, \boldsymbol{Z} \in \boldsymbol{U})$ と書ける．定義によって $\boldsymbol{y} = \sum_{j=1}^{r} \boldsymbol{u}_i + \sum_{j=1}^{s} \boldsymbol{v}_s$，$\boldsymbol{z} = \sum_{i=1}^{r} \boldsymbol{u}_i' + \sum_{k=1}^{t} \boldsymbol{w}_k$ と書けるから，$\boldsymbol{x} = \sum_{i=1}^{r} (\boldsymbol{u}_i + \boldsymbol{u}_i') + \sum_{j=1}^{s} \boldsymbol{v}_s + \sum_{k=1}^{t} \boldsymbol{w}_k$ となり，$\boldsymbol{x}$ は $\mathscr{S}$ の張る空間に属する．

3°　$\mathscr{S}$ の線型独立性．線型関係 $\sum_{i=1}^{r} a_i \boldsymbol{u}_i + \sum_{j=1}^{s} b_j \boldsymbol{v}_j + \sum_{k=1}^{t} c_k \boldsymbol{w}_k = 0$ があるとする．最終項を移項して $\sum a_i \boldsymbol{u}_i + \sum b_j \boldsymbol{v}_j = -\sum c_k \boldsymbol{w}_k$．左辺は $\boldsymbol{W}$ の元，右辺は $\boldsymbol{U}$ の元だから，両方とも $\boldsymbol{W} \cap \boldsymbol{U}$ の元である．だから $-\sum c_k \boldsymbol{w}_k = \sum d_i \boldsymbol{u}_i$ と書ける．$\langle \boldsymbol{u}_1, \cdots, \boldsymbol{u}_r,\ \boldsymbol{w}_1, \cdots, \boldsymbol{w}_t \rangle$ の独立性により，$d_1 = \cdots = d_r = 0$, $c_1 = \cdots = c_t = 0$．したがって $\sum a_i \boldsymbol{u}_i + \sum b_j \boldsymbol{v}_j = \boldsymbol{0}$．$\langle \boldsymbol{u}_1, \cdots, \boldsymbol{u}_r,\ \boldsymbol{v}_1, \cdots, \boldsymbol{v}_s \rangle$ の独立性によって $a_1 = \cdots = a_r = 0$，$b_1 = \cdots = b_s = 0$．□

6.2.14【定理】　$\boldsymbol{V}$，$\boldsymbol{V}'$ を $\boldsymbol{K}$ 上の線型空間，T を $\boldsymbol{V}$ から $\boldsymbol{V}'$ への線型写像とする．T の像空間 $T[\boldsymbol{V}]$，および核 $T^{-1}[\{\boldsymbol{0}'\}]$（$\boldsymbol{0}'$ は $\boldsymbol{V}'$ のゼロ元）は§1の問題4で既出である．等式

$$\dim T[\boldsymbol{V}]=\dim \boldsymbol{V}-\dim T^{-1}[\{\mathbf{0}'\}]$$

が成りたつ.

【証明】 $T^{-1}[\{\mathbf{0}'\}]$ の基底 $\langle \boldsymbol{u}_1, \boldsymbol{u}_2, \cdots, \boldsymbol{u}_r\rangle$ を延長して $\boldsymbol{V}$ の基底 $\mathscr{S}=\langle \boldsymbol{u}_1, \cdots, \boldsymbol{u}_r, \boldsymbol{u}_{r+1}, \cdots, \boldsymbol{u}_n\rangle$ を得たとする（命題 6.2.11). $\mathscr{S}'=\langle T\boldsymbol{u}_{r+1}, T\boldsymbol{u}_{r+2}, \cdots, T\boldsymbol{u}_n\rangle$ が $T[\boldsymbol{V}]$ の基底であることを示せばいい.

実際，まず $T[\boldsymbol{V}]$ の与えられた元 $\boldsymbol{y}$ に対し，$T\boldsymbol{x}=\boldsymbol{y}$ となるひとつの $\boldsymbol{x}$ をとる. $\boldsymbol{x}=\sum_{i=1}^{n} a_i\boldsymbol{u}_i$ とすると $\boldsymbol{y}=T\boldsymbol{x}=\sum_{i=r+1}^{n} a_iT\boldsymbol{u}_i$ となるから，$\mathscr{S}'$ は $T[\boldsymbol{V}]$ を張る.

つぎに線型関係 $\sum_{i=r+1}^{n} c_iT\boldsymbol{u}_i=\mathbf{0}'$ があれば，$T\left(\sum_{i=r+1}^{n} c_i\boldsymbol{u}_i\right)=\mathbf{0}'$ だから $\sum_{i=r+1}^{n} c_i\boldsymbol{u}_i \in T^{-1}[\{\mathbf{0}'\}]$ となり，基底 $\langle \boldsymbol{u}_1, \boldsymbol{u}_2, \cdots, \boldsymbol{u}_r\rangle$ の線型結合として $\sum_{i=r+1}^{n} c_i\boldsymbol{u}_i=\sum_{i=1}^{r} c_i\boldsymbol{u}_i$ と書ける. 移項して $\sum_{i=1}^{r} c_i\boldsymbol{u}_i+\sum_{i=r+1}^{n}(-c_i)\boldsymbol{u}_i=\mathbf{0}$ とすると，これは$\mathscr{S}$の線型関係だから $c_{r+1}=\cdots=c_n=0$ となる. □

●直和の概念

6.2.15 **【定義】** $\boldsymbol{V}$ を $\boldsymbol{K}$ 上の線型空間，$\boldsymbol{W}_1$ と $\boldsymbol{W}_2$ を $\boldsymbol{V}$ の部分空間とし，$\boldsymbol{U}=\boldsymbol{W}_1+\boldsymbol{W}_2$（和空間）とする. $\boldsymbol{U}$ の任意の元 $\boldsymbol{x}$ は $\boldsymbol{x}=\boldsymbol{y}_1+\boldsymbol{y}_2$ $(\boldsymbol{y}_1\in \boldsymbol{W}_1,\ \boldsymbol{y}_2 \in \boldsymbol{W}_2)$ と表わされるが，この表わしかたが一意的であるとき，$\boldsymbol{U}$ は $\boldsymbol{W}_1$ と $\boldsymbol{W}_2$ の**直和**であると言い，$\boldsymbol{U}=\boldsymbol{W}_1\oplus \boldsymbol{W}_2$ と書く.

6.2.16 **【命題】** 定義 6.2.15 の記号のままで，つぎの三条件は互いに同値である：

a) $\boldsymbol{U}=\boldsymbol{W}_1\oplus \boldsymbol{W}_2$. b) $\boldsymbol{W}_1\cap \boldsymbol{W}_2=\{\mathbf{0}\}$. c) $\dim \boldsymbol{U}=\dim \boldsymbol{W}_1+\dim \boldsymbol{W}_2$.

【証明】 定理 6.2.13 によって b) と c) は同値である. b) と a) の同値性を示す. まず b) ⇒ a). $\boldsymbol{W}_1\cap \boldsymbol{W}_2=\{\mathbf{0}\}$ とする. $\boldsymbol{U}$ の元 $\boldsymbol{x}$ がふたとおりに $\boldsymbol{x}=\boldsymbol{y}_1+\boldsymbol{y}_2=\boldsymbol{z}_1+\boldsymbol{z}_2$（$\boldsymbol{y}_1, \boldsymbol{z}_1 \in \boldsymbol{W}_1$，$\boldsymbol{y}_2, \boldsymbol{z}_2 \in \boldsymbol{W}_2$）と書けるとすると，$\boldsymbol{y}_1-\boldsymbol{z}_1=\boldsymbol{z}_2-\boldsymbol{y}_2\in \boldsymbol{W}_1\cap \boldsymbol{W}_2=\{\mathbf{0}\}$ となるから $\boldsymbol{y}_1=\boldsymbol{z}_1$，$\boldsymbol{y}_2=\boldsymbol{z}_2$.

つぎに a) ⇒ b). もし $\boldsymbol{W}_1\cap \boldsymbol{W}_2\neq\{\mathbf{0}\}$ なら，$\mathbf{0}$ でない $\boldsymbol{x}\in \boldsymbol{W}_1\cap \boldsymbol{W}_2$をとると，

$\mathbf{0}=\mathbf{0}+\mathbf{0}=\boldsymbol{x}+(-\boldsymbol{x})$ は $\mathbf{0}$ のふたとおりの分解を与えるから，$\boldsymbol{W}_1\cap\boldsymbol{W}_2=\{\mathbf{0}\}$．
□

6.2.17【例】 1) $\boldsymbol{V}=\boldsymbol{M}(n;\boldsymbol{K})$，上三角行列ぜんぶの空間を $\boldsymbol{W}_1$，下三角行列ぜんぶの空間を $\boldsymbol{W}_2$ とすると，$\boldsymbol{W}_1\cap\boldsymbol{W}_2$ は対角行列の全体だから $\boldsymbol{W}_1+\boldsymbol{W}_2$ は直和でない．ちなみに $\boldsymbol{W}_1+\boldsymbol{W}_2=\boldsymbol{V}$．

2) $\boldsymbol{V}=\boldsymbol{M}(n;\boldsymbol{K})$，対称行列ぜんぶの空間を $\boldsymbol{W}_1$，交代行列ぜんぶの空間を $\boldsymbol{W}_2$ とすると，$\boldsymbol{W}_1\cap\boldsymbol{W}_2=\{\mathbf{0}\}$ だから $\boldsymbol{V}=\boldsymbol{W}_1\oplus\boldsymbol{W}_2$．ちなみに $\boldsymbol{W}_1+\boldsymbol{W}_2=\boldsymbol{V}$．

3) $\boldsymbol{V}=\boldsymbol{C}^n$，$A\in\boldsymbol{M}(n;\boldsymbol{C})$ とし，α_1 と α_2 を A の異なる固有値とする．α_1，α_2 に属する A の固有空間をそれぞれ $\boldsymbol{W}_1$，$\boldsymbol{W}_2$ とすると，$\boldsymbol{W}_1\cap\boldsymbol{W}_2=\{\mathbf{0}\}$ だから $\boldsymbol{W}_1+\boldsymbol{W}_2$ は直和である．

ふたつの部分空間の和空間や直和の概念を k 個の場合に一般化する．

6.2.18【定義】 1) $\boldsymbol{V}$ を $\boldsymbol{K}$ 上の線型空間，$\boldsymbol{W}_i\,(1\leqq i\leqq k)$ を $\boldsymbol{V}$ の部分空間とする．集合 $\boldsymbol{U}=\left\{\sum_{i=1}^{k}\boldsymbol{x}_i\,;\,\boldsymbol{x}_i\in\boldsymbol{W}_i\right\}$ は $\boldsymbol{V}$ の部分空間である（やさしい）．これを $\boldsymbol{W}_1, \boldsymbol{W}_2, \cdots, \boldsymbol{W}_k$ の**和空間**と言い，$\boldsymbol{U}=\boldsymbol{W}_1+\boldsymbol{W}_2+\cdots+\boldsymbol{W}_k$ と書く．

2) 上の記号のまま，和空間 $\boldsymbol{U}$ の元 $\boldsymbol{u}$ を $\boldsymbol{u}=\sum_{i=1}^{k}\boldsymbol{x}_i\,(\boldsymbol{x}_i\in\boldsymbol{W}_i)$ と書く仕方が一意的のとき，$\boldsymbol{U}$ は $\boldsymbol{W}_1, \boldsymbol{W}_2, \cdots, \boldsymbol{W}_k$ の**直和**であると言い，$\boldsymbol{U}=\boldsymbol{W}_1\oplus\boldsymbol{W}_2\oplus\cdots\oplus\boldsymbol{W}_k$ と書く．

6.2.19【命題】 $\boldsymbol{V}$ を $\boldsymbol{K}$ 上の線型空間，$\boldsymbol{W}_i\,(1\leqq i\leqq k)$ を $\boldsymbol{V}$ の部分空間とし，それらの和空間を $\boldsymbol{U}=\boldsymbol{W}_1+\boldsymbol{W}_2+\cdots+\boldsymbol{W}_k$ とする．このときつぎの三条件は互いに同値である：

a) $\boldsymbol{U}=\boldsymbol{W}_1\oplus\boldsymbol{W}_2\oplus\cdots\oplus\boldsymbol{W}_k$ （直和）．

b) 任意の番号 $i\,(1\leqq i\leqq k)$ に対し，

$$\boldsymbol{W}_i\cap(\boldsymbol{W}_1+\cdots+\boldsymbol{W}_{i-1}+\boldsymbol{W}_{i+1}+\cdots+\boldsymbol{W}_k)=\{\mathbf{0}\}.$$

c)　$\dim \boldsymbol{U}=\sum_{i=1}^{k}\dim \boldsymbol{W}_i$.

【証明】 k に関する帰納法による．$k=2$ なら命題6.2.16である．$k-1$ に対して成りたつと仮定する．$\boldsymbol{X}_i=\boldsymbol{W}_1+\cdots+\boldsymbol{W}_{i-1}+\boldsymbol{W}_{i+1}+\cdots+\boldsymbol{W}_k$ とおくと $\boldsymbol{U}=\boldsymbol{X}_i+\boldsymbol{W}_i$．a) ⇒ c) ⇒ b) ⇒ a) を示す．

a) ⇒ c)　仮定によって $\boldsymbol{U}=\boldsymbol{W}_1\oplus\boldsymbol{X}_1$, $\boldsymbol{X}_1=\boldsymbol{W}_2\oplus\cdots\oplus\boldsymbol{W}_k$ が成りたつから，帰納法の仮定によって $\dim\boldsymbol{U}=\dim\boldsymbol{W}_1+\dim\boldsymbol{X}_1=\dim\boldsymbol{W}_1+\sum_{i=2}^{k}\dim\boldsymbol{W}_i=\sum_{i=1}^{k}\dim\boldsymbol{W}_i$ となる．

c) ⇒ b)　$\dim\boldsymbol{U}=\sum_{j=1}^{k}\dim\boldsymbol{W}_j$ を仮定する．各 $i(1\leqq i\leqq n)$ に対して $\dim\boldsymbol{U}=\dim\boldsymbol{W}_i+\sum_{j\neq i}\dim\boldsymbol{W}_j\geqq\dim\boldsymbol{W}_i+\dim\boldsymbol{X}_i$．一方 $\boldsymbol{U}=\boldsymbol{W}_i+\boldsymbol{X}_i$ だから $\dim\boldsymbol{U}\leqq\dim\boldsymbol{W}_i+\dim\boldsymbol{X}_i$ となり，合わせて $\dim\boldsymbol{U}=\dim\boldsymbol{W}_i+\dim\boldsymbol{X}_i$ が成りたつから，命題6.2.16によって $\boldsymbol{W}_i\cap\boldsymbol{X}_i=\{\boldsymbol{0}\}$．

b) ⇒ a)　$\boldsymbol{U}$ の元 $\boldsymbol{u}$ が $\boldsymbol{u}=\sum_{i=1}^{k}\boldsymbol{x}_i=\sum_{i=1}^{k}\boldsymbol{y}_i(\boldsymbol{x}_i, \boldsymbol{y}_i\in\boldsymbol{W}_i)$ と書ければ，任意の i $(1\leqq i\leqq k)$ に対して $\boldsymbol{W}_i\ni\boldsymbol{x}_i-\boldsymbol{y}_i=\sum_{j\neq i}(\boldsymbol{y}_j-\boldsymbol{x}_j)\in\boldsymbol{X}_i$ となるから両辺とも $\boldsymbol{0}$，すなわち $\boldsymbol{x}_i=\boldsymbol{y}_i$ である．□

6.2.20【命題】 n 次複素行列 A の異なる固有値の全部を $\beta_1, \beta_2, \cdots, \beta_k$ とし，各 $\beta_i(1\leqq i\leqq k)$ に属する A の固有空間（命題と定義4.3.8を見よ）を $\boldsymbol{V}(\beta_i)$ とする．和空間 $\boldsymbol{U}=\boldsymbol{V}(\beta_i)+\boldsymbol{V}(\beta_2)+\cdots+\boldsymbol{V}(\beta_k)$ は直和である．

【証明】 $\boldsymbol{U}$ の元 $\boldsymbol{u}$ が $\boldsymbol{u}=\sum_{i=1}^{k}\boldsymbol{x}_i=\sum_{i=1}^{k}\boldsymbol{y}_i(\boldsymbol{x}_i, \boldsymbol{y}_i\in\boldsymbol{V}(\beta_i))$ と書けたとすると $\sum_{i=1}^{k}(\boldsymbol{x}_i-\boldsymbol{y}_i)=\boldsymbol{0}$．$\boldsymbol{x}_i-\boldsymbol{y}_i\in\boldsymbol{V}(\beta_i)$ に注意すると，$\boldsymbol{x}_i-\boldsymbol{y}_i\neq\boldsymbol{0}$ ならば，命題4.1.10によって $\boldsymbol{x}_i-\boldsymbol{y}_i$ たちは線型独立だから $\boldsymbol{x}_i-\boldsymbol{y}_i=\boldsymbol{0}$．□

（ノート） 和空間 $\boldsymbol{U}$ は $\boldsymbol{C}^n$ に一致するとは限らない．A が対角化可能のときに限っては $\boldsymbol{U}=\boldsymbol{C}^n$ となる（定理4.3.12と定理4.3.13）．

●基底の取りかえの行列

6.2.21【命題】 1) $\boldsymbol{V}$ を $\boldsymbol{K}$ 上の線型空間，$\mathscr{S}=\langle \boldsymbol{u}_1, \boldsymbol{u}_2, \cdots, \boldsymbol{u}_n\rangle$ を $\boldsymbol{V}$ の基底とする ($\dim \boldsymbol{V}=n$)．$\boldsymbol{V}$ の元を $\sum_{i=1}^{n} x_i\boldsymbol{u}_i$ の形に書く仕方の一意性により $\boldsymbol{V}$ から $\boldsymbol{K}^n$ への写像 φ を $\varphi\left(\sum_{i=1}^{n} x_i\boldsymbol{u}_i\right)=\begin{pmatrix} x_1 \\ x_2 \\ \vdots \\ x_n \end{pmatrix}$ として定義することができる．命題 6.2.10 の 1) によって φ は $\boldsymbol{V}$ から $\boldsymbol{K}^n$ への同型写像である．

2) 逆に $\boldsymbol{V}$ から $\boldsymbol{K}^n$ への同型写像 φ があるとき，($\boldsymbol{K}^n$ の標準基底を $\langle \boldsymbol{e}_1, \boldsymbol{e}_2, \cdots, \boldsymbol{e}_k\rangle$ として) $\boldsymbol{u}_i=\varphi^{-1}(\boldsymbol{e}_i)$ とすると，$\mathscr{S}=\langle \boldsymbol{u}_1, \boldsymbol{u}_2, \cdots, \boldsymbol{u}_n\rangle$ は $\boldsymbol{V}$ の基底である (やさしい)．つまり，$\boldsymbol{V}$ のひとつの基底を選ぶことは，$\boldsymbol{V}$ から $\boldsymbol{K}^n$ へのひとつの同型写像を定めることにほかならない．

6.2.22【定義】 $\boldsymbol{K}$ 上の線型空間 $\boldsymbol{V}$ のふたつの基底 $\mathscr{S}=\langle \boldsymbol{u}_1, \boldsymbol{u}_2, \cdots, \boldsymbol{u}_n\rangle$，$\mathscr{T}=\langle \boldsymbol{v}_1, \boldsymbol{v}_2, \cdots, \boldsymbol{v}_n\rangle$ を考え，$\mathscr{S}$ と $\mathscr{T}$ それぞれに対応する同型写像 ($\boldsymbol{V} \to \boldsymbol{K}^n$) を φ，ψ とする．下の概念図から分かるように，合成写像 $\varphi\circ\psi^{-1}$ は $\boldsymbol{K}^n$ から $\boldsymbol{K}^n$ への同型写像である．定理 1.1.14 により，ある n 次 $\boldsymbol{K}$ 行列 P を選ぶと，$\varphi\circ\psi^{-1}=T_P$ と書ける (T_P は P の定める線型写像：$\boldsymbol{x} \to P\boldsymbol{x}$)．$\varphi\circ\psi^{-1}$ には逆写像 $\psi\circ\varphi^{-1}$ があるから，P は正則行列である．この行列 P を，$\boldsymbol{V}$ の**基底の取りかえ** $\mathscr{S} \to \mathscr{T}$ **の行列**と言う：$(\varphi\circ\psi^{-1})(\boldsymbol{x})=P\boldsymbol{x}$．

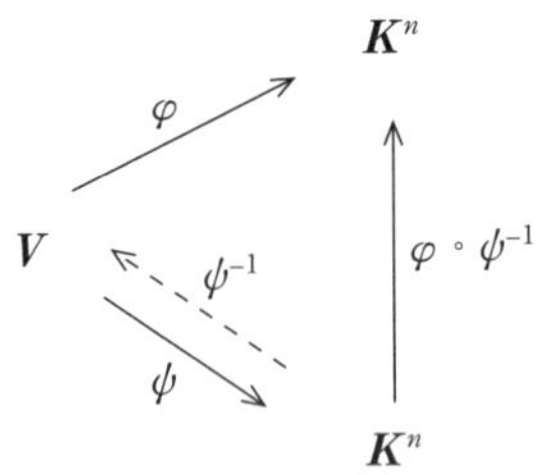

6.2.23【命題】 定義 6.2.22 の用語と記号のまま，$P=(p_{ij})$ とする．

1) $\boldsymbol{V}\ni\boldsymbol{x}=x_1\boldsymbol{u}_1+x_2\boldsymbol{u}_2+\cdots+x_n\boldsymbol{u}_n=y_1\boldsymbol{v}_1+y_2\boldsymbol{v}_2+\cdots+y_n\boldsymbol{v}_n$ と書くと，$\varphi=T_P\circ\psi$ だから

$$\begin{pmatrix} x_1 \\ x_2 \\ \vdots \\ x_n \end{pmatrix} = \varphi(\boldsymbol{x}) = (T_P \circ \psi)(\boldsymbol{x}) = T_P(\psi(\boldsymbol{x})) = \begin{pmatrix} p_{11} & p_{12} & \cdots & p_{1n} \\ p_{21} & p_{22} & \cdots & p_{2n} \\ \vdots & \vdots & & \vdots \\ p_{n1} & p_{n2} & \cdots & p_{nn} \end{pmatrix} \begin{pmatrix} y_1 \\ y_2 \\ \vdots \\ y_n \end{pmatrix}.$$

概念図の苦手な人はこれを P の定義だと思っていい．

2）　$\boldsymbol{v}_i$ を $\langle \boldsymbol{u}_1, \boldsymbol{u}_2, \cdots, \boldsymbol{u}_n \rangle$ の線型結合として表わすことにより，

$$\boldsymbol{v}_i = \sum_{j=1}^{n} p_{ji} \boldsymbol{u}_j \quad (1 \leqq i \leqq n)$$

が成りたつ（添字の順序に注意）．この式を P の定義式だと思ってもいい（むしろそれがいちばん実用的である）．

6.2.24【命題】　用語・記号は上記のままとする．

1）　逆向きの基底の取りかえ $\psi \to \varphi$ の行列は P^{-1} である．

2）　χ（カイとよむ）が $\boldsymbol{V}$ のもうひとつの基底のとき，基底の取りかえ $\psi \to \chi$ の行列を Q とすると，合成した基底の取りかえ $\varphi \to \chi$ の行列は PQ である（積の順序に注意）．

【証明】　1）　$\psi \circ \varphi^{-1} = (\varphi \circ \psi^{-1})^{-1} = (T_P)^{-1} = T_{P^{-1}}$.

2）　$\varphi \circ \chi^{-1} = (\varphi \circ \psi^{-1}) \circ (\psi \circ \chi^{-1}) = T_P \circ T_Q = T_{PQ}$. □

§2の問題

問題 1　例6.1.7の1)～4）の線型空間の次元を求めよ．

問題 2　$\boldsymbol{a}_1, \boldsymbol{a}_2, \boldsymbol{a}_3, \boldsymbol{a}_4$ を下の1)，2）にある $\boldsymbol{K}^4$ の元とし，$\langle \boldsymbol{a}_1, \boldsymbol{a}_2 \rangle$ が張る空間を $\boldsymbol{W}_1$，$\langle \boldsymbol{a}_3, \boldsymbol{a}_4 \rangle$ が張る空間を $\boldsymbol{W}_2$ とする．$\dim(\boldsymbol{W}_1 \cap \boldsymbol{W}_2)$ を求めよ．（できたら $\boldsymbol{W}_1 \cap \boldsymbol{W}_2$ のひとつの基底も）．

1）　$\boldsymbol{a}_1 = \begin{pmatrix} 0 \\ 1 \\ 1 \\ 1 \end{pmatrix}, \quad \boldsymbol{a}_2 = \begin{pmatrix} 3 \\ 1 \\ 2 \\ 3 \end{pmatrix}, \quad \boldsymbol{a}_3 = \begin{pmatrix} 3 \\ 2 \\ 3 \\ 4 \end{pmatrix}, \quad \boldsymbol{a}_4 = \begin{pmatrix} -2 \\ 3 \\ 2 \\ 2 \end{pmatrix}$

2) $\boldsymbol{a}_1=\begin{pmatrix}4\\1\\-1\\0\end{pmatrix}$, $\boldsymbol{a}_2=\begin{pmatrix}-7\\0\\5\\1\end{pmatrix}$, $\boldsymbol{a}_3=\begin{pmatrix}6\\5\\5\\2\end{pmatrix}$, $\boldsymbol{a}_4=\begin{pmatrix}1\\2\\3\\1\end{pmatrix}$

問題 3 $\boldsymbol{W}_1$ と $\boldsymbol{W}_2$ を下の 1)，2) それぞれのふたつの斉次 1 次方程式の解空間とする．$\dim(\boldsymbol{W}_1+\boldsymbol{W}_2)$ を求めよ．できたら $\boldsymbol{W}_1+\boldsymbol{W}_2$ のひとつの基底を求めよ．

1) $\boldsymbol{W}_1:\begin{cases}2x_1+3x_2+2x_3+x_4=0\\4x_1+2x_2-x_3+x_4=0\end{cases}$, $\boldsymbol{W}_2:\begin{cases}-2x_1-x_2-x_3-2x_4=0\\2x_1+x_2+2x_3+3x_4=0\end{cases}$

2) $\boldsymbol{W}_1:\begin{cases}3x_1+3x_2-5x_3-6x_4=0\\x_1+2x_2-3x_3-x_4=0\end{cases}$, $\boldsymbol{W}_2:\begin{cases}2x_1+3x_2-5x_3-3x_4=0\\-x_1+x_4=0\end{cases}$

問題 4 $\boldsymbol{V}$ を $\boldsymbol{K}$ 上の線型空間，T を $\boldsymbol{V}$ の線型変換，$\boldsymbol{a}$ を $\boldsymbol{V}$ の $\boldsymbol{0}$ でない元とし，$T^{m-1}(\boldsymbol{a})\neq\boldsymbol{0}$，$T^m(\boldsymbol{a})=\boldsymbol{0}$ なる自然数 m があったとする．このとき m 個の元の列 $\langle\boldsymbol{a}, T\boldsymbol{a}, \cdots, T^{m-1}\boldsymbol{a}\rangle$ は線型独立であることを示せ．

第7章

線型空間と線型写像（その2）

§1　線型写像を行列で表現する

●線型写像の表現行列

7.1.1【定義】　$\boldsymbol{V}$, $\boldsymbol{V}'$ を $\boldsymbol{K}$ 上のそれぞれ n 次元, m 次元の線型空間とし, T を $\boldsymbol{V}$ から $\boldsymbol{V}'$ への線型写像とする．さらに $\mathscr{S}=\langle \boldsymbol{u}_1, \boldsymbol{u}_2, \cdots, \boldsymbol{u}_n\rangle$ および $\mathscr{S}'=\langle \boldsymbol{u}_1', \boldsymbol{u}_2', \cdots, \boldsymbol{u}_m'\rangle$ を $\boldsymbol{V}$, $\boldsymbol{V}'$ それぞれのひとつの基底とする．

このとき，つぎのようにしてひとつの (m, n) 型 $\boldsymbol{K}$ 行列 A が定まる．

1)　基底 $\mathscr{S}$, $\mathscr{S}'$ によって定まる $\boldsymbol{V}$, $\boldsymbol{V}'$ から $\boldsymbol{K}^n$, $\boldsymbol{K}^m$ への同型写像（命題6.2.21）をそれぞれ φ, φ' とする．このとき，下の概念図から分かるように，$\boldsymbol{K}^n$ から $\boldsymbol{K}^m$ への写像 $\varphi'\circ T\circ\varphi^{-1}$ が定まる．明きらかにこれは $\boldsymbol{K}^n$ から $\boldsymbol{K}^m$ への線型写像だから，ある (m, n) 型行列 A によって $\varphi'\circ T\circ\varphi^{-1}=T_A$ と書ける（定理1.1.14，ただし $\boldsymbol{C}$ を $\boldsymbol{K}$ に変える）．すなわち，任意の $\boldsymbol{x}\in\boldsymbol{K}^n$ に対して $(\varphi'\circ T\circ\varphi^{-1})(\boldsymbol{x})=T_A(\boldsymbol{x})=A\boldsymbol{x}$．この A を基底 $\mathscr{S}$, $\mathscr{S}'$ に関する T の**表現行列**と言う．必要なら A を $A(T\,;\mathscr{S}, \mathscr{S}')$ と書く．

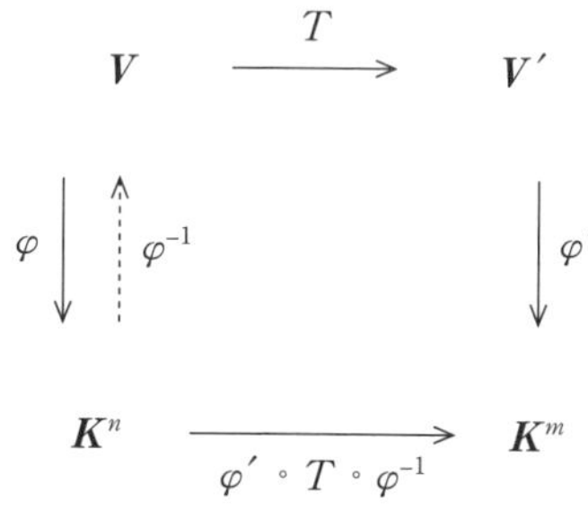

2)　行列 $A=(a_{ij})$ を具体的に表わそう（概念図が苦手な人はこれを A の定義だと思っていい），$\boldsymbol{V}$ の元を $\boldsymbol{x}=x_1\boldsymbol{u}_1+x_2\boldsymbol{u}_2+\cdots+x_n\boldsymbol{u}_n$ と書き，$T\boldsymbol{x}$

$=x_1{}'\boldsymbol{u}_1{}'+x_2{}'\boldsymbol{u}_2{}'+\cdots+x_m{}'\boldsymbol{u}_m{}'$ と書くと，$\varphi'\circ T=T_A\circ\varphi$ だから

$$\begin{pmatrix} x_1{}' \\ x_2{}' \\ \vdots \\ x_m{}' \end{pmatrix}=\varphi'(T\boldsymbol{x})=T_A(\varphi(\boldsymbol{x}))=\begin{pmatrix} a_{11} & a_{12} & \cdots & a_{1n} \\ a_{21} & a_{22} & \cdots & a_{2n} \\ \vdots & \vdots & & \vdots \\ a_{m1} & a_{m2} & \cdots & a_{mn} \end{pmatrix}\begin{pmatrix} x_1 \\ x_2 \\ \vdots \\ x_n \end{pmatrix}.$$

とくに $\boldsymbol{x}$ を $\boldsymbol{u}_j\,(1\leqq j\leqq n)$ とすると

$$\begin{pmatrix} x_1{}' \\ x_2{}' \\ \vdots \\ x_m{}' \end{pmatrix}=\varphi'(T\boldsymbol{u}_j)=\begin{pmatrix} a_{11} & a_{12} & \cdots & a_{1n} \\ a_{21} & a_{22} & \cdots & a_{2n} \\ \vdots & \vdots & & \vdots \\ a_{m1} & a_{m2} & \cdots & a_{mn} \end{pmatrix}\begin{pmatrix} 0 \\ \vdots \\ 1 \\ \vdots \\ 0 \end{pmatrix} j\text{ 番目}=\begin{pmatrix} a_{1j} \\ a_{2j} \\ \vdots \\ a_{mj} \end{pmatrix},$$

すなわち

$$T\boldsymbol{u}_j=\sum_{i=1}^{m} a_{ij}\boldsymbol{u}_i{}' \qquad (1\leqq j\leqq n) \tag{1}$$

と書ける．これを $A=(a_{ij})$ の定義だと思ってもいい．

7.1.2【コメント】 とくに大事なのは $\boldsymbol{V}=\boldsymbol{V}'$，$\mathcal{S}=\mathcal{S}'$ の場合である．$\boldsymbol{V}$ の線型変換 T に対し，$(\varphi'\circ T\circ\varphi^{-1})(\boldsymbol{x})=T_A(\boldsymbol{x})=A\boldsymbol{x}$，すなわち

$$T\boldsymbol{u}_j=\sum_{i=1}^{m} a_{ij}\boldsymbol{u}_i \qquad (1\leqq j\leqq n). \tag{2}$$

7.1.3【例】 $A=\begin{pmatrix} a & b \\ c & d \end{pmatrix}$ を 2 次の正則な $\boldsymbol{K}$ 行列とする．2 次 $\boldsymbol{K}$ 行列 X に AXA^{-1} を対応させる写像 T は 4 次元空間 $\boldsymbol{M}(2\,;\boldsymbol{K})$ の線型変換である（やさしい）．$\boldsymbol{M}(2\,;\boldsymbol{K})$ の基底 $\mathcal{S}$ として

$$\mathcal{S}=\left\langle\begin{pmatrix} 1 & 0 \\ 0 & 0 \end{pmatrix},\ \begin{pmatrix} 0 & 0 \\ 1 & 0 \end{pmatrix},\ \begin{pmatrix} 0 & 1 \\ 0 & 0 \end{pmatrix},\ \begin{pmatrix} 0 & 0 \\ 0 & 1 \end{pmatrix}\right\rangle$$

をとるとき，$\mathcal{S}$ に関する T の表現行列を求めよ．

【解】 基底の各元の T による像は，順に（$\varDelta=ad-bc$ として）

$$\frac{1}{\varDelta}\begin{pmatrix} ad & -ab \\ cd & -bc \end{pmatrix},\ \frac{1}{\varDelta}\begin{pmatrix} bd & -b^2 \\ d^2 & -bd \end{pmatrix},\ \frac{1}{\varDelta}\begin{pmatrix} -ac & a^2 \\ -c^2 & ac \end{pmatrix},\ \frac{1}{\varDelta}\begin{pmatrix} -bc & ab \\ -cd & ad \end{pmatrix}$$

である．したがって $\mathcal{S}$ に関する T の表現行列は

$$\frac{1}{\varDelta}\begin{pmatrix} ad & bd & -ac & -bc \\ cd & d^2 & -c^2 & -cd \\ -ab & -b^2 & a^2 & ab \\ -bc & -bd & ac & ad \end{pmatrix}=\frac{1}{\varDelta}\begin{pmatrix} dA & -cA \\ -bA & aA \end{pmatrix}.$$

●基底の取りかえの効果

(ノート) $\boldsymbol{V}$ と $\boldsymbol{V}'$ を $\boldsymbol{K}$ 上の線型空間，T を $\boldsymbol{V}$ から $\boldsymbol{V}'$の線型写像とし，$\boldsymbol{V}$ と $\boldsymbol{V}'$ それぞれで基底を取りかえる．目標は等式 $B=Q^{-1}AP$ である．ただし A と B はそれぞれの基底に関する T の表現行列，P と Q は $\boldsymbol{V}$ と $\boldsymbol{V}'$ の基底の取りかえの行列である．

7.1.4【定理】 $\boldsymbol{V}$ と $\boldsymbol{V}'$ を $\boldsymbol{K}$ 上それぞれ n 次元と m 次元の線型空間，T を $\boldsymbol{V}$ から $\boldsymbol{V}'$ への線型写像とする．また $\mathscr{S}$ と $\mathscr{T}$ を $\boldsymbol{V}$ の基底，$\mathscr{S}'$ と $\mathscr{T}'$ を $\boldsymbol{V}'$ の基底とし，$\boldsymbol{V}$ の基底の取りかえ $\mathscr{S}\to\mathscr{T}$ の行列を P(n 次)，$\boldsymbol{V}'$ の基底の取りかえ $\mathscr{S}'\to\mathscr{T}'$ の行列を Q(m 次) とする．

さらに基底 $\mathscr{S}$，$\mathscr{S}'$ に関する T の表現行列を A，基底 $\mathscr{T}$，$\mathscr{T}'$ に関する T の表現行列を B とする．このとき

$$B=Q^{-1}AP$$

が成りたつ．

【証明】 $\boldsymbol{V}$ の基底 $\mathscr{S}$，$\mathscr{T}$ それぞれが定める同型写像 $\boldsymbol{V}\to\boldsymbol{K}^n$ を φ，ψ とし，$\boldsymbol{V}'$ の基底 $\mathscr{S}'$，$\mathscr{T}'$ それぞれが定める同型写像 $\boldsymbol{V}'\to\boldsymbol{K}^m$ を φ'，ψ' とする．与件がたくさんあって複雑に見えるが，内容は薄い．これを下の概念図で表わす

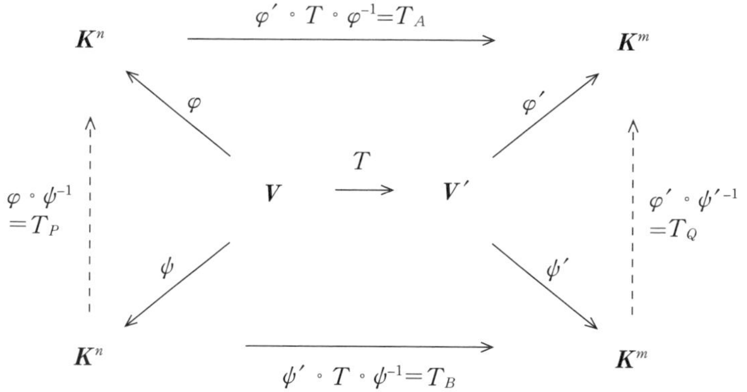

とよく分かるだろう．

実際，$T_{Q^{-1}AP}=T_Q^{-1}\circ T_A\circ T_P=(\psi'\circ\varphi'^{-1})\circ(\varphi'\circ T\circ\varphi^{-1})\circ(\varphi\circ\psi^{-1})$
$$=\psi'\circ T\circ\psi^{-1}=T_B.\ \square$$

(ノート) とくに $\boldsymbol{V}=\boldsymbol{V}'$，$\mathcal{S}=\mathcal{S}'$，$\mathcal{T}=\mathcal{T}'$ とすれば $B=P^{-1}AP$ が得られる．これがもっとも重要な場合である．

●線型写像の階数

7.1.5【定義】 $\boldsymbol{V}$，$\boldsymbol{V}'$ を $\boldsymbol{K}$ 上の線型空間，T を $\boldsymbol{V}$ から $\boldsymbol{V}'$ への線型写像とする．像空間の次元 $\dim T[\boldsymbol{V}]$ を T の**階数**（rank）と言い，$r(T)$ と書く．定理 6.2.14 によって $r(T)=\dim T[\boldsymbol{V}]=\dim \boldsymbol{V}-\dim T^{-1}[\{\boldsymbol{0}'\}]$ が成りたつ．

7.1.6【定理】 上の記号のまま，T の階数は $\boldsymbol{V}$ および $\boldsymbol{V}'$ の任意の基底に関する T の表現行列 A の階数（定理 2.2.11 を見よ）$r(A)$ に等しい．

【証明】 $\dim \boldsymbol{V}=n$, $\dim \boldsymbol{V}'=m$, $r(T)=\dim T[\boldsymbol{V}]=s$ とする．まず $T[\boldsymbol{V}]$ の基底 $\langle \boldsymbol{v}_1, \boldsymbol{v}_2, \cdots, \boldsymbol{v}_s\rangle$ をとり，これを拡大した $\boldsymbol{V}'$ の基底 $\mathcal{S}'=\langle \boldsymbol{v}_1, \cdots \boldsymbol{v}_s, \boldsymbol{v}_{s+1}, \cdots, \boldsymbol{v}_m\rangle$ をとる（命題 6.2.11）．つぎに各 $\boldsymbol{v}_i (1\leqq i\leqq s)$ に対し，($\boldsymbol{v}_i\in T[\boldsymbol{V}]$ だから）$T\boldsymbol{u}_i=\boldsymbol{v}_i$ となる $\boldsymbol{u}_i$ をとると，$\langle \boldsymbol{u}_1, \boldsymbol{u}_2, \cdots, \boldsymbol{u}_s\rangle$ は線型独立である（命題 6.2.1 の 2)）．一方，定理 6.2.14 によって $\dim T^{-1}[\{\boldsymbol{0}'\}]=n-s$ だから，その基底 $\langle \boldsymbol{u}_{s+1}, \cdots, \boldsymbol{u}_n\rangle$ をとる．すぐ分かるように $\mathcal{S}=\langle \boldsymbol{u}_1, \cdots, \boldsymbol{u}_s, \boldsymbol{u}_{s+1}, \cdots, \boldsymbol{u}_n\rangle$ は $\boldsymbol{V}$ の基底である．線型写像 T の，ふたつの基底 $\mathcal{S}$，$\mathcal{S}'$ に関する表現行列 A は明きらかに $A=F_{m,n}(s)=\begin{pmatrix} E_s & O \\ O & O \end{pmatrix}$ に等しい．したがって $s=r(A)$ が成りたつ．$\boldsymbol{V}$，$\boldsymbol{V}'$ の基底を取りかえると，定理 7.1.4 により，T の表現行列は $B=Q^{-1}AP$（Q は m 次正則行列，P は n 次正則行列）に変わるだけだから，A と B とは互いに基本変形によって移りあい，$s=r(B)$ でもある．$\square$

(ノート) 上の定理を得たところで，行列の階数に関する同値な条件を，まとめて定理の形にしておく．行列 A の階数 $r(A)$ の定義は定理 2.2.11 のなかにある．

7.1.7【定理】 A を (m, n) 型 $\boldsymbol{K}$ 行列，$r(A)$ をその階数とする．$r(A)$ は

つぎの四つの概念に一致する：

a)　$r(A)$ は A の線型独立な列ベクトルの最大数に等しい．

b)　$r(A)$ は A の線型独立な行ベクトルの最大数に等しい．

c)　$r(A)$ は A の部分正方行列のうち，正則なものの最大次数に等しい．

d)　$r(A)$ は A の定める $\boldsymbol{K}^n$ から $\boldsymbol{K}^m$ への線型写像 T_A の像空間 $T_A[\boldsymbol{K}^n]$ の次元に等しい．

【証明】 すべてすんでいる．a) と b) は定理 2.3.11，c) は定理 2.3.14，d) は定理 7.1.6 である．

●不変部分空間

これから先は $\boldsymbol{K}$ 上の線型空間 $\boldsymbol{V}$ から $\boldsymbol{V}$ 自身への線型写像，すなわち $\boldsymbol{V}$ の線型変換を考える．

7.1.8【定義】 $\boldsymbol{V}$ を $\boldsymbol{K}$ 上の線型空間，$\boldsymbol{W}$ を $\boldsymbol{V}$ の部分空間，T を $\boldsymbol{V}$ の線型変換とする．T が $\boldsymbol{W}$ の任意の元を $\boldsymbol{W}$ のなかに移すとき，すなわち「$\boldsymbol{x}\in\boldsymbol{W}$ なら $T\boldsymbol{x}\in\boldsymbol{W}$」のとき，$\boldsymbol{W}$ は T（によって）**不変**である，とか $\boldsymbol{W}$ は T **不変部分空間**であるとか言う．$\boldsymbol{V}$ 自身とゼロ空間 $\{\boldsymbol{0}\}$ は T 不変である．

7.1.9【定理】 $\boldsymbol{V}$ を $\boldsymbol{K}$ 上の n 次元線型空間，T を $\boldsymbol{V}$ の線型変換，$\boldsymbol{W}$ を $\boldsymbol{V}$ の r 次元部分空間で T 不変なものとする．$\boldsymbol{W}$ の基底 $\mathscr{S}_1=\langle \boldsymbol{u}_1, \boldsymbol{u}_2, \cdots, \boldsymbol{u}_r\rangle$ を拡大した $\boldsymbol{V}$ の基底 $\mathscr{S}=\langle \boldsymbol{u}_1, \cdots, \boldsymbol{u}_r, \boldsymbol{u}_{r+1}, \cdots, \boldsymbol{u}_n\rangle$を作る（命題 6.2.11）．このとき，基底 $\mathscr{S}$ に関する T の表現行列 A はつぎの形に区分けされる：

$$A=\begin{pmatrix} \overset{r}{\overbrace{A_{11}}} & \overset{n-r}{\overbrace{A_{12}}} \\ O & A_{22} \end{pmatrix}\begin{matrix} \}\ r \\ \}\ n-r \end{matrix}.$$

ここで A_{11} は T の定義域を $\boldsymbol{W}$ に制限して得られる $\boldsymbol{W}$ の線型変換 T_1（これを T の $\boldsymbol{W}$ への**制限**と言う）の，$\boldsymbol{W}$ の基底 $\mathscr{S}_1$ に関する表現行列である．

【証明】 基底 $\mathscr{S}$ の定める同型写像 φ（命題 6.2.21）によって $\boldsymbol{V}$ を $\boldsymbol{K}^n$ に移すと，$\boldsymbol{W}$ の行くさきは

$$\varphi(\boldsymbol{W})=\{\boldsymbol{x}=\begin{pmatrix}\boldsymbol{x}_1\\\boldsymbol{0}\end{pmatrix}\begin{matrix}]\ r\\]\ n-r\end{matrix}\ ;\ \boldsymbol{x}_1\in\boldsymbol{K}^r\}$$

である．$A=\begin{pmatrix}\overbrace{A_{11}}^{r} & \overbrace{A_{12}}^{n-r}\\ A_{21} & A_{22}\end{pmatrix}\begin{matrix}]\ r\\]\ n-r\end{matrix}$ と区分けて書くと，$\boldsymbol{x}\in\varphi(\boldsymbol{W})$ に対して

$$A\boldsymbol{x}=\begin{pmatrix}A_{11} & A_{12}\\ A_{21} & A_{22}\end{pmatrix}\begin{pmatrix}\boldsymbol{x}_1\\\boldsymbol{0}\end{pmatrix}=\begin{pmatrix}A_{11}\boldsymbol{x}_1\\A_{21}\boldsymbol{x}_1\end{pmatrix}\in\varphi(\boldsymbol{W})$$

となるから $A_{21}\boldsymbol{x}_1=\boldsymbol{0}$．$\boldsymbol{x}_1\in\varphi(\boldsymbol{W})$ は任意だから $A_{21}=O$ となる．

A_{11} が T の $\boldsymbol{W}$ への制限の，基底 $\mathscr{S}_1$ に関する表現行列であることは簡単に分かる．□

（ノート） 行列 A_{22} が何を意味するかについては定理 A.2.8 を見よ．

7.1.10【定理】 1) $\boldsymbol{V}$ を $\boldsymbol{K}$ 上の n 次元線型空間，T を $\boldsymbol{V}$ の線型変換，$\boldsymbol{W}_1$ と $\boldsymbol{W}_2$ を $\boldsymbol{V}$ の T 不変な部分空間，$\boldsymbol{V}=\boldsymbol{W}_1\oplus\boldsymbol{W}_2$（直和）と仮定する．$\mathscr{S}_1$，$\mathscr{S}_2$ をそれぞれ $\boldsymbol{W}_1$，$\boldsymbol{W}_2$ の基底とすると，$\mathscr{S}_1$ と $\mathscr{S}_2$ とつなげた $\boldsymbol{V}$ の基底に関する T の表現行列はつぎの形に区分けされる：$A=\begin{pmatrix}A_1 & O\\ O & A_2\end{pmatrix}$．

ただし A_1，A_2 はそれぞれ T の $\boldsymbol{W}_1$，$\boldsymbol{W}_2$ への制限の，基底 $\mathscr{S}_1$，$\mathscr{S}_2$ に関する表現行列である．

【証明】 非常にやさしい．□

（ノート） このとき行列 $A=\begin{pmatrix}A_1 & O\\ O & A_2\end{pmatrix}$ を A_1 と A_2 の**直和**と言い，$A=A_1\oplus A_2$ と書く．

2) $\boldsymbol{W}_1, \boldsymbol{W}_2, \cdots, \boldsymbol{W}_p$ がどれも $\boldsymbol{V}$ の T 不変部分空間であり，$\boldsymbol{V}=\boldsymbol{W}_1\oplus\boldsymbol{W}_2\oplus\cdots\oplus\boldsymbol{W}_p$（直和）とする．このとき，各 $\boldsymbol{W}_i$ の基底 $\mathscr{S}_i$ を並べ $\boldsymbol{V}$ の基底 $\mathscr{S}$ に関する T の表現行列 A はつぎの形になる：

$$A=\begin{pmatrix}A_1 & & & \\ & A_2 & & \\ & & \ddots & \\ & & & A_p\end{pmatrix}.$$

ここで $A_i(1\leqq i\leqq p)$ は T を $\boldsymbol{W}_i$ に制限した写像の，基底 $\mathscr{S}_i$ に関する表

現行列である．

【証明】 2）は p に関する帰納法によってすぐできる．□

ノート　このとき A を $A_1, A_2, \cdots, A_p$ の**直和**と言い，$A=A_1\oplus A_2\oplus\cdots\oplus A_p$ と書く．直和については第8章§1を見よ．

§1の問題

問題 1　1）3次以下の $\boldsymbol{K}$ 係数多項式ぜんぶの作る $\boldsymbol{K}$ 上の線型空間を $\boldsymbol{V}=\boldsymbol{P}_3(\boldsymbol{K})$ とする（例6.1.2の6）および例6.1.10の2）を見よ）．$\boldsymbol{K}$ の元 b を固定し，$f\in\boldsymbol{V}$ に対して $(T_bf)(x)=f(x+b)$ と置くと，T_b は $\boldsymbol{V}$ の線型変換である．$\boldsymbol{V}$ の自然な基底 $\mathscr{S}=\langle 1, x, x^2, x^3\rangle$ に関する T_b の表現行列を求めよ．

2）$\boldsymbol{V}=\{X\in\boldsymbol{M}(2\,;\boldsymbol{K})\,;\,\mathrm{Tr}\,X=0\}$ とする．2次正則 $\boldsymbol{K}$ 行列 $A=\begin{pmatrix} a & b \\ c & d \end{pmatrix}$ に対し，写像 $T: X\to AXA^{-1}(X\in\boldsymbol{V})$ は $\boldsymbol{V}$ の線型変換である（やさしい）．$\boldsymbol{V}$ の基底 $\mathscr{S}=\left\langle\begin{pmatrix} 0 & 1 \\ 0 & 0 \end{pmatrix}, \begin{pmatrix} 1 & 0 \\ 0 & -1 \end{pmatrix}, \begin{pmatrix} 0 & 0 \\ 1 & 0 \end{pmatrix}\right\rangle$ に関する T の表現行列を求めよ．

3）3次の実交代行列ぜんぶの作る3次元実線型空間を $\boldsymbol{V}$ とする．$\boldsymbol{V}$ の元 A をひとつ決めると，$\boldsymbol{V}$ の線型変換 T が（$X\in\boldsymbol{V}$ に対して）$T(X)=AX-XA$ によって定まる（やさしい）．$A=\begin{pmatrix} 0 & -c & b \\ c & 0 & -a \\ -b & a & 0 \end{pmatrix}$ のとき，$\boldsymbol{V}$ の基底

$\mathscr{S}=\left\langle\begin{pmatrix} 0 & 0 & 0 \\ 0 & 0 & -1 \\ 0 & 1 & 0 \end{pmatrix}, \begin{pmatrix} 0 & 0 & 1 \\ 0 & 0 & 0 \\ -1 & 0 & 0 \end{pmatrix}, \begin{pmatrix} 0 & -1 & 0 \\ 1 & 0 & 0 \\ 0 & 0 & 0 \end{pmatrix}\right\rangle$ に関する T の表現行列を求めよ．

問題 2　$\boldsymbol{V}$ を $\boldsymbol{K}$ 上の線型空間，T を $\boldsymbol{V}$ の線型変換，$\boldsymbol{W}$ を T 不変部分空間とし，T の $\boldsymbol{W}$ への制限を T' と書く．T が正則なら T' も正則であることを示せ．

§2　フィボナッチ数列，線型回帰数列

抽象論が続いたので，ここで具体的な問題への応用を挿入する．

●フィボナッチ数列

7.2.1【例】 数列 $\langle 1,1,2,3,5,8,\cdots\rangle$ を考える．すなわち，はじめの2項が1，その先は直前の2項の和として定める．第 p 項を $f(p)$ と書けば，$p \geqq 3$ のとき $f(p)=f(p-1)+f(p-2)$．これが有名な**フィボナッチ数列**である．

これはごく簡単に定義される数列だから，その一般項 $f(p)$ もすぐ求まると思うかもしれない．しかし違う．高校数学の範囲で解くのは非常に難かしい．ここでは線型代数を使う．

第1項と第2項は自由（すなわち任意の複素数）とし，$p \geqq 3$ のときは

$$f(p)=f(p-1)+f(p-2)$$

で定まる数列ぜんぶの集合 $\boldsymbol{V}$ は，項別の加法と複素数倍によって複素線型空間になる（やさしい）．$\boldsymbol{V}$ の数列ははじめの2項で決まるから，$\boldsymbol{V}$ の次元は2である．

$\boldsymbol{V}$ の元 $\boldsymbol{f}=\langle f(1),f(2),f(3),\cdots\rangle$ に対し，1項ずつずらした数列を $D\boldsymbol{f}$ とする：$D\boldsymbol{f}=\langle f(2),f(3),f(4),\cdots\rangle$．$D\boldsymbol{f}$ も $\boldsymbol{V}$ に属し，D は $\boldsymbol{V}$ の線型変換である（やさしい）．D を $\boldsymbol{V}$ の**ずらし変換**と言う．

$\boldsymbol{V}$ の元 $\boldsymbol{f}=\langle f(1),f(2),\cdots\rangle$ と $\boldsymbol{R}^2$ のベクトル $\begin{pmatrix} f(1) \\ f(2) \end{pmatrix}$ を同一視し，$\boldsymbol{V}$ の標準基底を $\boldsymbol{e}_1=\begin{pmatrix} 1 \\ 0 \end{pmatrix}$，$\boldsymbol{e}_2=\begin{pmatrix} 0 \\ 1 \end{pmatrix}$ とする．この基底 $\mathscr{E}=\langle \boldsymbol{e}_1, \boldsymbol{e}_2\rangle$ に関する D の表現行列は $A=\begin{pmatrix} 0 & 1 \\ 1 & 1 \end{pmatrix}$ であり，A の特性方程式は $\Phi(A\,;x)=\det(xE_2-A)=x^2-x-1=0$ である．したがって，ふたつの固有値 $\alpha=\dfrac{1+\sqrt{5}}{2}$，$\beta=\dfrac{1-\sqrt{5}}{2}$ が得られる．$\alpha \neq \beta$ だから A は対角化できる（定理4.2.9）．α，β それぞれに属する固有ベクトル $\boldsymbol{p}_1=\begin{pmatrix} 1 \\ \alpha \end{pmatrix}$，$\boldsymbol{p}_2=\begin{pmatrix} 1 \\ \beta \end{pmatrix}$ をとり，$P=(\boldsymbol{p}_1\ \boldsymbol{p}_2)=\begin{pmatrix} 1 & 1 \\ \alpha & \beta \end{pmatrix}$ とする．新らしい基底 $\mathscr{S}=\langle \boldsymbol{p}_1, \boldsymbol{p}_2\rangle$ を定めると，P は基底の取りかえ $\mathscr{E} \to \mathscr{S}$ の行列であり，$\mathscr{S}$ に関する D の表現行列は $B=P^{-1}AP=\begin{pmatrix} \alpha & 0 \\ 0 & \beta \end{pmatrix}$ である．数列 $\boldsymbol{p}_1$，$\boldsymbol{p}_2$ の第 $p+1$ 項は第 p 項の α 倍，β 倍であり，それぞれ公比 α，β の等比数列である．よってフィボナッチ数列 $\boldsymbol{f}$ の一般項（第 p 項）は $c\alpha^p+d\beta^p$ と書

ける（c，d は定数）．ここで $f(1)=f(2)=1$ に注意して，c，d に関する連立1次方程式 $c\alpha+d\beta=1$，$c\alpha^2+d\beta^2=1$ を解くと，$c=\frac{1}{\sqrt{5}}$，$d=-\frac{1}{\sqrt{5}}$ を得る．したがって

$$f(p)=\frac{1}{\sqrt{5}}\left[\left(\frac{1+\sqrt{5}}{2}\right)^p-\left(\frac{1-\sqrt{5}}{2}\right)^p\right] \quad \textbf{（ビネの公式）}$$

となる．

（ノート） 1） フィボナッチ数列は自然数の内部の話なのに，一般項の公式に $\sqrt{5}$ が現われるのはふしぎだ．こういうところにも数学の深さ，おもしろさがある．

2） はじめの2項が1でなくても，規則 $f(p)=f(p-1)+f(p-2)$ $(p\geqq 3)$ で決まる数列をフィボナッチ数列と言うこともある．

7.2.2【例】 数列 $\boldsymbol{f}=\langle f(1), f(2), \cdots\rangle$ を考える．第1，2項は自由に決め，$p\geqq 3$ のときは $f(p)=5f(p-1)-6f(p-2)$ で決まるとする．前の例と同様，ずらし変換 D を考えると，対応する $\boldsymbol{C}^2$ の標準基底に関する D の表現行列は $A=\begin{pmatrix} 0 & 1 \\ -6 & 5 \end{pmatrix}$ となる．$\Phi(A\,;x)=x^2-5x+6=(x-2)(x-3)$ だから固有値は2と3．固有ベクトルとして $\boldsymbol{p}_1=\begin{pmatrix} 1 \\ 2 \end{pmatrix}$，$\boldsymbol{p}_2=\begin{pmatrix} 1 \\ 3 \end{pmatrix}$ が取れる．$P=(\boldsymbol{p}_1\ \boldsymbol{p}_2)=\begin{pmatrix} 1 & 1 \\ 2 & 3 \end{pmatrix}$ とすると，$B=P^{-1}AP=\begin{pmatrix} 2 & 0 \\ 0 & 3 \end{pmatrix}$ となるから，$\boldsymbol{f}$ の第 p 項は $f(p)=c_1\cdot 2^p+c_2\cdot 3^p$ の形である．

（ノート） 前の例と上の例で，数列の定義式とずらし変換の特性方程式は並行的な形をしている：

$$\begin{cases} f(p)-f(p-1)-f(p-2)=0 \\ x^2-x-1=0 \end{cases} \qquad \begin{cases} f(p)-5f(p-1)+6f(p-2)=0 \\ x^2-5x+6=0 \end{cases}$$

これは偶然ではない．変数の数もふやして，一般的に定式化して証明しよう．

●線型回帰数列

7.2.3【定義】 複素数列 $\boldsymbol{f}=\langle f(1), f(2), \cdots\rangle$ を考える．n を固定し，定数 a_1，

$a_2, \cdots, a_n$ を決める．n より先の p に対し，式

$$f(p)+a_1 f(p-1)+a_2 f(p-2)+\cdots+a_{n-1} f(p-n+1)+a_n f(p-n)=0 \quad (1)$$

によって決まる数列を**線型回帰数列**と言う．$f(1), f(2), \cdots, f(n)$ は自由に決めてよい．このような数列の全体 $\boldsymbol{V}$ は n 次元複素線型空間である．これから決まる n 次多項方程式

$$\Phi(\boldsymbol{f}\,;\,x)=x^n+a_1 x^{n-1}+\cdots+a_{n-1}x+a_n=0 \quad (2)$$

を数列 $\boldsymbol{f}$ の**特性方程式**と言う．

7.2.4【命題】 特性方程式 (2) の根がすべて単根と仮定し，それらを $\alpha_1, \alpha_2, \cdots, \alpha_n$ とする．このとき $p>n$ に対して

$$f(p)=c_1\alpha_1{}^p+c_2\alpha_2{}^p+\cdots+c_n\alpha_n{}^p$$

が成りたつ．ただし $c_1, c_2, \cdots, c_n$ は与えられた $f(1), f(2), \cdots, f(n)$ によって（連立1次方程式を解いて）決まる．

【証明】 各 $i(1\leqq i\leqq n)$ に対し，$f(i)=1$，$f(j)=0$（$j\neq i$ のとき）として決まる数列を $\boldsymbol{f}_i$ とし，それを $\boldsymbol{V}$ からの同型写像によって $\boldsymbol{C}^n$ に移した標準基底を $\mathscr{E}=\langle \boldsymbol{e}_1, \boldsymbol{e}_2, \cdots, \boldsymbol{e}_n\rangle$ とする．$\boldsymbol{V}$ のずらし変換　：

$$\langle f(1), f(2), f(3), \cdots\rangle \to \langle f(2), f(3), f(4), \cdots\rangle$$

の，基底 $\mathscr{E}$ に関する表現行列は，簡単に分かるように

$$A=\begin{pmatrix} 0 & 1 & 0 & \cdots & \cdots & 0 & 0 \\ 0 & 0 & 1 & & & \vdots & \vdots \\ \vdots & \vdots & 0 & \ddots & \ddots & 0 & \vdots \\ \vdots & \vdots & \vdots & \ddots & \ddots & \ddots & 0 \\ 0 & 0 & 0 & & & 0 & 1 \\ -a_n & -a_{n-1} & -a_{n-2} & & \cdots & -a_2 & -a_1 \end{pmatrix}$$

である．これは命題 5.4.3 に出てきたのと同じ行列である．例 3.3.3 の 2）ですでに計算したように，A の特性多項式は

$$\Phi(A\,;\,x)=x^n+a_1 x^{n-1}+\cdots+a_{n-1}x+a_n$$

となり，これは数列 $\boldsymbol{f}$ の特性多項式 (2) と一致する．したがって A の固有値はすべて単根だから対角化でき（定理 4.2.9），α_j に属する固有ベクトル

$$\boldsymbol{p}_j=\begin{pmatrix}1\\ \alpha_j\\ \vdots\\ \alpha_j{}^{n-1}\end{pmatrix}$$ が得られる．こうしてできる数列 $\langle 1, \alpha_j, \alpha_j{}^2, \cdots\rangle$ たち $(1\leqq j\leqq n)$ は $\boldsymbol{V}$ で線型独立（命題4.1.10の1））だから，一般に f の第 p 項は $c_1\alpha_1{}^p+c_2\alpha_2{}^p+\cdots+c_n\alpha_n{}^p$ と書ける．□

ノート　1）定数係数の斉次線型微分方程式と線型回帰数列とは，線型代数の問題としてまったく同じものであることが分かった．

2）特性根に重根があるときは難かしい（本書では扱わない）．

§2の問題

問題 1　つぎの式で定まる線型回帰数列 $\langle f(p)\rangle$ の第 p 項を求めよ．

1）$f(p)-2f(p-1)-f(p-2)+2f(p-3)=0$

2）$f(p)-4f(p-1)+f(p-2)+6f(p-3)=0$

3）$f(p)-f(p-1)+f(p-2)-f(p-3)=0$

§3　行列論の結果を線型変換論に移す

$\boldsymbol{V}$ を $\boldsymbol{K}$ 上の n 次元線型空間，T を $\boldsymbol{V}$ の線型変換とする．$\boldsymbol{V}$ のひとつの基底 $\mathscr{S}$ を取ると，$\mathscr{S}$ に関する T の表現行列 A が定まり，ペア $(T, \mathscr{S})$ と n 次行列 A とが一対一に対応する．

この対応原理を使って，第5章までに学んだ行列論の結果を，組織的に線型写像論に移しかえる．

●基本変形と階数標準形

7.3.1【命題】　$\boldsymbol{V}$，$\boldsymbol{V}'$ を $\boldsymbol{K}$ 上の線型空間，T を $\boldsymbol{V}$ から $\boldsymbol{V}'$ への線型写像とする．このとき $\boldsymbol{V}$，$\boldsymbol{V}'$ の基底 $\mathscr{S}$，$\mathscr{S}'$ を適当に取ると，それらに関する T の表現行列は階数標準形 $\begin{pmatrix}E_s & O\\ O & O\end{pmatrix}$ になる．s は T の像空間 $T[\boldsymbol{V}]$ の次元である．$(\mathscr{S}, \mathscr{S}')$ に関する T の表現行列 A の階数を r とすると $r=s$．

【証明】 これは定理7.1.6と定理7.1.7である. □

7.3.2 **【命題】** T を $\boldsymbol{V}$ の線型変換, $\mathscr{S}$ を $\boldsymbol{V}$ の基底, A を T の $\mathscr{S}$ に関する表現行列とする. A が正則であるためには, T が $\boldsymbol{V}$ から $\boldsymbol{V}$ 自身への同型写像であることが必要十分である.

【証明】 上の命題から明きらか. □

●諸概念の移しかえと三角化

7.3.3 **【定義】** T を $\boldsymbol{V}$ の線型変換, $\boldsymbol{V}$ の任意のふたつの基底に関する T の表現行列をそれぞれ A, B とし, 基底の取りかえの行列を P とすると, 定理7.1.4 (とくにその下のノート) によって $B=P^{-1}AP$ が成りたつ. したがって A, B の特性方程式, 特性根すなわち固有値は一致する. これらをそれぞれ線型変換 T の**特性方程式**, **特性根**, **固有値**と言う ($\boldsymbol{K}=\boldsymbol{R}$ であっても固有値が実数とは限らない). **以下この節の終わりまで $\boldsymbol{K}=\boldsymbol{C}$ と仮定する**. 考察の範囲を拡げるだけだから, これは実質的制限にならない.

T の固有値 α に対し, $\boldsymbol{V}(\alpha)=\{\boldsymbol{x}\in\boldsymbol{V}\,;\,T\boldsymbol{x}=\alpha\boldsymbol{x}\}$ は $\boldsymbol{V}$ の $\{\boldsymbol{0}\}$ でない部分空間である. これを T の固有値 α に属する**固有空間**と言う. もちろん, $\boldsymbol{V}$ の任意の基底に関する T の表現行列を A とするとき, $\boldsymbol{V}(\alpha)$ は行列 A の固有値 α に属する固有空間である (同じ記号 $\boldsymbol{V}(\alpha)$ で表わす).

7.3.4 **【命題】** 1) $\boldsymbol{V}$ の任意の線型変換 T に対して $\boldsymbol{V}$ の適当な基底 $\mathscr{S}=\langle\boldsymbol{v}_1, \boldsymbol{v}_2, \cdots, \boldsymbol{v}_n\rangle$ をとると, T の $\mathscr{S}$ に関する表現行列は上三角行列になり, 対角線上には T の固有値がならぶ.

2) 各 $i(1\leqq i\leqq n)$ に対し, $\langle\boldsymbol{v}_1, \boldsymbol{v}_2, \cdots, \boldsymbol{v}_i\rangle$ の張る部分空間を $\boldsymbol{V}_i$ とすると, $\boldsymbol{V}_i$ はすべて T 不変である.

【証明】 1) $\boldsymbol{V}$ の任意の基底 $\mathscr{R}=\langle\boldsymbol{u}_1, \boldsymbol{u}_2, \cdots, \boldsymbol{u}_n\rangle$ に関する表現行列を A とする. 定理4.2.1により, ある正則行列 P を選ぶと, $B=P^{-1}AP$ は上三角行列になる. そこで新らしい基底 $\mathscr{S}=\langle\boldsymbol{v}_1, \boldsymbol{v}_2, \cdots, \boldsymbol{v}_n\rangle$ を, P が基底の取りかえ $\mathscr{R}\to\mathscr{S}$ の行列であるように取れば, 定理7.1.4の下のノートにより, T の $\mathscr{S}$ に関する表現行列は上三角行列 B になる.

2) 明きらか. □

●対角型線型変換

7.3.5【定義】 T を $\boldsymbol{V}$ の線型変換とする. $\boldsymbol{V}$ の適当な基底に関する T の表現行列が対角行列になるとき, T を**対角型線型変換**と言う. または一旦任意の基底に関して T を行列 A で表現し, それが対角化可能のとき T を対角型と言うことにする. $\boldsymbol{V}$ が実線型空間の場合は（虚固有値の場合も含めるために）空間の係数を複素化して考える.

7.3.6【命題】 n 次元空間 $\boldsymbol{V}$ の線型変換 T の相異なる固有値の全部を $\beta_1, \beta_2, \cdots, \beta_k$ とし, それらの特性根としての重複度を $m_1, m_2, \cdots, m_k$ とする. このとき, T に関するつぎの諸条件はどれも互いに同値である：

a) T は対角型である.

b) 各 $i\,(1 \leqq i \leqq k)$ に対して $\dim \boldsymbol{V}(\beta_i) = m_i$.

c) $\boldsymbol{V} = \sum_{i=1}^{k} \boldsymbol{V}(\beta_i)$（和空間）. このとき当然ながら $\boldsymbol{V} = \sum_{i=1}^{k} \oplus \boldsymbol{V}(\beta_i)$（直和）となる.

d) $\dim \boldsymbol{V} = \sum_{i=1}^{k} \dim \boldsymbol{V}(\beta_i)$.

e) T の固有ベクトルから成る $\boldsymbol{V}$ の基底が存在する.

【証明】 定理 4.2.7, 定理 4.3.11, 定理 4.3.12, 定理 4.3.13 による. □

§4 計量線型空間

●定義・例・基本性質

7.4.1【定義】 $\boldsymbol{V}$ を $\boldsymbol{K}$ 上の線型空間とする（もちろん有限次元と仮定する）. 線型空間の公理（A）と（B）（定義 6.1.1）のほかに, つぎの公理（C）を要請する：

（C） $\boldsymbol{V}$ の任意の元 $\boldsymbol{x}$, $\boldsymbol{y}$ に対して $\boldsymbol{K}$ のある元を対応させる規則が定まっている. この数を $\boldsymbol{x}$ と $\boldsymbol{y}$ の**内積**と言い, $(\boldsymbol{x}|\boldsymbol{y})$ と書く（$\boldsymbol{K}=\boldsymbol{C}$ のとき, これ

を**エルミート積**と言うこともある）．内積はつぎの性質をもつとする：

（1） $(\boldsymbol{x}\,|\,\boldsymbol{y}_1+\boldsymbol{y}_2)=(\boldsymbol{x}\,|\,\boldsymbol{y}_1)+(\boldsymbol{x}\,|\,\boldsymbol{y}_2)$.

$(\boldsymbol{x}_1+\boldsymbol{x}_2\,|\,\boldsymbol{y})=(\boldsymbol{x}_1\,|\,\boldsymbol{y})+(\boldsymbol{x}_2\,|\,\boldsymbol{y})$.

（2） $a\in\boldsymbol{K}$ のとき $(a\boldsymbol{x}\,|\,\boldsymbol{y})=a(\boldsymbol{x}\,|\,\boldsymbol{y})$，$(\boldsymbol{x}\,|\,a\boldsymbol{y})=\bar{a}(\boldsymbol{x}\,|\,\boldsymbol{y})$.

（3） $(\boldsymbol{y}\,|\,\boldsymbol{x})=\overline{(\boldsymbol{x}\,|\,\boldsymbol{y})}$.

（4） $(\boldsymbol{x}\,|\,\boldsymbol{x})$ は 0，または正の実数である．$\boldsymbol{x}\neq\boldsymbol{0}$ なら $(\boldsymbol{x}\,|\,\boldsymbol{x})>0$.

この算法を備えた線型空間 $\boldsymbol{V}$ を $\boldsymbol{K}$ 上の**計量線型空間**と言う．ゼロ空間 $\{\boldsymbol{0}\}$ も計量線型空間とみなす．

7.4.2【**定義**】 $\boldsymbol{V}$ を $\boldsymbol{K}$ 上の計量線型空間とする．

1) $\boldsymbol{V}$ の元 $\boldsymbol{x}$ に対し，$(\boldsymbol{x}\,|\,\boldsymbol{x})$ の負でない平方根を $\boldsymbol{x}$ の**ノルム**または**長さ**と言い，$\|\boldsymbol{x}\|$ と書く．

2) $(\boldsymbol{x}\,|\,\boldsymbol{y})=\boldsymbol{0}$ のとき，$\boldsymbol{x}$ と $\boldsymbol{y}$ は**直交**すると言い，$\boldsymbol{x}\perp\boldsymbol{y}$ と書く．

3) $\boldsymbol{V}$ の任意の部分空間 $\boldsymbol{W}$ は，$\boldsymbol{V}$ と同じ内積によって $\boldsymbol{K}$ 上の計量線型空間になる（明きらか）．$\boldsymbol{W}$ と $\boldsymbol{U}$ が $\boldsymbol{V}$ の部分空間で，$\boldsymbol{W}$ の任意の元と $\boldsymbol{U}$ の任意の元が互いに直交するとき，$\boldsymbol{W}$ と $\boldsymbol{U}$ は**直交**すると言い，$\boldsymbol{W}\perp\boldsymbol{U}$ と書く．$\boldsymbol{W}\perp\boldsymbol{U}$ なら $\boldsymbol{W}\cap\boldsymbol{U}=\{\boldsymbol{0}\}$ である（やさしい）．

7.4.3【**例**】 1) 3 次元実ベクトルの空間は序章§3 で扱った．ふたつのベクトル $\boldsymbol{a}$，$\boldsymbol{b}$ の交角を $\theta(0\leqq\theta\leqq\pi)$，長さを $\|\boldsymbol{a}\|$，$\|\boldsymbol{b}\|$ とするとき，

$$(\boldsymbol{a}\,|\,\boldsymbol{b})=\|\boldsymbol{a}\|\cdot\|\boldsymbol{b}\|\cos\theta=\frac{1}{2}(\|\boldsymbol{a}\|^2+\|\boldsymbol{b}\|^2-\|\boldsymbol{b}-\boldsymbol{a}\|^2)$$

によって内積 $(\boldsymbol{a}\,|\,\boldsymbol{b})$ が定義された（解説 0.3.3 を見よ）．

2) 数ベクトル空間 $\boldsymbol{K}^n$ の内積は，第 2 章§5 ですでに学んだ．これがもっとも典型的な計量線型空間である．

3) $\boldsymbol{M}(m,n\,;\boldsymbol{K})$ の元 $X=(x_{ij})$，$Y=(y_{ij})$ に対し，

$$(X\,|\,Y)=\mathrm{Tr}\,{}^tX\,\overline{Y}=\sum_{i=1}^{m}\sum_{j=1}^{n}x_{ij}\overline{y}_{ij}$$

は内積の条件をみたす．これは $\boldsymbol{M}(m,n\,;\boldsymbol{K})$ と $\boldsymbol{K}^{mn}$ と同一視したとき

の標準的な内積にほかならない．とくに $m=n$ のとき，$\sqrt{(X|X)}$ は第5章§1で定義した X の2乗ノルム $\|X\|$ にほかならない（定義5.1.1）．

4）n 次以下の $\boldsymbol{K}$ 係数多項式の空間 $\boldsymbol{P}_n(\boldsymbol{K})$ のふたつの元 f，g に対し，

$$(f|g)=\int_a^b f(x)\overline{g(x)}\,dx \quad (a<b)$$

は内積の条件をみたす．実際，内積のはじめの三条件はすぐ分かる．$(f|f)=0$ なら $\int_a^b|f(x)|^2dx=0$ であり，f は連続だから，微積分の定理によって f は恒等的に0である．

7.4.4【**定理**】 $\boldsymbol{K}$ 上の計量線型空間 $\boldsymbol{V}$ の任意の元 $\boldsymbol{x}$，$\boldsymbol{y}$ に対し，

1）$|(\boldsymbol{x}|\boldsymbol{y})|\leqq\|\boldsymbol{x}\|\cdot\|\boldsymbol{y}\|$．　（**シュヴァルツの不等式**）

2）$\|\boldsymbol{x}+\boldsymbol{y}\|\leqq\|\boldsymbol{x}\|+\|\boldsymbol{y}\|$．　（**三角不等式**）

が成りたつ．

【**証明**】 $\boldsymbol{V}=\boldsymbol{C}^n$ の場合のこのふたつの不等式が定理2.5.4にある．その証明を見ると，数ベクトル独自の特徴をまったく使わず，ただ $\boldsymbol{C}^n$ が計量線型空間だということだけ使っているから，この場合にもまったく同じ証明が通用する．□

7.4.5【**命題**】 計量線型空間 $\boldsymbol{V}$ の $\boldsymbol{0}$ でないベクトルの列 $\mathcal{R}=\langle\boldsymbol{x}_1,\boldsymbol{x}_2,\cdots,\boldsymbol{x}_k\rangle$ があり，$\boldsymbol{x}_i$ たちの任意のふたつずつが直交していれば，それらは線型独立である．

【**証明**】 命題2.5.6の証明がそのまま適用する．

●正規直交基底，計量同型写像

7.4.6【**定義**】 1）$\boldsymbol{V}$ の元の列 $\mathcal{R}=\langle\boldsymbol{u}_1,\boldsymbol{u}_2,\cdots,\boldsymbol{u}_k\rangle$ の各 $\boldsymbol{u}_i$ たちが互いに直交し，かつ $\|\boldsymbol{u}_i\|=1(1\leqq i\leqq k)$ のとき，$\mathcal{R}$ を**正規直交系**と言う．

2）正規直交系 $\mathcal{R}$ が $\boldsymbol{V}$ の基底であるとき，$\mathcal{R}$ を**正規直交基底**，略して**正交底**と言う．定義1.1.8の3）で導入したクロネッカーのデルタを使えば，$\mathcal{R}$ が正規直交系ないし正規直交基底であるのは $(\boldsymbol{u}_i|\boldsymbol{u}_j)=\delta_{ij}$ のとき

である．

7.4.7【定理】（グラム-シュミットの正規直交化）

1)　$\boldsymbol{V}$ を $\boldsymbol{K}$ 上の計量線型空間，$\mathcal{R}=\langle \boldsymbol{u}_1, \boldsymbol{u}_2, \cdots, \boldsymbol{u}_r\rangle$ を正規直交系とし，$\boldsymbol{a}$ は $\mathcal{R}$ の線型結合でないとする．このとき

$$\boldsymbol{a}'=\boldsymbol{a}-\sum_{i=1}^{r}(\boldsymbol{a}|\,\boldsymbol{u}_i)\,\boldsymbol{u}_i, \qquad \boldsymbol{u}_{r+1}=\frac{1}{\|\boldsymbol{a}'\|}\boldsymbol{a}'$$

と置くと，$\mathcal{R}'=\langle \boldsymbol{u}_1, \cdots, \boldsymbol{u}_r, \boldsymbol{u}_{r+1}\rangle$ は正規直交系である．$\mathcal{R}'$ と $\mathcal{R}\cup\{\boldsymbol{a}\}$ は同じ部分空間を張る．

2)　$\mathcal{R}=\langle \boldsymbol{u}_1, \boldsymbol{u}_2, \cdots, \boldsymbol{u}_n\rangle$ を $\boldsymbol{V}$ の基底とする．まず $\boldsymbol{v}_1=\dfrac{1}{\|\boldsymbol{u}_1\|}\boldsymbol{u}_1$ として，$\langle \boldsymbol{v}_1, \boldsymbol{u}_2\rangle$ から 1）の手続きで $\langle \boldsymbol{v}_1, \boldsymbol{v}_2\rangle$ を作る．つぎに $\langle \boldsymbol{v}_1, \boldsymbol{v}_2, \boldsymbol{u}_3\rangle$ から同じ方法で $\langle \boldsymbol{v}_1, \boldsymbol{v}_2, \boldsymbol{v}_3\rangle$ を作る．この操作を続ければ，$\boldsymbol{W}$ の正規直交基底 $\mathcal{S}=\langle \boldsymbol{v}_1, \boldsymbol{v}_2, \boldsymbol{v}_n\rangle$ ができる．このとき，任意の $r\,(1\leqq r\leqq n)$ に対し，$\langle \boldsymbol{v}_1, \boldsymbol{v}_2, \cdots, \boldsymbol{v}_r\rangle$ の張る部分空間は，$\langle \boldsymbol{u}_1, \boldsymbol{u}_2, \cdots, \boldsymbol{u}_r\rangle$ の張る部分空間に等しい．

3)　とくに，$\{\boldsymbol{0}\}$ 以外の任意の計量線型空間に正規直交基底が存在する．

【証明】　これは命題 2.5.16 であり，ここでは繰りかえさない．□

7.4.8【命題】　$\boldsymbol{V}$ を $\boldsymbol{K}$ 上の n 次元計量線型空間，$\mathcal{S}=\langle \boldsymbol{u}_1, \boldsymbol{u}_2, \cdots, \boldsymbol{u}_n\rangle$ と $\mathcal{T}=\langle \boldsymbol{v}_1, \boldsymbol{v}_2, \cdots, \boldsymbol{v}_n\rangle$ を $\boldsymbol{V}$ の基底とし，基底の取りかえ $\mathcal{S}\to\mathcal{T}$ の行列を $P=(p_{ij})$ とする．

1)　$\mathcal{S}$，$\mathcal{T}$ が正交底なら P はユニタリ行列（$\boldsymbol{K}=\boldsymbol{R}$ のときは直交行列）である．

2)　$\mathcal{S}$ が正交底，P がユニタリ行列【直交行列】なら，$\mathcal{T}$ も正交底である．

【証明】　1)　命題 6.2.23 の 2）により $\boldsymbol{v}_j=\sum_{i=1}^{n}p_{ij}\boldsymbol{u}_i\,(1\leqq j\leqq n)$ が成りたつ．

$\boldsymbol{v}_l=\sum_{k=1}^{n}p_{kl}\boldsymbol{u}_k$ と書くと，

$$\delta_{jl}=(\boldsymbol{v}_j\,|\,\boldsymbol{v}_l)=\sum_{i,k}p_{ij}\bar{p}_{kl}(\boldsymbol{u}_i\,|\,\boldsymbol{u}_k)=\sum_{i,k}p_{ij}\bar{p}_{kl}\delta_{ik}=\sum_{i}p_{ij}\bar{p}_{il}.$$

これは ${}^tP\bar{P}$ の (j, l) 成分だから ${}^tP\bar{P}=E_n$．すなわち P はユニタリ行列

である．

2) 同じ式の見方を変えるだけでいい．□

7.4.9【定義】 $\boldsymbol{V}$, $\boldsymbol{V}'$ を $\boldsymbol{K}$ 上の計量線型空間，T を $\boldsymbol{V}$ から $\boldsymbol{V}'$ への（線型空間としての）同型写像とする．$\boldsymbol{V}$ の任意の元 $\boldsymbol{x}$, $\boldsymbol{y}$ に対して $(T\boldsymbol{x} \mid T\boldsymbol{y}) = (\boldsymbol{x} \mid \boldsymbol{y})$ が成りたつとき，T を $\boldsymbol{V}$ から $\boldsymbol{V}'$ への**計量同型写像**と言う．このとき $\boldsymbol{V}$ と $\boldsymbol{V}'$ は互いに**計量同型**であると言う．

7.4.10【命題】 $\boldsymbol{V}$ を $\boldsymbol{K}$ 上の n 次元計量線型空間とする．

1) $\mathscr{S} = \langle \boldsymbol{u}_1, \boldsymbol{u}_2, \cdots, \boldsymbol{u}_n \rangle$ が $\boldsymbol{V}$ の正交底のとき，$\boldsymbol{V}$ の任意の元 $\boldsymbol{x}$ は $\boldsymbol{x} = \sum_{i=1}^{n} x_i \boldsymbol{u}_i$ と一意的に書けるから，$\boldsymbol{V}$ から $\boldsymbol{K}^n$ への写像 φ を $\varphi(\boldsymbol{x}) = \begin{pmatrix} x_1 \\ x_2 \\ \vdots \\ x_n \end{pmatrix}$ として定めることができる．このとき φ は $\boldsymbol{V}$ から $\boldsymbol{K}^n$ への計量同型写像である．

2) 逆に $\boldsymbol{V}$ から $\boldsymbol{K}^n$ への計量同型写像 φ があるとき，$\boldsymbol{K}^n$ の標準基底を $\mathscr{E} = \langle \boldsymbol{e}_1, \boldsymbol{e}_2, \cdots, \boldsymbol{e}_n \rangle$ と書いて $\boldsymbol{u}_i = \varphi^{-1}(\boldsymbol{e}_i)$ と置くと，$\mathscr{S} = \langle \boldsymbol{u}_1, \boldsymbol{u}_2, \cdots, \boldsymbol{u}_n \rangle$ は $\boldsymbol{V}$ の正交底である．

【証明】 1) 命題6.2.10の1）によって φ は同型写像である．$\boldsymbol{x} = \sum_i x_i \boldsymbol{u}_i$, $\boldsymbol{y} = \sum_j y_i \boldsymbol{u}_i$ なら，$(\boldsymbol{u}_i \mid \boldsymbol{u}_j) = \delta_{ij}$ だから，$(\varphi(\boldsymbol{x}) \mid \varphi(\boldsymbol{y})) =$

$$\left(\begin{pmatrix} x_1 \\ x_2 \\ \vdots \\ x_n \end{pmatrix}, \begin{pmatrix} y_1 \\ y_2 \\ \vdots \\ y_n \end{pmatrix} \right) = \sum_i x_i \overline{y_i} = (\boldsymbol{x} \mid \boldsymbol{y}).$$

2) 命題6.2.21の2）によって $\mathscr{S}$ は $\boldsymbol{V}$ の基底であり，$(\boldsymbol{u}_i \mid \boldsymbol{u}_j) = (\varphi^{-1}(\boldsymbol{e}_i) \mid \varphi^{-1}(\boldsymbol{e}_j)) = (\boldsymbol{e}_i \mid \boldsymbol{e}_j) = \delta_{ij}$. □

ノート つまり，$\boldsymbol{V}$ の正交底をひとつ選ぶことは，$\boldsymbol{V}$ から $\boldsymbol{K}^n$ への計量同型写像をひとつ選ぶことにほかならない．

●随伴変換，各種の正規変換

7.4.11【**定義**】 $\boldsymbol{V}$ を $\boldsymbol{K}$ 上の計量線型空間，T を $\boldsymbol{V}$ の線型変換とする．$\boldsymbol{V}$ の正交底をひとつ選んで $\mathscr{S}$ とすると，定義 7.1.1 によって $\mathscr{S}$ に関する T の表現行列 A が定まる．A の随伴行列（定義 2.5.7）を $A^*={}^t\bar{A}$ とする．このとき，$\mathscr{S}$ に関する表現行列が A^* であるような $\boldsymbol{V}$ の線型変換 $T_1{}^*$ が定まる．別の正交底 $\mathscr{T}$ に関する表現行列を B とし，$\mathscr{T}$ に関する表現行列が B^* である線型変換を $T_2{}^*$ とする．基底の取りかえ $\mathscr{S}\to\mathscr{T}$ の行列を P とすると，P はユニタリ行列である（命題 7.4.8 の 1)）．定理 7.1.4 の下のノートによって $B=P^{-1}AP$ だから，$B^*=(P^{-1}AP)^*=P^*A^*P=P^{-1}A^*P$ となるから $T_1{}^*=T_2{}^*$ となり，正交底の取りかたに関係しないことが分かった．この変換を T の**随伴変換**と言い，T^* と書く．

7.4.12【**命題**】 $\boldsymbol{V}$ を $\boldsymbol{K}$ 上の計量線型空間，T を $\boldsymbol{V}$ の線型変換，T^* を T の随伴変換とする．このとき $\boldsymbol{V}$ の任意の元 $\boldsymbol{x}$，$\boldsymbol{y}$ に対して

$$(T^*\boldsymbol{x}\mid\boldsymbol{y})=(\boldsymbol{x}\mid T\boldsymbol{y}).$$

【**証明**】 任意の正交底 $\mathscr{S}$ に関する T の表現行列を A とすれば，T^* の表現行列は A^* である．$\mathscr{S}$ の定める同型写像 $\boldsymbol{V}\to\boldsymbol{K}^n$（命題 7.4.10 とその下のノート）を φ とすると，

$$(T^*\boldsymbol{x}\mid\boldsymbol{y})=(A^*\cdot\varphi(\boldsymbol{x})\mid\varphi(\boldsymbol{y}))={}^t\varphi(\boldsymbol{x})\,{}^tA^*\cdot\overline{\varphi(\boldsymbol{y})}=(\varphi(\boldsymbol{x})\mid A\cdot\varphi(\boldsymbol{y})).\ \square$$

7.4.13【**定義**】 $\boldsymbol{V}$ を $\boldsymbol{K}$ 上の計量線型空間，T を $\boldsymbol{V}$ の線型変換，T^* を T の随伴変換とする．

1) $TT^*=T^*T$ のとき，T を**正規変換**と言う．
2) $T^*=T$ のとき，T を $\boldsymbol{K}=\boldsymbol{C}$ なら**エルミート変換**，$\boldsymbol{K}=\boldsymbol{R}$ なら**実対称変換**と言う．
3) $T^*=-T$ のとき $\boldsymbol{K}=\boldsymbol{C}$ なら**反エルミート変換**，$\boldsymbol{K}=\boldsymbol{R}$ なら**交代変換**，または**反対称変換**と言う．
4) $TT^*=T^*T=E$ のとき，T を $\boldsymbol{K}=\boldsymbol{C}$ なら**ユニタリ変換**，$\boldsymbol{K}=\boldsymbol{R}$ なら**直交変換**と言う．
5) 以上の諸概念は，正交底を選んで行列に移せば，それぞれ正規行列・エ

ルミート行列・実対称行列・反エルミート行列・交代行列，ユニタリ行列・直交行列に対応している．

7.4.14【定理】 $\boldsymbol{C}$ 上の計量線型空間 $\boldsymbol{V}$ の任意の正規変換 T に対し，適当な正交底 $\mathcal{S}$ を選ぶと，$\mathcal{S}$ に関する T の表現行列は対角行列になる．

【証明】 任意のひとつの正交底 $\mathcal{R}$ に関する T の表現行列を A とすると，A は正規行列である．定理 4.2.4 により，あるユニタリ行列 P をとると，$B=P^{-1}AP$ は対角行列になる．B は基底 $\mathcal{R}$ から P によって取りかえた新らしい基底 $\mathcal{S}$ に関する T の表現行列である．□

●直交関数系

(ノート) 直交関数系はもともと解析学の問題であり，それを扱う自然な場は無限次元線型空間である．互いに直交する関数の列を有限のところで切れば，有限次元空間の直交基底の大事な例になる．次元のことはあまり気にしなくていい．

7.4.15【例】 a) 定義 $P_n(x)=\dfrac{1}{2^n n!}\cdot\dfrac{d^n}{dx^n}(x^2-1)^n$ $(n=0,1,2,\cdots)$ を**ルジャンドルの多項式**と言う．$2n$ 次の多項式を n 回微分したのだから，$P_n(x)$ は n 次の多項式であり，x^n の係数は $\dfrac{(2n)!}{2^n(n!)^2}$ である．

b) 任意の多項式，すなわち $\boldsymbol{P}(\boldsymbol{R})$ の任意の元 f と g に対して

$$(f|g)=\int_{-1}^{1}f(x)g(x)\,dx$$

と定義する．無限次元空間 $\boldsymbol{P}(\boldsymbol{R})$ を密輸入すれば，$(f|g)$ は $\boldsymbol{P}(\boldsymbol{R})$ での内積の条件をみたす（やさしい）．大きな自然数 N をとって $\boldsymbol{P}(N;\boldsymbol{R})$ に制限すれば，話は有限次元におさまる．

c) $\boldsymbol{P}_{n-1}(\boldsymbol{R})$ の任意の元 f，すなわち $n-1$ 次以下の任意の多項式 f に対し，P_n と f は直交する：$(P_n|f)=\displaystyle\int_{-1}^{1}P_n(x)f(x)\,dx=0$．

【証明】 とりあえず係数を無視して $F_n(x)=\dfrac{d^n}{dx^n}(x^2-1)^n$，$G_n(x)=(x^2-1)^n$

$=(x-1)^n(x+1)^n$ と置くと，$F_n(x)=G_n{}^{(n)}(x)$（n 階導関数）．$k<n$ のとき，$G_n{}^{(k)}$ の計算にライプニッツの公式 $(fg)^{(k)}=\sum_{i=0}^{k} {}_kC_i f^{(k-i)}g^{(i)}$（${}_kC_i$ は 2 項係数ないし組みあわせの数 ${}_kC_i=\frac{k!}{i!(k-i)!}$）を適用すると，$(x-1)^n(x+1)^n$ のどちらの因数も少なくとも 1 個残るから，$G_n{}^{(k)}(1)=G_n{}^{(k)}(-1)=0$．部分積分によって $\int_{-1}^{1}F_n(x)\,x^k dx=\int_{-1}^{1}G_n{}^{(n)}(x)\,x^k dx=[G_n{}^{(n-1)}(x)\,x^k]_{-1}^{1}-k\int_{-1}^{1}G_n{}^{(n-1)}(x)$ $x^{k-1}\,dx=-k[G_n{}^{(n-2)}(x)\,x^{k-1}]_{-1}^{1}+k(k-1)\int_{-1}^{1}G_n{}^{(n-2)}(x)\,x^{k-2}\,dx=\cdots=$ $(-1)^k k!\int_{-1}^{1}G_n{}^{(n-k)}(x)\,dx=(-1)^k k![G_n{}^{(n-k-1)}(x)]_{-1}^{1}=0$．□

d) c) の結果により，$n\neq m$ なら $(P_n\,|\,P_m)=\int_{-1}^{1}P_n(x)\,P_m(x)\,dx=0$．

すなわち $\langle P_0, P_1, P_2, \cdots\rangle$ は互いに直交する関数の無限列である．

e) ノルムを計算する．$\int_{-1}^{1}F_n(x)^2dx=\int_{-1}^{1}G_n{}^{(n)}(x)\,F_n(x)=\Big[G_n{}^{(n-1)}(x)$ $F_n(x)\Big]_{-1}^{1}-\int_{-1}^{1}G_n{}^{(n-1)}(x)\,F_n{}'(x)\,dx=\cdots=(-1)^n\int_{-1}^{1}G_n(x)\,F_n{}^{(n)}(x)\,dx=(-1)^n$ $(2n)!\int_{-1}^{1}G_n(x)\,dx$．

ここで $F_n{}^{(n)}=(2n)!$ を使った．

$$\int_{-1}^{1}G_n(x)\,dx=\int_{-1}^{1}(x-1)^n(x+1)^n dx$$

$$=\left[\frac{1}{n+1}(x-1)^n(x+1)^{n+1}\right]_{-1}^{1}-\frac{n}{n+1}\int_{-1}^{1}(x-1)^{n-1}(x+1)^{n+1}dx$$

$$=\cdots=\frac{(-1)^n n!}{(n+1)(n+2)\cdots(2n)}\int_{-1}^{1}(x+1)^{2n}dx=\frac{(-1)^n(n!)^2}{(2n)!}\frac{2^{2n+1}}{2n+1}.$$ ゆえに

$$\int_{-1}^{1}F_n(x)^2dx=\frac{2^{2n+1}(n!)^2}{2n+1}.$$

$P_n(x)=\frac{1}{2^n n!}F_n(x)$ だから，$\|P_n\|^2=\int_{-1}^{1}P_n(x)^2dx=\frac{1}{(2^n n!)^2}\int_{-1}^{1}F_n(x)^2dx$ $=\frac{2}{2n+1}$．

7.4.16【解析学からの準備】 実変数の実数値関数 $f(x)$ が $f'(x)=af(x)$，

$f(0)=1$ をみたせば，$f(x)=e^{ax}$ にかぎる．実際，$g(x)=e^{-ax}f(x)$ と置くと，$g'(x)$ は恒等的に 0 だから $g(x)$ は定数．$g(0)=1$ だから $g(x)=1$，すなわち $f(x)=e^{ax}$ となる．

つぎに $f(x)=\cos x+i\sin x$（i は虚数単位）とすると，$f'(x)=-\sin x+i\cos x=i(\cos x+i\sin x)=if(x)$，$f(0)=1$．そこで実数値の場合との類似によって

$$e^{ix}=\cos x+i\sin x \tag{1}$$

と定義する．e^{ix} は周期 2π の周期関数であり，実数体 $\boldsymbol{R}$ を複素平面の単位円周 $\{z\in\boldsymbol{C}\,;\,|z|=1\}$ に移す．絶対値 1 の複素数の掛け算の公式（偏角が和になること）により，加法定理

$$e^{i(x+y)}=e^{ix}e^{iy} \tag{2}$$

が成りたつ．ふたつの式

$$e^{ix}=\cos x+i\sin x, \qquad e^{-ix}=\cos x-i\sin x \tag{3}$$

から，

$$\cos x=\frac{e^{ix}+e^{-ix}}{2}, \qquad \sin x=\frac{e^{ix}-e^{-ix}}{2i} \tag{4}$$

が得られる．三角関数の複雑な公式はすべて式 (3)，(4) と，指数関数 e^{ix} の簡単な加法定理 (2) から得られる．複素数については序章 §2 を見よ．

7.4.17【例】 1)　$2n+1$ 個の実変数実数値関数 1，$\cos kx$，$\sin kx\,(1\leqq k\leqq n)$ の線型結合ぜんぶの作る $2n+1$ 次元実線型空間を $\boldsymbol{V}$ とし，内積 $(f|g)$ を

$$(f|g)=\int_{-\pi}^{\pi}f(x)g(x)\,dx$$

によって定義すると，$\boldsymbol{V}$ は実計量線型空間になる．

2)　$\boldsymbol{V}$ の $2n+1$ 個の元（関数）1，$\cos kx$，$\sin kx\,(1\leqq k\leqq n)$ は直交関数系である．

【証明】 ここで解析学からの準備 7.4.16 を使う．$k\neq l$ なら

$$\int_{-\pi}^{\pi}e^{ikx}e^{-ilx}dx=\left[\frac{1}{i(k-l)}e^{i(k-l)x}\right]_{-\pi}^{\pi}=0. \tag{5}$$

式 (3) と (4) を合わせれば結果が出る．□

(ノート) 指数関数 e^{ix} を使わないと，三角関数の積を和になおす公式が必要になり，

計算が複雑になる．

7.4.18【例】 複素平面の単位円板 $\{z\in \boldsymbol{C}\,;\,|z|\leqq 1\}$ を $\mathscr{D}$ と書く．n 次以下の複素係数多項式の空間 $\boldsymbol{P}_n(\boldsymbol{C})$ の内積を，

$$(f\,|\,g)=\frac{1}{\pi}\int_{\mathscr{D}} f(z)\overline{g(z)}\,dx\,dy=\frac{1}{\pi}\iint_{x^2+y^2\leqq 1} f(x+iy)\overline{g(x+iy)}\,dx\,dy$$

によって定める．$0\leqq k\leqq n$ に対して $f_k(z)=z^k$ と置くと，$(f_k\,|\,f_l)=\delta_{k,l}\dfrac{1}{k+1}$ となる．$\delta_{k,l}$ はクロネッカーのデルタ（定義1.1.8の3)）である．だから $\boldsymbol{u}_k(z)=\sqrt{k+1}\cdot z^k$ と置くと，$\langle \boldsymbol{u}_0, \boldsymbol{u}_1, \cdots, \boldsymbol{u}_n\rangle$ は $\boldsymbol{P}_n(\boldsymbol{C})$ の正交底である．

【証明】 $(f\,|\,g)$ が内積（エルミート積）の条件をみたすことはすぐに分かる．z の絶対値を r，偏角を θ とすると $z=re^{i\theta}=r\cos\theta+i\sin\theta$ であり，極座標への変換公式 $dx\,dy=r\,dr\,d\theta$ により，

$$(f\,|\,g)=\frac{1}{\pi}\int_{r=0}^{1}\int_{\theta=0}^{2\pi} f(re^{i\theta})\overline{g(re^{i\theta})}\,r\,dr\,d\theta.$$

$$(f_k\,|\,f_l)=\frac{1}{\pi}\int_{r=0}^{1}\int_{\theta=0}^{2\pi} r^{k+l+1}e^{i(k-l)\theta}dr\,d\theta=\frac{1}{\pi}\int_0^1 r^{k+l+1}dr\cdot\int_0^{2\pi} e^{i(k-l)\theta}d\theta.$$

$k\neq l$ なら $\displaystyle\int_0^{2\pi} e^{i(k-l)\theta}d\theta=\left[\frac{e^{i(k-l)\theta}}{i(k-l)}\right]_0^{2\pi}=0$．よって $(f_k\,|\,f_l)=0$．$k=l$ なら $\displaystyle\int_0^{2\pi} e^{i(k-l)\theta}d\theta=\int_0^{2\pi} d\theta=2\pi$．よって $\displaystyle(f_k\,|\,f_k)=2\int_0^1 r^{2k+1}dr=2\left[\frac{r^{2k+2}}{2k+2}\right]_0^1=\frac{1}{k+1}$．

§4の問題

問題 1 A を n 次の $\boldsymbol{K}$ 行列とする．$(\boldsymbol{x}\,|\,\boldsymbol{y})_A=(A\boldsymbol{x}\,|\,A\boldsymbol{y})={}^t\boldsymbol{x}\,{}^tA\bar{A}\bar{\boldsymbol{y}}$ とおく．$(\boldsymbol{x}\,|\,\boldsymbol{y})_A$ が $\boldsymbol{K}^n$ の（新らしい）内積になるのはどんな場合か．

問題 2 n，m を自然数とし，相異なる m 個の数（$\boldsymbol{K}$ の元）$a_1, a_2, \cdots, a_m$ を決める．$V=\boldsymbol{P}_n(\boldsymbol{K})$（$n$ 次以下の $\boldsymbol{K}$ 係数多項式の空間）の元 f，g に対して $(f\,|\,g)_m=\displaystyle\sum_{i=1}^{m} f(a_i)\overline{g(a_i)}$ と定義したとき，これが V の内積になるための条件を求めよ．

問題 3 $\boldsymbol{V}$ を $\boldsymbol{K}$ 上の計量線型空間，$\boldsymbol{x}$ と $\boldsymbol{y}$ を $\boldsymbol{V}$ の元とする．

1)　$\|\boldsymbol{x}+\boldsymbol{y}\|^2+\|\boldsymbol{x}-\boldsymbol{y}\|^2=2(\|\boldsymbol{x}\|^2+\|\boldsymbol{y}\|^2)$ を示せ（**中線定理**）.

2)　$(\boldsymbol{x}|\boldsymbol{y})=\boldsymbol{0}$ なら $\|\boldsymbol{x}+\boldsymbol{y}\|^2=\|\boldsymbol{x}\|^2+\|\boldsymbol{y}\|^2$ が成りたつことを示せ（**ピタゴラスの定理**）. $\boldsymbol{K}=\boldsymbol{R}$ なら逆も成りたつが, $\boldsymbol{K}=\boldsymbol{C}$ なら成りたたないことを示せ.

3)　$\boldsymbol{K}=\boldsymbol{R}$ なら $(\boldsymbol{x}|\boldsymbol{y})=\dfrac{1}{4}(\|\boldsymbol{x}+\boldsymbol{y}\|^2-\|\boldsymbol{x}-\boldsymbol{y}\|^2)$ が成りたつことを示せ.

7章末の問題

問題 1　$\boldsymbol{V}$ を $\boldsymbol{C}$ 上の線型空間，T と S を $\boldsymbol{V}$ の線型変換で互いに交換可能（$TS=ST$）なものとする．このとき T と S は，少なくとも一本の固有ベクトルを共有することを示せ．

問題 2　$\boldsymbol{V}$，$\boldsymbol{V}'$ を $\boldsymbol{K}$ 上の線型空間，T と S を $\boldsymbol{V}$ から $\boldsymbol{V}'$ への線型写像とする．このとき，$r(T+S)\leqq r(T)+r(S)$ を示せ（r は階数）．

問題 3　$\boldsymbol{V}$，$\boldsymbol{V}'$，$\boldsymbol{V}''$ を $\boldsymbol{K}$ 上の線型空間，$T:\boldsymbol{V}\to\boldsymbol{V}'$ と $S:\boldsymbol{V}'\to\boldsymbol{V}''$ を線型写像とする．このとき $r(T)+r(S)-\dim\boldsymbol{V}'\leqq r(ST)\leqq\min\{r(T),\ r(S)\}$ を示せ．

問題 4　$\boldsymbol{V}=\boldsymbol{M}(n;\boldsymbol{K})$ から $\boldsymbol{K}$ への任意の線型写像 T は，ある n 次 $\boldsymbol{K}$ 行列 A によって $T(X)=\mathrm{Tr}\,AX\,(X\in\boldsymbol{V})$ と書けることを示せ．

問題 5　$\boldsymbol{V}$ を $\boldsymbol{K}$ 上の n 次元計量線型空間，$\boldsymbol{W}$ を $\boldsymbol{V}$ の部分空間とする．

1)　$\boldsymbol{W}$ のすべての元と直交するような $\boldsymbol{V}$ の元ぜんぶの集合 $\boldsymbol{W}^{\perp}$ は $\boldsymbol{V}$ の部分空間である．証明せよ（以下同様）．この部分空間 $\boldsymbol{W}^{\perp}$ を $\boldsymbol{W}$ の**直交補空間**と言う．

2)　$\boldsymbol{V}$ は $\boldsymbol{W}+\boldsymbol{W}^{\perp}$ の直和である：$\boldsymbol{V}=\boldsymbol{W}\oplus\boldsymbol{W}^{\perp}$．

3)　$(\boldsymbol{W}^{\perp})^{\perp}=\boldsymbol{W}$．

4)　$\boldsymbol{W}_1\subset\boldsymbol{W}_2 \Longleftrightarrow \boldsymbol{W}_2{}^{\perp}\subset\boldsymbol{W}_1{}^{\perp}$（$\Longleftrightarrow$ は論理的同値）．

5)　$(\boldsymbol{W}_1+\boldsymbol{W}_2)^{\perp}=\boldsymbol{W}_1{}^{\perp}\cap\boldsymbol{W}_2{}^{\perp}$．

6)　$(\boldsymbol{W}_1\cap\boldsymbol{W}_2)^{\perp}=\mathrm{W}_1{}^{\perp}+\mathrm{W}_2{}^{\perp}$．

問題 6　$\boldsymbol{V}$ を計量線型空間，$\boldsymbol{W}$ を $\boldsymbol{V}$ の部分空間，T を $\boldsymbol{V}$ の線型変換とする．T の随伴変換を T^* と書くとき，$\boldsymbol{W}$ が T 不変であることと $\boldsymbol{W}^{\perp}$ が T^* 不変であることとは同値である．

問題 7　前問の記号のまま，T がエルミート変換，またはユニタリ変換のとき，$\boldsymbol{W}$ が T 不変なら $\boldsymbol{W}^{\perp}$ も T 不変，したがって $\boldsymbol{W}$ は T^* 不変である．

問題 8　1)　$L_n(x)=\dfrac{e^x}{n!}\dfrac{d^n}{dx^n}(e^{-x}x^n)\ (n=0,1,2,\cdots)$ が n 次の多項式であり，

$L_n(x)=\displaystyle\sum_{k=0}^{n}\frac{(-1)^k{}_nC_k}{k!}x^k$ と書けることを示せ．これを**ラゲルの多項式**と言う．ただし，${}_nC_k$ は組合せの数ないし2項係数：${}_nC_k=\dfrac{n(n-1)\cdots(n-k+1)}{k!}$．

［ヒント］n 階導関数に関するライプニッツの公式：$(fg)^{(n)}=\displaystyle\sum_{k=0}^{n}{}_nC_kf^{(n-k)}g^{(k)}$．

2) 任意の多項式 $f(x)$, $g(x)$ に対して広義積分 $\int_0^{+\infty} e^{-x} f(x) g(x)\, dx$ は収束する．これを $(f|g)$ と書く．[n 次以下の多項式に限れば，$\boldsymbol{P}_n(\boldsymbol{R})$ の内積になる.] $n-1$ 次以下の任意の多項式 $f(x)$ に対して $(L_n|f)=0$ が成りたつことを示せ．したがって，$m \neq n$ なら $(L_n|L_m)=0$ となり，直交関数系が得られる．[ヒント] 部分積分.

3) $(L_n|L_n)$ を求めよ.

第8章

ジョルダン標準形とその応用

この章では，原則として線型写像を主題として論ずるが，すべての議論は行列に関する結果に，簡単に移しかえることができる（第7章§3を見よ）．

§1　広義固有空間

●広義固有空間

8.1.1【定義】　V を n 次元の複素線型空間，T を V の線型変換，α を T のひとつの固有値とする．

$$\boldsymbol{W}(\alpha)=\{\boldsymbol{x}\in\boldsymbol{V}\,;\,(T-\alpha I)^n\boldsymbol{x}=\boldsymbol{0}\}$$

と置く（I は $\boldsymbol{V}$ の恒等変換）．このとき $\boldsymbol{W}(\alpha)$ は $\boldsymbol{V}$ の $\{\boldsymbol{0}\}$ でない部分線型空間であり，T 不変である（どっちもやさしい）．$\boldsymbol{W}(\alpha)$ を T の固有値 α に属する**広義固有空間**と言う．α に属する固有空間を $\boldsymbol{V}(\alpha)$ と書けば，当然 $\{\boldsymbol{0}\}\subsetneq\boldsymbol{V}(\alpha)\subset\boldsymbol{W}(\alpha)$．

8.1.2【例】　$A=\begin{pmatrix}2&1&0\\0&2&0\\0&0&1\end{pmatrix}$．固有値は2と1．固有値1に属するほうは $\boldsymbol{V}(1)=\boldsymbol{W}(1)=\left\{\begin{pmatrix}0\\0\\z\end{pmatrix};z\in\boldsymbol{C}\right\}$．固有値2に属するほうは $\boldsymbol{V}(2)=\left\{\begin{pmatrix}x\\0\\0\end{pmatrix};x\in\boldsymbol{C}\right\}$，$\boldsymbol{W}(2)=\left\{\begin{pmatrix}x\\y\\0\end{pmatrix};x,\ y\in\boldsymbol{C}\right\}$ で $\{\boldsymbol{0}\}\subsetneq\boldsymbol{V}(2)\subsetneq\boldsymbol{W}(2)$．

8.1.3【命題】　上の記号で α と β が T の異なる固有値なら，$\boldsymbol{W}(\alpha)\cap\boldsymbol{W}(\beta)$

$=\{\mathbf{0}\}$.

【証明】 $\boldsymbol{x}\in\boldsymbol{W}(\alpha)\cap\boldsymbol{W}(\beta)$，$\boldsymbol{x}\neq\mathbf{0}$ と仮定して矛盾を導く．$(T-\alpha I)^p\boldsymbol{x}\neq\mathbf{0}$，$(T-\alpha I)^{p+1}=\mathbf{0}$ なる $p\,(0\leqq p\leqq n-1)$ をとる．$\boldsymbol{u}=(T-\alpha I)^p\boldsymbol{x}$ とすると $\boldsymbol{u}\neq\mathbf{0}$，$T\boldsymbol{u}=\alpha\boldsymbol{u}$．したがって $(T-\beta I)\boldsymbol{u}=(\alpha-\beta)\boldsymbol{u}$，$(T-\beta I)^n\boldsymbol{u}=(\alpha-\beta)^n\boldsymbol{u}\neq\mathbf{0}$ となる．一方，$T-\alpha I$ と $T-\beta I$ は交換可能だから，$(T-\beta I)^n\boldsymbol{u}=(T-\beta I)^n(T-\alpha I)^p\boldsymbol{x}=(T-\alpha I)^p(T-\beta I)^n\boldsymbol{x}=\mathbf{0}$ のはずだから矛盾．□

8.1.4 **【定理】** V と T は上と同じとし，T の異なる固有値の全部を $\beta_1,\beta_2,\cdots,\beta_p$ とすると，

$$\boldsymbol{V}=\boldsymbol{W}(\beta_1)\oplus\boldsymbol{W}(\beta_2)\oplus\cdots\oplus\boldsymbol{W}(\beta_p)\quad(\text{直和}).$$

【証明】 1° はじめに $1\leqq k\leqq p$ とし，$\boldsymbol{V}_k=\boldsymbol{W}(\beta_1)+\boldsymbol{W}(\beta_2)+\cdots+\boldsymbol{W}(\beta_k)$（和空間）と置くと，これは直和である．実際，$k$ に関する帰納法によることにすると，$k=1$ なら明きらかだから $k\geqq 2$ とし，$\boldsymbol{V}_{k-1}=\boldsymbol{W}(\beta_1)\oplus\boldsymbol{W}(\beta_2)\oplus\cdots\oplus\boldsymbol{W}(\beta_{k-1})$ は直和だと仮定する．

$\sum_{i=1}^{k}\boldsymbol{x}_i=\mathbf{0}\,(\boldsymbol{x}_i\in\boldsymbol{W}(\beta_i))$ の両辺に $(T-\beta_k I)^n$ を施こすと，$(T-\beta_k I)^n\boldsymbol{x}_k=\mathbf{0}$ だから，$\sum_{i=1}^{k-1}(T-\beta_k I)^n\boldsymbol{x}_i=\mathbf{0}$ となる．

$\boldsymbol{W}(\beta_i)$ は T 不変 $(1\leqq i\leqq k-1)$．したがって $T-\beta_k I$ で不変だから，$(T-\beta_k I)\boldsymbol{x}_i\in\boldsymbol{W}(\beta_i)$．帰納法の仮定によって $(T-\beta_k I)^n\boldsymbol{x}_i=\mathbf{0}$．したがって $\boldsymbol{x}_i\in\boldsymbol{W}(\beta_i)\cap\boldsymbol{W}(\beta_k)$．前命題によって $\boldsymbol{x}_i=\mathbf{0}\,(1\leqq i\leqq k-1)$．よって $\boldsymbol{x}_k$ もゼロとなり，$\boldsymbol{V}_k$ は直和である．とくに $\boldsymbol{V}_p=\boldsymbol{W}(\beta_1)\oplus\cdots\oplus\boldsymbol{W}(\beta_p)$．

2° あとは $\boldsymbol{V}_p=\boldsymbol{V}$ を示せばいい．T の各特性根 $\beta_i\,(1\leqq i\leqq p)$ の重複度を m_i とすると $\sum_{i=1}^{p}m_i=n$．もし $\dim\boldsymbol{W}(\beta_i)\geqq m_i$ が示されれば，命題6.2.19によって $\dim\boldsymbol{V}_p=\dim\sum_{i=1}^{p}\oplus\,\boldsymbol{W}(\beta_i)=\sum_{i=1}^{p}\dim\boldsymbol{W}(\beta_i)\geqq\sum_{i=1}^{p}m_i=n$ となるから，$\boldsymbol{V}_p=\boldsymbol{V}$ が証明される．

番号 i を固定し，V の適当な基底 $\mathcal{S}$ を選ぶと，$\mathcal{S}$ に関する T の表現行列 A は

$$A=\begin{matrix} \\ m_i[\end{matrix}\begin{pmatrix} \overset{m_i}{\overbrace{X}} & * \\ O & * \end{pmatrix},\quad X=\begin{pmatrix} \beta_i & & & * \\ & \beta_i & & \\ & & \ddots & \\ O & & & \beta_i \end{pmatrix}$$

の形になる．ここで $(X-\beta_i E_{m_i})^{m_i}=O_{m_i}$ に注意．$\boldsymbol{x}=\begin{pmatrix} \boldsymbol{y} \\ \boldsymbol{0}_{n-m_i} \end{pmatrix}]\ m_i$ の形なら

$(A-\beta_i E_n)^n\boldsymbol{x}=\begin{pmatrix} (X-\beta_i E_{m_i})^n\boldsymbol{y} \\ \boldsymbol{0}_{n-m_i} \end{pmatrix}=\boldsymbol{0}_n$ だから $\dim \boldsymbol{W}(\beta_i)\geqq m_i$． □

8.1.5【**定理**】 上の記号で，T が対角型であるためには，T のすべての固有値 α に対して，$\boldsymbol{V}(\alpha)=\boldsymbol{W}(\alpha)$ が成りたつことが必要十分である．

【**証明**】 前定理と命題 7.3.6 による． □

●線型写像の直和

8.1.6【**定義**】 1) $\boldsymbol{V}$ を $\boldsymbol{K}$ 上の線型空間，T を $\boldsymbol{V}$ の線型変換とする．また $\boldsymbol{W}_1, \boldsymbol{W}_2, \cdots, \boldsymbol{W}_p$ を $\boldsymbol{V}$ の T 不変部分空間で，$\boldsymbol{V}=\sum_{i=1}^{p}\oplus\boldsymbol{W}_i$（直和）なるものとする．すると，$T$ の定義域を $\boldsymbol{W}_i(1\leqq i\leqq p)$ に制限した写像 T_i は $\boldsymbol{W}_i$ の線型変換である（やさしい）．このとき T は $T_1, T_2, \cdots, T_p$ の**直和**であると言い，$T=T_1\oplus T_2\oplus\cdots\oplus T_p=\sum_{i=1}^{p}\oplus T_i$ と書く．

2) 各 $\boldsymbol{W}_i(1\leqq i\leqq p)$ の基底 $\mathcal{S}_i$ を並べて基底 $\mathcal{S}$ を作る．$\mathcal{S}$ に関する T の表現行列を A とし，各 $\mathcal{S}_i$ に関する T_i の表現行列を A_i とすると，A はつぎのように対称に区分けされる：

$$A=\begin{pmatrix} A_1 & & & O \\ & A_2 & & \\ & & \ddots & \\ O & & & A_p \end{pmatrix}.$$

行列 A を $A_1, A_2, \cdots, A_p$ の**直和**と言い，$A=A_1\oplus A_2\oplus\cdots\oplus A_p=\sum_{i=1}^{p}\oplus A_i$ と書く（定理 7.1.10 の 2）を見よ）．

8.1.7【命題】 $\boldsymbol{V}$ を複素線型空間，T を $\boldsymbol{V}$ の線型変換とし，T の異なる固有値の全部を $\beta_1, \beta_2, \cdots, \beta_p$ とする．

1) T の広義固有空間 $\boldsymbol{W}(\beta_i)$ への制限を T_i とすると，$T = T_1 \oplus T_2 \oplus \cdots \oplus T_p = \sum_{i=1}^{p} \oplus T_i$ (直和)．

2) $\boldsymbol{W}(\beta_i)$ の適当な基底 $\mathcal{S}_i$ を選び，それらを並べて $\boldsymbol{V}$ の基底 $\mathcal{S}$ を作ると，$\mathcal{S}$ に関する T の表現行列 A はつぎの形になる：

$$A = \begin{pmatrix} A_1 & & & O \\ & A_2 & & \\ & & \ddots & \\ O & & & A_p \end{pmatrix}.$$

ただし A_i は T_i の $\mathcal{S}_i$ に関する表現行列で，

$$A_i = \begin{pmatrix} \beta_i & & & * \\ & \beta_i & & \\ & & \ddots & \\ O & & & \beta_i \end{pmatrix} = \beta_i E_{m_i} + \begin{pmatrix} 0 & & & * \\ & 0 & & \\ & & \ddots & \\ O & & & 0 \end{pmatrix}$$

の形である ($m_i = \dim \boldsymbol{W}(\beta_i)$)．

【証明】 1) はもう済んでいる．2) は命題 7.3.4 を使い，各 $\boldsymbol{W}(\beta_i)$ で表現行列を三角化する基底をとればよい．□

§2 ジョルダン標準形

●ジョルダン細胞，ジョルダン行列，ジョルダン標準形

8.2.1【定義】 1) A が n 次行列で，n 個の対角成分がすべて同じ数 a，その右上の $n-1$ 個の成分がすべて 1，その他の成分がすべて 0 であるとき，A を固有値 a に属する n 次**ジョルダン細胞**と言い，$J_n(a)$ と書く．《細胞》ということばを使うのは，これを大きな行列を対称に区分けしたときの対角ブロックに置くからである．

$$J_1(a) = (a), \quad J_2(a) = \begin{pmatrix} a & 1 \\ 0 & a \end{pmatrix}, \quad J_3(a) = \begin{pmatrix} a & 1 & 0 \\ 0 & a & 1 \\ 0 & 0 & a \end{pmatrix}.$$

2) ジョルダン細胞いくつかの直和行列を**ジョルダン行列**と言う．ジョルダン行列の直和はジョルダン行列である．対角行列はジョルダン行列である(ジョルダン細胞の次数がすべて1)．

目標は，線型代数のピークとも言うべきつぎの定理である．

8.2.2【**定理**】(ジョルダン標準形) 複素線型空間 $\boldsymbol{V}$ の任意の線型変換 T に対して $\boldsymbol{V}$ のある基底 $\mathscr{S}$ を選ぶと，$\mathscr{S}$ に関する T の表現行列はジョルダン行列になる．これはジョルダン細胞の並べかたを除いて一意的である．

8.2.2′【**定理**】(ジョルダン標準形) 任意の行列 A に対し，ある正則行列 P を選ぶと，$B=P^{-1}AP$ はジョルダン行列になる．これはジョルダン細胞の並べかたを除いて一意的である．B を A の**ジョルダン標準形**と言う．

証明は三段階に分けて行なう．まず§1の結果を使って，定理を T の固有値がすべて等しい場合に帰着させる．つぎにさらに T の固有値がすべて0の場合 ($T^n=O$) に帰着させ，最後にこの場合に定理を証明する（この部分がもっとも本質的に重要である)．

8.2.3【**命題**】(第1段階) T を複素線型空間 $\boldsymbol{V}$ の線型変換とする．T の異なる固有値の全部を $\beta_1, \beta_2, \cdots, \beta_p$ とし，それぞれに属する広義固有空間を $\boldsymbol{W}(\beta_i)\ (1\leqq i\leqq p)$ とする．定理8.1.4および命題8.1.7によって $\boldsymbol{V}=\sum_{i=1}^{p}\oplus \boldsymbol{W}(\beta_i)$ (直和)，$\boldsymbol{W}(\beta_i)$ は T 不変，T の $\boldsymbol{W}(\beta_i)$ への制限を T_i とすれば，$T=\sum_{i=1}^{p}\oplus T_i$ (直和) であり，各 T_i の固有値は β_i だけである．もし T_i について定理が成りたてば，$\boldsymbol{W}(\beta_i)$ のある基底 $\mathscr{S}_i$ に関する T_i の表現行列 A_i はジョルダン行列である．$\mathscr{S}_1, \mathscr{S}_2, \cdots, \mathscr{S}_p$ を並べた基底 $\mathscr{S}$ に関する T の表現行列は $A=\sum_{i=1}^{p}\oplus A_i$ であり，ジョルダン行列である．□

8.2.4【**命題**】(第2段階) $\boldsymbol{W}(\beta_i)$ の定義により，$(T_i-\beta_i I_{\boldsymbol{W}(\beta_i)})^{m_i}=O(m_i=$

$\dim \boldsymbol{W}(\beta_i)$)．もし $\boldsymbol{W}(\beta_i)$ のある基底 $\mathscr{S}_i$ に関する $T_i-\beta_i I_{\boldsymbol{W}(\beta_i)}$ の表現行列がジョルダン行列なら，同じ基底 $\mathscr{S}_i$ に関する $T_i=(T_i-\beta_i I_{\boldsymbol{W}(\beta_i)})+\beta_i I_{\boldsymbol{W}(\beta_i)}$ の表現行列もジョルダン行列となって定理の証明を終わる．□

ノート　したがって第３段階として，つぎのふたつの定理を証明すればいい．

8.2.5【定理】　$\boldsymbol{V}$ を複素（実でもいい）n 次元線型空間，T を $\boldsymbol{V}$ のべきれい線型変換，すなわち $T^n=O$ なるものとする．$\boldsymbol{V}$ の適当な基底 $\mathscr{S}$ を選ぶと，T の $\mathscr{S}$ に関する表現行列はジョルダン行列になる．

【証明】　$T=O$ なら明きらかだから $T\neq O$ とし，n に関する帰納法で証明する．$n=1$ なら当然成りたつから $n\geqq 2$ とし，$n-1$ 以下に対しては定理が成りたつと仮定する．

1°　$T^{k-1}\neq O$，$T^k=O\,(2\leqq k\leqq n)$ とし，$T^{k-1}\boldsymbol{e}\neq\boldsymbol{0}$ なる $\boldsymbol{V}$ の元 $\boldsymbol{e}$ をとる．$\langle \boldsymbol{e}, T\boldsymbol{e}, \cdots, T^{k-1}\boldsymbol{e}\rangle$ は線型独立である（第６章 §2 の問題 4）．これらの張る部分空間を $\boldsymbol{W}$ とすると，$\boldsymbol{W}$ は k 次元，T 不変である．$\mathscr{S}=\langle T^{k-1}\boldsymbol{e}, \cdots, T\boldsymbol{e}, \boldsymbol{e}\rangle$ は $\boldsymbol{W}$ の基底であり，T の $\boldsymbol{W}$ への制限の $\mathscr{S}$ に関する表現行列はジョルダン細胞 $J_k(0)$ である．だからもし $\boldsymbol{V}=\boldsymbol{W}$ なら証明は終わる．以下 $\boldsymbol{V}\neq\boldsymbol{W}$，すなわち $k<n$ と仮定する．

2°　$\boldsymbol{V}$ の T 不変部分空間 $\boldsymbol{U}$ で，$\boldsymbol{U}\cap\boldsymbol{W}=\{\boldsymbol{0}\}$ なるもの（たとえば $\boldsymbol{U}=\{\boldsymbol{0}\}$ はそうである）のうち，次元が最大のもののひとつ $\boldsymbol{U}$ をとる．以下 $\boldsymbol{V}=\boldsymbol{U}+\boldsymbol{W}$ を示す．もしこれが証明されたら，条件によって $\boldsymbol{V}=\boldsymbol{U}\oplus\boldsymbol{W}$ となる．帰納法の仮定により，$\boldsymbol{U}$ の適当な基底 $\mathscr{T}$ に関する T の $\boldsymbol{U}$ への制限の表現行列はジョルダン行列である．したがって $\mathscr{S}$ と $\mathscr{T}$ を並べた $\boldsymbol{V}$ の基底に関する T の表現行列はジョルダン行列となって定理の証明が終わる．

3°　$\boldsymbol{V}\neq\boldsymbol{U}+\boldsymbol{W}$ と仮定して矛盾を導く．$\boldsymbol{U}+\boldsymbol{W}$ に属さない $\boldsymbol{V}$ の元 $\boldsymbol{a}$ をひとつとる．$T^k\boldsymbol{a}=\boldsymbol{0}$ だから，ある $l\,(2\leqq l\leqq k)$ をとると $T^{l-1}\boldsymbol{a}\notin\boldsymbol{U}+\boldsymbol{W}$，$T^l\boldsymbol{a}\in\boldsymbol{U}+\boldsymbol{W}$ となる．

$$T^l\boldsymbol{a}=\boldsymbol{u}+\sum_{i=0}^{k-1}c_iT^i\boldsymbol{e}\quad(\boldsymbol{u}\in\boldsymbol{U},\ c_i\in\boldsymbol{K})$$

と書き，両辺に T^{k-1} を施すと，

$$\mathbf{0}=T^{l+k-1}\boldsymbol{a}=T^{k-1}\boldsymbol{u}+c_0T^{k-1}\boldsymbol{e}$$

となる．右辺の第1項は $\boldsymbol{U}$ に，第2項は $\boldsymbol{W}$ に属するからともに $\mathbf{0}$ である．$T^{k-1}\boldsymbol{e}\neq\mathbf{0}$ だから $c_0=0$．そこで $\boldsymbol{b}=T^{l-1}\boldsymbol{a}-\sum_{i=1}^{k-1}c_iT^{i-1}\boldsymbol{e}$ とすると，$\boldsymbol{b}$ は $\boldsymbol{U}+\boldsymbol{W}$ に属さない．また $T\boldsymbol{b}=\boldsymbol{u}\in\boldsymbol{U}$．$\boldsymbol{U}$ と $\boldsymbol{b}$ の張る部分空間を $\boldsymbol{U}'$ とすると，$\dim\boldsymbol{U}'=\dim\boldsymbol{U}+1$ であり，$\boldsymbol{U}'$ は T 不変である．つぎに $\boldsymbol{w}\in\boldsymbol{U}'\cap\boldsymbol{W}$ とすると，$\boldsymbol{w}=\boldsymbol{v}+t\boldsymbol{b}$($\boldsymbol{v}\in\boldsymbol{U}$, $t\in\boldsymbol{K}$) と書けるから，$t\boldsymbol{b}=-\boldsymbol{v}+\boldsymbol{w}\in\boldsymbol{U}+\boldsymbol{W}$，$\boldsymbol{b}\notin\boldsymbol{U}+\boldsymbol{W}$ だから $t=0$．よって $\boldsymbol{w}=\boldsymbol{v}\in\boldsymbol{U}\cap\boldsymbol{W}=\{\mathbf{0}\}$ となり，$\boldsymbol{U}'\cap\boldsymbol{W}=\{\mathbf{0}\}$ が成りたつ．これは $\boldsymbol{U}$ が次元最大という仮定に反する．□

(ノート) 以上でジョルダン標準形の定理8.2.2と定理8.2.2′のうち，一意性以外の部分が証明された．これから一意性を証明する．

8.2.6【定理】 定理8.2.5のジョルダン行列は，ジョルダン細胞の並べかたを除けば一意的である．

【証明】 $T^{k-1}\neq O$，$T^k=O$ とし，T を表現するジョルダン行列のなかの j 次ジョルダン細胞の個数を m_j とする．m_j $(1\leqq j\leqq k)$ が基底の取りかたによらず，T だけによって決まることを示せばいい．T^i $(0\leqq i\leqq k-1)$ の階数を r_i とする．$m_1, m_2,\cdots, m_k$ が $r_0, r_1,\cdots, r_{k-1}$ によって決まることを示す．

固有値の j 次ジョルダン細胞 $J_j(0)$ の2乗，3乗，…を作ると，1の並ぶ斜線（左上から右下へ）がひとつずつ右上に上っていく．したがって $J_j(0)^i$ の階数は，$0\leqq i<j$ なら $j-i$，$i\geqq j$ ならゼロである．だから $r_i=\sum_{j=i+1}^{k}m_j(j-i)$ $(0\leqq i\leqq k-1)$ となる．すなわち

$$r_{k-1}=m_k$$

$$r_{k-2}=m_{k-1}+2m_k$$

$$\cdots$$

$$\cdots$$

$$r_{k-j}=m_{k-j+1}+2m_{k-j+2}+\cdots+(j-1)\,m_{k-1}+jm_k$$

$$\cdots$$

$$\cdots$$

$$r_1 = m_2 + 2m_3 + \cdots + (k-1)m_k$$
$$r_0 = m_1 + 2m_2 + \cdots + km_k.$$

この表を上から順に眺めれば，$m_k, m_{k-1}, \cdots, m_1$ が順に $r_{k-1}, r_{k-2}, \cdots, r_1, r_0$ によって決まることが分かる．□

8.2.7【命題】 T の固有値がすべて同一のとき，そのジョルダン行列は，ジョルダン細胞の並べかたを除けば一意的である．

【証明】 T がべきれい $(T^n = O)$ との違いは，スカラー変換 αI を足すだけだから，定理 8.2.6 によって一意性が出る．□

8.2.8【命題】 一般の線型変換 T の場合も，そのジョルダン行列は，ジョルダン細胞の並べかたを除けば一意的である．

【証明】 T の異なる固有値の全部を $\beta_1, \beta_2, \cdots, \beta_p$ とすると，広義固有空間 $\boldsymbol{W}(\beta_1), \boldsymbol{W}(\beta_2), \cdots, \boldsymbol{W}(\beta_p)$ も，そこへの制限写像 $T_1, T_2, \cdots, T_p$ も，T によって一意に決まる．前命題 8.2.7 により，T のジョルダン行列も，ジョルダン細胞の並べかたを除いて一意に決まる．□

ノート　以上で，目指していた定理 8.2.2 と定理 8.2.2′ が完全に証明された．難かしかった！　しかしこの定理の威力は大きく，行列や線型変換の重要な問題が，目に見える形で解明される．

●ジョルダン標準形の求めかた

ここで解説するのは理論的ないし手計算むきの話であり，必ずしも数値計算に向いているとは限らない．

8.2.9【命題】 ジョルダン標準形の求めかた．与えられた行列 A のすべての固有値とその重複度を求める．ある固有値 α の重複度が m だったとしよう．$A - \alpha E$ の階数が r なら，固有値 α のジョルダン細胞は $n-r$ 個ある．$n-r = m$ なら $J_1(\alpha)$ のみであり，$n-r = m-1$ なら $J_2(\alpha)$ がひとつだけある．このとき $(A-\alpha E)\boldsymbol{x} = \boldsymbol{0}$ の適当な解（固有ベクトル）$\boldsymbol{p}_1$ を選ぶと，$(A-\alpha E)\boldsymbol{p}_2$

$=\boldsymbol{p}_1$ となる $\boldsymbol{p}_2$ が存在する．$\boldsymbol{p}_1$ を含む固有空間 $\boldsymbol{V}(\alpha)$ の基底 $\boldsymbol{p}_1, \boldsymbol{p}_3, \cdots, \boldsymbol{p}_m$ をとると，固有値 α に属する部分は

$$\begin{pmatrix} \alpha & 1 & & & \\ & \alpha & & & \\ & & \alpha & & \\ & & & \ddots & \\ & & & & \alpha \end{pmatrix}$$

の形になる（空白はゼロ）．$n-r$ がもっと小さいいろいろな場合があるが，一般的に説明すると分かりにくいので，具体例を使って説明する．

8.2.10【例】 ジョルダン標準形を計算する．

1) $A=\begin{pmatrix} 1 & 3 & -2 \\ -3 & 13 & -7 \\ -5 & 19 & -10 \end{pmatrix}$．$\Phi(A\,;x)=(x-1)^2(x-2)$．$r(A-E)=2$ だから標準形は $J_2(1)\oplus J_1(2)$．$(A-E)\boldsymbol{x}=\boldsymbol{0}$ を解いて $\boldsymbol{p}_1=\begin{pmatrix} 1 \\ 2 \\ 3 \end{pmatrix}$．$(A-E)\boldsymbol{x}=\boldsymbol{p}_1$ を解いて $\boldsymbol{p}_2=\begin{pmatrix} 1 \\ 1 \\ 1 \end{pmatrix}$．つぎに $(A-2E)\boldsymbol{x}=\boldsymbol{0}$ を解いて $\boldsymbol{p}_3=\begin{pmatrix} -1 \\ 1 \\ 2 \end{pmatrix}$．

$$P=\begin{pmatrix} 1 & 1 & -1 \\ 2 & 1 & 1 \\ 3 & 1 & 2 \end{pmatrix},\quad P^{-1}AP=\begin{pmatrix} 1 & 1 & \\ & 1 & \\ & & 2 \end{pmatrix}=J_2(1)\oplus J_1(2).$$

2) $A=\begin{pmatrix} 3 & -3 & -1 \\ 3 & -4 & -2 \\ -4 & 7 & 4 \end{pmatrix}$．$\Phi(A\,;x)=(x-1)^3$，$r(A-E)=2$．標準形は $J_3(1)=\begin{pmatrix} 1 & 1 & \\ & 1 & 1 \\ & & 1 \end{pmatrix}$．$(A-E)\boldsymbol{x}=\boldsymbol{b}=\begin{pmatrix} b_1 \\ b_2 \\ b_3 \end{pmatrix}$ が解をもつ条件は $-b_1+2b_2+b_3=0$．一般解は $\begin{pmatrix} 5b_1-3b_2-u \\ 3b_1-2b_2-u \\ u \end{pmatrix}(u\in\boldsymbol{K})$．まず $\boldsymbol{b}=\boldsymbol{0}$ として

$\boldsymbol{p}_1=\begin{pmatrix}1\\1\\-1\end{pmatrix}$. つぎに $\boldsymbol{b}=\boldsymbol{p}_1$ として $\boldsymbol{p}_2=\begin{pmatrix}1\\0\\1\end{pmatrix}$. 最後に $\boldsymbol{b}=\boldsymbol{p}_2$ として

$\boldsymbol{p}_3=\begin{pmatrix}2\\0\\3\end{pmatrix}$. $P=\begin{pmatrix}1&1&2\\1&0&0\\-1&1&3\end{pmatrix}$, $P^{-1}AP=\begin{pmatrix}1&1&\\&1&1\\&&1\end{pmatrix}$.

3) $A=\begin{pmatrix}-2&-7&2&-5\\1&2&0&1\\3&7&-1&5\\1&3&-1&3\end{pmatrix}$. $\Phi(A\,;x)=x^2(x-1)^2$, $r(A)=3$,

$r(A-E)=2$ だから，標準形は $J_2(0)\oplus J_1(1)\oplus J_1(1)$. P を求めたいとき

は $A\boldsymbol{x}=\boldsymbol{0}$ から $\boldsymbol{p}_1=\begin{pmatrix}3\\-1\\-3\\-1\end{pmatrix}$, $A\boldsymbol{x}=\boldsymbol{p}_1$ から $\boldsymbol{p}_2=\begin{pmatrix}1\\-1\\-1\\0\end{pmatrix}$. $(A-E)\boldsymbol{x}=\boldsymbol{0}$

から，たとえば $\boldsymbol{p}_3=\begin{pmatrix}1\\0\\-1\\-1\end{pmatrix}$, $\boldsymbol{p}_4=\begin{pmatrix}1\\-1\\-2\\0\end{pmatrix}$. $P=\begin{pmatrix}3&1&1&1\\-1&-1&0&-1\\-3&-1&-1&-2\\-1&0&-1&0\end{pmatrix}$,

$$P^{-1}AP=\left(\begin{array}{cc|cc}0&1&&\\&0&&\\\hline&&1&\\&&&1\end{array}\right).$$

4) $A=\begin{pmatrix}0&-1&-1&0\\-1&1&0&1\\2&1&2&-1\\-1&-1&-1&1\end{pmatrix}$. $\Phi(A\,;x)=(x-1)^4$. $r(A-E)=2$ だ

から，標準形は $J_1(1)\oplus J_3(1)$，または $J_2(1)\oplus J_2(1)$. $(A-E)\boldsymbol{x}=\boldsymbol{b}$ が解

をもつための条件は $b_1+b_2+b_3=0$, $-b_1+b_4=0$. 解は $\begin{pmatrix}-b_2\\-b_1+b_2\\0\\0\end{pmatrix}+$

$u\begin{pmatrix}0\\-1\\1\\0\end{pmatrix}+v\begin{pmatrix}1\\-1\\0\\1\end{pmatrix}$. $(A-E)\boldsymbol{x}=\boldsymbol{0}$ の解 $\boldsymbol{b}$ はすべてこの有解条件をみたすから，標準形は $J_2(1)\oplus J_2(1)$．$(A-E)\boldsymbol{x}=\boldsymbol{0}$ の独立な解 $\boldsymbol{p}_1$，$\boldsymbol{p}_3$. $(A-E)\boldsymbol{x}=\boldsymbol{p}_1$ から $\boldsymbol{p}_2$，$(A-E)\boldsymbol{x}=\boldsymbol{p}_3$ から $\boldsymbol{p}_4$.

$$P=(\boldsymbol{p}_1\ \boldsymbol{p}_2\ \boldsymbol{p}_3\ \boldsymbol{p}_4)=\begin{pmatrix}0&1&1&1\\-1&-1&-1&-2\\1&0&0&0\\0&0&1&0\end{pmatrix},\quad P^{-1}AP=\left(\begin{array}{cc|cc}1&1&&\\&1&&\\\hline&&1&1\\&&&1\end{array}\right).$$

5) $A=\begin{pmatrix}-3&-2&-3&1\\6&3&4&-2\\1&1&2&0\\-4&-2&-3&2\end{pmatrix}$. $\varPhi(A\,;x)=(x-1)^4$，$r(A-E)=2$．よって標準形は $J_2(1)\oplus J_2(1)$，または $J_3(1)\oplus J_1(1)$．$(A-E)\boldsymbol{x}=\boldsymbol{b}$ の有解条件は $2b_1+b_2+2b_3=0$，$b_1=b_4$．一般解は $\begin{pmatrix}-b_1/2-b_3\\b_1/2+2b_3\\0\\0\end{pmatrix}+u\begin{pmatrix}-1\\-1\\2\\0\end{pmatrix}+v\begin{pmatrix}1\\-1\\0\\2\end{pmatrix}$. $(A-E)\boldsymbol{x}=\boldsymbol{0}$ の解のうち，上の有解条件をみたすものは1次元しかないから，標準形は $J_3(1)\oplus J_1(1)$．そのような解 $\boldsymbol{p}_1$. $(A-E)\boldsymbol{x}=\boldsymbol{p}_1$ の解のうち，有解条件をみたす $\boldsymbol{p}_2$. $(A-E)\boldsymbol{x}=\boldsymbol{p}_2$ の解 $\boldsymbol{p}_3$. $(A-E)\boldsymbol{x}=\boldsymbol{0}$ の，$\boldsymbol{p}_1$ と独立な解 $\boldsymbol{p}_4$.

$$P=(\boldsymbol{p}_1\ \boldsymbol{p}_2\ \boldsymbol{p}_3\ \boldsymbol{p}_4)=\begin{pmatrix}1&0&-1&-1\\0&-2&2&-1\\-1&1&0&2\\1&0&0&0\end{pmatrix},\quad P^{-1}AP=\left(\begin{array}{ccc|c}1&1&&\\&1&1&\\&&1&\\\hline&&&1\end{array}\right).$$

6) $A=\begin{pmatrix} -3 & -2 & -3 & 1 \\ 5 & 3 & 4 & -1 \\ 2 & 1 & 2 & -1 \\ -4 & -2 & -3 & 2 \end{pmatrix}$. $\Phi(A\,;x)=(x-1)^4$, $r(A-E)=3$ だから，標準形は $J_4(1)$．$(A-E)\boldsymbol{x}=\boldsymbol{b}$ は $b_1=b_4$ のとき解をもち，一般解は $\begin{pmatrix} 2b_1+b_2+2b_3 \\ -3b_1-2b_2-b_3 \\ -b_1-2b_3 \\ 0 \end{pmatrix}+u\begin{pmatrix} 1 \\ 0 \\ -1 \\ 1 \end{pmatrix}$. $\boldsymbol{b}=\boldsymbol{0}$ として $\boldsymbol{p}_1$，$\boldsymbol{b}=\boldsymbol{p}_1$ として $\boldsymbol{p}_2$，$\boldsymbol{b}=\boldsymbol{p}_2$ として $\boldsymbol{p}_3$，$\boldsymbol{b}=\boldsymbol{p}_3$ として $\boldsymbol{p}_4$.

$$P=(\boldsymbol{p}_1\ \boldsymbol{p}_2\ \boldsymbol{p}_3\ \boldsymbol{p}_4)=\begin{pmatrix} 1 & 0 & 0 & -1 \\ 0 & -2 & 3 & -4 \\ -1 & 1 & -2 & 4 \\ 1 & 0 & 0 & 0 \end{pmatrix},\quad P^{-1}AP=\begin{pmatrix} 1 & 1 & & \\ & 1 & 1 & \\ & & 1 & 1 \\ & & & 1 \end{pmatrix}.$$

8.2.11【例】 n 次行列

$$A=\begin{pmatrix} 0 & 1 & & & \\ & 0 & & & \\ & & \ddots & \ddots & \\ & & & 0 & 1 \\ -a_n & -a_{n-1} & \cdots & -a_2 & -a_1 \end{pmatrix}$$

のジョルダン標準形を求める．ただし，A の異なる固有値の全部を $\beta_1, \beta_2, \cdots, \beta_p$ とし，その重複度を $m_1, m_2, \cdots, m_p$ とする．

【解】 これは何回も出てきた行列である．A の固有値 α に属する固有ベクトル $\boldsymbol{u}=(u_i)$ に対し，

$$A\begin{pmatrix} u_1 \\ u_2 \\ \vdots \\ u_{n-1} \\ u_n \end{pmatrix}=\begin{pmatrix} u_2 \\ u_3 \\ \vdots \\ u_n \\ -a_nu_1-a_{n-1}u_2-\cdots-a_1u_n \end{pmatrix}=\begin{pmatrix} \alpha u_1 \\ \alpha u_2 \\ \vdots \\ \alpha u_{n-1} \\ \alpha u_n \end{pmatrix}$$

だから $u_2=\alpha u_1$，$u_3=\alpha^2 u_1, \cdots, u_n=\alpha^{n-1}u_1$ によって $\boldsymbol{u}=u_1{}^t(1\ \alpha\ \alpha^2 \cdots \alpha^{n-1})$ と

なり，固有空間は1次元である．したがって A の各固有値 β_j に対するジョルダン細胞はひとつだけであり，A のジョルダン標準形は $J_{m_1}(\beta_1)\oplus\cdots\oplus J_{m_p}(\beta_p)$ である．

§2の問題

問題 1　つぎの行列のジョルダン標準形および変換行列を求めよ．

1) $\begin{pmatrix} -1 & -1 & -1 & -2 \\ 1 & 1 & 1 & 0 \\ 2 & 1 & 2 & 2 \\ 1 & 1 & 0 & 3 \end{pmatrix}$　2) $\begin{pmatrix} -4 & -2 & -3 & 1 \\ 6 & 2 & 4 & -2 \\ 1 & 1 & 1 & 0 \\ -4 & -2 & -3 & 1 \end{pmatrix}$

3) $\begin{pmatrix} -2 & 1 & 3 & 1 \\ 1 & -2 & -1 & 1 \\ -1 & 1 & 1 & 0 \\ 1 & -1 & -2 & -1 \end{pmatrix}$　4) $\begin{pmatrix} 2 & 1 & -1 & 3 \\ -5 & -4 & 1 & -8 \\ 0 & -1 & 3 & -3 \\ 2 & 2 & 0 & 3 \end{pmatrix}$

問題 2　つぎの n 次行列 A のジョルダン標準形を求めよ．

1) $A=\begin{pmatrix} 0 & 1 & 1 & \cdots & 1 \\ & 0 & 1 & \cdots & 1 \\ & & \ddots & \ddots & \vdots \\ & & & \ddots & 1 \\ & & & & 0 \end{pmatrix}$　(右上は全部1，対角線と左下は全部0)

2) $A=\begin{pmatrix} 1 & 1 & \cdots & \cdots & 1 \\ & 0 & & & \vdots \\ & & \ddots & & \vdots \\ & & & 0 & 1 \\ & & & & 1 \end{pmatrix}$　(第1行と第 n 列は全部1，その他は全部0)

問題 3　$\begin{pmatrix} a & b & c \\ 0 & a & a \\ 0 & 0 & a \end{pmatrix}$ のジョルダン標準形を求めよ．

§3　ジョルダン標準形の応用

●行列の多項式

8.3.1【定義】　複素係数の多項式 $f(x)$ の変数 x に，n 次行列 A を代入することができる．ただし，定数項には単位行列 E_n を追加する：

$$f(x)=a_0x^k+a_1x^{k-1}+\cdots+a_{k-1}x+a_k \text{ なら}$$
$$f(A)=a_0A^k+a_1A^{k-1}+\cdots+a_{k-1}A+a_kE_n.$$

この定義は，$\boldsymbol{K}$ 上の線型空間 $\boldsymbol{V}$ の線型変換 T にも適用できる：

$$f(T)=a_0T^k+a_1T^{k-1}+\cdots+a_{k-1}T+a_kI \quad (I \text{ は } \boldsymbol{V} \text{ の恒等変換}).$$

8.3.2【命題】 1)　$h(x)=f(x)+g(x)$ なら $h(A)=f(A)+g(A)$．

2)　$k(x)=f(x)g(x)$ なら $k(A)=f(A)\cdot g(A)$．

3)　$A=A_1\oplus A_2\oplus\cdots\oplus A_p$（直和）なら $f(A)=f(A_1)\oplus f(A_2)\oplus\cdots\oplus f(A_p)$．とくに $(A_1\oplus A_2\oplus\cdots\oplus A_p)^m=A_1{}^m\oplus A_2{}^m\oplus\cdots\oplus A_p{}^m$（$m$ は自然数）．

4)　P が正則行列なら $f(P^{-1}AP)=P^{-1}\cdot f(A)\cdot P$．

【証明】 どれも行列を書いてみればすぐにわかる．□

●ハミルトン-ケイリーの定理

8.3.3【定理】（ハミルトン-ケイリー）　n 次行列 A の特性多項式を $f(x)=\Phi(A\,;x)=\det(xE_n-A)$ とする．このとき $f(A)=O$．

【証明】 1°　A の異なる固有値の全部を $\beta_1,\beta_2,\cdots,\beta_p$ とし，その重複度を $m_1, m_2,\cdots,m_p$ とする．定理 4.1.6 の 2）と定義 4.1.8 により，

$$f(x)=(x-\beta_1)^{m_1}(x-\beta_2)^{m_2}\cdots(x-\beta_p)^{m_p}$$

が成りたつ．

2°　$B=P^{-1}AP$ を A のジョルダン標準形とする．B の固有値（すなわち A の固有値）β_i に属する部分ジョルダン行列を B_i とすると，

$$B_i=\overbrace{\begin{pmatrix}\beta_i & & * & \\ & \beta_i & & \\ & & \ddots & \\ O & & & \beta_i\end{pmatrix}}^{m_i} \text{ だから，}$$

$$f(B_i)=(B_i-\beta_1E_{m_i})^{m_1}\cdots(B_i-\beta_iE_{m_i})^{m_i}\cdots(B_i-\beta_pE_{m_i})^{m_p}=O_{m_i}$$

となる．

3°　$f(B)=\Phi(A\,;B)=\prod_{i=1}^{p}(B-\beta_iE_n)^{m_i}=\prod_{i=1}^{p}(P^{-1}AP-\beta_iE_n)^{m_i}$

$=\prod_{i=1}^{p}[P^{-1}(A-\beta_i E_n)P]^{m_i}=P^{-1}[\prod_{i=1}^{p}(A-\beta_i E_n)]P=P^{-1}\cdot f(A)\cdot P$. したがって $f(B)=O \iff f(A)=O$ だから，$f(B)=O$ を示せばよい．

4° $B=B_1\oplus\cdots\oplus B_p$ だから，直前の 2° と命題 8.3.2 の 3) により，$f(B)=f(B_1)\oplus\cdots\oplus f(B_p)=O_n$ となる．□

(ノート) 上の証明を見ればわかるように，この定理はジョルダン標準形を使わなくても，三角化の定理 4.2.1 だけで証明できる．

●ジョルダン分解

8.3.4【命題】 $\boldsymbol{V}$ を n 次元複素線型空間，T を $\boldsymbol{V}$ の線型変換，$\boldsymbol{W}$ を $\boldsymbol{V}$ の T 不変部分空間とする．T が対角型なら，T の $\boldsymbol{W}$ への制限 T' も対角型である．

【証明】 $\boldsymbol{W}$ の元 $\boldsymbol{x}$ が T' の固有値 α に属する広義固有ベクトルなら，$(T-\alpha I_V)^n\boldsymbol{x}=(T'-\alpha I_W)^n\boldsymbol{x}=\boldsymbol{0}$ だから，$\boldsymbol{x}$ は T の広義固有ベクトルでもある．定理 8.1.5 によって $\boldsymbol{x}$ は T の固有ベクトル，したがって T' の固有ベクトルである．ふたたび定理 8.1.5 によって T' は対角型である．□

(ノート) 実線型空間でも成りたつ．

8.3.4′【命題】 正方行列 A が $\begin{pmatrix} A_{11} & A_{12} \\ O & A_{22} \end{pmatrix}$ の形に対称に区分けされているとする．A が対角化可能なら A_{11} も対角化可能である．

8.3.5【定理】 複素線型空間 $\boldsymbol{V}$ の任意の線型変換 T に対し，つぎの三性質をもつ $\boldsymbol{V}$ の線型変換のペア $\langle S, N\rangle$ がただひとつ存在する：

a) $T=S+N$． b) $SN=NS$． c) S は対角型，N はべきれい． この分解 $T=S+N$ を T の**ジョルダン分解**と言う．本章末の問題 4 の乗法的ジョルダン分解と対比するために，これを**加法的ジョルダン分解**と言うことがある．

【証明】 1° T の異なる固有値の全部を $\beta_1, \beta_2, \cdots, \beta_p$ とし，$\beta_i\,(1\leqq i\leqq p)$ に属する T の広義固有空間を $\boldsymbol{W}(\beta_i)$ とする．T の $\boldsymbol{W}(\beta_i)$ への制限を T_i とすれば，$T=T_1\oplus T_2\oplus\cdots\oplus T_p$（直和）．ここで $S_i=\beta_i I_{\boldsymbol{W}(\beta_i)}$（スカラー変換），

$N_i=T_i-S_i$ とすると，$T_i=S_i+N_i$，$S_iN_i=N_iS_i$．S_i はもちろん対角型，N_i は固有値がすべて 0 だからべきれいである．$S=S_1\oplus\cdots\oplus S_p$，$N=N_1\oplus\cdots\oplus N_p$ と置けばこれは定理の条件をみたす．

2° $T=S'+N'$ がもうひとつのジョルダン分解だとする．S'，N' は T と交換可能だから，$\boldsymbol{W}(\beta_i)$ は S' でも N' でも不変である．実際，$\boldsymbol{x}\in\boldsymbol{W}(\beta_i)$ とすると $(T-\beta_iI)^n(S'\boldsymbol{x})=S'(T-\beta_iI)^n\boldsymbol{x}=\boldsymbol{0}$ となり，S'，N' の $\boldsymbol{W}(\beta_i)$ への制限を S_i', N_i' とすると，$S'=S_1'\oplus\cdots\oplus S_p'$，$N'=N_1'\oplus\cdots\oplus N_p'$ であり，$T_i=S_i'+N_i'$．N_i' の固有値は N' の固有値だからすべて 0 である．$S_i'T_i=T_iS_i'$ だから，第 4 章末の問題 7 によって S_i' の固有値はすべて β_i である．命題 8.3.4 によって S_i' は対角型，したがって $S_i'=\beta_iI_{\boldsymbol{W}(\beta_i)}=S_i$．よって $N_i'=N_i$．したがって $S'=S$，$N'=N$．□

8.3.5′【定理】 1) 任意の正方行列 A に対し，つぎの性質をもつ行列のペア $\langle S,N\rangle$ がただひとつ存在する：**a)** $A=S+N$．**b)** $SN=NS$．**c)** S は対角化可能，N はべきれい．

2) 上の分解で A が実行列なら，S，N も実行列である．

3) 定理 8.3.5 は実線型空間の線型変換についても成りたつ．

【証明】 2) $A=\bar{A}=\bar{S}+\bar{N}$（複素共役）も A のジョルダン分解だから一意性によって $\bar{S}=S$，$\bar{N}=N$．

3) $\boldsymbol{V}$ の基底によって行列の問題に直せば 2) に帰着する．□

●最小多項式

8.3.6【定義】 A を n 次行列とし，その特性多項式を $f(x)=\Phi(A\,;x)$ とすると，$f(x)$ は n 次で，定理 8.3.3 によって $f(A)=O$ である．しかし，n 次より低い多項式 $g(x)\neq 0$ で，$g(A)=O$ となるものがあるかもしれない．たとえば $A=E_2$ とすると $\Phi(A\,;x)=(x-1)^2$ だが，$g(x)=x-1$ とすると $g(A)=A-E_2=O$．そこで，$g(A)=O$ となる（0 でない）最低次数の多項式で，最高次係数が 1 であるものを，行列 A の**最小多項式**と言い，小文字で $\varphi(A\,;x)$ と書く．最小多項式はひとつしかない．実際，$\varphi_1(x)$ と $\varphi_2(x)$ が A の最小多項式なら $\varphi_1(x)$ と $\varphi_2(x)$ は同次数だから，$g(x)=\varphi_1(x)-\varphi_2(x)$ は次数が低く，$g(A)=O$ になってしまう．

8.3.7【**命題**】（多項式の割り算と余り） $f(x)$ が多項式，$g(x)$ が 0 でない多項式のとき，$f(x)=g(x)q(x)+r(x)$ となる多項式 $q(x)$，$r(x)$ がちょうど一組存在する．ただし，$r(x)$ は 0 か，または $g(x)$ より低次の多項式である．$q(x)$ を，$f(x)$ を $g(x)$ で割ったときの**整商**，$r(x)$ を**余り**と言う．

【**証明**】 一般に多項式 $f(x)$ の次数を $\deg f$ と書く．$n=\deg f$，$m=\deg g$ とする．n が 1 なら当りまえだから，n に関する帰納法によることにし，$\deg f<n$ のときは成りたつと仮定する．$f(x)$ も $g(x)$ も最高次係数が 1 だと仮定してよい．もし $n<m$ なら，$q(x)=0$，$r(x)=f(x)$ でよい．$n\geqq m$ のとき，$h(x)=f(x)-x^{n-m}g(x)$ とすると $\deg h<n$ となるから，帰納法の仮定によって $h(x)=g(x)\,q_1(x)+r(x)$ と書ける．ただし $\deg r(x)<m$．$f(x)=x^{n-m}g(x)+g(x)\,q_1(x)+r(x)=g(x)\,(x^{n-m}+q_1(x))+r(x)$ となる．一意性の証明は省略する．□

8.3.8【**命題**】（因数定理） $f(x)$ を多項式，α を複素数とする．$f(x)$ が $x-\alpha$ で割りきれることと $f(\alpha)=0$ とは同値である．

【**証明**】 前命題 8.3.7 により，$f(x)=(x-\alpha)q(x)+r(x)$ と書ける．ただし $r(x)$ は 0，または $x-\alpha$ より低次，したがって定数 r である．明きらかに，$f(x)$ が $x-\alpha$ で割りきれるのは $f(\alpha)=r=0$ の場合である．□

8.3.9【**命題**】 A を正方行列とする．$f(x)$ が多項式で $f(A)=O$ なら，$f(x)$ は A の最小多項式 $\varphi(A\,;x)$ で割りきれる．とくに定理 8.3.3 により，特性多項式は最小多項式で割りきれる．

【**証明**】 補題 8.3.7 によって $f(x)=\varphi(A\,;x)\;g(x)+r(x)$，$\deg r(x)<\deg\varphi(A\,;x)$ と書ける．$O=f(A)=\varphi(A\,;A)\,q(A)+r(A)=r(A)$ だから，$\varphi(A\,;x)$ の定義によって $r(x)=0$．□

8.3.10【**定理**】 1) 固有値 α の k 次ジョルダン細胞を $J_k(\alpha)$ とすると，
$\varphi(J_k(\alpha)\,;x)=(x-\alpha)^k$．

2) $\varphi(A \oplus B\,;x)$ は $\varphi(A\,;x)$ と $\varphi(B\,;x)$ の最小公倍多項式である．

3) A の異なる固有値の全部を $\beta_1, \beta_2, \cdots, \beta_p$ とし，$\beta_i (1 \leqq i \leqq p)$ に属するジョルダン細胞の最大次数を l_i とすれば，

$$\varphi(A\,;x) = (x-\beta_1)^{l_1}(x-\beta_2)^{l_2}\cdots(x-\beta_p)^{l_p}.$$

4) A が対角化可能であるためには，最小多項式が重根をもたないことが必要十分である．

【証明】 1) $J_k(\alpha) - \alpha E = \overbrace{\begin{pmatrix} 0 & 1 & & & \\ & 0 & 1 & & \\ & & \ddots & \ddots & \\ & & & & 1 \\ & & & & 0 \end{pmatrix}}^{k}$ を見ただけでわかる．

2) $\varphi(A\,;x)$ と $\varphi(B\,;x)$ の最小公倍多項式を $g(x)$ とする．$C = A \oplus B = \begin{pmatrix} A & O \\ O & B \end{pmatrix}$ とすると $g(C) = \begin{pmatrix} g(A) & O \\ O & g(B) \end{pmatrix} = O$．$h(x)$ が多項式で $h(C) = O$ なら $h(A) = O$，$h(B) = O$（三つの O は次数が違う）だから，$h(x)$ は $\varphi(A\,;x)$ でも $\varphi(B\,;x)$ でも割りきれる．

3) P が正則行列なら $\varphi(P^{-1}AP\,;x) = \varphi(A\,;x)$ だから，はじめから A はジョルダン行列だとしてよい．$\varphi(A\,;x)$ は $\Phi(A\,;x)$ を割りきるから，

$$\varphi(A\,;x) = (x-\beta_i)^{k_1}(x-\beta_2)^{k_2}\cdots(x-\beta_p)^{k_p} \quad (0 \leqq k_i \leqq m_i)$$

の形である（m_i は特性根 β_i の重複度）．

$f(x) = (x-\beta_1)^{l_1}(x-\beta_2)^{l_2}\cdots(x-\beta_p)^{l_p}$ と置く．A をジョルダン細胞の直和として $A = \sum_j \oplus A_j$ と書き，A_j のうちたとえば $A_1, A_2, \cdots, A_d$ が A の固有値 β_i に属するジョルダン細胞の全部とする．$A_j (1 \leqq j \leqq d)$ の次数を s_j と書く．$f(A_1 \oplus \cdots \oplus A_d) = f(A_1) \oplus \cdots \oplus f(A_d)$ であり（命題 8.3.2 の 3)），これがゼロになるのは，$f(A_j)$ が全部ゼロになるときである．$l_i = \max s_j$ だから $f(A) = 0$．一箇所でも $l_i < \max s_j$ となったら $f(A) \neq 0$ だから，3) の証明が終わった．

4) 3) の記号で $l_i = 1 (1 \leqq i \leqq p)$ の場合である．□

ノート ジョルダンの定理（定理 8.2.2 と定理 8.2.2′）の威力で，最小多項式のこ

とは（その他のことも）すべて目に見えるように分かってしまった．

8.3.11【例】 つぎの行列 A の最小多項式とジョルダン分解を求める．

1)　$A=\begin{pmatrix} -2 & -7 & 2 & -5 \\ 1 & 2 & 0 & 1 \\ 3 & 7 & -1 & 5 \\ 1 & 3 & -1 & 3 \end{pmatrix}$ （例 8.2.10 の 3)）

2)　$A=\begin{pmatrix} -3 & -2 & -3 & 1 \\ 6 & 3 & 4 & -2 \\ 1 & 1 & 2 & 0 \\ -4 & -2 & -3 & 2 \end{pmatrix}$ （例 8.2.10 の 5)）

【解】 1)　ジョルダン標準形は $J_2(0)\oplus J_1(1)\oplus J_1(1)$ だから，$\varphi(A\,;x)=x^2(x-1)$，$\Phi(A\,;x)=x^2(x-1)^2$．標準形を対角部分 S' とその他の部分 N' に分け，$PS'P^{-1}$ と $PN'P^{-1}$ を計算すれば，

$$S=\begin{pmatrix} -2 & -1 & -1 & -2 \\ 1 & 0 & 1 & 0 \\ 3 & 1 & 2 & 2 \\ 1 & 1 & 0 & 2 \end{pmatrix},\quad N=\begin{pmatrix} 0 & -6 & 3 & -3 \\ 0 & 2 & -1 & 1 \\ 0 & 6 & -3 & 3 \\ 0 & 2 & -1 & 1 \end{pmatrix}.$$

2)　標準形は $J_1(1)\oplus J_3(1)$ だから $\varphi(A\,;x)=(x-1)^3$．$A=E+(A-E)$ が A のジョルダン分解である．

§3 の問題

問題 1　つぎの三つの行列の最小多項式とジョルダン分解を求めよ．

1)　$\begin{pmatrix} -1 & -1 & -1 & -2 \\ 1 & 1 & 1 & 0 \\ 2 & 1 & 2 & 2 \\ 1 & 1 & 0 & 3 \end{pmatrix}$　　2)　$\begin{pmatrix} -4 & -2 & -3 & 1 \\ 6 & 2 & 4 & -2 \\ 1 & 1 & 1 & 0 \\ -4 & -2 & -3 & 1 \end{pmatrix}$

3)　$\begin{pmatrix} -2 & 1 & 3 & 1 \\ 1 & -2 & -1 & 1 \\ -1 & 1 & 1 & 0 \\ 1 & -1 & -2 & -1 \end{pmatrix}$

これらは§2 の問題 1 の 1)，2)，3) である．

8章末の問題

問題 1 T を複素線型空間 $\boldsymbol{V}$ の線型変換，$\boldsymbol{U}$ を $\boldsymbol{V}$ の T 不変部分空間とし，T の $\boldsymbol{U}$ への制限を S とする．S の固有値は T の固有値である．T の固有値 α に属する T の広義固有空間を $\boldsymbol{W}(\alpha)$，S の広義固有空間を $\boldsymbol{U}(\alpha)$ とするとき，$\boldsymbol{U}(\alpha)=\boldsymbol{W}(\alpha)\cap\boldsymbol{U}$ を示せ．したがって $\beta_1, \beta_2, \cdots, \beta_q$ が S の異なる固有値の全部であるとき，

$$\boldsymbol{U}=[\boldsymbol{W}(\beta_1)\cap\boldsymbol{U}]\oplus+\oplus[\boldsymbol{W}(\beta_q)\cap\boldsymbol{U}]$$

が成りたつ．とくに T が対角型なら S も対角型である．

問題 2 $\boldsymbol{V}$ を複素線型空間，T と S を $\boldsymbol{V}$ の対角型線型変換で $TS=ST$ なるものとする．このとき $\boldsymbol{V}$ の適当な基底に関する T，S の表現行列はともに対角行列になることを示せ．

問題 3 任意の正方行列 A に対し，A とその転置行列 ${}^tA$ は相似であることを示せ．すなわち，ある正則行列 P を選ぶと，$P^{-1}AP={}^tA$ となることを示せ．

問題 4 $\boldsymbol{K}$ 上の線型空間 $\boldsymbol{V}$ の正則な線型変換 T に対し，つぎの二性質をもつ $\boldsymbol{V}$ の線型変換のペア $\langle S, U\rangle$ がただひとつ存在することを示せ：

a) $T=SU=US$，b) S は対角型，$U-I$ はべきれい（I は恒等変換）．表示 $T=SU$ を T の乗法的ジョルダン分解と言う．

問題 5 T を $\boldsymbol{K}$ 上の n 次元線型空間 $\boldsymbol{V}$ の正則な線型変換とする．ある 0 でない整数 k に対して T^k が対角型なら，T 自身も対角型であることを示せ．

［ヒント］ T の乗法的ジョルダン分解を $T=SU$ とすると，$T^k=S^kU^k$ は T^k の乗法的ジョルダン分解である．

問題 6 $a_1, a_2, \cdots, a_n$ がどれも 0 でなければ，$A=\begin{pmatrix} & & & a_1 \\ & & a_2 & \\ & \iddots & & \\ a_n & & & \end{pmatrix}$ は対角化可能であることを示せ．

問題 7 A を n 次行列とする．$\lim_{p\to\infty} A^p$ が存在するためには，つぎの条件が必要十分であることを示せ：A の固有値は 1 か，または絶対値が 1 より小さい数であり，しかも固有値 1（があったとして）に属する部分は対角化可能である．

［ヒント］ はじめから A はジョルダン行列だとしてよい．

付録A

線型空間補遺

§1 双対空間

A.1.1【**定義**】 $\boldsymbol{V}$ を $\boldsymbol{K}$ 上の線型空間とする．命題6.1.11（で $\boldsymbol{X}=\boldsymbol{V}$，$\boldsymbol{W}=\boldsymbol{K}$ としたもの）により，$\boldsymbol{V}$ から1次元線型空間 $\boldsymbol{K}$ への線型写像ぜんぶの集合 $\mathscr{L}(\boldsymbol{V};\boldsymbol{K})$ は $\boldsymbol{K}$ 上の線型空間になる（算法については命題6.1.11を見よ）．これを $\boldsymbol{V}$ の**双対空間**（そうつい）と言い，この本では $\hat{\boldsymbol{V}}$ と書く．$\hat{\boldsymbol{V}}$ の元を $\boldsymbol{V}$ 上の**線型形式**とか**線型汎関数**とか言うことがある．

A.1.2【**命題**】 $\dim \boldsymbol{V}=n$ とする．$\boldsymbol{V}$ の基底 $\mathscr{S}=\langle \boldsymbol{u}_1, \boldsymbol{u}_2, \cdots, \boldsymbol{u}_n\rangle$ があるとき，$\hat{\boldsymbol{V}}$ の元（$\boldsymbol{V}$ から $\boldsymbol{K}$ への線型写像）$\hat{\boldsymbol{u}}_i(1\leqq i\leqq n)$ を $\hat{\boldsymbol{u}}_i(\boldsymbol{u}_j)=\delta_{ij}$（クロネッカーのデルタ）で定義すると，列 $\hat{\mathscr{S}}=\langle \hat{\boldsymbol{u}}_1, \hat{\boldsymbol{u}}_2, \cdots, \hat{\boldsymbol{u}}_n\rangle$ は $\hat{\boldsymbol{V}}$ の基底になる．$\hat{\mathscr{S}}$ を $\mathscr{S}$ の**双対基底**と言う．当然 $\dim \hat{\boldsymbol{V}}=\dim \boldsymbol{V}$．

【**証明**】 線型関係 $\sum_{i=0}^{n} c_i\hat{\boldsymbol{u}}_i=\hat{\boldsymbol{0}}$（$\hat{\boldsymbol{0}}$ はゼロ写像）を仮定すると，

$$0=\left(\sum_{i=0}^{n} c_i\hat{\boldsymbol{u}}_i\right)(\boldsymbol{u}_j)=\sum_{i=0}^{n} c_i\hat{\boldsymbol{u}}_i(\boldsymbol{u}_j)=c_j \quad (1\leqq j\leqq n)$$

だから，$\hat{\mathscr{S}}$ は線型独立である．つぎに $\hat{\boldsymbol{V}}$ の任意の元 $\boldsymbol{f}$ に対して $c_j=\boldsymbol{f}(\boldsymbol{u}_j)$ とおくと，$\left(\sum_{i=1}^{n} c_i\hat{\boldsymbol{u}}_i\right)(\boldsymbol{u}_j)=c_j=\boldsymbol{f}(\boldsymbol{u}_j)$ だから，$\boldsymbol{f}=\sum_{i=1}^{n} c_i\hat{\boldsymbol{u}}_i$ となり，$\hat{\mathscr{S}}$ は $\hat{\boldsymbol{V}}$ を張る．□

A.1.3【**定義**】 $\boldsymbol{V}$，$\boldsymbol{W}$ を $\boldsymbol{K}$ 上の線型空間，T を $\boldsymbol{V}$ から $\boldsymbol{W}$ への線型写像とする．$\hat{\boldsymbol{W}}$ の元 $\boldsymbol{f}$ に対し，$\boldsymbol{V}$ から $\boldsymbol{K}$ への写像 $\hat{T}\boldsymbol{f}$ をつぎのように定義する：$\boldsymbol{x}\in\boldsymbol{V}$ に対して $(\hat{T}\boldsymbol{f})(\boldsymbol{x})=\boldsymbol{f}(T\boldsymbol{x})$．すると簡単に分かるように，$\hat{T}\boldsymbol{f}$ は $\boldsymbol{V}$ から $\boldsymbol{K}$ への線型写像である，すなわち $\hat{T}\boldsymbol{f}\in\hat{\boldsymbol{V}}$．そこで $\hat{\boldsymbol{W}}$ の元 $\boldsymbol{f}$ に $\hat{\boldsymbol{V}}$ の元 $\hat{T}\boldsymbol{f}$ を対応させる写像を $\hat{T}$ と書き，T の双対線型写像と言う．

A.1.4【命題】 $\boldsymbol{V}$, $\boldsymbol{W}$ を n 次元, m 次元の $\boldsymbol{K}$ 上の線型空間とし, $\boldsymbol{V}$, $\boldsymbol{W}$ の基底 $\mathscr{S}$, $\mathscr{T}$ の双対基底を $\hat{\mathscr{S}}$, $\hat{\mathscr{T}}$ とする. さらに T を $\boldsymbol{V}$ から $\boldsymbol{W}$ への線型写像とし, その双対線型写像を $\hat{T}: \hat{\boldsymbol{W}} \to \hat{\boldsymbol{V}}$ とする. 基底のペア $\langle \mathscr{S}, \mathscr{T} \rangle$ に関する T の表現行列を A とすると, $\langle \hat{\mathscr{T}}, \hat{\mathscr{S}} \rangle$ に関する $\hat{T}$ の表現行列は A の転置行列 ${}^tA$ である.

【証明】 A は (m, n) 型, $\hat{A}$ は (n, m) 型である (定義7.1.1を見よ). $\mathscr{S} = \langle \boldsymbol{u}_1, \cdots, \boldsymbol{u}_n \rangle$, $\hat{\mathscr{S}} = \langle \hat{\boldsymbol{u}}_1, \cdots, \hat{\boldsymbol{u}}_n \rangle$, $\mathscr{T} = \langle \boldsymbol{v}_1, \cdots, \boldsymbol{v}_m \rangle$, $\hat{\mathscr{T}} = \langle \hat{\boldsymbol{v}}_1, \cdots, \hat{\boldsymbol{v}}_m \rangle$ とする. $A = (a_{ij})$, $\hat{A} = (b_{kl})$ とすると, $T\boldsymbol{u}_j = \sum_{i=1}^{m} a_{ij} \boldsymbol{v}_i \, (1 \leqq j \leqq n)$, $\hat{T} \hat{\boldsymbol{v}}_l = \sum_{k=1}^{n} b_{kl} \hat{\boldsymbol{u}}_k$ $(1 \leqq l \leqq m)$. よって $(\hat{T} \hat{\boldsymbol{v}}_l)(\boldsymbol{u}_j) = \sum_{k=1}^{n} b_{kl} \hat{\boldsymbol{u}}_k(\boldsymbol{u}_j) = b_{jl}$. 一方, $\hat{T}$ の定義によって $(\hat{T} \hat{\boldsymbol{v}}_l)(\boldsymbol{u}_j) = \hat{\boldsymbol{v}}_l(T\boldsymbol{u}_j) = \sum_{i=1}^{m} a_{ij} \hat{\boldsymbol{v}}_l(\boldsymbol{v}_i) = a_{lj}$. したがって $b_{jl} = a_{lj}$, $\hat{A} = {}^tA$. □

A.1.5【命題】 上の記号で $\hat{\boldsymbol{V}}$ の双対空間を $\hat{\hat{\boldsymbol{V}}}$ と書く. $\boldsymbol{V}$ から $\hat{\hat{\boldsymbol{V}}}$ への写像 R をつぎのように定義する: 固定した $\boldsymbol{x} \in \boldsymbol{V}$ と動く $\boldsymbol{f} \in \hat{\boldsymbol{V}}$ に対して $(R\boldsymbol{x})(\boldsymbol{f}) = \boldsymbol{f}(\boldsymbol{x})$. このとき写像 R は $\boldsymbol{V}$ から $\hat{\hat{\boldsymbol{V}}}$ への同型写像である.

【証明】 $R\boldsymbol{x} \, (\boldsymbol{x} \in \boldsymbol{V})$ が $\hat{\hat{\boldsymbol{V}}}$ の元, すなわち $\hat{\boldsymbol{V}}$ から $\boldsymbol{K}$ への線型写像であることはすぐに分かる. R が一対一写像であることを示せば, $\dim \boldsymbol{V} = \dim \hat{\hat{\boldsymbol{V}}}$ だから, 定理6.2.10の2) によって R は $\boldsymbol{V}$ から $\hat{\hat{\boldsymbol{V}}}$ の上への写像となり, 同型写像である.

$\boldsymbol{x}, \boldsymbol{y} \in \boldsymbol{V}$, $R\boldsymbol{x} = R\boldsymbol{y}$ とする. $\boldsymbol{z} = \boldsymbol{x} - \boldsymbol{y}$ とすれば $R\boldsymbol{z} = \boldsymbol{0}$. すなわち, $\hat{\boldsymbol{V}}$ のすべての元 $\boldsymbol{f}$ に対して $\boldsymbol{f}(\boldsymbol{z}) = \boldsymbol{0}$ である. これから $\boldsymbol{z} = \boldsymbol{0}$ を導けばよい. かりに $\boldsymbol{z} \neq \boldsymbol{0}$ と仮定すると, $\boldsymbol{z} = \boldsymbol{u}_1$ とする $\boldsymbol{V}$ の基底 $\mathscr{S} = \langle \boldsymbol{u}_1, \boldsymbol{u}_2, \cdots, \boldsymbol{u}_n \rangle$ がある (命題6.2.11). $\mathscr{S}$ の双対基底を $\hat{\mathscr{S}} = \langle \hat{\boldsymbol{u}}_1, \hat{\boldsymbol{u}}_2, \cdots, \hat{\boldsymbol{u}}_n \rangle$ とすると, $\hat{\boldsymbol{u}}_1(\boldsymbol{z}) = \hat{\boldsymbol{u}}_1(\boldsymbol{u}_1) = 1$ となり, 仮定に反する. □

ノート R の定義から明きらかなように, これは $\boldsymbol{V}$ や $\hat{\boldsymbol{V}}$ の基底の取りかたによらない, 自然な同型写像である.

付録 A §1 の問題

問題 1　$\boldsymbol{V}$ を，内積 $(\ |\ )$ をもつ実計量線型空間とする．$\boldsymbol{V}$ の元 $\boldsymbol{u}$ と $\boldsymbol{x}$ に対して $\boldsymbol{f_u}(\boldsymbol{x})=(\boldsymbol{u}|\boldsymbol{x})$ とおくと，$\boldsymbol{f_u}$ は $\boldsymbol{V}$ から $\boldsymbol{R}$ への写像である．

1)　$\boldsymbol{f_u}\in\hat{\boldsymbol{V}}$，すなわち $\boldsymbol{f_u}$ が $\boldsymbol{V}$ から $\boldsymbol{R}$ への線型写像であることを示せ．

2)　$\boldsymbol{V}$ の元 $\boldsymbol{u}$ に対し，$F(\boldsymbol{u})=\boldsymbol{f_u}$ とおくと，F は $\boldsymbol{V}$ から $\hat{\boldsymbol{V}}$ への写像である．F が $\boldsymbol{V}$ から $\hat{\boldsymbol{V}}$ への（計量を考えない線型空間としての）同型写像であることを示せ．

3)　同型写像 $F:\boldsymbol{V}\to\hat{\boldsymbol{V}}$ によって $\boldsymbol{V}$ の内積 $(\ |\ )$ を $\hat{\boldsymbol{V}}$ の内積に移す．すなわち $\boldsymbol{u},\boldsymbol{v}\in\boldsymbol{V}$ に対して $(\boldsymbol{f_u}|\boldsymbol{f_v})=(\boldsymbol{u}|\boldsymbol{v})$ と定義すると，これは $\hat{\boldsymbol{V}}$ の内積であり，この内積によって $\hat{\boldsymbol{V}}$ は実計量線型空間になる（すべて明きらか）．

4)　$\boldsymbol{V}$ の正交底 $\mathscr{S}$ の双対基底 $\hat{\mathscr{S}}$ は $\hat{\boldsymbol{V}}$ の正交底であることを示せ．

§2 商空間

●同値関係と商集合

A.2.1【**定義**】　集合 $\boldsymbol{X}$ のふたつの元のあいだに，ある関係～があるかないかが指定されていて，$\boldsymbol{X}$ の元 x,y,z に対してつぎの三法則が成りたつとき，この関係～は $\boldsymbol{X}$ 上の**同値関係**であると言う：

a)　任意の $x\in\boldsymbol{X}$ に対して $x\sim x$．　　（反射律）

b)　$x\sim y$ なら $y\sim x$．　　（対称律）

c)　$x\sim y$，$y\sim z$ なら $x\sim z$．　　（推移律）

相等関係＝は同値関係である．$x\sim y$ のとき，x と y は同値関係～に関して互いに**同値**であると言う．

A.2.2【**例**】　1)　整数ぜんぶの集合を $\boldsymbol{Z}$ とし，p を 2 以上の自然数とする．$\boldsymbol{Z}$ の元 x，y に対し，$x-y$ が p で割りきれるとき $x\sim y$ と定義すると，関係～は $\boldsymbol{Z}$ 上の同値関係である．実際，a) $x-x=0=p\cdot 0$．　b) $x-y=pa(a\in\boldsymbol{Z})$ なら $y-x=p(-a)$．　c) $x-y=pa$，$y-z=pb$ なら $x-z=(x-y)+(y-z)=pa+pb=p(a+b)$．

2)　$\boldsymbol{X}=\boldsymbol{M}(m,n;\boldsymbol{K})$（$(m,n)$ 型 $\boldsymbol{K}$ 行列の全体）とする．A，$B\in\boldsymbol{X}$ で，A から基本変形を続けて B に達するとき $A\sim B$ と定義すると，$\sim$ は $\boldsymbol{X}$ 上の同値関係である（第2章§2，とくに定理2.2.11を見よ）．

3)　$\boldsymbol{X}=\boldsymbol{M}(n;\boldsymbol{C})$（$n$ 次複素行列の全体）とする．A，$B\in\boldsymbol{X}$ に対し，ある正則行列 P を取ると $B=P^{-1}AP$ が成りたつとき，$A\sim B$ と定義すると，$\sim$ は $\boldsymbol{X}$ 上の同値関係である．実際 a) $A=E^{-1}AE$．b) $B=P^{-1}AP$ なら $A=PBP^{-1}=(P^{-1})^{-1}BP^{-1}$．c) $B=P^{-1}AP$，$C=Q^{-1}BQ$ なら $C=Q^{-1}(P^{-1}AP)Q=(PQ)^{-1}A(PQ)$．

A.2.3【**定義**】 1)　集合 $\boldsymbol{X}$ 上の同値関係 $\sim$ があるとき，関係 $\sim$ に関して互いに同値な元をひとまとめにすると，$\boldsymbol{X}$ の部分集合ができる．これを同値関係 $\sim$ による**類**（**クラス**）と言う．

ふたつの類はまったく一致しないかぎり．共通元をもたない．実際もしふたつの類 A と B に共通元 a があったとする．任意の $x\in A$，$y\in B$ に対して $x\sim a$，$a\sim y$ だから $x\sim y$，よって $A=B$．したがって $\boldsymbol{X}$ はすべての類の（共通元のない）合併集合である．これを $\boldsymbol{X}$ の**類別**，または**分割**と言う．

2)　逆に $\boldsymbol{X}$ の分割があるとき，同じクラスに属する元 x,y だけが同値（$x\sim y$）と定義すれば，$\sim$ は $\boldsymbol{X}$ 上の同値関係である．

3)　集合 $\boldsymbol{X}$ 上の同値関係 $\sim$ があるとき，$\sim$ に関するクラス全部の集合を $\boldsymbol{X}$ の $\sim$ による**商集合**と言い，$\boldsymbol{X}/\sim$ と書く．

A.2.4【**例**】 例A.2.2の三例を見る．1)　クラスは p で割った余り r $(0\leqq r\leqq p-1)$ が等しい整数ぜんぶの集合であり，商集合は p 個の元（すなわち類）から成る．各類の代表数として $0, 1, 2, \cdots, p-1$ を取ることができる．

2)　(m,n) 型行列 A と B が基本変形で移りあうことと，$r(A)=r(B)$（r は階数）とは同値である．商集合は $S=\min(m,n)+1$ 個の類から成り，各類の代表行列として階数標準形 $F_{m,n}(r)=\begin{pmatrix} E_r & O \\ O & O \end{pmatrix}$ $(0\leqq r\leqq \min(m,$

n)) をとることができる．

3) $B=P^{-1}AP$ と書けることは，A と B が共通のジョルダン標準形をもつこととと同値である．したがって商集合は n 次ジョルダン行列ぜんぶの集合と同一視される．固有値が違えば別の標準形なのだから，これは無限集合である．

●商　空　間

A.2.5【命題】 $\boldsymbol{V}$ を $\boldsymbol{K}$ 上の線型空間，$\boldsymbol{W}$ を $\boldsymbol{V}$ の部分空間とする．

1) $\boldsymbol{V}$ の元 $\boldsymbol{x},\boldsymbol{y}$ に対し，$\boldsymbol{x}-\boldsymbol{y}\in\boldsymbol{W}$ のとき $\boldsymbol{x}\sim\boldsymbol{y}$ として $\boldsymbol{V}$ 上の関係～を定義すると，～は $\boldsymbol{V}$ 上の同値関係である．

2) $\boldsymbol{V}$ の～による商集合を $\boldsymbol{V}/\boldsymbol{W}$ と書き，$\boldsymbol{V}$ の元 $\boldsymbol{x}$ の属するクラス($\boldsymbol{V}/\boldsymbol{W}$ の元) を $\tilde{\boldsymbol{x}}$，または $\boldsymbol{x}^{\sim}$ と書くことにする．$\boldsymbol{V}/\boldsymbol{W}$ での加法とスカラー乗法を，$\boldsymbol{V}/\boldsymbol{W}$ の元 $\alpha=\tilde{\boldsymbol{x}}$，$\beta=\tilde{\boldsymbol{y}}$ および $c\in\boldsymbol{K}$ に対して

$$\alpha+\beta=(\boldsymbol{x}+\boldsymbol{y})^{\sim},\qquad c\alpha=(c\boldsymbol{x})^{\sim}$$

として定義することができる．すなわち α や β の代表元 $\boldsymbol{x}$ や $\boldsymbol{y}$ の選びかたによらない．

3) いま定義した算法によって $\boldsymbol{V}/\boldsymbol{W}$ は $\boldsymbol{K}$ 上の線型空間になる．これを $\boldsymbol{V}$ の $\boldsymbol{W}$ による**商空間**と言う．

【証明】 1) a) $\boldsymbol{x}\in\boldsymbol{W}$ なら $\boldsymbol{x}-\boldsymbol{x}=\boldsymbol{0}\in\boldsymbol{W}$ だから $\boldsymbol{x}\sim\boldsymbol{x}$．b) $\boldsymbol{x}\sim\boldsymbol{y}$ なら $\boldsymbol{x}-\boldsymbol{y}\in\boldsymbol{W}$ だから $\boldsymbol{y}-\boldsymbol{x}=-(\boldsymbol{x}-\boldsymbol{y})\in\boldsymbol{W}$，$\boldsymbol{y}\sim\boldsymbol{x}$．c) $\boldsymbol{x}\sim\boldsymbol{y}$，$\boldsymbol{y}\sim\boldsymbol{z}$ なら $\boldsymbol{x}-\boldsymbol{y}\in\boldsymbol{W}$，$\boldsymbol{y}-\boldsymbol{z}\in\boldsymbol{W}$ だから $\boldsymbol{x}-\boldsymbol{z}=(\boldsymbol{x}-\boldsymbol{y})+(\boldsymbol{y}-\boldsymbol{z})\in\boldsymbol{W}$，$\boldsymbol{x}\sim\boldsymbol{z}$．

2) $\boldsymbol{x}$，$\boldsymbol{x}'\in\alpha$ かつ $\boldsymbol{y}$，$\boldsymbol{y}'\in\beta$ なら $\boldsymbol{x}\sim\boldsymbol{x}'$，$\boldsymbol{y}\sim\boldsymbol{y}'$，$(\boldsymbol{x}+\boldsymbol{y})-(\boldsymbol{x}'+\boldsymbol{y}')=(\boldsymbol{x}-\boldsymbol{x}')+(\boldsymbol{y}-\boldsymbol{y}')\in\boldsymbol{W}$ だから $\boldsymbol{x}+\boldsymbol{y}\sim\boldsymbol{x}'+\boldsymbol{y}'$．すなわち $\alpha+\beta$ は類の代表の取りかたによらずに決まる．スカラー倍も同様．

3) 線型空間の公理を調べる（定義 6.1.1 を見よ）．まず $\tilde{\boldsymbol{0}}$ がゼロベクトル，$-\tilde{\boldsymbol{x}}=(-\boldsymbol{x})^{\sim}$ が逆ベクトルの役目を果たす．みたすべき等式は代表をとって計算し，$\boldsymbol{V}$ での対応する等式に帰着させる．たとえば結合法則は

$$(\tilde{\boldsymbol{x}}+\tilde{\boldsymbol{y}})+\tilde{\boldsymbol{z}}=(\boldsymbol{x}+\boldsymbol{y})^{\sim}+\boldsymbol{z}^{\sim}=[(\boldsymbol{x}+\boldsymbol{y})+\boldsymbol{z}]^{\sim}=[\boldsymbol{x}+(\boldsymbol{y}+\boldsymbol{z})]^{\sim}$$
$$=\tilde{\boldsymbol{x}}+(\boldsymbol{y}+\boldsymbol{z})^{\sim}=\tilde{\boldsymbol{x}}+(\tilde{\boldsymbol{y}}+\tilde{\boldsymbol{z}}).$$

ほかの等式もぜんぶ同様．□

A.2.6【命題】 上の記号で $\boldsymbol{W}$ の基底 $\mathscr{R}=\langle \boldsymbol{u}_1, \cdots, \boldsymbol{u}_r\rangle$ を延長して $\boldsymbol{V}$ の基底 $\mathscr{S}=\langle \boldsymbol{u}_1, \cdots, \boldsymbol{u}_r, \boldsymbol{u}_{r+1}, \cdots, \boldsymbol{u}_n\rangle$ を作る（命題6.2.11を見よ）．このとき列 $\widetilde{\mathscr{S}}=\langle \tilde{\boldsymbol{u}}_{r+1}, \cdots, \tilde{\boldsymbol{u}}_n\rangle$ は $\boldsymbol{V}/\boldsymbol{W}$ の基底である．したがって当然 $\dim \boldsymbol{V}/\boldsymbol{W}=\dim \boldsymbol{V}-\dim \boldsymbol{W}$．

【証明】 $\sum_{i=r+1}^{n} c_i\tilde{\boldsymbol{u}}_i=\tilde{\boldsymbol{0}}\,(c_i\in \boldsymbol{K})$ とすると，$\sum_{i=r+1}^{n} c_i\boldsymbol{u}_i\in \boldsymbol{W}$．したがって $\sum_{i=r+1}^{n} c_i\boldsymbol{u}_i=\sum_{i=1}^{r} c_i\boldsymbol{u}_i$ と書ける．$\sum_{i=1}^{r} c_i\boldsymbol{u}_i+\sum_{i=r+1}^{n}(-c_i)\boldsymbol{u}_i=\boldsymbol{0}$ であり，$\mathscr{S}$ は $\boldsymbol{V}$ の基底だから $c_1=c_2=\cdots=c_n=0$．すなわち $\widetilde{\mathscr{S}}$ は線型独立である．

つぎに $\boldsymbol{V}/\boldsymbol{W}$ の任意の元は $\tilde{\boldsymbol{x}}$（$\boldsymbol{x}\in \boldsymbol{V}$）と書ける．$\boldsymbol{x}=\sum_{i=1}^{n} c_i\boldsymbol{u}_i$ と書くと，$\tilde{\boldsymbol{x}}=\sum_{i=1}^{n} c_i\tilde{\boldsymbol{u}}_i=\sum_{i=r+1}^{n} c_i\tilde{\boldsymbol{u}}_i$ となり，$\widetilde{\mathscr{S}}$ は $\boldsymbol{V}/\boldsymbol{W}$ を張る．□

A.2.7【命題】 $\boldsymbol{U}$ も $\boldsymbol{V}$ の部分空間で $\boldsymbol{V}=\boldsymbol{W}\oplus\boldsymbol{U}$（直和）なら，商空間 $\boldsymbol{V}/\boldsymbol{W}$ は $\boldsymbol{U}$ と同型である．

【証明】 $\boldsymbol{U}$ から $\boldsymbol{V}/\boldsymbol{W}$ への写像 f を，$\boldsymbol{U}$ の元 $\boldsymbol{x}$ に対して $f(\boldsymbol{x})=\tilde{\boldsymbol{x}}$ として定義する．命題A.2.5の2）で見たように，$\boldsymbol{V}$ から $\boldsymbol{V}/\boldsymbol{W}$ への写像 $\boldsymbol{x}\to\tilde{\boldsymbol{x}}$ は線型写像だったから，それの $\boldsymbol{U}$ への制限として，f は $\boldsymbol{U}$ から $\boldsymbol{V}/\boldsymbol{W}$ への線型写像である．もし $\boldsymbol{U}$ の元 $\boldsymbol{x}$，$\boldsymbol{y}$ に対して $f(\boldsymbol{x})=f(\boldsymbol{y})$ なら，$f(\boldsymbol{x}-\boldsymbol{y})=\tilde{\boldsymbol{0}}$ だから $\boldsymbol{x}-\boldsymbol{y}\in \boldsymbol{W}$．$\boldsymbol{x}-\boldsymbol{y}\in \boldsymbol{U}$ でもあるから $\boldsymbol{x}-\boldsymbol{y}=\boldsymbol{0}$，$\boldsymbol{x}=\boldsymbol{y}$ となり，f は一対一写像である．$\dim \boldsymbol{U}=\dim \boldsymbol{V}-\dim \boldsymbol{W}=\dim \boldsymbol{V}/\boldsymbol{W}$ だから命題6.2.10の2）によって f は $\boldsymbol{U}$ から $\boldsymbol{V}/\boldsymbol{W}$ への同型写像である．□

●商線型変換

A.2.8【定理】 $\boldsymbol{V}$ を $\boldsymbol{K}$ 上の線型空間，T を $\boldsymbol{V}$ の線型変換，$\boldsymbol{W}$ を $\boldsymbol{V}$ の部分空間で T 不変なものとする．

1） このとき $\boldsymbol{V}/\boldsymbol{W}$ から $\boldsymbol{V}/\boldsymbol{W}$ への写像 $\widetilde{T}$ を，$\boldsymbol{V}/\boldsymbol{W}$ の元 $\alpha=\tilde{\boldsymbol{x}}\,(\boldsymbol{x}\in \boldsymbol{V})$ に対して $\widetilde{T}(\alpha)=(T\boldsymbol{x})^{\sim}$ として定義することができる（つまり α の代表 $\boldsymbol{x}$ の取りかたによらずに行くさき（$(\boldsymbol{V}/\boldsymbol{W})$ の元）が決まる．

2） $\widetilde{T}$ は $\boldsymbol{V}/\boldsymbol{W}$ の線型変換である．これをこの本では T の $\boldsymbol{W}$ による**商線**

型変換と言うことにする．

3)　$\boldsymbol{W}$ の基底 $\mathcal{R}=\langle \boldsymbol{u}_1, \cdots, \boldsymbol{u}_r\rangle$ を延長した $\boldsymbol{V}$ の基底 $\mathcal{S}=\langle \boldsymbol{u}_1, \cdots, \boldsymbol{u}_r, \boldsymbol{u}_{r+1}, \cdots, \boldsymbol{u}_n\rangle$ を決める．ここで定理7.1.9を援用すると，$\mathcal{S}$ に関する T の表現行列 A は

$$A=\begin{pmatrix} A_{11} & A_{12} \\ O & A_{22} \end{pmatrix}$$

の形に対称に区分けされ，A_{11} は $\boldsymbol{W}$ の基底 $\mathcal{R}$ に関する T の $\boldsymbol{W}$ への制限の表現行列である．

さて，命題A.2.6によって $\widetilde{\mathcal{S}}=\langle \tilde{\boldsymbol{u}}_{r+1}, \cdots, \tilde{\boldsymbol{u}}_n\rangle$ は $\boldsymbol{V}/\boldsymbol{W}$ の基底である．新らしい主張として A の右下の部分行列 A_{22} は，商線型変換 $\widetilde{T}$ の，基底 $\widetilde{\mathcal{S}}$ に関する表現行列である．(定理7.1.9のあとの ノート を見よ．)

【証明】 1)　$\boldsymbol{x}$ と $\boldsymbol{x}'$ が $\boldsymbol{V}/\boldsymbol{W}$ の元 α の代表元なら $\boldsymbol{x}-\boldsymbol{x}'\in \boldsymbol{W}$ だから，$T\boldsymbol{x}-T\boldsymbol{x}'=T(\boldsymbol{x}-\boldsymbol{x}')\in \boldsymbol{W}$ となり，$T\boldsymbol{x}\sim T\boldsymbol{x}'$．

2)　$\tilde{\boldsymbol{x}}, \tilde{\boldsymbol{y}}\in \boldsymbol{V}/\boldsymbol{W}, c\in \boldsymbol{K}$ とすると，$\widetilde{T}(\tilde{\boldsymbol{x}}+\tilde{\boldsymbol{y}})=\widetilde{T}(\boldsymbol{x}+\boldsymbol{y})^{\sim}=[T(\boldsymbol{x}+\boldsymbol{y})]^{\sim}=[T\boldsymbol{x}+T\boldsymbol{y}]^{\sim}=(T\boldsymbol{x})^{\sim}+(T\boldsymbol{y})^{\sim}=\widetilde{T}\tilde{\boldsymbol{x}}+\widetilde{T}\tilde{\boldsymbol{y}}$．$\widetilde{T}(c\tilde{\boldsymbol{x}})=\widetilde{T}(c\boldsymbol{x})^{\sim}=[T(c\boldsymbol{x})]^{\sim}=[c(T\boldsymbol{x})]^{\sim}=c[T\boldsymbol{x}]^{\sim}=c(\widetilde{T}\tilde{\boldsymbol{x}})$．

3)　$A=(a_{ij})$ とする．表現行列の定義（定義7.1.1の2）の式 (1) およびそのあとのコメントの式 (2)）によって $T\boldsymbol{u}_j=\sum_{i=1}^{n} a_{ij}\boldsymbol{u}_i\,(1\leqq i\leqq n)$ だから，とくに $r<j\leqq n$ なる j に対しては $(\widetilde{T}\tilde{\boldsymbol{u}}_j)=(T\boldsymbol{u}_j)^{\sim}=\sum_{i=1}^{n} a_{ij}\tilde{\boldsymbol{u}}_i=\sum_{i=r+1}^{n} a_{ij}\tilde{\boldsymbol{u}}_i$ となる．ふたたび定義7.1.1により，A_{22} は $\widetilde{T}$ の（$\widetilde{\mathcal{S}}$ に関する）表現行列である．□

A§2の問題

問題 1　$\boldsymbol{V}$ を $\boldsymbol{K}$ 上の計量線型空間，$\boldsymbol{W}$ を $\boldsymbol{V}$ の部分空間とする．商空間 $\widetilde{\boldsymbol{V}}=\boldsymbol{V}/\boldsymbol{W}$ に自然な内積を入れて計量線型空間にせよ．

［ヒント］直交補空間 $\boldsymbol{W}^{\perp}$（第7章末の問題5を見よ）．

問題 2　$\boldsymbol{V}$，$\boldsymbol{V}'$を $\boldsymbol{K}$ 上の線型空間，T を $\boldsymbol{V}$ から $\boldsymbol{V}'$ への線型写像とする．T の核 $T^{-1}[\{\boldsymbol{0}'\}]$ を $\boldsymbol{W}$，T の像空間 $I_m(T)=\{T\boldsymbol{x}\,;\,\boldsymbol{x}\in \boldsymbol{V}\}$ を $\boldsymbol{U}$ とする（第6章§1の

問題 4 を見よ).

1) $\boldsymbol{V}/\boldsymbol{W}$ の元 $\alpha=\tilde{\boldsymbol{x}}(\boldsymbol{x}\in\boldsymbol{V})$ に対して $\widetilde{T}(\alpha)=T\boldsymbol{x}$ と定義できること，すなわちこれが類 α の代表 $\boldsymbol{x}$ の取りかたによらずに決まることを示せ.

2) 写像 $\widetilde{T}:\boldsymbol{V}/\boldsymbol{W}\to\boldsymbol{V}'$ は $\boldsymbol{V}/\boldsymbol{W}$ から $\boldsymbol{U}$ への同型写像であることを示せ.

問題 3 $\boldsymbol{V}$ を $\boldsymbol{K}$ 上の線型空間，T を $\boldsymbol{V}$ の線型変換，$\boldsymbol{W}$ を $\boldsymbol{V}$ の T 不変部分空間，$\widetilde{\boldsymbol{V}}=\boldsymbol{V}/\boldsymbol{W}$ を商空間とし，T の $\boldsymbol{W}$ による商線型変換を $\widetilde{T}$ とする．T が正則なら $\widetilde{T}$ も正則であることを示せ（第 7 章 §1 の問題 2）を参照するといい).

付録 A 末の問題

問題 1　$\boldsymbol{V}$ を $\boldsymbol{K}$ 上の線型空間，$\boldsymbol{W}$ を $\boldsymbol{V}$ の部分空間とする．$\boldsymbol{V}$ の双対空間 $\hat{\boldsymbol{V}}$ の元 $\boldsymbol{f}$ で，$\boldsymbol{W}$ のすべての元 $\boldsymbol{x}$ に対して $\boldsymbol{f}(\boldsymbol{x})=0$ となるもの全部の集合を $\boldsymbol{W}^0$ とする．

1)　$\boldsymbol{W}^0$ は $\hat{\boldsymbol{V}}$ の部分空間であることを示せ．$\boldsymbol{W}^0$ を $\boldsymbol{W}$ の**零化空間**と言う．

2)　$\boldsymbol{W}^0$ の任意の元 $\boldsymbol{f}$ は $\boldsymbol{V}$ から $\boldsymbol{K}$ への線型写像であり，$\boldsymbol{W}$ の元を 0 に移すから，§2 の問題 2 によって $\boldsymbol{V}/\boldsymbol{W}$ から $\boldsymbol{K}$ への線型写像，すなわち $\boldsymbol{V}/\boldsymbol{W}$ の双対空間 $\widehat{\boldsymbol{V}/\boldsymbol{W}}$ の元 $\tilde{\boldsymbol{f}}:\tilde{\boldsymbol{x}}\to\boldsymbol{f}(\boldsymbol{x})$ が（代表の取りかたによらずに）定まる．$\boldsymbol{f}$ に $\tilde{\boldsymbol{f}}$ を対応させる写像を φ とすると，φ は $\boldsymbol{W}$ の零化空間 $\boldsymbol{W}^0$ から $\boldsymbol{V}/\boldsymbol{W}$ の双対空間 $\widehat{\boldsymbol{V}/\boldsymbol{W}}$ への同型写像であることを示せ．

問題 2　$\boldsymbol{V}$ を複素線型空間，T と S を $\boldsymbol{V}$ の線型変換で $TS=ST$ なるものとする．$\boldsymbol{V}$ の適当な基底 $\mathscr{S}$ をとると，$\mathscr{S}$ に関する T,S の表現行列はともに上三角行列になることを示せ．行列のことばで言えば，交換可能なふたつの正方行列 A,B に対してある正則行列 P を選ぶと，$P^{-1}AP$，$P^{-1}BP$ はともに上三角行列になる．

付録 B

代数学の基本定理

B.1.1【定理】（代数学の基本定理） 複素数を係数とする1次以上の多項式は，少なくともひとつの複素零点（$f(\alpha)=0$ となる複素数 α のこと）をもつ．

【証明】 1° $f(z)=z^n+a_1z^{n-1}+\cdots+a_{n-1}z+a_n\,(n>0)$ とする．まず $|z|\to+\infty$ のとき，$|f(z)|\to+\infty$ となることを示す．実際，$z\neq0$ なら

$$f(z)=z^n\left(1+\frac{a_1}{z}+\cdots+\frac{a_n}{z^n}\right).$$

ある正の数 L_1 を取ると，$|z|\geqq L_1$ なら $\left|\frac{a_1}{z}+\cdots+\frac{a_n}{z^n}\right|\leqq\frac{1}{2}$ となるから，

$$|f(z)|\geqq|z^n|\left(1-\left|\frac{a_1}{z}+\cdots+\frac{a_n}{z^n}\right|\right)\geqq\frac{|z|^n}{2}\to+\infty.$$

2° したがってある正の数 L をとると，閉円板 $D=\{z\in\boldsymbol{C}\,;|z|\leqq L\}$ の外の z に対しては $|f(z)|\geqq|f(0)|$ となる．D は有界閉集合であり，関数 $|f(z)|$ は連続だから，解析学の定理によって D 内で $|f(z)|$ を最小にする点 z_0 がある（たとえば拙著『齋藤正彦　微分積分学』の定理5.7.9を見よ）．D の外での z に対しても $|f(z_0)|\leqq|f(0)|\leqq|f(z)|$ だから，$|f(z_0)|$ は全複素平面での $|f(z)|$ の最小値である．以下，$f(z_0)=0$ を示す．

3° $g(z)=f(z+z_0)$ も n 次の多項式であり，$|g(z)|$ の最小値は $|g(0)|$ である．$|g(0)|>0$ と仮定する（背理法）．すると $g(z)$ の定数項 $g(0)$ は0でないから，ある $k\,(1\leqq k\leqq n)$ を取ると，

$$\begin{aligned}g(z)&=g(0)+b_kz^k+\cdots+b_nz^n\quad(b_k\neq0)\\&=a+bz^k+z^{k+1}h(z)\end{aligned}$$

と書ける．ただし $a=g(0)\neq0$，$b=b_k\neq0$ であり，$h(z)$ は $n-k-1$ 次の多項式である（$k=n$ のときは $h(z)=0$ とする）．

4° $-\dfrac{a}{b}$ の k 乗根（これは必ず存在する，定義0.2.5の5）を見よ）のひとつ c をとる：$bc^k=-a$．$h(z)$ は連続だから，$0<t<1$ なる十分小さい t

をとると，$t|c^{k+1}h(tc)|<|a|$ が成りたつ．

$$g(tc)=a+b(tc)^k+(tc)^{k+1}h(tc)=(1-t^k)a+t^{k+1}c^{k+1}h(tc)$$

となるから，

$$|g(tc)|\leqq(1-t^k)|a|+t^k\cdot t|c^{k+1}h(tc)|<(1-t^k)|a|+t^k|a|=|a|=|g(0)|$$

という狭義不等式が成りたち，$|g(0)|$ の最小性に反する．□

B.1.2【定理】 複素係数の任意の n 次多項式 ($n\geqq1$) は，複素数の範囲で n 個の 1 次式の積に分解される：

$$f(z)=a_0(z-\alpha_1)(z-\alpha_2)\cdots(z-\alpha_n).$$

【証明】 基本定理によって $f(\alpha_1)=0$ となる複素数 α_1 がある．因数定理（命題 8.3.8）によって $f(z)$ は $x-\alpha_1$ で割りきれ，$f(z)=(z-\alpha_1)f_1(z)$ と書ける．この操作を続ければよい（帰納法）．□

ノート　上の分解で $\alpha_1, \alpha_2, \cdots, \alpha_n$ には同じものがあるかもしれない．α_i が k 個あるとき，k を $f(z)=0$ の根（こん）（解と同じ意味）α_i の**重複度**と言い，α_i を $f(z)=0$ ないし $f(z)$ の k**重根**と言う．$k=1$ のときは**単根**と言う．

B.1.3【定理】 実係数の多項式が虚根 α をもてば，共役複素数 $\bar{\alpha}$ も根であり，その重複度は等しい．

【証明】 $f(z)=\sum_{k=0}^{n}a_kz^{n-k}$ とすると $f(\bar{\alpha})=\sum_{k=0}^{n}a_k\bar{\alpha}^{n-k}=\overline{\sum_{k=0}^{n}a_k\alpha^{n-k}}=0$．$(z-\alpha)(z-\bar{\alpha})=z^2-(\alpha+\bar{\alpha})z+\alpha\bar{\alpha}$ の係数は実数だから，$f(z)=(z-\alpha)(z-\bar{\alpha})f_1(z)$ と書くと，$f_1(z)$ も実係数多項式である．この操作を続ければいい．□

B.1.4【定理】 実係数の多項式は，実数の範囲で 1 次式と 2 次式それぞれ何個かずつの積に分解される．

【証明】 前定理により，n 次方程式 $f(z)=0$ の虚根とその複素共役根とはペアになっているから，重複もこめて $f(z)=0$ の実根を $\alpha_1, \cdots, \alpha_r$，虚根を $\beta_1, \bar{\beta}_1, \cdots, \beta_s, \bar{\beta}_s$ $(r+2s=n)$ とすることができる．$(z-\beta_k)(z-\bar{\beta}_k)=z^2-(\beta_k+\bar{\beta}_k)z+\beta_k\bar{\beta}_k$ だから，

$$f(z)=a_0\prod_{i=1}^{r}(z-\alpha_i)\cdot\prod_{k=1}^{s}[z^2-(\beta_k+\bar{\beta}_k)z+\beta_k\bar{\beta}_k].$$ □

問題解答

序章
問題の答え

序章　§1 (p. 6)

問題 1　左辺を X，右辺を Y と書く．

1)　成りたつ．実際 $z \in X$ なら $z=(x, y)$，$x \in A \cup B$，$y \in C$．もし $x \in A$ なら $(x, y) \in A \times C \subset Y$．$x \in B$ なら $(x, y) \in B \times C \subset Y$，よって $X \subset Y$．逆向きに $z \in Y$ なら $z \in A \times C$，または $z \in B \times C$．もし $z \in A \times C$ なら $z=(x, y)$，$x \in A \subset A \cup B$，$y \in C$ だから $z \in X$．同様に $z \in B \times C$ なら $z \in X$，よって $Y \subset X$．

2)　成りたつ．証明略．

3)　成りたたない．$z \in X$ なら $z \in A \times B$ または $z \in C \times D$．もし $z \in A \times B$ なら $z=(x, y)$，$x \in A \subset A \cup C$．$y \in B \subset B \cup C$ だから $z \in Y$．$z \in C \times D$ としても $z \in Y$ となり $X \subset Y$．しかし $A=D=\{0\}$，$B=C=\emptyset$ とすると $A \times B = C \times D = \emptyset$ だから $X=\emptyset$．$A \cup C = B \cup D = \{0\}$ だから $Y=\{(0,0)\}$．

4)　成りたつ．証明略．

問題 2　1)　$|A|+|B|$ は $A \cap B$ の部分を二重にかぞえているから，$|A \cup B|=|A|+|B|-|A \cap B|$．

2)　$A=\{x_1, x_2, \cdots, x_m\}$，$B=\{y_1, y_2, \cdots, y_n\}$ とすると $A \times B=\{(x_i, y_j)\ ;\ 1 \leqq i \leqq m,\ 1 \leqq j \leqq n\}$ だから $|A \times B|=mn=|A| \cdot |B|$．

問題 3　左辺を U，右辺を V と書く．

1)　成りたつ．実際 $y \in U=f[A \cup B]$ なら，$A \cup B$ のある元 x に対して $y=f(x)$ となる．もし $x \in A$ なら $y \in f[A]$．$x \in B$ なら $y \in f[B]$ だから $y \in f[A] \cup f[B]=V$，一方，明らかに $f[A] \subset f[A \cup B]$，$f[B] \subset f[A \cup B]$ だから $V=f[A] \cup f[B] \subset f[A \cup B]=U$．

2)　成りたたない．明らかに $U=f[A \cap B] \subset f[A] \cap f[B]=V$．しかし，たと

えば $X=\{1,2\}$，$Y=\{0\}$ とし，$f(1)=f(2)=0$ とする．$A=\{1\}$，$B=\{2\}$ とすると，$A\cap B=\emptyset$ だから $f[A\cap B]=\emptyset$，$f[A]\cap f[B]=\{0\}$ だから $U\neq V$．

問題 4 1)，2) とも成りたつ．証明略．

序章 §2 (p. 12)

問題 1 1) $9+7i$． 2) $\dfrac{1}{2}+\dfrac{3}{2}i$． 3) $-i$．

4) $z=\sqrt{3}+i=2\left(\dfrac{\sqrt{3}}{2}+\dfrac{1}{2}i\right)=2\left(\cos\dfrac{\pi}{6}+i\sin\dfrac{\pi}{6}\right)$ だから，$z^5=32\left(\cos\dfrac{5\pi}{6}+i\sin\dfrac{5\pi}{6}\right)=32\left(-\dfrac{\sqrt{3}}{2}+\dfrac{1}{2}i\right)=-16\sqrt{3}+16i$．

5) $z=x+iy\,(x,y\in \boldsymbol{R})$ とすると，$(x+iy)^2=(x^2-y^2)+2xyi=1+2\sqrt{2}\,i$ から $x^2-y^2=1$，$xy=\sqrt{2}$．$y=\dfrac{\sqrt{2}}{x}$ だから $x^4-x^2-2=0$．これを x^2 の方程式と見て，正の解として $x^2=2$．よって $x=\pm\sqrt{2}$，$y=\pm1$，$z=\pm(\sqrt{2}+i)$．

問題 2 1) $r^3(\cos 3\theta+i\sin 3\theta)=i$ から $r=1$，$\cos 3\theta=0$，$\sin 3\theta=1$．よって $\theta=\dfrac{\pi}{6}, \dfrac{5}{6}\pi, \dfrac{3}{2}\pi\,(0\leqq\theta<2\pi)$．したがって $z=\dfrac{\sqrt{3}}{2}+\dfrac{1}{2}i, -\dfrac{\sqrt{3}}{2}+\dfrac{1}{2}i, -i$（下図の黒丸）．

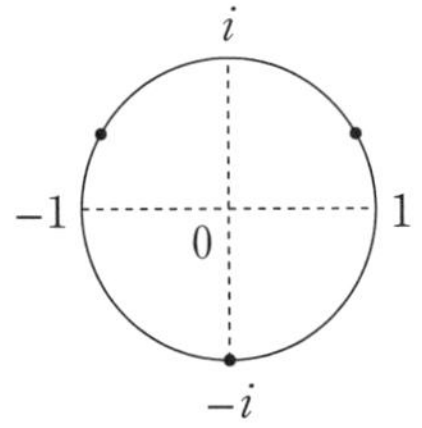

2) $z=-w$ とすれば $w^5=1$．したがって w は定義 0.2.5 の 5) にある図の 5 点である．z はそれらの点の原点に関する対称点である（下図）．偏角 θ $(0\leqq\theta<2\pi)$

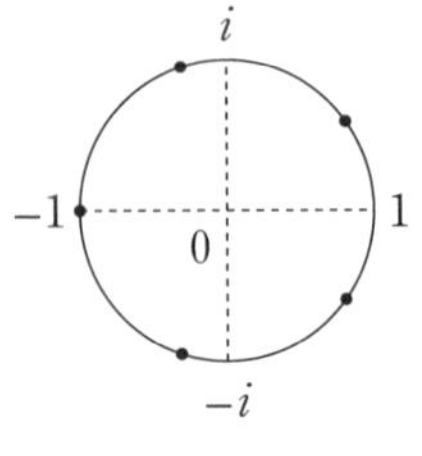

は $\frac{\pi}{5}$, $\frac{3}{5}\pi$, π, $\frac{7}{5}\pi$, $\frac{9}{5}\pi$ である.

3) $\frac{1}{2}\pm\frac{\sqrt{3}}{2}i$,　　4) $\pm(1-i)$.

問題 3　$\alpha^2-2\cos\theta\cdot\alpha+1=0$ から $\alpha=\cos\theta\pm i\sin\theta$. したがって, $\alpha^n=\cos n\theta\pm i\sin n\theta$, $\alpha^{-n}=\cos n\theta\mp i\sin n\theta$（複号同順）となり, $\alpha+\alpha^{-n}=2\cos n\theta$.

問題 4　α,β,γ を頂点とする三角形の重心, すなわち各頂点と対辺の中点をむすぶ線分の, 頂点から遠いほうの 3 等分点.

問題 5　下の図のようになるから, $-\frac{\pi}{6}\leqq\theta\leqq\frac{\pi}{6}$.

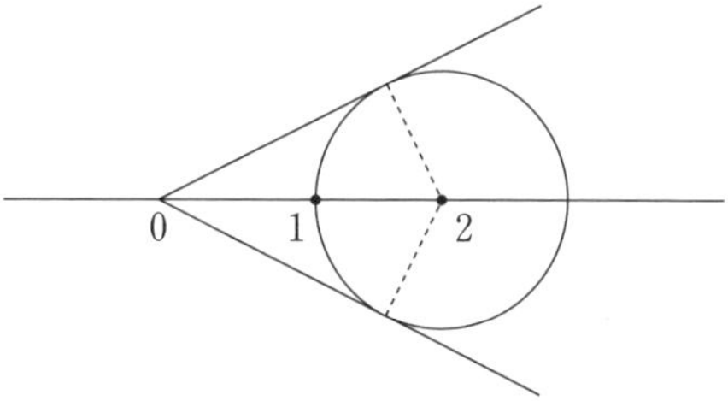

問題 6　偏角が異なれば, 3 本のベクトル $\alpha,\beta,\alpha+\beta$ は下図のように三角形を作るから, 結果は明きらか.

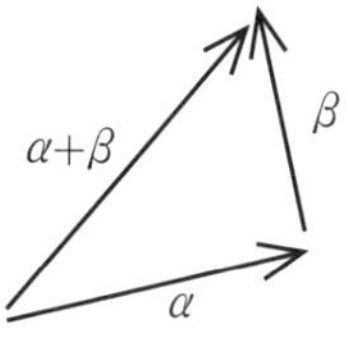

序章　§3 (p. 19)

問題 1　仮定によって $(\boldsymbol{a}|\boldsymbol{b})\neq0$. $\boldsymbol{q}=\boldsymbol{p}+t_0\boldsymbol{b}$ とすると, $c=(\boldsymbol{a}|\boldsymbol{p}+t_0\boldsymbol{b})=(\boldsymbol{a}|\boldsymbol{p})+t_0(\boldsymbol{a}|\boldsymbol{b})$. よって $\boldsymbol{q}=\boldsymbol{p}+\frac{c-(\boldsymbol{a}|\boldsymbol{p})}{(\boldsymbol{a}|\boldsymbol{b})}\boldsymbol{b}$.

問題 2　$\boldsymbol{p}-\boldsymbol{q}$ は $\boldsymbol{a}$ と平行だから, $\boldsymbol{p}-\boldsymbol{q}=t\boldsymbol{a}$ と書ける. $c=(\boldsymbol{a}|\boldsymbol{q})=(\boldsymbol{a}|\boldsymbol{p}-t\boldsymbol{a})=(\boldsymbol{a}|\boldsymbol{p})-t\|\boldsymbol{a}\|^2$. よって $t=\frac{(\boldsymbol{a}|\boldsymbol{p})-c}{\|\boldsymbol{a}\|^2}$, $\boldsymbol{q}=\boldsymbol{p}-\frac{(\boldsymbol{a}|\boldsymbol{p})-c}{\|\boldsymbol{a}\|^2}\boldsymbol{a}$. $\|\boldsymbol{p}-\boldsymbol{q}\|=\frac{|(\boldsymbol{a}|\boldsymbol{p})-c|}{\|\boldsymbol{a}\|}$.

問題 3　このような $\boldsymbol{x}$, $\boldsymbol{y}$ が存在すれば, $\|(\boldsymbol{x}|\boldsymbol{y})\|\leqq\|\boldsymbol{x}\|\|\boldsymbol{y}\|$ だから $|c|\leqq ab$（もち

ろん a，$b \geqq 0$)．逆に a，$b \geqq 0$，$|c| \leqq ab$ が成りたてば，$c = ab\cos\theta\ (0 \leqq \theta \leqq \pi)$ と書ける．長さ a($a>0$ としてよい) の勝手なベクトル $\boldsymbol{x}$ をとり，$\boldsymbol{x}$ から正の向きに θ だけまわした向きに，長さ b のベクトル $\boldsymbol{y}$ をとると，$(\boldsymbol{x}|\boldsymbol{y}) = \|\boldsymbol{x}\|\|\boldsymbol{y}\| \cos\theta = ab\cos\theta = c$ となる．

問題 4　例 0.3.10 の 2) の式を $\boldsymbol{a}$，$\boldsymbol{b}$，$\boldsymbol{c}$ 順にまわして足せばいい．

問題 5　両辺とも右手直交座標系の取りかたと関係ないから，適当な座標系 $\boldsymbol{e}_1, \boldsymbol{e}_2, \boldsymbol{e}_3$ を選ぶと，$\boldsymbol{a} = a_1\boldsymbol{e}_1$，$\boldsymbol{b} = b_1\boldsymbol{e}_1 + b_2\boldsymbol{e}_2$，$\boldsymbol{c} = c_1\boldsymbol{e}_1 + c_2\boldsymbol{e}_2 + c_3\boldsymbol{e}_3$ と書ける．$\boldsymbol{b}\times\boldsymbol{c} = (b_1c_2 - b_2c_1)\boldsymbol{e}_3 - b_1c_3\boldsymbol{e}_2 + b_2c_3\boldsymbol{e}_1$ だから $(\boldsymbol{a}|\boldsymbol{b}\times\boldsymbol{c}) = a_1b_2c_3$．一方 $\boldsymbol{a}\times\boldsymbol{b} = a_1b_2\boldsymbol{e}_3$ だから $(\boldsymbol{a}\times\boldsymbol{b}|\boldsymbol{c}) = a_1b_2c_3$．

序章末の問題の答え

問題 1　$A = \{\boldsymbol{a}_1, \boldsymbol{a}_2, \cdots, \boldsymbol{a}_n\}$ の部分集合 B は，各 $\boldsymbol{a}_i$ が B に属するか属さないかを全部決めれば決まる．その選びかたは各 $\boldsymbol{a}_i$ について 2 とおりずつあるから，全部で 2^n とおりである．

問題 2　$\alpha_1, \alpha_2, \cdots, \alpha_n$ の偏角がどれも θ なら，$\alpha_k = r_k(\cos\theta + i\sin\theta)\ (r_k > 0)$ と極表示されるから，$\displaystyle\sum_{k=1}^{n}\alpha_k = \left(\sum_{k=1}^{n} r_k\right)(\cos\theta + i\sin\theta)$．$\displaystyle\left|\sum_{k=1}^{n}\alpha_k\right| = \sum_{k=1}^{n} r_k = \sum_{k=1}^{n}|\alpha_k|$．逆に偏角の異なるものがあるとき，たとえば α_1 と α_2 が異なる偏角をもてば，三点 α_1，0，α_2 は（つぶれない）三角形をつくるか，または同一直線上にこの順に並んでいる．どっちにしても $|\alpha_1 + \alpha_2| < |\alpha_1| + |\alpha_2|$ だから，$\displaystyle\left|\sum_{k=1}^{n}\alpha_k\right| \leqq |\alpha_1 + \alpha_2| + \left|\sum_{k=3}^{n}\alpha_k\right| < |\alpha_1| + |\alpha_2| + \sum_{k=3}^{n}|\alpha_k|$．

問題 3　$w = \dfrac{1+ix}{1-ix}$ を x に関して解くと $x = i\dfrac{1-w}{1+w}$ となる．x が実数であることを示せばよい．このまま計算してもいいが，$w = \cos\theta + i\sin\theta\ (0 \leqq \theta < 2\pi,\ \theta \neq \pi)$ と書くと $x = \dfrac{\sin\theta}{1+\cos\theta}$ となる．

問題 4　一般に $z \neq -i$ なら $1 - iz \neq 0$．$z = x + iy$ と書くと $w = \dfrac{(1-y)+ix}{(1+y)-ix}$ だから，$|w| < 1 \iff (1-y)^2 + x^2 < (1+y)^2 + x^2 \iff y > 0$ だから $\mathcal{H}$ は $\mathcal{D}$ に移る．逆写像は $\varphi^{-1}(w) = i\dfrac{1-w}{1+w}$ だから，$w \in \mathcal{D}$ なら $\varphi^{-1}(w)$ が定まり，$\mathcal{H}$ に属する．

問題 5　$\boldsymbol{a} - \boldsymbol{c}$ と $\boldsymbol{b} - \boldsymbol{c}$ は (S) に横たわる平行でないベクトルだから，$\boldsymbol{x} = \boldsymbol{c} + t(\boldsymbol{a} -$

$\boldsymbol{c})+s(\boldsymbol{b}-\boldsymbol{c})$ は (S) のベクトル表示である．$r=1-t-s$ と置けばいい．

問題 6 $\boldsymbol{p}_j=\begin{pmatrix} a_j \\ b_j \\ c_j \end{pmatrix}$ $(1 \leqq j \leqq n)$ と書き，求める点を $\boldsymbol{x}=\begin{pmatrix} x \\ y \\ z \end{pmatrix}$ とする．距離の 2 乗の和は $f(x,y,z)=\sum_{j=1}^{n}\|\boldsymbol{x}-\boldsymbol{p}_j\|^2=\sum_{j=1}^{n}[(x-a_j)^2+(y-b_j)^2+(z-c_j)^2]=n(x^2+y^2+z^2)-2\sum_{j=1}^{n}a_jx-2\sum_{j=1}^{n}b_jy-2\sum_{j=1}^{n}c_jz+\sum_{j=1}^{n}(a_j{}^2+b_j{}^2+c_j{}^2)$

$=n\left[\left(x-\frac{1}{n}\sum_{j=1}^{n}a_j\right)^2+\left(y-\frac{1}{n}\sum_{j=1}^{n}b_j\right)^2+\left(z-\frac{1}{n}\sum_{j=1}^{n}c_j\right)^2\right]+d$．ただし d は x,y,z を含まない数である．したがって $\boldsymbol{x}=\frac{1}{n}(\boldsymbol{p}_1+\boldsymbol{p}_2+\cdots+\boldsymbol{p}_n)$，すなわち n 個の点の重心である．

問題 7 1) 例 0.3.10 の 2) で $\boldsymbol{c}=\boldsymbol{a}$ として $(\boldsymbol{a}\times\boldsymbol{b})\times\boldsymbol{a}=-(\boldsymbol{a}|\boldsymbol{b})\boldsymbol{a}+(\boldsymbol{a}|\boldsymbol{a})\boldsymbol{b}$．したがって $[(\boldsymbol{a}\times\boldsymbol{b})\times\boldsymbol{a}]\times\boldsymbol{b}=-(\boldsymbol{a}|\boldsymbol{b})(\boldsymbol{a}\times\boldsymbol{b})$．これが $\boldsymbol{0}$ になるのは $\boldsymbol{a}\times\boldsymbol{b}=\boldsymbol{0}$ または $(\boldsymbol{a}|\boldsymbol{b})=0$．すなわち $\boldsymbol{a}$ と $\boldsymbol{b}$ が平行か，または直交する場合である．

2) 座標系 $\boldsymbol{e}_1,\boldsymbol{e}_2,\boldsymbol{e}_3$ を選んで $\boldsymbol{a}=a_1\boldsymbol{e}_1$，$\boldsymbol{b}=b_1\boldsymbol{e}_1+b_2\boldsymbol{e}_2$，$\boldsymbol{c}=c_1\boldsymbol{e}_1+c_2\boldsymbol{e}_2+c_3\boldsymbol{e}_3$，$\boldsymbol{d}=d_1\boldsymbol{e}_1+d_2\boldsymbol{e}_2+d_3\boldsymbol{e}_3$ とすると $(\boldsymbol{a}|\boldsymbol{c})=a_1c_1$，$(\boldsymbol{b}|\boldsymbol{d})=b_1d_1+b_2d_2$，$(\boldsymbol{a}|\boldsymbol{d})=a_1d_1$，$(\boldsymbol{b}|\boldsymbol{c})=b_1c_1+b_2c_2$．右辺 $=a_1c_1(b_1d_1+b_2d_2)-a_1d_1(b_1c_1+b_2c_2)=a_1b_2c_1d_2-a_1b_2c_2d_1$．左辺 $=a_1b_2(c_1d_2-c_2d_1)=a_1b_2c_1d_2-a_1b_2c_2d_1$．

第 1 章　問題の答え

第 1 章　§1 (p. 29)

問題 1 ふつうの二項定理の証明とまったく同じ．たとえば帰納法によることにし，等式 ${}_pC_q={}_{p-1}C_q+{}_{p-1}C_{q-1}$ を使えばよい．

問題 2 1) $X^2=(x^2+yz)E_2$ だから $X^{2p}=(x^2+yz)^pE_2$，$X^{2p+1}=(x^2+yz)^pX$．

2) 帰納法と加法定理によって $X^n=\begin{pmatrix} \cos n\theta & -\sin n\theta \\ \sin n\theta & \cos n\theta \end{pmatrix}$．

3) $X^2=\begin{pmatrix} x^2 & y(x+w) \\ 0 & w^2 \end{pmatrix}$，$X^3=\begin{pmatrix} x^3 & y(x^2+xw+w^2) \\ 0 & w^3 \end{pmatrix}$．帰納法によって

$X^p=\begin{pmatrix} x^p & y(x^{p-1}+x^{p-2}w+\cdots+xw^{p-2}+w^{p-1}) \\ 0 & w^p \end{pmatrix}$．$x \neq w$ なら

$$X^p=\begin{pmatrix} x^p & \dfrac{y(x^p-w^p)}{x-w} \\ 0 & w^p \end{pmatrix}.\quad x=w \text{ なら } X^p=\begin{pmatrix} x^p & pyx^{p-1} \\ 0 & x^p \end{pmatrix}.$$

4) $Y=X-xE$ とすると $Y^3=O$. xE と Y は可換だから，前問によって，

$$X^p=(xE+Y)^p=x^pE+px^{p-1}Y+\frac{p(p-1)}{2}x^{p-2}Y^2$$

$$=\begin{pmatrix} x^p & px^{p-1}y & px^{p-1}z+\dfrac{p(p-1)}{2}x^{p-2}yw \\ 0 & x^p & px^{p-1}w \\ 0 & 0 & x^p \end{pmatrix}.$$

5) $X^2=\begin{pmatrix} -y^2-z^2 & xy & zx \\ xy & -z^2-x^2 & yz \\ zx & yz & -x^2-y^2 \end{pmatrix}$, $X^3=-(x^2+y^2+z^2)X$ だから

$$X^{2p+1}=(-1)^p(x^2+y^2+z^2)^pX,\qquad X^{2p}=(-1)^{p-1}(x^2+y^2+z^2)^{p-1}X^2.$$

問題 3 1) $A=(\boldsymbol{a}_1\ \boldsymbol{a}_2\ \cdots\ \boldsymbol{a}_n)$ $(\boldsymbol{a}_j\in \boldsymbol{C}^m)$ とする．n 項単位ベクトル $\boldsymbol{e}_1, \boldsymbol{e}_2, \cdots, \boldsymbol{e}_n$ に対し，$\boldsymbol{a}_j=A\boldsymbol{e}_j=\boldsymbol{0}$ だから $A=O$.

2) 同様に $\boldsymbol{a}_j=A\boldsymbol{e}_j=\boldsymbol{e}_j$ だから $A=E$.

問題 4 1) $\begin{pmatrix} \pm\sqrt{-yz} & y \\ z & \mp\sqrt{-yz} \end{pmatrix}$ (複号同順，y と z は任意の数).

2) $\pm E_2$ および $\begin{pmatrix} \pm\sqrt{1-yz} & y \\ z & \mp\sqrt{1-yz} \end{pmatrix}$ (複号同順，y と z は任意の数).

問題 5 1) $\begin{pmatrix} & & & & 1 \\ & & & 1 & \\ & & \cdot^{\cdot^{\cdot}} & & \\ & 1 & & & \\ 1 & & & & \end{pmatrix}$, 2) $\begin{pmatrix} a_1 & & & \\ & a_2 & & \\ & & \ddots & \\ & & & a_n \end{pmatrix}$,

3) $\begin{pmatrix} a & 1 & & & \\ & a & 1 & & \\ & & a & & \\ & & & \ddots & 1 \\ & & & & a \end{pmatrix}$. (空白はゼロ)

問題 6 1) $\overbrace{(1\ 1\ \cdots\ 1)}^{n\text{ 個}}$. 2) $\begin{pmatrix} 1 & & & & \\ & 1 & & & \\ & & \ddots & & \\ & & & 1 & \end{pmatrix}$ (m 個). 3) $\begin{pmatrix} a_1 \\ a_2 \\ \vdots \\ a_n \end{pmatrix}$.

第1章 §2 (p. 40)

問題 1 1) $\begin{pmatrix} 7 & -5 \\ -4 & 3 \end{pmatrix}$. 2) $\begin{pmatrix} 1 & -2 & 7 \\ 0 & 1 & -3 \\ 0 & 0 & 1 \end{pmatrix}$ 3) $\begin{pmatrix} 1 & -1 & 0 & 0 \\ -2 & 3 & 0 & 0 \\ 0 & 0 & \frac{1}{2} & 0 \\ 0 & 0 & \frac{3}{2} & 1 \end{pmatrix}$

4) $a_1, a_2, \cdots, a_n$ のどれも 0 でないときに限って正則で，逆行列は

$$\begin{pmatrix} & & & \frac{1}{a_1} \\ & & \frac{1}{a_2} & \\ & \iddots & & \\ \frac{1}{a_n} & & & \end{pmatrix}.$$

問題 2 1) $AA^{p-1}=A^{p-1}A=A^p=E$. 2) もし A^{-1} が存在したら $A=A^2A^{-1}=AA^{-1}=E$ となってしまう.

3) もし A^{-1} が存在したら $E=(AA^{-1})^p=A^pA^{-p}=O$ となってしまう.

4) $A^p=O$ とすると，簡単な計算によって $(E-A)(E+A+A^2+\cdots+A^{p-1})=E$ であり，左右交換しても同じだから $E-A$ は正則で，$(E-A)^{-1}=E+A+A^2+\cdots+A^{p-1}$. 実は $A^n=O$ であることが分かる（命題 4.2.3 の 3)).

問題 3 命題 1.2.9 によって $\mathrm{Tr}(AB-BA)=\mathrm{Tr}(AB)-\mathrm{Tr}(BA)=0\neq\mathrm{Tr}E_n$.

問題 4 1) $AX=XA$ とし, A の対角成分を $a_1, a_2, \cdots, a_n$, $X=(x_{ik})$ とする. AX の (i,k) 成分 $=a_ix_{ik}$, XA の (i,k) 成分 $=x_{ik}a_k$. $i\neq k$ なら $a_i\neq a_k$ だから $x_{ik}=0$, すなわち X は対角行列である. 逆にすぐ分かるように，任意の対角行列は A と交換可能である.

2) A の区分けに対応して $X=\begin{pmatrix} X_{11} & X_{12} & \cdots & X_{1p} \\ X_{21} & X_{22} & \cdots & X_{2p} \\ \vdots & \vdots & & \vdots \\ X_{p1} & X_{p2} & \cdots & X_{pp} \end{pmatrix}$ と区分けする.

$AX=XA$ なら，区分けの乗法（命題 1.2.12）によって両辺の (i,k) ブロックを比較して，$a_iX_{ik}=a_kX_{ik}$ を得る. $i\neq k$ なら $a_i\neq a_k$ だから $X_{ik}=O$. したがっ

て X は $X=\begin{pmatrix} X_{11} & & & \\ & X_{22} & & \\ & & \ddots & \\ & & & X_{pp} \end{pmatrix}$ の形（空白はゼロ）である．逆にすぐ分かるように，この形の行列は A と交換可能である．

問題 5　$I^2=J^2=K^2=-E$，$IJ=-JI=K$，$JK=-KJ=I$，$KI=-IK=J$．

問題 6　帰納法と命題 1.2.15．

第 1 章末の問題の答え

問題 1　$X=A^{-1}XB$ だから，帰納法によって $X=A^{-k}XB^k$（k は任意の自然数）．ある p に対して $B^p=O$ だから $X=O$．

問題 2　1)，2) とも計算すれば分かる．

問題 3　はじめのふたつの対応は明きらか．あとのふたつの対応と等式は，成分を使って計算し，命題 0.3.8 を使えばよい．

問題 4　1)　n に関する帰納法による．$n=1+(n-1)$ と対称に区分けし，

$$A=\begin{array}{r} 1[\\ n-1[\end{array}\overset{\begin{array}{cc} 1 & n-1 \end{array}}{\begin{pmatrix} a_{11} & * \\ \mathbf{0}_{n-1} & A_{22} \end{pmatrix}},\quad B=\begin{pmatrix} b_{11} & * \\ \mathbf{0}_{n-1} & B_{22} \end{pmatrix}$$

と書く（記号 $*$ はそこに何か行列があることを表わす．以下同様）．積を計算すると $AB=\begin{pmatrix} a_{11}b_{11} & * \\ \mathbf{0}_{n-1} & A_{22}B_{22} \end{pmatrix}$ となる．A_{22} と B_{22} は $n-1$ 次上三角行列だから，帰納法の仮定によって $A_{22}B_{22}$ も上三角行列で，その対角成分は $a_{22}b_{22}, \cdots, a_{nn}b_{nn}$ である．

2)　1) で $A=B$ とし，p に関する帰納法によればいい．

問題 5　帰納法による．$n=2$ なら明きらか．前問と同じく $n=1+(n-1)$ と対称に区分けして $A=\begin{pmatrix} O & * \\ \mathbf{0}_{n-1} & B \end{pmatrix}$ と書くと，B は $n-1$ 次上三角行列で対角線はゼロばかりだから，帰納法の仮定によって $B^{n-1}=O_{n-1}$．$A^{n-1}=\begin{pmatrix} O & * \\ \mathbf{0}_{n-1} & B^{n-1} \end{pmatrix}=\begin{pmatrix} O & * \\ \mathbf{0}_{n-1} & O_{n-1} \end{pmatrix}$ だから $A^n=\begin{pmatrix} O & * \\ \mathbf{0}_{n-1} & B \end{pmatrix}\begin{pmatrix} O & * \\ \mathbf{0}_{n-1} & O_{n-1} \end{pmatrix}=O_n$．

第2章
問題の答え

第2章　§1 (p. 45)

問題 1　1)　従属.　　2)　独立.　　3)　独立.　　4)　従属.

問題 2　命題 2.1.2 の 6) によって n 個の単位ベクトル $\boldsymbol{e}_1, \boldsymbol{e}_2, \cdots, \boldsymbol{e}_n$ は線型独立であり，$\boldsymbol{a}_i = A\boldsymbol{e}_i \, (1 \leqq i \leqq n)$ だから，同じ命題の 8) によって $\boldsymbol{a}_1, \boldsymbol{a}_2, \cdots, \boldsymbol{a}_n$ も線型独立である．実は逆に $\boldsymbol{a}_1, \boldsymbol{a}_2, \cdots, \boldsymbol{a}_n$ が線型独立なら A は正則であることが証明される（定理 2.3.7 の 3)）．

第2章　§2 (p. 54)

問題 1　階数は　1)　2.　　2)　3.　　3)　3.　　4)　4.

問題 2　与えられた行列を X として，第2列から第 n 列までを第1列に足し，第 $2, 3, \cdots, n$ 行から第1行を引くと，

$$X \to \begin{pmatrix} 1+(n-1)x & x & x & \cdots & x \\ 1+(n-1)x & 1 & x & \cdots & x \\ 1+(n-1)x & x & 1 & \cdots & x \\ \vdots & \vdots & \vdots & \ddots & \vdots \\ 1+(n-1)x & x & x & \cdots & 1 \end{pmatrix} \to$$

$$\begin{pmatrix} 1+(n-1)x & x & x & \cdots & x \\ 0 & 1-x & 0 & \cdots & 0 \\ 0 & 0 & 1-x & \cdots & 0 \\ \vdots & \vdots & \vdots & \ddots & \vdots \\ 0 & 0 & 0 & \cdots & 1-x \end{pmatrix}$$

となるから，$x=1$ なら $r(X)=1$，$x=-\dfrac{1}{n-1}$ なら $r(X)=n-1$，その他の場合は $r(X)=n$.

問題 3　$B=P_n(i,j)A$ だから $B^{-1}=A^{-1}P_n(i,j)^{-1}=A^{-1}P_n(i,j)$．すなわち B^{-1} は A^{-1} の第 i 列と第 j 列を交換したものである．

第2章　§3 (p. 61)

問題 1　1)　$\dfrac{1}{10}\begin{pmatrix} 4 & 2 & 0 \\ -3 & -4 & 5 \\ -5 & 0 & 5 \end{pmatrix}$.　　2)　$\dfrac{1}{2}\begin{pmatrix} -1 & 1 & 1 & 1 \\ 1 & 1 & 1 & -1 \\ 1 & 1 & 5 & 1 \\ 1 & -1 & 1 & 1 \end{pmatrix}$.

3)　非正則.　　4)　$\fallingdotseq\begin{pmatrix} 0.255 & 0.099 & -0.123 \\ 0.701 & 0.496 & 0.207 \\ 0.626 & 0.204 & 0.170 \end{pmatrix}$.

問題 2　$\boldsymbol{f}=\begin{pmatrix} 1 \\ 1 \\ \vdots \\ 1 \end{pmatrix}$とすると，$A\boldsymbol{f}$の第$i$成分は$\sum_{j=1}^{n} a_{ij}$である$(1\leqq i\leqq n)$．仮定によってこれは0，したがって$A\boldsymbol{f}=\boldsymbol{0}$だから，定理2.3.7の条件3）によって$A$は正則でない．

問題 3　背理法．もしAが正則でなければ，定理2.3.7の条件3）によって$A\boldsymbol{x}=\boldsymbol{0}$となる$\boldsymbol{0}$でないベクトル$\boldsymbol{x}=(x_i)$がある．$x_1, x_2, \cdots, x_n$のなかで絶対値が最大であるもの（のひとつ）を$x_p$とする$(x_p\neq 0)$．$a_{pp}=1$だから$x_p=-\sum_{i\neq p} a_{pi}x_i$．$|x_p|\leqq \sum_{i\neq p}|a_{pi}||x_i|<\sum_{i\neq p}\dfrac{1}{n-1}|x_p|=|x_p|$となって不合理である．

第2章　§4 (p. 72)

問題 1　表示法はいくらでもある．ここに書くのはその一例である．

1)　$\begin{pmatrix} 6 \\ -3 \\ 0 \\ -1 \end{pmatrix}+\alpha\begin{pmatrix} -3 \\ 1 \\ 1 \\ 0 \end{pmatrix}$,　　2)　解なし.　　3)　$\begin{pmatrix} 3 \\ 5 \\ 3 \\ 0 \\ 0 \end{pmatrix}+\alpha\begin{pmatrix} 9 \\ 20 \\ 13 \\ 1 \\ 0 \end{pmatrix}+\beta\begin{pmatrix} -6 \\ -12 \\ -7 \\ 0 \\ 1 \end{pmatrix}$.

4)　$\begin{pmatrix} 1 \\ -3 \\ -2 \\ 5 \end{pmatrix}$.　　5)　$\fallingdotseq\begin{pmatrix} -4.995 \\ 6.934 \\ 3.081 \end{pmatrix}$.　　6)　$\begin{pmatrix} -5 \\ 7 \\ 3 \end{pmatrix}$.　5）と6）は解も近い.

第2章　§5 (p. 80)

問題 1　1)　$\|\boldsymbol{x}+\boldsymbol{y}\|^2+\|\boldsymbol{x}-\boldsymbol{y}\|^2=(\boldsymbol{x}|\boldsymbol{x})+(\boldsymbol{x}|\boldsymbol{y})+(\boldsymbol{y}|\boldsymbol{x})+(\boldsymbol{y}|\boldsymbol{y})$

$$+(\boldsymbol{x}|\boldsymbol{x})-(\boldsymbol{x}|\boldsymbol{y})-(\boldsymbol{y}|\boldsymbol{x})+(\boldsymbol{y}|\boldsymbol{y})$$
$$=2(\|\boldsymbol{x}\|^2+\|\boldsymbol{y}\|^2).$$

2)　$\|\boldsymbol{x}+\boldsymbol{y}\|^2=(\boldsymbol{x}|\boldsymbol{x})+(\boldsymbol{x}|\boldsymbol{y})+(\boldsymbol{y}|\boldsymbol{x})+(\boldsymbol{y}|\boldsymbol{y})=\|\boldsymbol{x}\|^2+\|\boldsymbol{y}\|^2$. 逆に等式が成りたてば $(\boldsymbol{x}|\boldsymbol{y})+\overline{(\boldsymbol{x}|\boldsymbol{y})}=0$ だから，$\boldsymbol{x}$ と $\boldsymbol{y}$ が実ベクトルなら $(\boldsymbol{x}|\boldsymbol{y})=0$. しかしたとえば $\boldsymbol{x}=\begin{pmatrix}1\\0\end{pmatrix}$，$\boldsymbol{y}=\begin{pmatrix}i\\0\end{pmatrix}$ (i は虚数単位) とすると，等式は成りたつが直交しない.

3)　略.

問題 2　$A=\dfrac{A+A^*}{2}+\dfrac{A-A^*}{2}$. もし B がエルミート，C が反エルミートで $A=B+C$ なら，$O=A-A=\left(B-\dfrac{A+A^*}{2}\right)+\left(C-\dfrac{A-A^*}{2}\right)$. この第1項はエルミート，第2項は反エルミートだから両方とも O.

問題 3　$A=\begin{pmatrix}a & b\\ c & d\end{pmatrix}$ とする. 定理2.5.12の4) と5) により，$a^2+b^2=1$，$d^2+b^2=1$，$a^2+c^2=1$，$d^2+c^2=1$ だから $d=\pm a$，$b=\pm c$. $a^2+c^2=1$ だから，ある θ をえらぶと $a=\cos\theta$，$c=\sin\theta$. さらに $ab+cd=0$，$ac+bd=0$ から，$d=a$ なら $b=-c$ で $A=\begin{pmatrix}\cos\theta & -\sin\theta\\ \sin\theta & \cos\theta\end{pmatrix}$. $d=-a$ なら $b=c$ で $A=\begin{pmatrix}\cos\theta & \sin\theta\\ \sin\theta & -\cos\theta\end{pmatrix}$.

問題 4　たとえば $\dfrac{1}{5}\begin{pmatrix}4 & -3\\ 3 & 4\end{pmatrix}$，　$\dfrac{1}{3}\begin{pmatrix}1 & -2 & -2\\ -2 & 1 & -2\\ -2 & -2 & 1\end{pmatrix}$，

$$\frac{1}{2}\begin{pmatrix}1 & -1 & -1 & -1\\ -1 & 1 & -1 & -1\\ -1 & -1 & 1 & -1\\ -1 & -1 & -1 & 1\end{pmatrix}.$$

問題 5　1)　$U=\begin{pmatrix}\frac{1}{\sqrt{2}} & \frac{3}{\sqrt{22}} & \frac{-1}{\sqrt{11}}\\ \frac{-1}{\sqrt{2}} & \frac{3}{\sqrt{22}} & \frac{-1}{\sqrt{11}}\\ 0 & \frac{2}{\sqrt{22}} & \frac{3}{\sqrt{11}}\end{pmatrix}$，　$T=\begin{pmatrix}\sqrt{2} & \frac{1}{\sqrt{2}} & \frac{-1}{\sqrt{2}}\\ 0 & \frac{\sqrt{22}}{2} & \frac{15}{\sqrt{22}}\\ 0 & 0 & \frac{6}{\sqrt{11}}\end{pmatrix}$.

2) $U=\frac{1}{3}\begin{pmatrix}1 & 2 & 2\\ 2 & -2 & 1\\ 2 & 1 & -2\end{pmatrix}$, $T=\frac{1}{3}\begin{pmatrix}9 & 3 & 4\\ 0 & 3 & 2\\ 0 & 0 & 5\end{pmatrix}$.

3) $U=\frac{1}{2}\begin{pmatrix}1 & 1 & 1 & 1\\ 1 & 1 & -1 & -1\\ 1 & -1 & 1 & -1\\ 1 & -1 & -1 & 1\end{pmatrix}$, $T=\begin{pmatrix}2 & -2 & 0 & 2\\ 0 & 4 & 0 & -4\\ 0 & 0 & 2 & 0\\ 0 & 0 & 0 & 2\end{pmatrix}$.

問題 6 $AA^*=(B+C)(B-C)=B^2-BC+CB-C^2$，$A^*A=(B-C)(B+C)=B^2+BC-CB-C^2$.

第 2 章末の問題の答え

問題 1 $\boldsymbol{p}$ の成分でゼロでない最初のものを p_k とする．n 個の単位ベクトルのうち，$\boldsymbol{e}_k$ 以外の $n-1$ 個を $\boldsymbol{p}$ の右に並べた行列を P とする：

$$P=(\boldsymbol{p}\boldsymbol{e}_1\cdots\boldsymbol{e}_{k-1}\boldsymbol{e}_{k+1}\cdots\boldsymbol{e}_n)=\begin{pmatrix}0 & 1 & \cdots & 0 & 0 & \cdots & 0\\ \vdots & \vdots & & \vdots & \vdots & & \vdots\\ 0 & 0 & \cdots & 1 & 0 & \cdots & 0\\ p_k & 0 & \cdots & 0 & 0 & \cdots & 0\\ p_{k+1} & 0 & \cdots & 0 & 1 & \cdots & 0\\ \vdots & \vdots & & \vdots & \vdots & & \vdots\\ p_n & 0 & \cdots & 0 & 0 & \cdots & 1\end{pmatrix}.$$

P は正則である．実際 $(k,1)$ をかなめとして第 1 列を掃きだすと，行列は単位行列の列を入れかえただけのものになる．

問題 2 前問で得られた正則行列を $P=(\boldsymbol{p}_1\ \boldsymbol{p}_2\ \cdots\ \boldsymbol{p}_n)$ とし，$\langle\boldsymbol{p}_1,\boldsymbol{p}_2,\cdots,\boldsymbol{p}_n\rangle$ をグラム-シュミット正則直交化したものを $\langle\boldsymbol{u}_1=\boldsymbol{p},\boldsymbol{u}_2,\cdots,\boldsymbol{u}_n\rangle$ とすれば $U=(\boldsymbol{p}_1\boldsymbol{u}_2\cdots\boldsymbol{u}_n)$ はユニタリ行列である．

問題 3 $r(A)=r$ なら，ある正則行列 P，Q をとると，$PAQ=F_{n,n}(r)=F$ となる．$F^2=F$ に注意．$A=P^{-1}FQ^{-1}=(P^{-1}Q^{-1})(QFQ^{-1})$ と書け，$P^{-1}Q^{-1}$ は正則，$(QFQ^{-1})^2=QFQ^{-1}$ である．

問題 4 A が正則でなければ，ゼロでないベクトル $\boldsymbol{u}=(u_i)$ で $A\boldsymbol{u}=\boldsymbol{0}$ となるものが存在する．$|u_i|$ のうち最大のもの（のひとつ）を $|u_p|$ とする．$A\boldsymbol{u}=\boldsymbol{0}$ の第 p 成分は $a_{pp}u_p+\sum_{j\neq p}a_{pj}u_j=0$ だから，$\alpha|u_p|\leqq|a_{pp}u_p|=\left|\sum_{j\neq p}a_{pj}u_j\right|\leqq\sum_{j\neq p}|a_{pj}||u_j|<\sum_{j\neq p}\frac{\alpha}{n-1}|u_p|=\alpha|u_p|$ となって矛盾．

問題 5 問題は m と n に関して対称だから，E_m+AB が正則なら E_n+BA も正則であることを示せばよい．かりに E_n+BA が正則でないとすると，ゼロでない n 項列ベクトル $\boldsymbol{u}$ で，$(E_n+BA)\boldsymbol{u}=\boldsymbol{0}$ なるものが存在する．$BA\boldsymbol{u}=-\boldsymbol{u}\neq\boldsymbol{0}$ だから $A\boldsymbol{u}\neq\boldsymbol{0}$．$\boldsymbol{0}=A(E_n+BA)\boldsymbol{u}=(A+ABA)\boldsymbol{u}=(E_m+AB)(A\boldsymbol{u})$ だから E_m+AB は正則でない．

問題 6 帰納法．$A=\begin{pmatrix} a_{11} & {}^t\boldsymbol{c} \\ \boldsymbol{0} & B \end{pmatrix}$ と書くと $A^*=\begin{pmatrix} \overline{a_{11}} & {}^t\boldsymbol{0} \\ \bar{\boldsymbol{c}} & B^* \end{pmatrix}$．

$AA^*=\begin{pmatrix} a_{11}\overline{a_{11}}+{}^t\boldsymbol{c}\,\bar{\boldsymbol{c}} & {}^t\boldsymbol{c}B^* \\ B\bar{\boldsymbol{c}} & BB^* \end{pmatrix}$，$A^*A=\begin{pmatrix} \overline{a_{11}}a_{11} & \overline{a_{11}}\,{}^t\boldsymbol{c} \\ \bar{\boldsymbol{c}}a_{11} & \bar{\boldsymbol{c}}\,{}^t\boldsymbol{c}+B^*B \end{pmatrix}$．(1, 1) 成分を見て $(\boldsymbol{c}\,|\,\boldsymbol{c})={}^t\boldsymbol{c}\,\bar{\boldsymbol{c}}=0$．よって $\boldsymbol{c}=\boldsymbol{0}$．したがって $BB^*=B^*B$．帰納法の仮定によって B は対角行列だから A もそう．

問題 7 $(A+iB)^*(A+iB)=({}^tA-i\cdot{}^tB)(A+iB)=({}^tAA+{}^tBB)+i({}^tAB-{}^tBA)$，${}^t\begin{pmatrix} A & -B \\ B & A \end{pmatrix}\begin{pmatrix} A & -B \\ B & A \end{pmatrix}=\begin{pmatrix} {}^tA & {}^tB \\ -{}^tB & {}^tA \end{pmatrix}\begin{pmatrix} A & -B \\ B & A \end{pmatrix}$

$=\begin{pmatrix} {}^tAA+{}^tBB & -({}^tAB-{}^tBA) \\ {}^tAB-{}^tBA & {}^tAA+{}^tBB \end{pmatrix}$．

第3章 問題の答え

第3章 §1 (p. 88)

問題 1 1) $\begin{pmatrix} 1 & 2 & 3 & 4 & 5 \\ 3 & 4 & 5 & 2 & 1 \end{pmatrix}=(1\ 3\ 5)(2\ 4)$ 2) $\begin{pmatrix} 1 & 2 & 3 & 4 & 5 \\ 4 & 5 & 2 & 1 & 3 \end{pmatrix}=(1\ 4)(2\ 5\ 3)$

問題 2 1) $(1\ 4\ 7\ 2)(3\ 6\ 5)$ 2) $(1\ 3\ 6\ 2\ 5\ 7\ 4)$ 3) $(1\ 7\ 4)(6\ 3\ 5)$ 4) $(1\ 3\ 6)(2\ 5\ 4)$ 5) $(1\ 3)(2\ 4\ 5)$ 6) $(1\ 5\ 6)$

問題 3 n の偶奇によって場合わけする．$n=2m$ なら

$$\sigma_{2m}=\begin{pmatrix} 1 & 2 & \cdots & m & m+1 & \cdots & 2m \\ 2m & 2m-1 & \cdots & m+1 & m & \cdots & 1 \end{pmatrix}$$

$=(1\ \ 2m)(2\ \ 2m-1)\cdots(m\ \ m+1)$ だから $\mathrm{sgn}\,\sigma_{2m}=(-1)^m$．

$$\sigma_{2m-1}=\begin{pmatrix} 1 & \cdots & m-1 & m & m+1 & \cdots & 2m-1 \\ 2m-1 & \cdots & m+1 & m & m-1 & \cdots & 1 \end{pmatrix}$$

$=(1\ \ 2m-1)\cdots(m-1\ \ m+1)$ だから $\mathrm{sgn}\,\sigma_{2m-1}=(-1)^{m-1}$．

問題 4 偶置換は偶数個の互換の積だから，ふたつの互換の積が3サイクルの積として書けることを示せばよい．三つの場合に分ける．

1) 同じ互換なら $(i\ j)(i\ j)=1_n$ だからよい．

2) 一文字だけ共通なら $(i\ j)(i\ k)=(i\ k\ j)$ だからよい．

3) 共通の文字がなければ $(i\ j)(k\ l)=(i\ j)[(i\ k)(i\ k)](k\ l)$
$=[(i\ j)(i\ k)][(i\ k)(k\ l)]=(i\ k\ j)(i\ k\ l)$．

第3章 §2 (p. 98)

問題 1 1) 21． 2) 0． 3) $-4+8i$． 4) $abc-(a+b+c)-2$．
5) $(a-b)(b-c)(c-a)$． 6) $r^2\sin\theta$．

問題 2 1) 第 j 列 $(1\leqq j\leqq n)$ に第 $n+j$ 列を足すと，左辺$=\det\begin{pmatrix} A+B & B \\ A+B & A \end{pmatrix}$．

つぎに第 $n+k$ 行 $(1\leqq k\leqq n)$ から第k 行を引くと，左辺$=\det\begin{pmatrix} A+B & B \\ O & A-B \end{pmatrix}$．

定理 3.2.9 によって左辺$=\det(A+B)\cdot\det(A-B)$．

2) 第 k 行 $(1\leqq k\leqq n)$ に第 $n+k$ 行の $i=\sqrt{-1}$ 倍を足すと，

左辺$=\det\begin{pmatrix} A+iB & -B+iA \\ B & A \end{pmatrix}$．つぎに第 j 列 $(1\leqq j\leqq n)$ の i 倍を第 $n+j$ 列から引くと，左辺$=\det\begin{pmatrix} A+iB & O \\ B & A-iB \end{pmatrix}=\det(A+iB)\cdot\det(A-iB)$．とくに A, B が実行列なら，左辺$=\det(A+iB)\cdot\overline{\det(A+iB)}=|\det(A+iB)|^2$．

問題 3 $A=\begin{pmatrix} a & -b \\ b & a \end{pmatrix}$，$B=\begin{pmatrix} c & d \\ d & -c \end{pmatrix}$とおくと，$D=\det\begin{pmatrix} A & -B \\ B & A \end{pmatrix}=|\det(A+iB)|^2=\left|\det\begin{pmatrix} a+ic & -b+id \\ b+id & a-ic \end{pmatrix}\right|^2=(a^2+b^2+c^2+d^2)^2$．

問題 4 1) $\overline{\det A}=\det\bar{A}=\det{}^t A=\det A$．

2) $\det A\cdot\overline{\det A}=\det{}^t A\cdot\det\bar{A}=\det{}^t A\bar{A}=\det E=1$．

3) $A^k=O$ なら $(\det A)^k=\det A^k=0$．

問題 5 $A=\begin{pmatrix} x & y \\ z & w \end{pmatrix}$と書くと，$\det A=1$ だから $A^{-1}=\begin{pmatrix} w & -y \\ -z & x \end{pmatrix}$．$A^{-1}={}^t\bar{A}$ から $\begin{pmatrix} w & -y \\ -z & x \end{pmatrix}=\begin{pmatrix} \bar{x} & \bar{z} \\ \bar{y} & \bar{w} \end{pmatrix}$．$\bar{x}=w$，$-y=\bar{z}$ を極表示して $x=re^{i\alpha}$，$w=re^{-i\alpha}$，

$y=-se^{-i\beta}$，$z=se^{i\beta}(r,s\geqq 0,0\leqq\alpha,\beta<2\pi)$．条件によって $|x|^2+|y|^2=1$ だから $r^2+s^2=1$，よって $r=\cos\theta$，$s=\sin\theta\left(0\leqq\theta\leqq\dfrac{\pi}{2}\right)$ と書けて，

$$A=\begin{pmatrix} e^{i\alpha}\cos\theta & -e^{-i\beta}\sin\theta \\ e^{i\beta}\sin\theta & e^{-i\alpha}\cos\theta \end{pmatrix}.$$

第3章 §3 (p. 105)

問題 1 1) 50. 2) −80.

問題 2 1) n が偶数なら 0，奇数なら 2. 2) $(-1)^{n(n-1)/2}(a-1)^{n-1}(a+n-1)$.
3) n が奇数なら 0，$n=2m$ なら $(-1)^m a^{2m}$. 4) $b-a_1{}^2-\cdots-a_{n-1}{}^2$.

第3章末の問題の答え

問題 1 恒等的に 0，恒等的に 1 の関数は条件をみたすから，それ以外の関数を考える．もし $f(\tau)=0$ となる τ があったとすると，任意の σ に対して $f(\sigma)=f(\sigma\tau^{-1})f(\tau)=0$ となるから，すべての τ に対して $f(\tau)\neq 0$．$f(\mathbf{1}_n)=f(\mathbf{1}_n\cdot\mathbf{1}_n)=f(\mathbf{1}_n)^2$ だから $f(\mathbf{1}_n)=1$．τ が互換なら $f(\tau)^2=f(\tau^2)=f(\mathbf{1}_n)=1$ だから $f(\tau)=\pm 1$．命題 3.1.8 の 3) によって任意の置換は何個かの互換の積だから，f によるその行くさきは ± 1 のどちらかである．i,j,k が異なる文字のとき，簡単に分かるように $(i\ j\ k)=(i\ k\ j)^2$ だから，任意の 3 サイクルの f による行くさきは 1 である．問題 3.1.4 によって任意の偶置換は何個かの 3 サイクルの積だからその行くさきは 1．つぎにもしすべての互換の行くさきが 1 なら，f は恒等的に 1 になってしまうから，$f(\tau_0)=-1$ なる互換 τ_0 がある．σ が奇置換なら $\sigma\tau_0{}^{-1}=\sigma\tau_0$ は偶置換だから $f(\sigma)=f(\sigma\tau_0{}^{-1})f(\tau_0)=-1$ となり，結局 $f(\sigma)=\mathrm{sgn}\sigma$．

問題 2 $a_0,a_1,\cdots,a_{n-1}$ を未知数として条件を書くと，

$$\begin{aligned} &a_0+x_1a_1+\cdots+x_1{}^{n-1}a_{n-1}=y_1 \\ &a_0+x_2a_1+\cdots+x_2{}^{n-1}a_{n-1}=y_2 \\ &\qquad\cdots\cdots \\ &\qquad\cdots\cdots \\ &a_0+x_na_1+\cdots+x_n{}^{n-1}a_{n-1}=y_n \end{aligned} \qquad (*)$$

となる．この 1 次方程式系の係数行列 A は

$$A=\begin{pmatrix} 1 & x_1 & \cdots & {x_1}^{n-1} \\ 1 & x_2 & \cdots & {x_2}^{n-1} \\ \vdots & \vdots & & \vdots \\ 1 & x_n & \cdots & {x_n}^{n-1} \end{pmatrix}.$$

だから $\det A=\det {}^tA$ は変数のヴァンデルモンドの行列式（例 3.2.11）である．いま $i\neq j$ なら $x_i\neq x_j$ だから $\det A\neq 0$ であり，方程式系（＊）にはちょうど1個の解がある．すなわち $\mathrm{P}_1, \mathrm{P}_2, \cdots, \mathrm{P}_n$ を通る曲線 $y=a_0+a_1x+\cdots+a_{n-1}x^{n-1}$ がちょうど1本ある．

問題 3 $\begin{pmatrix} E & -BD^{-1} \\ O & E' \end{pmatrix}\begin{pmatrix} A & B \\ C & D \end{pmatrix}=\begin{pmatrix} A-BD^{-1}C & O \\ C & D \end{pmatrix}$ だから

$$\det\begin{pmatrix} A & B \\ C & D \end{pmatrix}=\det(A-BD^{-1}C)\cdot\det D.$$

問題 4 1) 第 j 列 $(1\leqq j\leqq 3)$ から第4列を引くことにより，条件は

$\det\begin{pmatrix} x_1-x_4 & x_2-x_4 & x_3-x_4 \\ y_1-y_4 & y_2-y_4 & y_3-y_4 \\ z_1-z_4 & z_2-z_4 & z_3-z_4 \end{pmatrix}=0$ となる．これは P_4 から三点 $\mathrm{P}_1, \mathrm{P}_2, \mathrm{P}_3$ に向かうベクトルが線型従属，すなわち同一平面内に横たわることを意味する．

2) もしこの式の左辺が（変数 x, y, z に関して）恒等的にゼロでなければ，この等式は，x, y, z に関する1次式だから平面を表わす．(x, y, z) に (x_i, y_i, z_i) $(1\leqq i\leqq 3)$ を代入すれば左辺はゼロになるから，この平面は三点 $\mathrm{P}_1, \mathrm{P}_2, \mathrm{P}_3$ を通る．もし左辺が恒等的にゼロなら，1）により，空間の任意の点 P に対して四点 $\mathrm{P}_1, \mathrm{P}_2, \mathrm{P}_3, \mathrm{P}$ が同一平面上にあることになるから，三点 $\mathrm{P}_1, \mathrm{P}_2, \mathrm{P}_3$ は同一直線上にあり，仮定に反する．

問題 5 $F(\boldsymbol{a}, \boldsymbol{b}, \boldsymbol{c})=(\boldsymbol{a}\times\boldsymbol{b}\,|\,\boldsymbol{c})$ と置くと，すぐ分かるように F は3重線型である．定理 3.2.7 のあとの注意の性質 b）を確かめて交代性を示す．$\boldsymbol{a}\times\boldsymbol{a}=\boldsymbol{0}$ だから $F(\boldsymbol{a}, \boldsymbol{a}, \boldsymbol{c})=0$．$\boldsymbol{a}\times\boldsymbol{b}$ は $\boldsymbol{a}$ とも $\boldsymbol{b}$ とも直交するから $F(\boldsymbol{a}, \boldsymbol{b}, \boldsymbol{a})=F(\boldsymbol{a}, \boldsymbol{b}, \boldsymbol{b})=0$ となり，F は交代的である．右手系直交座標の単位ベクトルを $\boldsymbol{e}_1, \boldsymbol{e}_2, \boldsymbol{e}_3$ とすると $\boldsymbol{e}_1\times\boldsymbol{e}_2=\boldsymbol{e}_3$ だから $F(\boldsymbol{e}_1, \boldsymbol{e}_2, \boldsymbol{e}_3)=(\boldsymbol{e}_3\,|\,\boldsymbol{e}_3)=1$．定理 3.2.7 により，$F(\boldsymbol{a}, \boldsymbol{b}, \boldsymbol{c})=F(\boldsymbol{e}_1, \boldsymbol{e}_2, \boldsymbol{e}_3)\cdot\det(\boldsymbol{a}, \boldsymbol{b}, \boldsymbol{c})=\det(\boldsymbol{a}, \boldsymbol{b}, \boldsymbol{c})$．

第4章
問題の答え

第4章　§1 (p. 111)

問題 1　1)　$\Phi(A\,;x)=(x-1)^2(x-2)$．固有値1（重根）と2．固有値1に属する線型独立なふたつの固有ベクトル，たとえば$\begin{pmatrix}1\\0\\-1\end{pmatrix}$，$\begin{pmatrix}0\\2\\1\end{pmatrix}$．固有値2に属する固有ベクトル，たとえば$\begin{pmatrix}2\\1\\-1\end{pmatrix}$．

2)　$\Phi(A\,;x)=(x+1)(x-2)(x-3)$．固有値$-1$，2，3．それぞれの固有ベクトル，たとえば$\begin{pmatrix}1\\-1\\1\end{pmatrix}$，$\begin{pmatrix}1\\2\\4\end{pmatrix}$，$\begin{pmatrix}1\\3\\9\end{pmatrix}$．

3)　$\Phi(A\,;x)=x(x-1)^2$．固有値0と1（重根）．固有ベクトル，たとえば$\begin{pmatrix}2\\1\\1\end{pmatrix}$，$\begin{pmatrix}0\\1\\0\end{pmatrix}$，$\begin{pmatrix}1\\0\\1\end{pmatrix}$．

4)　$\Phi(A\,;x)=(x-1)^3$．唯一つの固有値1は3重根．独立な固有ベクトル1本だけ，たとえば$\begin{pmatrix}-1\\-1\\1\end{pmatrix}$．

問題 2　$A^*A\boldsymbol{u}=\alpha\boldsymbol{u}\,(\alpha\in\boldsymbol{C},\boldsymbol{u}\in\boldsymbol{C}^n,\boldsymbol{u}\neq\boldsymbol{0})$ とすると $\alpha(\boldsymbol{u}|\boldsymbol{u})=(\alpha\boldsymbol{u}|\boldsymbol{u})=(A^*A\boldsymbol{u}|\boldsymbol{u})=(A\boldsymbol{u}|A\boldsymbol{u})$．$(\boldsymbol{u}|\boldsymbol{u})$ は正の実数，$(A\boldsymbol{u}|A\boldsymbol{u})$ は0または正の実数だから，α は0または正の実数である．AA^* も同様．

問題 3　1)　命題4.1.9の1）によってαもβも実数だから，$\alpha(\boldsymbol{u}|\boldsymbol{v})=(\alpha\boldsymbol{u}|\boldsymbol{v})=(A\boldsymbol{u}|\boldsymbol{v})=(\boldsymbol{u}|A\boldsymbol{v})=(\boldsymbol{u}|\beta\boldsymbol{v})=\beta(\boldsymbol{u}|\boldsymbol{v})$ となり，$(\boldsymbol{u}|\boldsymbol{v})=0$．

2)　同じ結果が成りたつ．実際，命題4.1.9の2）によってαもβも0または純虚数だから，$\alpha(\boldsymbol{u}|\boldsymbol{v})=(\alpha\boldsymbol{u}|\boldsymbol{v})=(A\boldsymbol{u}|\boldsymbol{v})=(\boldsymbol{u}|-A\boldsymbol{v})=-(\boldsymbol{u}|A\boldsymbol{v})=-(\boldsymbol{u}|\beta\boldsymbol{v})=-\overline{\beta}(\boldsymbol{u}|\boldsymbol{v})=\beta(\boldsymbol{u}|\boldsymbol{v})$ となり，$(\boldsymbol{u}|\boldsymbol{v})=0$．

第 4 章　§2 (p. 117)

問題 1　1)　$\Phi(A\,;x)=x(x-3i)(x+3i)$．固有値 0，$3i$, $-3i$ に属する長さ 1 の固有ベクトル $\boldsymbol{u}_1, \boldsymbol{u}_2, \boldsymbol{u}_3$ を並べて U を作ると，U はユニタリで

$$U=\frac{1}{6}\begin{pmatrix} 4 & -1+3i & 1+3i \\ -4 & 1+3i & -1+3i \\ 2 & 4 & -4 \end{pmatrix}, \quad U^{-1}AU=\begin{pmatrix} 0 & & \\ & 3i & \\ & & -3i \end{pmatrix}$$ (空白はゼロ).

2)　$\Phi(A\,;x)=(x-1-i)(x-2)(x-2+2i)$．上と同様にして

$$U=\frac{1}{\sqrt{2}}\begin{pmatrix} 0 & 1 & 1 \\ \sqrt{2} & 0 & 0 \\ 0 & 1 & -1 \end{pmatrix}, \quad U^{-1}AU=\begin{pmatrix} 1+i & & \\ & 2 & \\ & & 2-2i \end{pmatrix}.$$

3)　$\Phi(A\,;x)=x^2(x-3)$．固有値 0 に属する固有ベクトルは正規直交系 2 本を選んで $\boldsymbol{u}_1, \boldsymbol{u}_2$．固有値 3 に属する $\boldsymbol{u}_3$ を選んで $U=(\boldsymbol{u}_1\ \ \boldsymbol{u}_2\ \ \boldsymbol{u}_3)$ とすると，

$$U=\begin{pmatrix} -\omega/\sqrt{2} & -\omega^2/\sqrt{6} & \omega^2\sqrt{3} \\ 1/\sqrt{2} & -\omega/\sqrt{6} & \omega/\sqrt{3} \\ 0 & 2/\sqrt{6} & 1/\sqrt{3} \end{pmatrix}, \quad U^{-1}AU=\begin{pmatrix} 0 & & \\ & 0 & \\ & & 3 \end{pmatrix}.$$

問題 2　(P は例示，B の対角成分の順序も例示である.) $P=\begin{pmatrix} 1 & 0 & 0 & 1 \\ 0 & 1 & 0 & -1 \\ 0 & 0 & 1 & 0 \\ 1 & 0 & 0 & 2 \end{pmatrix}$,

$$B=P^{-1}AP=\begin{pmatrix} -1 & & & \\ & -1 & & \\ & & -1 & \\ & & & 2 \end{pmatrix}.$$

2)　$P=\begin{pmatrix} 2 & 1+i & 1-i \\ 1 & -1 & -1 \\ 1 & 1+i & 1-i \end{pmatrix}$,

$$B=\begin{pmatrix} 1 & & \\ & i & \\ & & -i \end{pmatrix}.$$

3)　対角化不可能.

4)　$P=\begin{pmatrix} 1 & 0 & 1 & 0 \\ 0 & 2 & -1 & 1 \\ -1 & -1 & 0 & -1 \\ 1 & 0 & 2 & 0 \end{pmatrix}$,

$$B=\begin{pmatrix} 1 & & & \\ & 1 & & \\ & & 2 & \\ & & & 2 \end{pmatrix}.$$

第 4 章　§3 (p. 124)

問題 1　1)　可能.　　2)　不可能.　　3)　不可能.

問題 2　簡単な計算によって A の特性多項式は $\Phi(A\,;x)=x^n-1$. したがって A の固有値は 1 の n 個の n 乗根であり，これらは単位円周を n 等分する点だからすべて異なる. 具体的には i を虚数単位として $e^{\frac{2\pi k}{n}i}=\cos\frac{2\pi k}{n}+i\sin\frac{2\pi k}{n}$ $(0\leqq k\leqq n-1)$ で与えられる（定義など 0.2.5 の 5)，7.4.16 の (1) を見よ). 定理 4.2.9 によって A は対角化可能である.

第 4 章　§4 (p. 132)

問題 1　たとえば　1)　$(x+z-w)^2+(2y-z+w)^2-(2w)^2$.　　2)　$(y-x+2z-w)^2-(x-z-w)^2-(z-2w)^2+(\sqrt{7}\,w)^2$.　　3)　$(x+y-2w)^2+(y+z)^2-(y-z-w)^2+w^2$.

4)　$(x+y+w)^2-(x-y-w)^2+(z+w)^2-(z-w)^2$.

問題 2　1)　$\mathrm{Tr}\,{}^tXX=\sum_{i,j}x_{ji}{}^2$ だから正値，符号は $(n^2, 0)$.

2)　X を対称行列 $Y=\frac{1}{2}(X+{}^tX)=(y_{ij})$ と交代行列 $Z=\frac{1}{2}(X-{}^tX)=(z_{ij})$ の和として表わすと，$\mathrm{Tr}\,X^2=\sum_{i,j}x_{ij}x_{ji}=\sum_{i,j}(y_{ij}+z_{ij})(y_{ji}+z_{ji})=\sum_i y_{ii}{}^2+2\sum_{i<j}(y_{ij}{}^2-z_{ij}{}^2)$ だから，符号は $\left(\frac{n(n+1)}{2},\ \frac{n(n-1)}{2}\right)$.

第 4 章末の問題の答え

問題 1　α を A の固有値とし，α に属する A の固有ベクトル $\boldsymbol{u}=(u_i)$ をとる：$\boldsymbol{u}\neq\boldsymbol{0}$, $A\boldsymbol{u}=\alpha\boldsymbol{u}$. $u_1, u_2, \cdots, u_n$ のうち，絶対値が最大のもの（のひとつ）を u_p とする：$u_p\neq 0$. αu_p は $\alpha\,\boldsymbol{u}=A\,\boldsymbol{u}$ の第 p 成分だから，$\alpha u_p=\sum_{j=1}^{n}a_{pj}u_j$. したがって $|\alpha||u_p|\leqq\sum_{j=1}^{n}|a_{pj}||u_p|$. $|u_p|$ で割ると $|\alpha|\leqq\sum_{j=1}^{n}|a_{pj}|\leqq\max_{1\leqq i\leqq n}\sum_{j=1}^{n}|a_{ij}|$.

問題 2　まず A が正値だと仮定し，定理 4.2.5 により，ユニタリ行列 U によって A を対角化する：

$$U^{-1}AU=U^*AU=B=\begin{pmatrix} \alpha_1 & & & \\ & \alpha_2 & & \\ & & \ddots & \\ & & & \alpha_n \end{pmatrix}.$$

$\boldsymbol{x}\in \boldsymbol{C}^n-\{\boldsymbol{0}\}$ に対して $U^*\boldsymbol{x}=U^{-1}\boldsymbol{x}=\boldsymbol{y}$ と書くと，$(A\boldsymbol{x}\,|\,\boldsymbol{x})=(UBU^{-1}\boldsymbol{x}\,|\,\boldsymbol{x})=(BU^{-1}\boldsymbol{x}\,|\,U^{-1}\boldsymbol{x})=(B\boldsymbol{y}\,|\,\boldsymbol{y})=\sum_{i=1}^{n}\alpha_i y_i\overline{y_i}$．$\alpha_i>0$，$\boldsymbol{y}\neq\boldsymbol{0}$ だから $(A\boldsymbol{x}\,|\,\boldsymbol{x})>0$ となる．

逆向きは A の各固有値 α_i に属する固有ベクトル $\boldsymbol{u}_i$ をとると，$(\boldsymbol{u}_i\,|\,\boldsymbol{u}_i)>0$ であり，$\alpha_i(\boldsymbol{u}_i\,|\,\boldsymbol{u}_i)=(\alpha_i\boldsymbol{u}_i\,|\,\boldsymbol{u}_i)=(A\boldsymbol{u}_i\,|\,\boldsymbol{u}_i)>0$ だから $\alpha_i>0$ となる．

問題 3　ユニタリ行列 U によって A を対角化し，$B=U^{-1}AU$

$$=\begin{pmatrix} \alpha_1 & & & \\ & \alpha_2 & & \\ & & \ddots & \\ & & & \alpha_n \end{pmatrix}$$

とすると，仮定によって $\alpha_i\geqq 0\,(1\leqq i\leqq n)$．

$$Y=\begin{pmatrix} \sqrt[p]{\alpha_1} & & & \\ & \sqrt[p]{\alpha_2} & & \\ & & \ddots & \\ & & & \sqrt[p]{\alpha_n} \end{pmatrix}$$

とすると $Y^p=B$，ここで $X=UYU^{-1}=UYU^*$ とすると，X も半正値エルミート行列で，$X^p=(UYU^{-1})^p=UY^pU^{-1}=UBU^{-1}=A$．

問題 4　AA^* は明らかにエルミート行列だが，正値でもある．実際，$\boldsymbol{0}$ でない任意の $\boldsymbol{x}\in\boldsymbol{C}^n$ に対して $(AA^*\boldsymbol{x}\,|\,\boldsymbol{x})=(A^*\boldsymbol{x}\,|\,A^*\boldsymbol{x})>0$（$A^*$ も正則だから）．前問の $p=2$ の場合を AA^* に適用すると，ある正値エルミート行列 H によって $AA^*=H^2$ と書ける（H はもちろん正則）．$E=H^{-1}(AA^*)H^{-1}=(H^{-1}A)(H^{-1}A)^*$ だから $U=H^{-1}A$ はユニタリ行列で $A=HU$ となる．

ノート　この書きかたはひととおりしかないことが証明できる．正則行列の分解 $A=HU$ を行列の**極分解**と言う．たとえば拙著『行列の群』（SEG 出版）を見よ．実際，$n=1$ の場合，この分解は 0 でない複素数 z を正の実数 r と絶対値 1 の複素数 $e^{i\theta}$ の積として $z=re^{i\theta}$ と書くことに相当する．

問題 5　α に属する固有ベクトル $\boldsymbol{u}$ をとり，$\boldsymbol{u}$ の成分のうち絶対値が最大のもの（のひとつ）を u_p とする（$u_p\neq 0$）．$A\boldsymbol{u}=x\boldsymbol{u}$ の第 p 成分の絶対値を比較すると，

$$|\alpha|\cdot|u_p|=|\alpha u_p|=\left|\sum_{j=1}^{n}a_{pj}u_j\right|\leqq\sum_{j=1}^{n}a_{pj}|u_p|=|u_p|.$$

$|u_p| \neq 0$ だから $|\alpha| \leqq 1$.

問題 6　$A\boldsymbol{u}=\alpha\boldsymbol{u}$, $\alpha \neq 1$, $\boldsymbol{u} \neq \boldsymbol{0}$ とする．$\boldsymbol{u}$ の成分がすべて等しければ $A\boldsymbol{u}=\boldsymbol{u}$ となってしまうから，$\boldsymbol{u}$ は $\boldsymbol{1}$ の定数倍ではない．$\boldsymbol{u}$ の成分 $u_1, u_2, \cdots, u_n$ のうち，絶対値の最大のもの（のひとつ）を u_p とする．つぎのふたつの不等式（$*$）と（$**$）はすぐに分かる：

$$|\alpha|\cdot|u_p|=|(A\boldsymbol{u})_p|=\left|\sum_{j=1}^{n} a_{pj}u_j\right| \overset{(*)}{\leqq} \sum_{j=1}^{n} a_{ij}|u_j| \overset{(**)}{\leqq} \left(\sum_{j=1}^{n} a_{ij}\right)|u_p|=|u_p|.$$

この式に含まれるふたつの広義不等号（$*$）と（$**$）のうちのどちらか一方が狭義不等式であることを示せば $|\alpha|<1$ という結論に達する．

a)　もし $u_1, u_2, \cdots, u_n$ の絶対値がぜんぶ等しければ，偏角の異なるものがある．それを u_k, u_l とする．仮定によって $a_{ij}>0$ だから，序章§2の問題6によって

$$|a_{pk}u_k+a_{pl}u_l|<a_{pk}|u_k|+a_{pl}|u_l|$$

となり，第一の不等号（$*$）は狭義不等号である．

b)　もし $|u_q|<|u_p|$ なる q があれば，明きらかに第二の不等号（$**$）が狭義不等号になって証明を終わる．

(ノート)　問題の条件のもとで，1 は A の単純特性根であることが証明される．

問題 7　B の任意の固有値が A の固有値であることを示せばいい．α を B の固有値，$\boldsymbol{u}$ を α に属する B の固有ベクトルとする．$B-\alpha E$ と $N=A-B$ は交換可能だから，$(A-\alpha E)^n=(N+B-\alpha E)^n=\sum_{k=0}^{n} {}_nC_k \cdot N^k(B-\alpha E)^{n-k}$ (${}_nC_k$ は2項係数ないし組みあわせの数)．$(B-\alpha E)\boldsymbol{u}=\boldsymbol{0}$ だから $(A-\alpha E)^n \boldsymbol{u}=N^n\boldsymbol{u}=\boldsymbol{0}$．ある $k(0\leqq k\leqq n-1)$ に対して $(A-\alpha E)^k\boldsymbol{u} \neq \boldsymbol{0}$, $(A-\alpha E)^{k+1}=\boldsymbol{0}$ となるから，$\boldsymbol{v}=(A-\alpha E)^k=\boldsymbol{u}$ とすれば $\boldsymbol{v}\neq\boldsymbol{0}$, $A\boldsymbol{v}=\alpha\boldsymbol{v}$ となり，α は A の固有値である．

第5章 問題の答え

第5章　§1 (p.138)

問題 1　1)　$\mathrm{Tr}(AA^*)=\sum_{i=1}^{m}\left(\sum_{j=1}^{n}a_{ij}\bar{a}_{ij}\right)=\sum_{i=1}^{m}\sum_{j=1}^{n}|a_{ij}|^2=\|A\|^2$.

2)　$\|AV\|^2=\mathrm{Tr}(AVV^*A^*)=\mathrm{Tr}(AA^*)=\|A\|^2$.

問題 2　はじめの三条件（命題5.1.2）はやさしいから略す．$A=(a_{ij})$ が (l,m) 型，B が (m,n) 型のとき，

$$\|AB\|_1=\sum_{i=1}^{l}\sum_{k=1}^{n}\left|\sum_{j=1}^{m}a_{ij}b_{ik}\right|\leqq\sum_{i=1}^{l}\sum_{k=1}^{n}\left(\sum_{j=1}^{m}|a_{ij}||b_{jk}|\right)$$

$$\leqq\sum_{i=1}^{l}\sum_{k=1}^{n}\left(\sum_{j=1}^{m}\sum_{p=1}^{m}|a_{ij}||b_{pk}|\right)=\left(\sum_{i=1}^{l}\sum_{j=1}^{m}|a_{ij}|\right)\left(\sum_{p=1}^{m}\sum_{k=1}^{n}|b_{pk}|\right)=\|A\|_1\cdot\|B\|_1.$$

問題 3　1)　任意の $\boldsymbol{x}\neq\boldsymbol{0}$ に対して $\boldsymbol{y}=\dfrac{\boldsymbol{x}}{\|\boldsymbol{x}\|_2}$ とすると $\|\boldsymbol{y}\|_2=1$ であり，$\|A\boldsymbol{y}\|_2=\dfrac{\|A\boldsymbol{x}\|_2}{\|\boldsymbol{x}\|_2}$ が成りたつから．

2)　最後の条件だけ．A を (l,m) 型，B を (m,n) 型とする．

$$\|AB\|_0=\sup_{\boldsymbol{x}\neq\boldsymbol{0}}\frac{\|AB\boldsymbol{x}\|_2}{\|\boldsymbol{x}\|_2}=\sup_{B\boldsymbol{x}\neq\boldsymbol{0}}\frac{\|AB\boldsymbol{x}\|_2}{\|\boldsymbol{x}\|_2}=\sup_{B\boldsymbol{x}\neq\boldsymbol{0}}\left(\frac{\|AB\boldsymbol{x}\|_2}{\|B\boldsymbol{x}\|_2}\cdot\frac{\|B\boldsymbol{x}\|_2}{\|\boldsymbol{x}\|_2}\right)$$

$$\leqq\left(\sup_{B\boldsymbol{x}\neq\boldsymbol{0}}\frac{\|AB\boldsymbol{x}\|_2}{\|B\boldsymbol{x}\|_2}\right)\left(\sup_{B\boldsymbol{x}\neq\boldsymbol{0}}\frac{\|B\boldsymbol{x}\|_2}{\|\boldsymbol{x}\|_2}\right)$$

$$\leqq\left(\sup_{\boldsymbol{y}\neq\boldsymbol{0}}\frac{\|A\boldsymbol{y}\|_2}{\|\boldsymbol{y}\|_2}\right)\left(\sup_{\boldsymbol{x}\neq\boldsymbol{0}}\frac{\|B\boldsymbol{x}\|_2}{\|\boldsymbol{x}\|_2}\right)=\|A\|_0\cdot\|B\|_0.$$

問題 4　反例は $A=B=\begin{pmatrix}1&1\\1&1\end{pmatrix}$ とすればいい．最後の条件だけ．A を (l,m) 型，B を (m,n) 型とすると，

$$\|AB\|_\infty=\sqrt{ln}\cdot\max\left|\sum_{j=1}^{m}a_{ij}b_{jk}\right|\leqq\sqrt{ln}\cdot\max\sum_{j=1}^{m}|a_{ij}||b_{jk}|$$

$$\leqq\sqrt{ln}\cdot m\cdot\max|a_{ij}|\cdot\max|b_{jk}|$$

$$\leqq\sqrt{ln}\cdot m\cdot\frac{1}{\sqrt{lm}}\|A\|_\infty\cdot\frac{1}{\sqrt{mn}}\|B\|_\infty=\|A\|_\infty\cdot\|B\|_\infty.$$

問題 5　n 項の第 j 単位ベクトルを $\boldsymbol{e}_j$ とすると，$\|\boldsymbol{e}_j\|_2=1$ だから，

$$\|A\|_0\geqq\|A\boldsymbol{e}_j\|_2=\sqrt{\sum_{i=1}^{m}|a_{ij}|^2}\geqq\max_{1\leqq i\leqq m}|a_{ij}|\quad(1\leqq j\leqq n)$$

したがって $\frac{1}{\sqrt{mn}}\|A\|_\infty \leqq \|A\|_0$．つぎに，

$$\|A\|_0 = \max_{\|\boldsymbol{x}\|_2=1}\|A\boldsymbol{x}\|_2 \leqq \max_{\|x\|_2=1}\|A\|_2 \cdot \|\boldsymbol{x}\|_2 = \|A\|_2.$$

$$\|A\|_2{}^2 = \sum_{i,j}|a_{ij}|^2 \leqq \Big(\sum_{i,j}|a_{ij}|\Big)^2 = \|A\|_1{}^2.$$

$$\|A\|_1 = \sum_{i,j}|a_{ij}| \leqq mn \cdot \max|a_{ij}| = \sqrt{mn}\|A\|_\infty.$$

第5章　§2 (p. 141)

問題 1　1)　ノルム級数は $\sum_{p=1}^{\infty}\frac{1}{p}\|X^p\| \leqq \sum_{p=1}^{\infty}\frac{1}{p}\|X\|^p = -\log(1-\|X\|)$（ここの log は普通の対数関数）となって収束する．

2)　$\log(E+tX) = \sum_{p=1}^{\infty}\frac{(-1)^{p-1}}{p}X^p t^p$．$t$ の整級数 $\sum_{p=1}^{\infty}\frac{1}{p}\|X\|^p \cdot t^p$ の収束半径は $\frac{1}{\|X\|}$ である．実際，$|t| < \frac{1}{\|X\|}$ ならこの級数は収束し，$|t| > \frac{1}{\|X\|}$ なら発散する．定理 5.3.1（項別微積分）により，$|t| < \frac{1}{\|X\|}$ の範囲で項別微分が可能だから，$\frac{d}{dt}\log(E+tX) = \sum_{p=1}^{\infty}(-1)^{p-1}X^p t^{p-1} = X(E+tX)^{-1} = (E+tX)^{-1}X$ となる（例 5.2.7 による）．

コメント　1)　§3 でやる行列の指数関数 $\exp X$ と行列の対数関数 $\log A$ とは，適当な範囲で互いに他の逆関数であることが証明される．すなわちつぎの定理が成りたつ：

定理 1)　$\|X\| < \log 2$ なら $\log(\exp X) = X$．

2)　$\|A-E\| < 1$ なら $\exp(\log A) = A$．

2)　対数関数の乗法定理も成りたつ：$AB = BA$ なら $\log(AB) = \log A + \log B$．ただし $\|A-E\| < 1$．$\|B-E\| < 1$ かつ $\|\log A + \log B\| < \log 2$ を仮定する．これらのことについては，たとえば拙著『行列と群』(SEG 出版）の第 6 章を見よ)．

問題 2　$|a_{ij}(p)| \leqq \|A(p)\| \leqq L$ だから，実数列 $\langle a_{ij}(p)\rangle$ は広義単調増加で上に有界である．したがって $b_{ij} = \lim_{p\to\infty} a_{ij}(p)$ が存在し，$\lim_{p\to\infty} A_p = B = (b_{ij})$ となる．(たとえば『齋藤正彦　微分積分学』(東京図書）定理 2.2.4 を見よ)．

第5章　§3 (p. 145)

問題 1　1)　$Y=\begin{pmatrix} 0 & y \\ -y & 0 \end{pmatrix}$ とすれば $X=xE+Y$. xE と Y とは交換可能だから $\exp X=e^x\cdot\exp Y$. $Y^{2p}=(-1)^p y^{2p}E$, $Y^{2p+1}=(-1)^p y^{2p+1}\begin{pmatrix} 0 & 1 \\ -1 & 0 \end{pmatrix}$ だから，$\exp Y=\begin{pmatrix} \cos y & \sin y \\ -\sin y & \cos y \end{pmatrix}$, $\exp X=\begin{pmatrix} e^x\cos y & e^x\sin y \\ -e^x\sin y & e^x\cos y \end{pmatrix}$.

2)　帰納法により，$x=w$ なら $X^p=\begin{pmatrix} x^p & pyx^{p-1} \\ 0 & x^p \end{pmatrix}$ だから

$\exp X=\begin{pmatrix} e^x & ye^x \\ 0 & e^x \end{pmatrix}$. $x\neq w$ なら $X^p=\begin{pmatrix} x_p & y\dfrac{x^p-w^p}{x-w} \\ 0 & w^p \end{pmatrix}$ だから，

$\exp X=\begin{pmatrix} e^x & y\dfrac{e^x-e^w}{x-w} \\ 0 & e^w \end{pmatrix}$.

3)　$X^{2p}=(x^2+yz)^pE$, $X^{2p+1}=(x^2+yz)^pX$. $x^2+yz=0$ なら $\exp X=\begin{pmatrix} 1+x & y \\ z & 1-x \end{pmatrix}$. $x^2+yz\neq 0$ のとき，$\alpha=\sqrt{|x^2+yz|}$ とおく．$x^2+yz<0$ なら

$$\exp X=\begin{pmatrix} \cos\alpha+\dfrac{x}{\alpha}\sin\alpha & \dfrac{y}{\alpha}\sin\alpha \\ \dfrac{z}{\alpha}\sin\alpha & \cos\alpha-\dfrac{x}{\alpha}\sin\alpha \end{pmatrix}.$$

$x^2+yz>0$ なら，双曲線関数 $\cosh\alpha=\dfrac{e^\alpha+e^{-\alpha}}{2}$, $\sinh\alpha=\dfrac{e^\alpha-e^{-\alpha}}{2}$ を使って

$$\exp X=\begin{pmatrix} \cosh\alpha+\dfrac{x}{\alpha}\sinh\alpha & \dfrac{y}{\alpha}\sinh\alpha \\ \dfrac{z}{\alpha}\sinh\alpha & \cosh\alpha-\dfrac{x}{\alpha}\sinh\alpha \end{pmatrix}.$$

問題 2　1)　$X^2=\begin{pmatrix} -y^2-z^2 & xy & zx \\ xy & -z^2-x^2 & yz \\ zx & yz & -x^2-y^2 \end{pmatrix}$,

$X^3=-(x^2+y^2+z^2)X$.

2) $X^{2p}=(-1)^{p-1}(x^2+y^2+z^2)^{p-1}X^2$, $X^{2p+1}=(-1)^p(x^2+y^2+z^2)X$.

3) $r=0$ なら $X=O$, $\exp X=E$. $r\neq 0$ なら $\exp X=E+\dfrac{1-\cos r}{r^2}X^2+\dfrac{\sin r}{r}X$.

問題 3 1) $(\exp X)^*=\exp X^*=\exp X$ だから X はエルミートである. X の固有値を $\beta_1, \beta_2, \cdots, \beta_n$ とすると, β_i たちは実数で $\exp X$ の固有値は $e^{\beta_1}, e^{\beta_2}, \cdots, e^{\beta_n}$ であり, すべて正の実数だから $\exp X$ は正値である.

2) ユニタリ行列によって A を対角化し, $B=U^{-1}AU=\begin{pmatrix} \alpha_1 & & & \\ & \alpha_2 & & \\ & & \ddots & \\ & & & \alpha_n \end{pmatrix}$

とすると, 仮定によって $\alpha_i>0\,(1\leqq i\leqq n)$. $\beta_i=\log\alpha_i\,(1\leqq i\leqq n)$ として

$Y=\begin{pmatrix} \beta_1 & & & \\ & \beta_2 & & \\ & & \ddots & \\ & & & \beta_n \end{pmatrix}$ とすると, $B=\begin{pmatrix} e^{\beta_1} & & & \\ & e^{\beta_2} & & \\ & & \ddots & \\ & & & e^{\beta_n} \end{pmatrix}=\exp Y$.

$X=UYU^{-1}$ とすると, $A=UBU^{-1}=U(\exp Y)U^{-1}=\exp(UYU^{-1})=\exp X$.

第5章 §4 (p. 149)

問題 1 1) $c_1e^t+c_2e^{2t}+c_3e^{3t}$. 2) $c_1e^t+c_2e^{-t}+c_3$.

3) $c_1e^t+c_2e^{-t}+c_3e^{\sqrt{2}\,t}+c_4e^{-\sqrt{2}\,t}$.

第6章
問題の答え

第6章　§1 (p. 159)

問題 1　1)　No.　　2)　$C=O$ のときだけ Yes.　　3)　No.

4)　Yes.　　5)　Yes. 証明略.

問題 2　部分空間の三条件（命題6.1.6）を調べる.

1)　略.

2)　$\mathbf{0}\in\boldsymbol{X}$. $\boldsymbol{u}$, $\boldsymbol{v}\in\boldsymbol{X}$, $a\in\boldsymbol{K}$ とする. $\boldsymbol{u}=\boldsymbol{x}+\boldsymbol{y}$, $\boldsymbol{v}=\boldsymbol{t}+\boldsymbol{s}$ $(\boldsymbol{x},\boldsymbol{t}\in\boldsymbol{W},\ \boldsymbol{y},\boldsymbol{s}\in\boldsymbol{U})$ と書ける. $\boldsymbol{u}+\boldsymbol{v}=(\boldsymbol{x}+\boldsymbol{t})+(\boldsymbol{y}+\boldsymbol{s})\in\boldsymbol{W}+\boldsymbol{U}$, $a\boldsymbol{u}=a\boldsymbol{x}+a\boldsymbol{y}\in\boldsymbol{W}+\boldsymbol{U}$.

問題 3　1)　Yes.　　2)　No.　　3)　Yes.

4)　$A=O$ のときだけ Yes.　　5)　No.

問題 4　1)　まず $\mathbf{0}'=T\mathbf{0}\in T[A]$. $\boldsymbol{u},\boldsymbol{v}\in T[A]$, $a\in\boldsymbol{K}$ とする. $T[A]$ の定義により, A のある元 $\boldsymbol{x},\boldsymbol{y}$ をとると $\boldsymbol{u}=T\boldsymbol{x}$, $\boldsymbol{v}=T\boldsymbol{y}$ と書ける. $\boldsymbol{u}+\boldsymbol{v}=T\boldsymbol{x}+T\boldsymbol{y}=T(\boldsymbol{x}+\boldsymbol{y})\in T[A]$. $a\boldsymbol{u}=a(T\boldsymbol{x})=T(a\boldsymbol{x})\in T[A]$.

2)　まず $T\mathbf{0}=\mathbf{0}'\in P$ だから $\mathbf{0}\in T^{-1}[P]$. つぎに $\boldsymbol{x}$, $\boldsymbol{y}\in T^{-1}[P]$, $a\in\boldsymbol{K}$ とする. $\boldsymbol{u}=T\boldsymbol{x}$, $\boldsymbol{v}\in T\boldsymbol{y}$ とすると $\boldsymbol{u}$, $\boldsymbol{v}\in P$, $T(\boldsymbol{x}+\boldsymbol{y})=T\boldsymbol{x}+T\boldsymbol{y}=\boldsymbol{u}+\boldsymbol{v}\in P$ だから $\boldsymbol{x}+\boldsymbol{y}\in T^{-1}[P]$. $T(a\boldsymbol{x})=a(T\boldsymbol{x})=a\boldsymbol{u}\in P$ だから $a\boldsymbol{x}\in T^{-1}[P]$.

第6章　§2 (p. 169)

問題 1　1)　$n-r(A)$ ($r(A)$ は A の階数).　　2)　$n+1$.

3)　場合による. 一般的に言えるのは1以上, n 以下ということだけ.

4)　a)　n^2-1.　　b)　n.　　c)　$\dfrac{n(n+1)}{2}$.　　d)　$\dfrac{n(n+1)}{2}$.

e)　$\dfrac{n(n-1)}{2}$.

問題 2　定理6.2.13が使える．$A=(\boldsymbol{a}_1\ \boldsymbol{a}_2\ \boldsymbol{a}_3\ \boldsymbol{a}_4)$ の階数 $r(A)$ を求める．

1)　$r(A)=3$，したがって $\dim(\boldsymbol{W}_1+\boldsymbol{W}_2)=3$，定理によって $\dim(\boldsymbol{W}_1\cap\boldsymbol{W}_2)=1$．斉次1次方程式系 $x_1\boldsymbol{a}_1+x_2\boldsymbol{a}_2=-x_3\boldsymbol{a}_3-x_4\boldsymbol{a}_4$，すなわち $A\boldsymbol{x}=\boldsymbol{0}$ を解いて解 $c\begin{pmatrix}1\\1\\-1\\0\end{pmatrix}$（$c$ はスカラー）を得るから，$1\cdot\boldsymbol{a}_1+1\cdot\boldsymbol{a}_2=\boldsymbol{a}_3=\begin{pmatrix}3\\2\\3\\4\end{pmatrix}$ は $\boldsymbol{W}_1\cap\boldsymbol{W}_2$ の基底である．

2)　$r(A)=2$ だから $\dim(\boldsymbol{W}_1+\boldsymbol{W}_2)=2$，したがって $\boldsymbol{W}_1=\boldsymbol{W}_2=\boldsymbol{W}_1\cap\boldsymbol{W}_2$ だから $\dim(\boldsymbol{W}_1\cap\boldsymbol{W}_2)=2$．基底は $\langle\boldsymbol{a}_1,\boldsymbol{a}_2,\boldsymbol{a}_3,\boldsymbol{a}_4\rangle$ のうちの任意の2本でいい．

問題 3　1)　$\boldsymbol{W}_1\cap\boldsymbol{W}_2$ を定める四つの方程式系の係数行列

$A=\begin{pmatrix}2&3&2&1\\4&2&-1&1\\-2&-1&-1&-2\\2&1&2&3\end{pmatrix}$ に基本変形を施して $\begin{pmatrix}1&0&0&1\\0&1&0&-1\\0&0&1&1\\0&0&0&0\end{pmatrix}$ を得る．したがって $r(A)=3, \dim(\boldsymbol{W}_1\cap\boldsymbol{W}_2)=1, \dim(\boldsymbol{W}_1+\boldsymbol{W}_2)=3$．$\boldsymbol{W}_1\cap\boldsymbol{W}_2$ の基底はたとえば $\boldsymbol{u}=\begin{pmatrix}1\\-1\\1\\-1\end{pmatrix}$．$\boldsymbol{W}_1$，$\boldsymbol{W}_2$ をそれぞれ定める方程式系の解のうち，$\boldsymbol{W}_1\cap\boldsymbol{W}_2$ に属さないもの，たとえば $\boldsymbol{v}_1=\begin{pmatrix}0\\-3\\1\\7\end{pmatrix}$，$\boldsymbol{v}_2=\begin{pmatrix}1\\0\\2\\-2\end{pmatrix}$ をとると，$\langle\boldsymbol{u},\boldsymbol{v}_1,\boldsymbol{v}_2\rangle$ は $\boldsymbol{W}_1+\boldsymbol{W}_2$ の基底である．

2)　上と同様．係数行列を A とすると A は正則 $(r(A)=4)$ だから $\boldsymbol{W}_1\cap\boldsymbol{W}_2=\{\boldsymbol{0}\}$．$\boldsymbol{W}_1+\boldsymbol{W}_2=\boldsymbol{K}^4$．

問題 4　$\sum_{i=0}^{m-1}c_iT^i\boldsymbol{a}=\boldsymbol{0}$ とする．両辺に T^{m-1} を施すと $c_0T^{m-1}\boldsymbol{a}=\boldsymbol{0}$，したがって $c_0=0$．T^{m-2} を施すと $c_1T^{m-1}\boldsymbol{a}=\boldsymbol{0}$．したがって $c_1=0$．これを続けて $c_0=c_1=\cdots=c_{m-1}=0$ を得る．

第7章
問題の答え

第7章　§1 (p. 177)

問題 1　1)　$f(x)=a_0+a_1x+a_2x^2+a_3x^3$ なら，簡単な計算によって $(T_bf)(x)=(a_0+a_1b+a_2b^2+a_3b^3)+(a_1+2a_2b+3a_3b^2)x+(a_2+3a_3b)x^2+a_3x^3$ だから，求める行列は

$$\begin{pmatrix} 1 & b & b^2 & b^3 \\ 0 & 1 & 2b & 3b^2 \\ 0 & 0 & 1 & 3b \\ 0 & 0 & 0 & 1 \end{pmatrix}.$$

2)　$\mathcal{S}$ の各元の T による像は，順に ($\varDelta=ad-bc$ として)

$$\frac{1}{\varDelta}\begin{pmatrix} -ac & a^2 \\ -c^2 & ac \end{pmatrix},\quad \frac{1}{\varDelta}\begin{pmatrix} ad+bc & -2ab \\ 2cd & -(ad+bc) \end{pmatrix},\quad \frac{1}{\varDelta}\begin{pmatrix} bd & -b^2 \\ d^2 & -bd \end{pmatrix}$$

だから，求める行列は $\dfrac{1}{\varDelta}\begin{pmatrix} a^2 & -2ab & -b^2 \\ -ac & ad+bc & bd \\ -c^2 & 2cd & d^2 \end{pmatrix}$.

3)　上と同様の計算により，求める行列は $\begin{pmatrix} 0 & -c & b \\ c & 0 & -a \\ -b & a & 0 \end{pmatrix}$. すなわち，もとの行列 A と一致する．

問題 2　$\boldsymbol{W}$ の基底 $\mathcal{R}$ を延長した $\boldsymbol{V}$ の基底 $\mathcal{S}$ をとると，定理 7.1.9 によって $\mathcal{S}$ に関する T の表現行列は $A=\begin{pmatrix} A_{11} & A_{11} \\ O & A_{22} \end{pmatrix}$ の形になり，A_{11} は $\boldsymbol{W}$ の基底 $\mathcal{R}$ に関する T' の表現行列である．仮定によって A は正則だから，命題 2.2.8 によって A_{11} も正則である．

第7章　§2 (p. 181)

問題 1　これは対応する多項方程式 $\varPhi(\boldsymbol{f}\,;\,x)=0$ を解くだけの問題である．

1)　$c_1+c_2\cdot 2^p+c_3\cdot(-1)^p$.　　2)　$c_1\cdot(-1)^p+c_2\cdot 2^p+c_3\cdot 3^p$.

3)　$c_1+c_2(i)^p+c_3(-i)^p$（i は虚数単位）.

第７章　§4（p. 192）

問題 1　A が何であっても，定義 7.4.1 にある内積の四条件のうち，(1) (2) (3) はつねに満たされる．(4) が成りたつための条件は A が正則なことである．実際，$(\boldsymbol{x}|\boldsymbol{x})_A=0$ としよう．$(\boldsymbol{x}|\boldsymbol{x})_A=(A\boldsymbol{x}|A\boldsymbol{x})$．$\boldsymbol{x}\neq\boldsymbol{0}$ で A が正則なら $A\boldsymbol{x}\neq\boldsymbol{0}$ だから $\boldsymbol{x}=\boldsymbol{0}$ となる．A が正則でなければ $A\boldsymbol{x}_1=\boldsymbol{0}$，$\boldsymbol{x}_1\neq\boldsymbol{0}$ なる $\boldsymbol{x}_1$ があり，$(A\boldsymbol{x}_1|A\boldsymbol{x}_1)=0$ だから条件 (4) はみたされない．

問題 2　答えは $m>n$．実際，内積のはじめの三条件はつねにみたされる．$m\leqq n$ のとき，$f(x)=(x-a_1)(x-a_2)\cdots(x-a_m)$ は $\boldsymbol{V}$ の元で 0 ではなく，$(f|f)_m=0$ だから内積でない．$m>n$ のとき，$(f|f)_m=0$ とすると，$0=\sum_{i=1}^{m}|f(a_i)|^2=0$ だから $f(a_1)=f(a_2)=\cdots=f(a_m)=0$．因数定理によって $f(x)$ は $n+1$ 個以上の因数 $x-a_i$ をもつから恒等的に 0 である．

問題 3　これは第 2 章§5 の問題 1 と同じである．その答えを見ると，$\boldsymbol{V}$ が $\boldsymbol{R}^n$ や $\boldsymbol{C}^n$ であることをまったく使っていない．

第７章末の問題の答え

問題 1　α を T のひとつの固有値とし，α に属する T の固有空間を $\boldsymbol{V}(\alpha)$ とすると，$\boldsymbol{V}(\alpha)$ は S 不変である．実際，$\boldsymbol{x}\in\boldsymbol{V}(x)$ なら $TS(\boldsymbol{x})=ST(\boldsymbol{x})=S(\alpha\boldsymbol{x})=\alpha(S\boldsymbol{x})$ だから $S\boldsymbol{x}\in\boldsymbol{V}(\alpha)$．写像 S の定義域を $\boldsymbol{V}(\alpha)$ に制限した写像を S' とすると，$\boldsymbol{V}(\alpha)$ が S 不変だから，S' は $\boldsymbol{V}(\alpha)$ の線型変換である．β を S' のひとつの固有値と，β に属する S' の一本の固有ベクトル $\boldsymbol{u}$ をとると，$\boldsymbol{u}\in\boldsymbol{V}(\alpha)$ だから $T\boldsymbol{u}=\alpha\boldsymbol{u}$．一方，$S\boldsymbol{u}=S'\boldsymbol{u}=\beta\boldsymbol{u}$ となり，$\boldsymbol{u}$ は T と S 両方の共通な固有ベクトルである．

問題 2　$(T+S)[\boldsymbol{V}]=\{T\boldsymbol{x}+S\boldsymbol{x}\,;\,\boldsymbol{x}\in\boldsymbol{V}\}\subset T[\boldsymbol{V}]+S[\boldsymbol{V}]$．したがって $r(T+S)=\dim(T+S)[\boldsymbol{V}]\leqq\dim T[\boldsymbol{V}]+\dim S[\boldsymbol{V}]=r(T)+r(S)$．

問題 3　$r(ST)=\dim ST[\boldsymbol{V}]\leqq\dim S[\boldsymbol{V}']=r(S)$．$r(ST)=\dim S[T[\boldsymbol{V}]]\leqq\dim T[\boldsymbol{V}]=r(T)$．一方 $r(T)-r(ST)=\dim T[\boldsymbol{V}]-\dim S[T[\boldsymbol{V}]]=\dim(T[\boldsymbol{V}]\cap S^{-1}[\{\boldsymbol{0}''\}])\leqq\dim S^{-1}[\{\boldsymbol{0}''\}]=\dim \boldsymbol{V}'-r(S)$．ここで定理6.2.14を使った（$\boldsymbol{0}''$ は $\boldsymbol{V}''$ のゼロベクトル）．

問題 4　(i,j)成分が δ_{ij} である n 次行列を E_{ij} とし，$T(E_{ij})$を (j,i) 成分とする行列を $A=(a_{ij})$とする．求める等式は X が $\boldsymbol{V}$ の基底 $\langle E_{kl}\,;1\leqq k,l\leqq n\rangle$ のときに成りたてばよい．$T(E_{kl})=a_{lk}$，$\mathrm{Tr}(AE_{kl})=\sum_{i,j}a_{ij}\delta_{jk}\delta_{il}=a_{lk}$．

問題 5　1)　命題6.1.6を使う．まず $\boldsymbol{0}\in\boldsymbol{W}^{\perp}$ だから $\boldsymbol{W}^{\perp}\neq\emptyset$（空集合）．つぎに $\boldsymbol{x}$，$\boldsymbol{y}\in\boldsymbol{W}^{\perp}$，$a\in\boldsymbol{K}$ とする．$\boldsymbol{W}$ の任意の元 $\boldsymbol{z}$ に対して $(\boldsymbol{x}+\boldsymbol{y}|\boldsymbol{z})=(\boldsymbol{x}|\boldsymbol{z})+(\boldsymbol{y}|\boldsymbol{z})=0+0=0$，$(a\boldsymbol{x}|\boldsymbol{z})=a(\boldsymbol{x}|\boldsymbol{z})=a\cdot 0=0$．

2)　$\boldsymbol{W}$ の正交底 $\langle \boldsymbol{u}_1,\boldsymbol{u}_2,\cdots,\boldsymbol{u}_r\rangle$ をとる．$\boldsymbol{V}$ の任意の元 $\boldsymbol{x}$ に対して $\boldsymbol{y}=\sum_{i=1}^{r}(\boldsymbol{x}|\boldsymbol{u}_i)\boldsymbol{u}_i$，$\boldsymbol{z}=\boldsymbol{x}-\boldsymbol{y}$ とおく．明らかに $\boldsymbol{y}\in\boldsymbol{W}$ であり，$\langle\boldsymbol{z}|\boldsymbol{u}_j\rangle=\left(\boldsymbol{x}-\sum_{i=1}^{r}(\boldsymbol{x}|\boldsymbol{u}_i)\boldsymbol{u}_i\,\middle|\,\boldsymbol{u}_j\right)=(\boldsymbol{x}|\boldsymbol{u}_j)-\sum_{i=1}^{r}(\boldsymbol{x}|\boldsymbol{u}_i)\cdot(\boldsymbol{u}_i|\boldsymbol{u}_j)=(\boldsymbol{x}|\boldsymbol{u}_j)-(\boldsymbol{x}|\boldsymbol{u}_j)=0$．したがって $\boldsymbol{z}\in\boldsymbol{W}^{\perp}$ であり，$\boldsymbol{V}=\boldsymbol{W}+\boldsymbol{W}^{\perp}$（和空間）．$\boldsymbol{x}\in\boldsymbol{W}\cap\boldsymbol{W}^{\perp}$ なら $(\boldsymbol{x}|\boldsymbol{x})=0$ だから $\boldsymbol{x}=\boldsymbol{0}$．

3)　$\boldsymbol{x}\in\boldsymbol{W}$ とする．任意の $\boldsymbol{y}\in\boldsymbol{W}^{\perp}$ に対して $(\boldsymbol{x}|\boldsymbol{y})=0$ だから $\boldsymbol{x}\in(\boldsymbol{W}^{\perp})^{\perp}$，すなわち $\boldsymbol{W}\subset(\boldsymbol{W})^{\perp\perp}$．$\dim\boldsymbol{W}=r$ なら 2) によって $\dim\boldsymbol{W}^{\perp}=n-r$，$\dim(\boldsymbol{W}^{\perp})^{\perp}=n-(n-r)=r$．命題6.2.12の 2) によって $(\boldsymbol{W}^{\perp})^{\perp}=\boldsymbol{W}$．

4)　まず $\boldsymbol{W}_1\subset\boldsymbol{W}_2$ と仮定し，$\boldsymbol{y}\in\boldsymbol{W}_2{}^{\perp}$ とすると，$\boldsymbol{y}$ は $\boldsymbol{W}_2$ のすべての元と直交するから，$\boldsymbol{W}_1$ のすべての元とも直交し，$\boldsymbol{y}\in\boldsymbol{W}_1{}^{\perp}$ となる．すなわち $\boldsymbol{W}_2{}^{\perp}\subset\boldsymbol{W}_1{}^{\perp}$．

逆に $\boldsymbol{W}_2{}^{\perp}\subset\boldsymbol{W}_1{}^{\perp}$ と仮定し，$\boldsymbol{x}\in\boldsymbol{W}_1$ とする．$\boldsymbol{x}$ は $\boldsymbol{W}_1{}^{\perp}$ のすべての元と直交するから，$\boldsymbol{W}_2{}^{\perp}$ のすべての元とも直交し，$\boldsymbol{x}\in(\boldsymbol{W}_2{}^{\perp})^{\perp}$ となる．3) により $\boldsymbol{x}\in\boldsymbol{W}_2$，すなわち $\boldsymbol{W}_1\subset\boldsymbol{W}_2$．

5)　$\boldsymbol{W}_1+\boldsymbol{W}_2\supset\boldsymbol{W}_1$ だから，4) によって $(\boldsymbol{W}_1+\boldsymbol{W}_2)^{\perp}\subset\boldsymbol{W}_1{}^{\perp}$．同様に $(\boldsymbol{W}_1+\boldsymbol{W}_2)^{\perp}\subset\boldsymbol{W}_2{}^{\perp}$ だから $(\boldsymbol{W}_1+\boldsymbol{W}_2)^{\perp}\subset\boldsymbol{W}_1{}^{\perp}\cap\boldsymbol{W}_2{}^{\perp}$．

逆向きは $\boldsymbol{x}\in\boldsymbol{W}_1{}^{\perp}\cap\boldsymbol{W}_2{}^{\perp}$，$\boldsymbol{y}\in\boldsymbol{W}_1+\boldsymbol{W}_2$ とする．$\boldsymbol{y}=\boldsymbol{y}_1+\boldsymbol{y}_2(\boldsymbol{y}_1\in\boldsymbol{W}_1$，

$\boldsymbol{y}_2 \in \boldsymbol{W}_2$) と書くと，$(\boldsymbol{x}|\boldsymbol{y})=(\boldsymbol{x}|\boldsymbol{y}_1)+(\boldsymbol{x}|\boldsymbol{y}_2)=0$，よって $\boldsymbol{x}\in(\boldsymbol{W}_1+\boldsymbol{W}_2)^{\perp}$.

6)　5) の式の $\boldsymbol{W}_1$，$\boldsymbol{W}_2$ のかわりに $\boldsymbol{W}_1^{\perp}$，$\boldsymbol{W}_2^{\perp}$ を入れると，$(\boldsymbol{W}_1^{\perp}+\boldsymbol{W}_2^{\perp})^{\perp}=\boldsymbol{W}_1^{\perp\perp}\cap\boldsymbol{W}_2^{\perp\perp}=\boldsymbol{W}_1\cap\boldsymbol{W}_2$. したがって $\boldsymbol{W}_1^{\perp}+\boldsymbol{W}_2^{\perp}=(\boldsymbol{W}_1\cap\boldsymbol{W}_2)^{\perp}$.

問題 6　$\boldsymbol{x}\in\boldsymbol{W}$，$\boldsymbol{u}\in\boldsymbol{W}^{\perp}$ に対して $(T\boldsymbol{x}|\boldsymbol{u})=\boldsymbol{x}|T^*\boldsymbol{u})$. $\boldsymbol{W}$ が T 不変なら左辺は 0 だから右辺もゼロ，したがって $T^*\boldsymbol{u}\in\boldsymbol{W}^{\perp}$. 逆も同じ.

問題 7　T がエルミート変換のとき，$\boldsymbol{x}\in\boldsymbol{W}$，$\boldsymbol{u}\in\boldsymbol{W}^{\perp}$ なら $(\boldsymbol{x}|T\boldsymbol{u})=(T^*\boldsymbol{x}|\boldsymbol{u})=(T\boldsymbol{x}|\boldsymbol{u})=0$ だから $T\boldsymbol{u}\in\boldsymbol{W}^{\perp}$. T がユニタリ変換のとき，T の $\boldsymbol{W}$ への制限は正則だから (第 7 章 §1 の問題 2)，任意の $\boldsymbol{x}\in\boldsymbol{W}$ は $\boldsymbol{x}=T\boldsymbol{y}$，$\boldsymbol{y}\in\boldsymbol{W}$ と書ける. $\boldsymbol{u}\in\boldsymbol{W}^{\perp}$ に対して $(\boldsymbol{x}|T\boldsymbol{u})=(T\boldsymbol{y}|T\boldsymbol{u})=(\boldsymbol{y}|\boldsymbol{u})=0$ だから $T\boldsymbol{u}\in\boldsymbol{W}^{\perp}$.

問題 8　1)　$\dfrac{d^n}{dx^n}(e^{-x}x^n)=\sum_{k=0}^{n}{}_nC_k\dfrac{d^k}{dx^k}(e^{-x})\dfrac{d^{n-k}}{dx^{n-k}}(x^n)=\sum_{k=0}^{n}{}_nC_k(-1)^k e^{-x}n(n-1)\cdots(k+1)x^k$. よって $L_n(x)=\sum_{k=0}^{n}\dfrac{(-1)^k{}_nC_k}{k!}x^k$.

2)　$G_n(x)=e^{-x}x^n$ とすると，$k\leqq n$ のとき $(L_n|x^k)=\dfrac{1}{n!}\int_0^{+\infty}G_n^{(n)}(x)x^k dx=\dfrac{1}{n!}\Big[G_n^{(n-1)}(x)x^k\Big]_0^{+\infty}-\dfrac{k}{n!}\int_0^{+\infty}G_n^{(n-1)}(x)x^{k-1}dx=\cdots=\dfrac{(-1)^k k!}{n!}\int_0^{+\infty}G_n^{(n-k)}(x)dx$. $k<n$ なら $(L_n|x^k)=\dfrac{(-1)^k k!}{n!}\Big[G_n^{(n-k-1)}(x)\Big]_0^{+\infty}=0$.

3)　$k=n$ なら $(L_n|x^n)=(-1)^n\int_0^{+\infty}e^{-x}x^n dx=(-1)^n\Big[-e^{-x}x^n\Big]_0^{+\infty}+(-1)^n n\int_0^{+\infty}e^{-x}x^{n-1}dx=\cdots=(-1)^n n!$. よって

$$(L_n|L_n)=\sum_{k=0}^{n}\frac{(-1)^k{}_nC_k}{k!}(L_n|x^k)=\frac{(-1)^n}{n!}(L_n|x^n)=1.$$

ノート　n 次以下のものだけ考えれば，$\langle L_0, L_1, L_2, \cdots, L_n\rangle$ は $\boldsymbol{P}_n(\boldsymbol{R})$ の (上の内積に関しての) 正交底である.

第8章
問題の答え

第8章 §2 (p. 209)

問題 1 与えられた行列 A，ジョルダン標準形を B，変換行列（のひとつ）を $P=(\boldsymbol{p}_1\ \boldsymbol{p}_2\ \boldsymbol{p}_3\ \boldsymbol{p}_4)$ と書く．

1) $\Phi(A\,;x)=(x-1)^3(x-2)$，$r(A-E)=2$ だから $B=J_2(1)\oplus J_1(1)\oplus J_1(2)$．

$$P=\begin{pmatrix}-1&1&0&-1\\1&-1&-2&0\\1&0&0&1\\0&0&1&1\end{pmatrix}.$$

2) $\Phi(A\,;x)=x^4$，$r(A)=2$ だから $B=J_2(0)\oplus J_2(0)$，または $J_3(0)\oplus J_1(0)$．$A\boldsymbol{x}=\boldsymbol{b}=(b_j)$ の有解条件は $b_4=b_1$，$2b_1+b_2+2b_3=0$．一般解は

$$\begin{pmatrix}-b_1/2-b_3\\b_1/2+2b_3\\0\\0\end{pmatrix}+\alpha\begin{pmatrix}-1/2\\-1/2\\1\\0\end{pmatrix}+\beta\begin{pmatrix}1/2\\-1/2\\0\\1\end{pmatrix}.$$

$A\boldsymbol{x}=\boldsymbol{0}$ の解で有解条件をみたすものは1次元しかない（$\alpha+\beta=0$）から，$B=J_3(0)\oplus J_1(0)$．$A\boldsymbol{x}=\boldsymbol{0}$，$\alpha+\beta=0$ なるもの $\boldsymbol{p}_1$．これと独立な $\boldsymbol{p}_4$．$A\boldsymbol{x}=\boldsymbol{p}_1$ の解で有解条件をみたすもの $\boldsymbol{p}_2$，$A\boldsymbol{x}=\boldsymbol{p}_2$ の解 $\boldsymbol{p}_3$．

$$P=\begin{pmatrix}1&0&-1&0\\0&-2&2&-1\\-1&1&0&1\\1&0&0&1\end{pmatrix}.$$

3) $\Phi(A\,;x)=(x+1)^4$，$r(A+E)=2$ だから，$B=J_2(-1)\oplus J_2(-1)$，または $J_3(-1)\oplus J_1(-1)$．$(A+E)\boldsymbol{x}=\boldsymbol{b}$ の有解条件は $b_3+b_4=0$，$b_1-b_2-2b_3=0$．一般解は

$$\begin{pmatrix} 2b_2+b_3 \\ 0 \\ b_2+b_3 \\ 0 \end{pmatrix}+\alpha\begin{pmatrix} 1 \\ 1 \\ 0 \\ 0 \end{pmatrix}+\beta\begin{pmatrix} -2 \\ 0 \\ -1 \\ 1 \end{pmatrix}.$$

$(A+E)\boldsymbol{x}=\boldsymbol{0}$ の解はすべて有解条件をみたすから $B=J_2(-1)\oplus J_2(-1)$. $(A+E)\boldsymbol{x}=\boldsymbol{0}$ のふたつの独立な解 $\boldsymbol{p}_1$, $\boldsymbol{p}_3$, $(A+E)\boldsymbol{x}=\boldsymbol{p}_1$ の解 $\boldsymbol{p}_2$, $(A+E)\boldsymbol{x}=\boldsymbol{p}_3$ の解 $\boldsymbol{p}_4$.

$$P=\begin{pmatrix} 1 & 2 & -2 & -1 \\ 1 & 0 & 0 & 0 \\ 0 & 1 & -1 & -1 \\ 0 & 0 & 1 & 0 \end{pmatrix}.$$

4) $\Phi(A\,;x)=(x-2)^2(x-i)(x+i)$ (i は虚数単位), $r(A-2E)=3$ だから $B=J_2(2)\oplus J_1(i)\oplus J_1(-i)$. $P=\begin{pmatrix} 1 & 1 & 1 & 1 \\ -1 & -1 & -2i & 2i \\ -1 & -2 & -1 & -1 \\ 0 & 0 & -1+i & -1-i \end{pmatrix}$.

問題 2 1) $r(A)=n-1$ だから標準形は $J_n(0)$.

2) $\Phi(A\,;x)=x^{n-2}(x-1)^2$. $r(A)=2$, $r(A-E)=n-1$ だから標準形は $O_{n-2}\oplus J_2(1)$.

問題 3 $ab\neq 0$ なら $J_3(\alpha)$. $a\neq 0$, $b=0$ なら $J_1(\alpha)\oplus J_2(\alpha)$. $a=0$, $(b,c)\neq(0,0)$ なら $J_1(\alpha)\oplus J_2(\alpha)$. $a=b=c=0$ なら αE_3.

第 8 章 §3 (p. 215)

問題 1 1) $\varphi(x)=(x-1)^2(x-2)$, $S=\begin{pmatrix} 0 & -1 & 0 & -2 \\ 0 & 1 & 0 & 0 \\ 1 & 1 & 1 & 2 \\ 1 & 1 & 0 & 3 \end{pmatrix}$

$$N=\begin{pmatrix} -1 & 0 & -1 & 0 \\ 1 & 0 & 1 & 0 \\ 1 & 0 & 1 & 0 \\ 0 & 0 & 0 & 0 \end{pmatrix}.$$

2)　$\varphi(x)=x^3$, $S=O$, $N=A$.

3)　$\varphi(x)=(x+1)^2$, $S=-E$, $N=A+E$.

第8章末の問題の答え

問題 1　α が S の固有値のとき，$\boldsymbol{x}\in\boldsymbol{U}$ に対して $(T-\alpha I_V)^n\boldsymbol{x}=\boldsymbol{0}$ と $(S-\alpha I_U)^n\boldsymbol{x}=\boldsymbol{0}$ とは同値だから（I_V, I_U はそれぞれ $\boldsymbol{V}$, $\boldsymbol{U}$ の恒等変換）．

問題 2　T の異なる固有値の全部を $\beta_1,\beta_2,\cdots,\beta_p$ とし，$\beta_i(1\leqq i\leqq p)$ に属する T の固有空間を $\boldsymbol{V}(p_i)$ とすると，T は対角型だから $\boldsymbol{V}=\boldsymbol{V}(\beta_1)\oplus\cdots\oplus\boldsymbol{V}(\beta_p)$．簡単に分かるように $\boldsymbol{V}(\beta_i)$ は S 不変である．T, S の $\boldsymbol{V}(\beta_i)$ への制限を T_i, S_i とする．前問1によって S_i は対角型だから，$\boldsymbol{V}(\beta_i)$ の適当な基底 $\mathscr{S}_i$ に関する S_i の表現行列 B_i は対角行列である．もちろん $\mathscr{S}_i$ に関する T_i の表現行列は β_iE．$\mathscr{S}_1,\mathscr{S}_2,\cdots,\mathscr{S}_p$ を並べた $\boldsymbol{V}$ の基底を $\mathscr{S}$ とすれば，$\mathscr{S}$ に関する T と S の表現行列はともに対角行列になる．

問題 3　A がジョルダン行列のときに証明すればいい．A はジョルダン細胞の直和だから，はじめから A がジョルダン細胞 $J_n(\alpha)$ であるとしていい（定理7.1.10の2)）．P として，右上から左下に走る対角線の成分がすべて1，他の成分がすべて0をとると，簡単な計算によって $P^{-1}J_n(\alpha)P={}^tJ_n(\alpha)$ が成りたつことが分かる．

問題 4　T の加法的ジョルダン分解（定理8.3.5）を $T=S+N$ とする．S の固有値は T の固有値だからどれも0でなく，S は正則である．$U=S^{-1}N+I$ と置けばペア $\langle S,U\rangle$ は条件をみたす．$\langle S',U'\rangle$ も条件をみたすとき，$N'=S'(U'-I)$ とおくと $T=S'+N'$ は T の加法的ジョルダン分解になるから，一意性によって $S=S'$, $N=N'$，したがって $U=U'$．

問題 5　$k\geqq 2$ と仮定して差しつかえない．T の乗法的ジョルダン分解を $T=SU$ とすると，$T^k=S^kU^k$ は T^k の乗法的ジョルダン分解である．なぜなら，S は対角型だから S^k も対角型である．また $U^k-I=(U-I)(U^{k-1}+U^{k-2}+\cdots+U+I)$ であり，$(U-I)^n=O$ だから U^k-I はべきれいである．以上，つぎに T^k は仮定によって対角型だから，分解の一意性によって U^k

$=I$. ここで $M=U-I$ とおくと M はべきれいで $I=U^k=\sum_{l=0}^{k} {}_kC_l M^l=I+\sum_{l=1}^{k} {}_kC_l M^l$ (${}_kC_i$ は2項係数). よって $O=\sum_{l=1}^{k} {}_kC_l M^l=M\left(kI+\sum_{l=2}^{k} {}_kC_l M^{l-1}\right)$ となる. $\sum_{l=2}^{k} {}_kC_l M^{l-1}=M\left(\sum_{l=2}^{k} {}_kC_l M^{l-2}\right)$ はべきれいだから $kI+\sum_{l=2}^{k} {}_kC_l M^{l-1}$ は正則. したがって $M=O$, すなわち $U=I$ となり, T は対角型であることが分かった.

問題 6 $A^2=\begin{pmatrix} a_1a_n & & & \\ & a_2a_{n-1} & & \\ & & \ddots & \\ & & & a_na_1 \end{pmatrix}$ は正則な対角行列だから, 前問によって A は対角化可能である.

問題 7 固有値 α の絶対値が1より小さければ, 第5章§1の問題5により, $J_k(\alpha)^p$ は O_k に収束する. $|\alpha|>1$ なら明きらかに発散する. $|\alpha|=1$, $\alpha\neq 1$ なら, $J_k(\alpha)^p$ の対角成分は単位円周上を走りまわって収束しない. $\alpha=1$ のとき, A が対角行列ならもちろん収束する ($A=E_n$). ジョルダン細胞 $J_k(1)$ $(k>1)$ が含まれているとき, 簡単に分かるように $J_k(1)^p$ の対角線の右上に並ぶ成分は p だから, $+\infty$ に行ってしまう.

付録 A
問題の答え

付録 A §1 (p. 218)

問題 1 1) $\boldsymbol{u}, \boldsymbol{x}, \boldsymbol{y}\in \boldsymbol{V}$, $a\in \boldsymbol{R}$ とすると, $\boldsymbol{f}_{\boldsymbol{u}}(\boldsymbol{x}+\boldsymbol{y})=(\boldsymbol{u}\,|\,\boldsymbol{x}+\boldsymbol{y})=(\boldsymbol{u}\,|\,\boldsymbol{x})+(\boldsymbol{u}\,|\,\boldsymbol{y})=\boldsymbol{f}_{\boldsymbol{u}}(\boldsymbol{x})+\boldsymbol{f}_{\boldsymbol{u}}(\boldsymbol{y})$, $\boldsymbol{f}_{\boldsymbol{u}}(a\boldsymbol{x})=(\boldsymbol{u}\,|\,a\boldsymbol{x})=a(\boldsymbol{u}\,|\,\boldsymbol{x})=a\,\boldsymbol{f}_{\boldsymbol{u}}(\boldsymbol{x})$. ($\boldsymbol{K}=\boldsymbol{C}$)だと複素共役が出てきてしまう.)

2) まず F は $\boldsymbol{V}$ から $\hat{\boldsymbol{V}}$ への線型写像である. 実際 $\boldsymbol{u}$, $\boldsymbol{v}\in \boldsymbol{V}$, $\boldsymbol{x}\in \boldsymbol{V}$ に対し, $F(\boldsymbol{u}+\boldsymbol{v})=\boldsymbol{f}_{\boldsymbol{u}+\boldsymbol{v}}$, $\boldsymbol{f}_{\boldsymbol{u}+\boldsymbol{v}}(\boldsymbol{x})=(\boldsymbol{u}+\boldsymbol{v}\,|\,\boldsymbol{x})=(\boldsymbol{u}\,|\,\boldsymbol{x})+(\boldsymbol{v}\,|\,\boldsymbol{x})=\boldsymbol{f}_{\boldsymbol{u}}(\boldsymbol{x})+\boldsymbol{f}_{\boldsymbol{v}}(\boldsymbol{x})=(\boldsymbol{f}_{\boldsymbol{u}}+\boldsymbol{f}_{\boldsymbol{v}})(\boldsymbol{x})$. よって $F(\boldsymbol{u}+\boldsymbol{v})=F(\boldsymbol{u})+F(\boldsymbol{v})$. 同様に $F(a\boldsymbol{u})$

$= aF(\boldsymbol{u})$.

つぎに $F(\boldsymbol{u})=F(\boldsymbol{v})$ のとき，$\boldsymbol{z}=\boldsymbol{u}-\boldsymbol{v}$ とすると $F(\boldsymbol{z})=\hat{\boldsymbol{0}}$．したがって $\boldsymbol{V}$ のすべての元 $\boldsymbol{x}$ に対して $\boldsymbol{f}_{\boldsymbol{z}}(\boldsymbol{x})=0=(\boldsymbol{z}|\boldsymbol{x})$，とくに $(\boldsymbol{z}|\boldsymbol{z})=0$ だから $\boldsymbol{z}=\boldsymbol{0}$ であり，F は $\boldsymbol{V}$ から $\hat{\boldsymbol{V}}$ への一対一の線型写像である．命題 A.1.2 によって $\dim \boldsymbol{V}=\dim \hat{\boldsymbol{V}}$ だから，命題 6.2.10 の 2）によって Fは同型写像である．

3） 明きらか．

4） $\mathscr{S}=\langle \boldsymbol{u}_1, \boldsymbol{u}_2, \cdots, \boldsymbol{u}_n\rangle$ を $\boldsymbol{V}$ の正交底とし，$\boldsymbol{v}_i=\boldsymbol{f}_{\boldsymbol{u}_i}(1\leqq i\leqq n)$ とおくと $\boldsymbol{v}_i(\boldsymbol{u}_j)=\boldsymbol{f}_{\boldsymbol{u}_i}(\boldsymbol{u}_j)=(\boldsymbol{u}_i|\boldsymbol{u}_j)=\delta_{ij}$. よって $\tilde{\mathscr{S}}=\langle \boldsymbol{v}_1, \boldsymbol{v}_2, \cdots, \boldsymbol{v}_n\rangle$ は $\mathscr{S}$ の双対基底である．$(\boldsymbol{v}_i|\boldsymbol{v}_j)=(\boldsymbol{f}_{\boldsymbol{u}_i}|\boldsymbol{f}_{\boldsymbol{u}_j})=(\boldsymbol{u}_i|\boldsymbol{u}_j)=\delta_{ij}$ だから $\tilde{\mathscr{S}}$ は $\hat{\boldsymbol{V}}$ の正交底である．

付録A　§2（p.223）

問題 1　$\boldsymbol{V}=\boldsymbol{W}\oplus\boldsymbol{W}^{\perp}$ だから，命題 A.2.7 によって $\boldsymbol{V}/\boldsymbol{W}$ は $\boldsymbol{W}^{\perp}$ と同型である．$\boldsymbol{W}^{\perp}$ の元 $\boldsymbol{x}$ に対し，$\varphi(\boldsymbol{x})=\tilde{\boldsymbol{x}}\in\boldsymbol{V}/\boldsymbol{W}$ と定めた写像 φ が同型写像を与える（第7章末の問題5）．そこで $\alpha, \beta\in\boldsymbol{V}/\boldsymbol{W}$ に対し，$x=\varphi^{-1}(\alpha)$，$y=\varphi^{-1}(\beta)$ として $(\alpha|\beta)=(x|y)$ と定義する．これが内積の条件をみたすことは簡単に分かる．

問題 2　どれもごく自然なことだから，諸命題の証明を真似してやればすぐできると思う．

問題 3　$\boldsymbol{W}$ の基底 $\mathscr{R}=\langle\boldsymbol{u}_1, \cdots, \boldsymbol{u}_r\rangle$ を延長した $\boldsymbol{V}$ の基底 $\mathscr{S}\langle\boldsymbol{u}_1, \cdots, \boldsymbol{u}_r, \boldsymbol{u}_{r+1}, \cdots, \boldsymbol{u}_n\rangle$ をとる．$\boldsymbol{u}_j(r+1\leqq j\leqq n)$ の属する元（クラス）を $\tilde{\boldsymbol{u}}_j$ とすると，$\tilde{\mathscr{S}}=\langle\tilde{\boldsymbol{u}}_{j+1}, \cdots, \tilde{\boldsymbol{u}}_n\rangle$ は $\tilde{\boldsymbol{V}}$ の基底である．定理 7.1.9 によって $\mathscr{S}$ に関する T の表現行列は $A=\begin{pmatrix} A_{11} & A_{12} \\ O & A_{22}\end{pmatrix}$ の形であり，A_{22} は $\tilde{\mathscr{S}}$ に関する $\tilde{T}$ の表現行列である．A は正則だから，命題 2.2.8 によって A_{22} も正則である．

付録 A 末の問題の答え

問題 1 1) 部分空間の条件（命題 6.1.6）を調べる．まずゼロ写像 $\hat{\mathbf{0}}$ は $\boldsymbol{W}^0$ に属するから，$\boldsymbol{W}^0$ は空集合ではない．つぎに $\boldsymbol{f}$，$\boldsymbol{g}\in \boldsymbol{W}^0$ なら，$\boldsymbol{x}\in \boldsymbol{W}$ に対して $(\boldsymbol{f}+\boldsymbol{g})(\boldsymbol{x})=\boldsymbol{f}(\boldsymbol{x})+\boldsymbol{g}(\boldsymbol{x})=0+0=0$ だから $\boldsymbol{f}+\boldsymbol{g}\in \boldsymbol{W}^0$．$c\in\boldsymbol{K}$ なら $(c\boldsymbol{f})(\boldsymbol{x})=c\cdot\boldsymbol{f}(\boldsymbol{x})=c\cdot 0=0$ だから $c\boldsymbol{f}\in \boldsymbol{W}^0$．

2) まず φ が線型写像であることを示す．$\boldsymbol{f},\boldsymbol{g}\in \boldsymbol{W}^0$，$\boldsymbol{x}\in \boldsymbol{V}$ に対して $(\boldsymbol{f}+\boldsymbol{g})^{\sim}(\tilde{\boldsymbol{x}})=(\boldsymbol{f}+\boldsymbol{g})(\boldsymbol{x})=\boldsymbol{f}(\boldsymbol{x})+\boldsymbol{g}(\boldsymbol{x})=\tilde{\boldsymbol{f}}(\tilde{\boldsymbol{x}})+\tilde{\boldsymbol{g}}(\tilde{\boldsymbol{x}})=(\tilde{\boldsymbol{f}}+\tilde{\boldsymbol{g}})(\tilde{\boldsymbol{x}})$，すなわち $\varphi(\boldsymbol{f}+\boldsymbol{g})=(\boldsymbol{f}+\boldsymbol{g})^{\sim}=\tilde{\boldsymbol{f}}+\tilde{\boldsymbol{g}}$．$c\in\boldsymbol{K}$ なら $(c\boldsymbol{f})^{\sim}(\tilde{\boldsymbol{x}})=(c\boldsymbol{f})(\boldsymbol{x})=c\cdot\boldsymbol{f}(\boldsymbol{x})=c\cdot\tilde{\boldsymbol{f}}(\tilde{\boldsymbol{x}})=(c\tilde{\boldsymbol{f}})(\tilde{\boldsymbol{x}})$，すなわち $\varphi(c\boldsymbol{f})=(c\boldsymbol{f})^{\sim}=c\tilde{\boldsymbol{f}}$．

つぎに $\tilde{\boldsymbol{f}}=\tilde{\boldsymbol{g}}$ なら $(\boldsymbol{f}-\boldsymbol{g})^{\sim}=\tilde{\mathbf{0}}$ だから，任意の $\boldsymbol{x}\in \boldsymbol{X}$ に対して $(\boldsymbol{f}-\boldsymbol{g})(\boldsymbol{x})=(\boldsymbol{f}-\boldsymbol{g})^{\sim}(\tilde{\boldsymbol{x}})=0$，すなわち $\boldsymbol{f}-\boldsymbol{g}=\hat{\mathbf{0}}$．したがって φ は一対一である．一方 $\widehat{\boldsymbol{V}/\boldsymbol{W}}$ の任意の元 $\boldsymbol{p}$ があるとき，$\boldsymbol{x}\in \boldsymbol{V}$ に対して $\boldsymbol{f}(\boldsymbol{x})=\boldsymbol{p}(\tilde{\boldsymbol{x}})$ とおくと，簡単に分かるように $\boldsymbol{f}\in \hat{\boldsymbol{V}}$．しかも $\boldsymbol{x}\in \boldsymbol{W}$ なら $\boldsymbol{f}(\boldsymbol{x})=\boldsymbol{p}(\tilde{\mathbf{0}})=0$ だから $\boldsymbol{f}\in \boldsymbol{W}^0$．$\tilde{\boldsymbol{f}}(\tilde{\boldsymbol{x}})=\boldsymbol{f}(\boldsymbol{x})=\boldsymbol{p}(\tilde{\boldsymbol{x}})$，すなわち $\tilde{\boldsymbol{f}}=\boldsymbol{p}$ だから φ は $\boldsymbol{W}^0$ から $\widehat{\boldsymbol{V}/\boldsymbol{W}}$ の上への写像であり，結局 φ は同型写像である．

問題 2 $n=\dim \boldsymbol{V}$ に関する帰納法．α を T の固有値とし，α に属する T の固有空間を $\boldsymbol{V}(\alpha)$ とすると，$\boldsymbol{V}(\alpha)$ は S 不変である（やさしい）．定理 4.2.1，または命題 7.3.4 により，S の $\boldsymbol{V}(\alpha)$ への制限 S_1 の，$\boldsymbol{V}(\alpha)$ の適当な基底 $\mathscr{S}_1=\langle \boldsymbol{u}_1,\cdots,\boldsymbol{u}_r\rangle$ に関する表現行列 B_1 は上三角になる．T の $\boldsymbol{V}(\alpha)$ への制限 T_1 は α 倍変換であり，その表現行列 A_1 は αE である．定理 A.2.8 により，T と S の商線型変換，すなわち商空間 $\tilde{\boldsymbol{V}}=\boldsymbol{V}/\boldsymbol{V}(\alpha)$ の線型変換 $\tilde{T}$ と $\tilde{S}$ が定まる．当然 $\tilde{T}\tilde{S}=\tilde{S}\tilde{T}$．

帰納法の仮定により，$\tilde{\boldsymbol{V}}$ のある基底 $\tilde{\mathscr{S}}=\langle \tilde{\boldsymbol{u}}_{r+1},\cdots,\tilde{\boldsymbol{u}}_n\rangle$ に関する $\tilde{T}$ と $\tilde{S}$ の表現行列 A_2，B_2 はともに上三角行列である．類 $\tilde{\boldsymbol{u}}_j\ (r+1\leqq j\leqq n)$ に属する任意の $\boldsymbol{u}_j$ をとると，$\mathscr{S}=\langle \boldsymbol{u}_1,\cdots,\boldsymbol{u}_r,\boldsymbol{u}_{r+1},\cdots,\boldsymbol{u}_n\rangle$ は $\boldsymbol{V}$ の基底であり，やはり定理 A.2.8 の 3) によって T と S の $\mathscr{S}$ に関する表現行列 A と B はそれぞれ $A=\begin{pmatrix}\alpha E & * \\ O & A_2\end{pmatrix}$，$B=\begin{pmatrix}B_1 & * \\ O & B_2\end{pmatrix}$ の形，すなわち上三角行列である．

索　引

■サ行

■タ行

あとがき

私は1966年に『線型代数入門』(東京大学出版会)という本を出した．それとこの本は扱う主題が同じであり，同一著者の作品だから，かなり似ていることは否めない．しかし私の考えには変化もあって，本書にはこの変化が濃厚に反映している．大きな変化としてジョルダン標準形定理の証明が，単因子論を使うものから直接行列ないし線型変換を計算するものに変わったことがある．ずっと分かりやすくなったと思う．

また私は『線型代数演習』という本も出した(1985年，東京大学出版会)．本書の演習問題，とくに数値問題には，上記二著から転用したものがあることをお断わりしておく．

最後に本書の執筆をおすすめくださり，じっと遅筆を待ってくださった東京図書の松永智仁さんに深い感謝を捧げて筆をおく．

2014年3月

齋藤　正彦

著者紹介

齋 藤 正 彦（さいとう　まさひこ）
1931 年　東京生まれ
1954 年　東京大学理学部数学科卒業
東京大学教授（1974-1992）・放送大学教授（1992-1997）・
湘南国際女子短期大学学長（1997-2003）を歴任
東京大学名誉教授　理学博士（パリ大学）

主要著書

『線型代数入門』東京大学出版会（1966）この本によって 2006 年度
日本数学会出版賞を受賞した
『超積と超準解析』東京図書（1976）
『線型代数演習』東京大学出版会（1985）
『数学の基礎——集合・数・位相』東京大学出版会（2002）
『齋藤正彦　微分積分学』東京図書（2006）
『数のコスモロジー』（ちくま学芸文庫）筑摩書房（2007）
『日本語から記号論理へ』制作・亀書房／発行・日本評論社（2010）
『齋藤正彦　数学講義　行列の解析学』東京図書（2017）

齋藤正彦 線型代数学（さいとうまさひこ せんけいだいすうがく）　Printed in Japan

2014 年 4 月 25 日　第 1 刷発行
2025 年 7 月 10 日　第 11 刷発行

著 者　齋　藤　正　彦
発行所　東京図書株式会社
〒102-0072　東京都千代田区飯田橋 3-11-19
振替 00140-4-13803　電話 03(3288)9461
https://www.tokyo-tosho.co.jp/

ISBN 978-4-489-02179-4

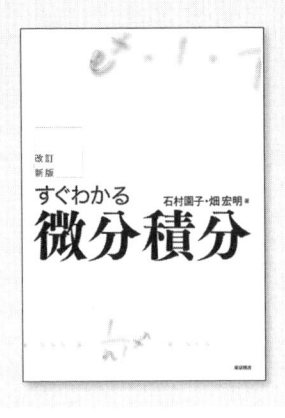